Igor Aleksander
Piers Burnett

Die Roboter kommen

Wird der Mensch neu erfunden?

Aus dem Englischen von Tony Westermayr

Birkhäuser Verlag
Basel · Boston · Stuttgart

Die Originalausgabe erschien 1983 unter dem Titel
»Reinventing Man. The Robot Becomes Reality«
bei Kogan Page Ltd, London

CIP-Kurztitelaufnahme der Deutschen Bibliothek

Aleksander, Igor:
Die Roboter kommen : wird d. Mensch neu erfunden?
/ Igor Aleksander ; Piers Burnett.
Aus d. Engl. von Tony Westermayr. -
Basel ; Boston ; Stuttgart : Birkhäuser, 1984.
Einheitssacht.: Reinventing man ⟨ dt.⟩
ISBN 3-7643-1599-7

NE: Burnett, Piers:

Umschlaggestaltung: Bruckmann & Partner, Basel
Printed in Germany
ISBN 3-7643-1599-7

Inhalt

Einleitung

Roboter sind sehr in Mode. Die entwickelten Nationen haben sich sogar auf eine Art »Roboter-Wettlauf« eingelassen; dabei wird die industrielle Leistungsfähigkeit gemessen an der Zahl der in den Fabriken eingesetzten Roboter, so, wie man im Jahrzehnt vor dem Ersten Weltkrieg Panzerkreuzer als Maßstab für militärische Macht und diplomatische Entschlossenheit betrachtete.

Wir hoffen, daß ein Roboter-Wettlauf Symptom einer Welt ist, die mehr Vernunft besitzt als jene, wo man sich gegenseitig mit Schlachtschiffen überbieten wollte, aber es wäre absurd, behaupten zu wollen, Roboter seien eine ausschließlich positiv zu bewertende Technologie. Das Anwachsen der Roboterzahlen, das nur eine Facette der rasch fortschreitenden Automation darstellt, kostet schon heute Arbeitsplätze und wird in Zukunft zweifellos noch mehr fordern. Die Tatsache, daß dieses Buch sich mit den sozialen und wirtschaftlichen Fragen nicht befaßt, die durch die Entwicklung der Robotik aufgeworfen werden bedeutet nicht, wir hielten solche Probleme für uninteressant oder unwichtig. Ganz im Gegenteil. Sie erscheinen uns so bedeutsam, daß wir es vorgezogen haben, lieber nicht näher darauf einzugehen, als ihnen in einem Buch, das sich mit anderen Aspekten befassen soll, einen geringerwertigen oder sekundären Platz einzuräumen. Vielleicht sollte man eines aber noch erwähnen: Aus der Tatsache, daß wir Modelle von Verhalten und Intelligenz des Menschen bevorzugen, die nicht auf Vorausprogrammierung gestützt sind, sollte man nicht den Schluß ziehen, wir wären strikt der Ansicht, alle Probleme ließen sich am besten auf unprogrammierte Weise im *Laissez-faire*-Stil angehen.

Zwar haben wir es für richtig gehalten, die Roboter von heute ebenso wie die der Zukunft vor allem danach zu beurteilen, wie sie funktionieren, statt danach, was sie tun; trotzdem glauben wir nicht, daß dies ohne Belang sein kann für diejenigen, die zu bedenken haben, was an Arbeitsplätzen verlorengehen, an Fertigkeiten verdrängt werden wird. Sobald man sich mit einer Technologie befaßt, die, obwohl kaum zwanzig Jahre alt, schon eine tiefgreifende Wirkung auf Industrie und Arbeitsmarkt ausübt, dürfte es für jene, deren Sorge den sozialen und politischen Folgen zu gelten hat, entscheidend sein, die technologischen Faktoren, um die es geht, zu verstehen. Wie sollen ein Nationalökonom oder ein Soziologe künftige Auswirkungen der Robotik in einem ganz bestimmten Bereich einschätzen, wenn sie nicht Kenntnisse über die Entwicklung der Roboter, die Wege der heutigen Forschung und die Fortschritte besitzen, die nach aller Erwartung ins Haus stehen? Aus diesen Gründen hoffen wir, daß diese *Tour d'horizon* zeitgenössischer Robotik für jene Menschen von Nutzen sein wird, deren Aufgabe es ist, für eine Zukunft zu planen, in der Industrieroboter eine immer bedeutendere Rolle spielen.

Wie dem Leser im Verlauf der Lektüre aber immer deutlicher werden wird, gilt unser Hauptinteresse nicht dem Roboter als Nutzmaschine oder Gewinnquelle. Vielmehr geht es uns in erster Linie um die Darstellung des Roboters als Abbild des Menschen. Wir sind uns völlig im klaren darüber, daß wir uns mit der anmaßenden Bemühung, Mensch und Maschine zu vergleichen, in turbulente Gewässer von Philosophie und Metaphysik wagen. Wir bitten dafür nicht um Nachsicht, sondern überlassen dem Leser das Urteil darüber, ob der Versuch sich als lohnend erwiesen hat.

Ein letzter Punkt. Um unsere Behauptung zu untermauern, Menschen und Maschinen könnten zumindest auf einer Ebene – freilich nicht auf allen – sinn- und zweckvoll miteinander verglichen werden, mußten wir das Funktionieren ziemlich vieler Maschinen im einzelnen beschreiben. Wir hoffen, daß uns das auf eine Weise gelungen ist, die weder die Fachleute dadurch beleidigt, daß sie allzu simpel oder ungenau erscheint, noch, was sogar wichtiger ist, den normalen Leser dadurch vor den Kopf stößt, daß der Eindruck entstünde, das Thema sei abseitig theoretisch und deshalb »schwierig«. Wir haben an Fachsprache und Mathematik alles vermieden, was über die Grundlagen hinausgeht, vor allem aber versucht, dem eigentlichen Problem nicht dadurch auszuweichen, daß wir wichtige technische Details mit vagen und schlecht definierten Verallgemeinerungen verharmlost hätten. Nach unserer Meinung sind Roboter nicht so sehr viel zu wichtig, sondern einfach viel zu interessant, als daß man sie allein den Robotikern überlassen sollte.

IA und *PB*, September 1984

1 Der mechanische Doppelgänger

Ob unser Rauch vor deinem Aug' den Himmel auch verhülle,
er wird vergehn, aufgehen neu das Leuchten des Gestirns,
denn mit unsrer ganzen Macht und Kraft und Fülle
sind wir nicht mehr als Kinder deines Hirns.
Rudyard Kipling, »The Secret of the Machines«

In der Anfangszeit des Zweiten Weltkriegs setzte die britische Regierung einen Ausschuß ein, um die verschiedenen Vorschläge für kriegsentscheidende Waffen zu prüfen, die von erfindungsreichen Bürgern in Hülle und Fülle einliefen. Man erzählt sich die Geschichte einer solchen Empfehlung, die ein riesiges Flugzeug, bewaffnet mit Todesstrahlen, betraf. Der Erfinder wurde vor den Ausschuß zitiert und legte Blaupausen für sein Fahrzeug, für Motoren und Navigationssysteme vor. Er begann gerade mit einer Beschreibung der Schutzanzüge, die er für die Besatzung entworfen hatte, als der Ausschußvorsitzende ihn ungeduldig unterbrach, um zum Kern der Sache zu kommen. »Aber was ist mit den Todesstrahlen?« fragte er.

Der Erfinder war verblüfft.

»Oh«, sagte er, »ich dachte, *da*von hätten Sie jede Menge.«

Wird ein Roboter zunächst einmal als »eine nach dem Bild des Menschen gebaute Maschine« definiert, muß man zugeben, daß wie die Todesstrahlen des Jahres 1940 die Roboter von 1983 statt im Reich der feststehenden Tatsachen in dem der Spekulation verbleiben. Aber selbst wenn wir nicht die Neigung des Erfinders teilen, die beiden Kategorien durcheinanderzubringen, scheinen wir doch das Erscheinen des Roboters als unausweichlich zu unterstellen, als eine Frage des »Wann?« statt des »Ob?« zu betrachten. Noch bedeutsamer aber ist: So, wie der Erfinder das Vorhandensein von Todesstrahlen für selbstverständlich hielt und sich auf eine Methode konzentrierte, sie anzuwenden, scheint auch die Meinung der Öffentlichkeit weitaus stärker von der Frage beschäftigt gewesen zu sein, was wir tun sollen, sobald Roboter wirklich auf die Bühne treten, als mit dem Problem, sie erst einmal Wirklichkeit werden zu lassen. Das ist etwa so, als wäre dem ersten Flug der Gebrüder Wright ein vielbändiges Schrifttum über die Kontrolle des Flugverkehrs vorangegangen.

Die vorherrschende Ansicht vom Roboter, die uns so viele Schwierigkeiten erwarten läßt, ist die eines gehenden, sprechenden »mechanischen Menschen«, und diese Vorstellung ist in unserem Bewußtsein so fest verankert, daß es einer Willensanstrengung bedarf, uns daran zu erinnern, daß wir einer Entsprechung in der Wirklichkeit so wenig begegnen dürften wie ein mittelalterlicher Ritter einem Vogel Greif. Wir haben es nicht mit Tatsachen, sondern mit Hypothesen zu tun. Die erste interessante Frage lautet: Warum und auf welche Weise hat diese Hypothese solche Bedeutung erlangt?

Es gibt freilich Maschinen, die wir, vielleicht verfrüht, als Roboter eingestuft haben. Aber schon lange, bevor auch nur dieser primitive Vorgänger in die Praxis umgesetzt werden konnte, spielte die Idee eines Roboters in der menschlichen Einbildungskraft eine lebendige Rolle. Es scheint ihn gegeben zu haben, bevor er noch einen Namen besaß. Auch andere Erfindungen mußten erst konkrete Form annehmen, bevor ein Name für sie gefunden wurde, und die Welt brauchte eine Weile, um sich darauf zu einigen, daß der »pferdelose Wagen« ein Automobil oder eine »Flugmaschine« ein Flugzeug sein sollte. Als Karel Capek 1923 sein Theaterstück RUR (»Rossums Universal-Roboter«) veröffentlichte, fand das wenig bekannte Wort (in Capeks tschechischer Muttersprache bedeutete es lediglich »Sklave« oder »Arbeiter«) allerdings rasch und überall Verbreitung. Capeks »Roboter« waren nur die letzten in einer ganzen Reihe mechanischer Menschen, und dem Begriff hatte bislang nur noch ein Etikett gefehlt.

Sechzig Jahre später sind, während ihre Gegenstücke im wirklichen Leben erst ihre Geburtswehen erleben, fiktive Roboter so sehr Bestandteil unseres Phantasielebens wie Cowboys und Indianer oder Polizisten und Banditen; mancher Held der heutigen Weltraum-Opern wäre ohne einen Roboterkameraden so verloren wie der Lone Ranger ohne Tonto oder Sherlock Holmes ohne Dr. Watson. Überdies hatte von einem sehr frühen Zeitpunkt an das neue Genre der Science Fiction erkannt, daß der Roboter über Möglichkeiten verfügte, die den meisten ihrer anderen technischen Geräte mangelten. Raumschiffe und Zeitreisen dienten dazu, alte Fabeln auf neue Planeten zu verlegen, aber zusammen mit der anderen Neuheit, den Außerirdischen von fernen Welten, waren die Roboter Jokerkarten, die man in das vorhandene Paket mischen konnte, um ein ganz neues Spiel hervorzubringen. Der Roboter war kein Requisit, sondern eine Hauptfigur, mit der man neue metaphysische Fragen erkunden konnte. Jene Vertreter der Science Fiction, die nur auf

Unterhaltung abzielten, begnügten sich damit, den Roboter die Rolle des Dr. Watson für einen menschlichen Sherlock Holmes spielen zu lassen, aber ernster zu nehmende Schriftsteller erkannten, daß er viel größere Entwicklungsmöglichkeiten in der Rolle von Sherlock Holmes selbst besaß – oder vielleicht in der seines Gegners, Professor Moriarty. Wir begannen mit einer Arbeitsdefinition des Roboters als einer »Maschine nach dem Bild des Menschen«. Obwohl bereits deutlich ist, daß nach rein physischen Begriffen diese Beschreibung in die Irre führen wird, nutzt ein großer Teil der SF-Literatur den Roboter weiterhin, und sei es nur deshalb, weil er eine tiefgründige metaphysische Frage in dramatischer Weise ans Licht hebt. Die Stellung des Roboters irgendwo in einem undeutlichen Zwischenreich zwischen Mensch und Maschine macht ihn zum idealen Gebilde, die Beziehung zwischen beiden zu erforschen. Der Roboter kann mühelos die Gesamtheit des Maschinentums vertreten, das der Mensch des 20. Jahrhunderts zunehmend als eine mögliche Bedrohung der Menschheit oder sogar als ihr Nachfolger anzusehen gewöhnt ist. Seit Capek haben viele Schriftsteller den Roboter auf diese Weise verwendet, um zu erkunden, welche Form der letzte Zusammenstoß des Menschen mit der Maschine annehmen könnte, und um den vermutlichen Ausgang vorauszusagen – nur selten ist er für die menschliche Rasse ermutigend gewesen. Bestenfalls, bei im Grunde so optimistischen Schriftstellern wie Isaac Asimov, wird der Roboter als dem Menschen prinzipiell überlegen gesehen (»eine bessere, reinere Rasse«), freilich in Bereitschaft, eine wohlwollende Diktatur über ihn auszuüben; schlimmstenfalls haben Capek und seine noch pessimistischer gestimmten Nachfolger sich Roboter als die entwicklungsgeschichtlichen Nachkömmlinge ihrer menschlichen Schöpfer vorgestellt, die das Schicksal erwartet, gleich den Dinosauriern unterzugehen.

Sogar die weniger gewichtige Form der Science Fiction hat aus dem Potential des Roboters als »Bösewicht« Kapital geschlagen. So mögen in »Krieg der Sterne« die liebenswürdigen, schnatternden »Droiden« den Eindruck erwecken, sie wollten die Rolle übernehmen, die »der beste Freund des Raumfahrers« spielt, aber die Gemeinheit Darth Vaders wird ganz gewiß durch einen roboterhaften Aspekt verstärkt, und dasselbe könnte für die Daleks in »Dr. Who« gelten; schon 1898 sah H.G. Wells in »Der Krieg der Welten« eine Invasion von Außerirdischen in Gestalt von Riesenmaschinen voraus. Wissenschaftliche Entwicklungen in Gentechnik und Bionik, vielleicht in Zusammenhang mit den Problemen, Schauspieler in glaubhafte Geräte zu stecken, haben ganze Unterklassen wie Androiden, Humanoiden und Kyborgs entstehen lassen. Die Mehrdeutigkeit Mensch-Maschine wird dabei dadurch betont, daß man die beiden äußerlich nicht unterscheiden kann, so daß die Roboter nicht bloß äußere Feinde, sondern eine Fünfte Kolonne innerhalb der Menschheit werden.

Dadurch, daß der Wagen der Spekulation auf solche Weise vor das Pferd der Erfindung gespannt und damit praktisch unterstellt wurde, es sei am besten, die Stalltür lieber abzuriegeln und den Gaul gar nicht erst herauszulassen, hat die Science Fiction ein recht düsteres Horoskop für die echten Roboter gestellt, die Thema dieses Buches sind. Bevor wir uns aber ansehen, weshalb es falsch sein könnte, das Kind gleich bei seiner Geburt mit allen Sünden seiner mechanischen Vorväter zu belasten, müssen wir weiter zurückgehen und den Makel der Erbsünde betrachten, den er von einem noch älteren Vorgänger übernommen hat, dem »unnatürlichen Menschen«.

Versuche, den Roboter mit Vorfahren auszustatten, reichen in der Regel bis in die Antike zurück. Die griechischen Mythen kennen eine Anzahl von Wesen, die in mancher Beziehung als »roboterhaft« bezeichnet werden könnten. In der Odyssee tauchen mechanische Soldaten auf, Theben wurde gegründet von einer Rasse, entsprungen aus der Drachensaat, die Kadmos auf Geheiß der Göttin Athene ausgestreut hatte; Hephaistos, ein anderer Gott, lieferte König Minos von Kreta Talos, eine Riesenstatue, die sein Reich bewachte; und von Daedalos, einem Nachkommen von Hephaistos, soll ein Krieger aus Bronze stammen, der sich den Argonauten entgegenstellt. Es ist allerdings nicht klar, ob diese Beispiele einer eindeutigen Kategorie zugeordnet werden können, es sei denn rückblickend, oder daß sie damals als etwas Besonderes angesehen wurden in einem Universum, wo Medusen, Zentauren und Minotauren zu Hause waren. Solche Wesen scheinen vielmehr die beinahe unvermeidlichen Erzeugnisse eines Pantheons zu sein, der sich gewohnheitsmäßig nach Belieben in menschliche Angelegenheiten einmischte.

Das wohl am häufigsten zitierte Beispiel eines klassischen »Roboters« ist Galatea, die Gefährtin Pygmalions. Pygmalion war ein junger Mann von solchem Ehrgeiz, daß er sich in die Göttin Athene verliebte, eine Leidenschaft, die, zumindest körperlich, unerwidert blieb. Um sich zu trösten, schuf er eine Statue seiner Angebeteten, die er mit in sein Bett nahm. Gerührt durch diesen Beweis seiner Liebe, trotzdem aber nicht in der Lage, persönlich zu Diensten zu sein, bot Athene dadurch Ersatz, daß sie die Statue als Galatea zum Leben erweckte. Aus unserer Sicht geht es ein wenig zu weit, Galatea als Roboter zu bezeichnen, weil das Wesen des Roboters darin besteht, aus Menschenhand zu sein. Das Thema ist aber in der zeitgenössischen Science Fiction von mehreren Schriftstellern wieder aufgenommen worden, die ihre Pygmalions mit mechanischen Galateas versorgten. Derselbe Vorbehalt gilt für die »mechanischen Menschen«, die in anderen Literaturen auftauchen; sie sind Produkte direkter göttlicher Einmischung oder einer Bändigung übernatürlicher Kräfte durch Zauberei, und obwohl sie geheimnisvoll und den menschlichen Gestalten oft feindselig gesinnt sind, rufen sie in einem ordentlichen Helden nicht mehr Schrecken hervor als irgendeine der anderen Gefahren, die ihn bedräuen.

Seine einzigartige Aura des Aberglaubens scheint der »unnatürliche« Mensch von der jüdisch-christlichen Tradition erhalten zu haben. Es ist nicht verwunderlich, daß ein einziger Gott, noch dazu einer, der den Menschen nach seinem eigenen Bild geschaffen hatte, die Schöpfung von Leben viel ernster nahm als die frivolen Götter der Griechen. Jehovah verbot seinen Anhängern, sich ein Bild von ihm zu machen, und es ist unvorstellbar, daß er einen von ihnen zum Leben nur deshalb erweckt hätte, um einen hingebungsvollen Anhänger zu befriedigen. War Gott auf der anderen Seite der Ursprung allen Lebens und konnte der Mensch Seine Macht durch Gebet und Ritual anrufen, war es nicht ausgeschlossen, daß die Mittel, Leben zu verleihen, in Reichweite der Frommen und Gelehrten lagen. Das einflußreichste Produkt dieser Denkweise war der Golem der jüdischen Legende, eine Gestalt aus Lehm, durch die Ausübung von Ritualen mit menschlichen Zügen begabt und zuletzt zum Leben erweckt, sobald der Name Gottes auf seine Stirn geschrieben wurde.

Viele Geschichten schreiben Rabbinern die Erschaffung von Golems als Diener in ihren Haushaltungen zu, eine Art magischer Bedienstetengattung, deren einziger Nachteil darin bestand, daß ihnen die Fähigkeit der Rede vorenthalten blieb. Eine viel dramatischere Fassung der Legende dagegen betrifft den Rabbiner Löw aus Prag, der angeblich einen Golem geschaffen haben soll, um die jüdische Gemeinde in der Stadt gegen eines der stets wiederkehrenden Pogrome zu schützen. Spätere Forschung zeigte allerdings, daß Löw ein nüchterner Theologe war, der sich mit Golems so wenig abgegeben wie bei einer Bar-Mizwa Schweinebraten auf den Tisch gebracht hätte, und der Golem rückte wieder tiefer in die Bereiche der Mutmaßungen. Der Löw zugeschriebene Golem besaß jedoch zwei Eigenschaften, die seinen Bestand als Thema im Fiktiven sicherten – er war übermenschlich stark (wie sonst hätte er die Christen aufhalten können?) und neigte dazu, außer Kontrolle zu geraten und sich gegen seinen Schöpfer zu wenden. In einer Fassung der Geschichte läuft das Wesen am Ende Amok, und sein zerstörerischer Weg findet erst ein Ende, als der Rabbiner es durch eine List dazu bewegt, vor ihm niederzuknien. Er entfernt die Zauberformel von seiner Stirn und verwandelt es dadurch wieder in Lehm zurück.

So unlenkbar der Golem sich in der Praxis erwiesen haben mag, er wurde doch stets aus den besten Motiven und mit Hilfe und Billigung Gottes geschaffen. Die Christenheit mit ihrer viel stärkeren Betonung des Bösen als aktiver Kraft im Wettbewerb um die menschlichen Seelen in der Welt hat eine Einwirkung auf die Lebenskraft mit viel scheelerem Blick verfolgt als das Judentum. Die beiden Traditionen stimmen insoweit überein, als in beiden die Schöpfung unnatürlicher Menschen die Anrufung übernatürlicher Kräfte voraussetzt, aber die christliche Mythologie neigt der Ansicht zu, diese Kräfte seien nicht göttlicher, sondern diabolischer Natur. In der christlichen Mythologie gibt es für den Golem keine Entsprechung, aber die Welt des Mittelalters ließ sich besonders anregen von der Idee des Homunkulus – im Grunde das winzige, aber vollkommen ausgebildete menschliche Wesen, das nach der medizinischen Wissenschaft des Mittelalters im männlichen Sperma enthalten war und in den Körper der Frau eingepflanzt wurde, um dort zum Fötus heranzuwachsen. Später wurde der Homunkulus als vorwissenschaftliches Beispiel einer Beschäftigung mit Roboterhaftem angeführt. Die Bemühung, Homunkuli künstlich zu erschaffen, stand in loser Verbindung mit der Alchimie, der Umwandlung unedler Metalle in Gold, auch dies ein Verfahren, das übernatürliche Hilfe erforderte. Beide Vorgänge werden in Verbindung mit historischen Gestalten genannt, die bestenfalls einen unsoliden Ruf genießen, beispielsweise bei Paracelsus und Faust. Im Großen gesehen, zeigte das vorherrschende Bild Gelehrte, die sich unvorsichtig in verbotene Bereiche des Wissens wagten, vermutlich um den Preis ihrer eigenen Verdammung. Sie waren Zauberer, keine Heiligen.

Wie viele andere Vorstellungen gewann die Idee des unnatürlichen Menschen feststehende Form erst, nachdem die Glaubenssätze, die sie hervorgebracht hatten, widerlegt waren, und erhielt durch eine neue Strömung Auftrieb. Mary Shelleys Frankenstein könnte als Paradigma der Golem-Legende angesehen werden, mit dem die Verfasserin das Mystische und Magische mit mehr als einer Prise der neuen Wissenschaft versetzte. Um sein Geschöpf zu montieren, plünderte Frankenstein die Leichenhäuser (schon dies eine höchst unheimliche Angelegenheit) und erforschte vergessenen Volksglauben, um die Geheimnisse der Alten wiederzuentdecken. Die Beschreibung seiner Methoden bedient sich aber auch der Chemie des frühen 19. Jahrhunderts, und obwohl sich die Verfasserin zu »Ursache von Schöpfung und Leben« begreiflicherweise ein wenig zurückhaltend ausläßt, scheint sie etwas mit Elektrizität zu tun zu haben – eine Erscheinung, die man 1819 durchaus noch nicht begriff. Frankensteins Monster war freilich in noch einer anderen Beziehung neuartig; es war die Schöpfung des Menschen ganz allein, ohne jede übernatürliche Kraft, und dadurch wurde die Tatsache, daß es sich gegen seinen Schöpfer wandte, um so bedeutsamer. Frankenstein gab sich nicht mit Kräften ab, die sein Verständnis überstiegen; er nutzte Wissen, das zu erlangen und zu begreifen er sich unendlich viel Mühe gegeben hatte, aber die Folgen waren nicht weniger katastrophal und von viel tieferer Ironie.

Mary Shelley war bekanntermaßen ein führendes Mitglied der romantischen Bewegung, die vieles von der Rationalität des 18. Jahrhunderts ablehnte. Eine der Leistungen dieser Rationalität war die gewesen, ein magisches und übernatürliches Universum durch ein geordnetes und erklärbares zu ersetzen. Die Aufgabe, die Natur zu klassifizieren, war in Angriff genommen worden, die Gesetze, die ihr Verhalten beherrschten, begannen sich herauszuschälen, und es wurde sogar vorstellbar, daß die Werke des Menschen selbst in rationalen Begriffen von Ursache und Wirkung erfaßt werden könnten. 1748 hatte der französische Schriftsteller La Mettrie in seinem Buch »Der Mensch eine Maschine« die philosophische Begründung dafür geliefert, den Menschen für nicht mehr als eine komplizierte Maschine zu halten. Nicht viele wären so weit gegangen wie La Mettrie; der christliche Glaube verlangte, daß die Seele dem Reich des Spirituellen und nicht dem der Materie zugeordnet blieb, und die herrschende Meinung machte weiterhin einen Unterschied zwischen Körper und Geist; man war bereit, den ersteren der Wissenschaft zu überlassen, blieb aber bei der Behauptung, letztere liege außerhalb ihrer Reichweite.

Für die Romantiker war jedoch die neue Wissenschaft mit ihren kalten, vernünftelnden Methoden so steril wie die klassische augusteische Literatur, gegen die man sich offen auflehnte. Und »Frankenstein« drehte, was das Zeitalter der Vernunft betraf, den Spieß in genialer Weise um. Sogar die grausigen Methoden, mit denen das Monster zusammengesetzt wurde, spiegelten den damaligen Ruf von Anatomen als Grabräuber und Leichenschänder wider. Der Roman warf das neue Wissen mit dem alten zusammen, belastete beide mit dem Makel des Sakrilegs und stellte die Argumente für die neue Wissenschaft mit der Unterstellung auf den Kopf, sie sei nicht nur kein beruhigender Ersatz für den Aberglauben, sondern werde noch viel entsetzlichere Folgen hervorrufen.

Vieles vom Einfluß des Buches rührt von der Verbindung der alten Idee, es gäbe Grenzen, über die hinaus der Mensch Wissen auf eigene Gefahr erstrebe, mit dem modernen romantischen Thema her, die menschliche Natur zwinge ihn zur Überschreitung dieser Verbotsgrenze. Die Fabel enthält auch einen neuen psychologischen Dreh. Das Monster ist Frankensteins Schöpfung nicht nur deshalb, weil er es physisch hervorbringt, sondern auch in dem Sinne, daß es gerade die Zurückweisung durch den Schöpfer ist, welche die Bösartigkeit des Geschöpfes garantiert. Als es Leben erlangt, ist das Monster zunächst sanft und gutmütig, und erst als Frankenstein erkennt, was er an Ungeheuerlichem getan hat und seinen Ekel vor dem Ergebnis nicht verbergen kann, verwandelt sich die Natur des Geschöpfs. Hier ist eine interessante Parallele zu der Art zu erkennen, wie es der Golem-Legende erging. Viele der ursprünglichen Golems waren stumpfsinnige, harmlose Wesen, die es damit genug sein ließen, im Haus nützliche Arbeiten zu verrichten, aber der Geschmack der Allgemeinheit ließ dies zu Gunsten dessen unbeachtet, was man die King Kong-Version nennen könnte. Offensichtlich steckt von Dr. Frankenstein in uns allen etwas in dem Sinn, daß wir erwarten, der unnatürliche Mensch spiegele und vergrößere unsere Laster statt unsere Tugenden.

Die Probleme des Roboters begannen, wie man behaupten könnte, mit »Frankenstein«. Der Roman wurde zur klassischen Parabel wissenschaftlicher Hybris, das Monster von Menschenhand zum klassischen Instrument der Entlarvung. Die Physiker mußten eine Bombe hervorbringen, bevor sie nach Oppenheimers berühmtem Wort »die Unschuld verloren«. Die Robotiker, Frankensteins Erben, standen schon unter Verdacht, bevor sie mit der Arbeit überhaupt anfingen. Die Geschichte des Roboters ist außerdem an einem Stammbaum zurückverfolgt worden, der viel weniger unheimlich ist als der des unnatürlichen Menschen. Im Gegensatz zu der Geschichte von Golems oder Homunkuli ist die der Automaten keine mythische, sondern eine faktische. Ein Automat im klassischen Sinn des Wortes (er hat besondere Bedeutung in der heutigen Mathematik und Computerwissenschaft, worauf wir später noch eingehen) ist ein mechanisches Gebilde, das in einem oder mehreren Punkten die äußerliche Erscheinung vom Leben nachahmt. So sind eine Maus mit Uhrwerk oder sogar die Mannekin Pis-Statue in Brüssel, die unaufhörlich ihr Wasser in einen Zierbrunnen abschlägt, Automaten. Auch hier kann die Tradition bis zur Welt der Antike zurückverfolgt werden, wo das Werk erfahrener Vertreter der Kunst wie Hero von Alexander in zeitgenössischen Berichten gefeiert wurde. Ihre Leistungen ebenso wie die ihrer mittelalterlichen Nachfolger wurden in den Erzählungen zweifellos übertrieben, bis man ihnen sogar Taten zuschrieb, die nicht bloß einfallsreich, sondern übernatürlich waren. Die Beispiele und Entwürfe, die geblieben sind, deuten jedenfalls nicht auf Vorgänge, die einen halbwegs klugen Beobachter jemals hätten bestürzen können.

Das 18. und 19. Jahrhundert führten die Kunst des Automaten auf einen neuen Gipfel. Die Verfeinerungen der Uhrwerkmechanismen und Fortschritte bei Material und Präzision ermöglichten

Wunder der Lebensechtheit wie Jacques de Vaucansons Ente, die nicht nur mit den Flügeln flatterte und quakte, sondern auch Nahrung aufnahm und ausschied, oder die Uhrwerkpuppen der beiden Jacquet-Droz (Vater und Sohn); eine davon konnte kurze Briefe schreiben, die andere Porträts von bekannten Persönlichkeiten zeichnen. Das bizarrste Erzeugnis dieser verrückten Mode war vielleicht der »Dampfmensch«, die Erfindung eines kanadischen Ingenieurs. Er schritt im Kreis herum, angetrieben von einem kleinen Dampfkessel im Bauch, aus einer künstlichen Zigarre Rauch paffend.

Es steht jedoch nicht fest, ob die Erbauer von Automaten sich mit einem Versuch befaßt sahen, die Ideen von materialistischen Denkern wie La Mettrie in praktischer Form zu verwirklichen. Viel vom Anklang, den Automaten finden, liegt im Element der Täuschung; die Zuschauer sind sich völlig klar darüber, daß das, was sie sehen, eine einfallsreiche Illusion ist, und das Ganze wirkt eher unterhaltend als bestürzend. Diese Eigenschaft der Unschuld spiegelt sich darin wider, daß Automaten keine Entsprechung zu »Frankenstein« gefunden haben. Es gibt allerdings einige Geschichten wie »Pinnochio«, »Coppelia« und Hans Christian Andersens »Die Nachtigall«, wo es um Spielzeug oder Automaten geht, die lebendig werden. Manche davon, beispielsweise »Pinnochio«, erkunden den Gedanken der unvermeidlichen Entfremdung des unnatürlichen Menschen von seinem natürlichen Gegenstück, ein Thema, mit dem sich auch Mary Shelley befaßt hatte. Bedeutsamerweise gehen sie aber alle vom »Es war einmal« des Märchens aus, das den Leser auffordert, seine Ungläubigkeit zurückzustellen. Im Gegensatz dazu fordert »Frankenstein« den Leser heraus, die Geschichte als Erfindung abzutun, falls er sich traut; es wird ein typisch moderner Standpunkt eingenommen und die Frage gestellt: »Was wäre, wenn ...«

Die Automaten haben jedenfalls nichts zur konkreten Wissenschaft der Robotik beigetragen, die ohne zur Zeit der Automaten unbekannte Methoden und Ideen nicht hätte entstehen können. Und es hat nicht den Anschein, daß sie eine große Rolle dabei gespielt hätten, die Idee des Roboters hervorzubringen, weil der Automat stets auf die Vorstellung von der Maschine als Spielzeug oder unterhaltsame Kuriosität gegründet war, während der Roboter von Anfang an die Angst vor der Maschine als Feind oder Konkurrent des Menschen mit umfaßte.

Der eigentliche Roboter scheint aus einer Reihe von Gründen irgendwann um den Beginn des 20. Jahrhunderts »erfunden« worden zu sein. Der Erfolg von Schriftstellern wie Jules Verne und H.G. Wells hatte die neue Art von spekulativer Literatur populär gemacht, die in möglichen Zukunftswelten angesiedelt war, statt in der vertrauten Gegenwart oder der mythischen Vergangenheit, und die enorme Verbreitung neuer Erfindungen in den letzten Jahrzehnten des 19. Jahrhunderts schien den Romanschreibern die Rechtfertigung dafür zu liefern, bei der Untersuchung dessen, was diese Zukunftswelten bergen mochten, statt vorsichtiger Schritte kühne Sprünge zu unternehmen. Darwins ,Ursprung der Arten« und vor allem »Die Abstammung des Menschen« hatte die Vorstellung bekräftigt, daß die Erscheinung Mensch in materialistischen Begriffen erklärbar sein müsse, und es war verlockend, darauf hinzuweisen, das, was die Natur durch Zufall erzeugt habe, könne letzten Endes durch die Wissenschaft bewußt nachgeschaffen werden. Aber sogar auf dem Höhepunkt der Fortschrittsidee stellte sich die Reaktion auf wissenschaftlichen Fortschritt nicht allgemein optimistisch dar. Es gab weithin die Empfindung, industrielle Zivilisation und die Technologien, die sie ermöglichten, würfen ebenso viele Probleme auf, wie sie lösten, und da die Katastrophe schon immer ein lohnenderes Feld der Erfindung gewesen ist als Utopia, gab es einen beträchtlichen Anreiz, die Möglichkeit zu erkunden, die Liebesaffäre des Menschen mit der Maschine könnte tränenreich enden. Da der »unnatürliche« Mensch zur Hand war, bereits belastet mit einer sehr wirkungsvollen Reihe von Gedankenverbindungen, ließ sich deshalb fast nicht vermeiden, daß man Golem und Frankensteins Monster aus dem Abstellraum der Literatur holte und mit der Maske des Roboters neu ausstaffierte.

In Wahrheit gab es, obwohl das neue Gebiet der spekulativen Literatur die Schriftsteller dazu ermächtigte, vorhandene wissenschaftliche Strömungen weit in die Zukunft hinein weiterzuverfolgen, in der Wissenschaft des späten 19. Jahrhunderts wenig, und ganz gewiß kein Potential für die Entwicklung vorhandener Automaten, was auf die Möglichkeit echter Roboter hingewiesen hätte. Der Entwurf eines glaubhaften Modells für das Gehirn und einer Methode, es mit dem Körper und den Sinnen zu verbinden, die sich als Hauptprobleme der Robotik entpuppt haben, lagen noch weit in der Zukunft. Offenkundig war nur ein deutliches Fortschreiten der Mechanisierung vieler Bereiche des Lebens – Industrie, Handel, Kommunikation, sogar der Haushalt – und der zunehmende Verdacht, das führe zu einer Herrschaft der Maschine über den Menschen.

Manche waren dafür. In den ersten Jahrzehnten des Jahrhunderts verkündeten die Futuristen, die Maschine werde für die Menschheit eine Zukunft schaffen, die ganz anders und viel besser sein werde als die Vergangenheit. So glorifizierten die Schriften der Futuristen die Maschine, und ihre Bilder priesen die Partnerschaft zwischen Mensch und Maschine oder sogar die Symbiose der beiden in Wesen, die, zumindest symbolisch, Roboter waren. Auch wenn sie nicht die geringste Ahnung hatten, wie das erreicht werden sollte, sahen die Befürworter der Maschine den Roboter als logischen Höhepunkt.

Das taten auch jene, denen die Maschine als gefährlich und ihr wachsender Einfluß als eine Bedrohung erschien. Augenscheinlich war es absurd, den bereits vorhandenen Maschinen irgendeine bewußte Absicht zu unterstellen, aber der Roboter stellte in passender Weise gleichzeitig eine hypothetische Maschine der Zukunft und eine solche dar, der man sinnvollerweise eine ähigkeit zu bewußter Aggression unterstellen konnte. Die Tatsache, daß sie vom Menschen nach seinem Ebenbild geschaffen war und damit an den früheren unnatürlichen Menschen erinnerte, verstärkte die Ironie noch. Capek war nur einer von vielen, der die dramatischen Möglichkeiten erkannte. In »RUR« beseitigen die Roboter ihre menschlichen Schöpfer, bis sie, als nur noch ein einziger Überlebender vorhanden ist, zu spät erkennen, daß sie die Geheimnisse ihrer eigenen Konstruktion zu meistern versäumt haben. Bedauerlicherweise ist der letzte Mensch kein Robotiker und kann das notwendige Wissen nur dadurch erlangen, daß er einen ausgewählten Roboter von jedem Geschlecht auseinandernimmt oder seziert. Im letzten Augenblick entsteht jedoch in den beiden Opfern eine romantische Empfindung füreinander, und dem Publikum bleibt die Vision, die beiden als Adam und Eva in Neuausgabe zu sehen.

Natürlich hatten, zumindest für die folgenden zwanzig Jahre, weder Capek noch sonst irgend jemand eine Vorstellung davon, wie ein echter Roboter hergestellt werden oder wie er aussehen könnte. Rossums Roboter zielten auf nichts anderes als eine symbolisch mechanische Qualität und werden von Schauspielern dargestellt – die moderne Science Fiction würde sie als Androiden einstufen. In den Filmen ging es anders zu. Für die Trickstudios waren Roboter eine unwiderstehliche Herausforderung, und während der zwanziger und dreißiger Jahre klirrte eine ganze Kolonne von mechanischen Männern über die Leinwand. Das Gerät scheint zumeist aus Taucheranzügen entwickelt worden zu sein, mit großzügig verteilten Antennen auf dem Helm, wenngleich Fritz Langs Film »Metropolis«, der das ganze mechanische Reich in einer apokalyptischen Sicht vorführt, eine Art Deco-Roboter weiblichen Geschlechts vorstellt, der in erstaunlichem Maß C3PO (Threepio) im Film »Krieg der Sterne« vorausahnt. In der Schlußszene von »RUR« wären die beiden ein rührendes Paar.

Der erste Schriftsteller, der die Roboter so ernst nahm, daß er versuchte, einen glaubhaften wissenschaftlichen Hintergrund für sie zu erfinden, war Isaac Asimov. Die Roboter in seiner weitsichtigen und inzwischen klassischen Geschichtensammlung »I, Robot«, deren erste 1941 erschien, haben »positronische« Gehirne. Ihr Funktionieren ist ein Rätsel, sogar für ihre Erbauer (eigentlich kein Wunder, weil der Computer damals kaum ein Glitzern im Auge eines Mathematikers war), aber sie sind hinreichend komplex, um die Dienste eines »Robopsychologen« zu benötigen, der für Ordnung sorgt, wenn sie nicht funktionieren. Asimov sah die meisten der Themen voraus, die spätere Autoren beschäftigen sollten. Seine allererste Geschichte befaßt sich mit den Problemen eines Menschen, der Zuneigung für einen Roboter empfindet, die letzte mit einem Roboter, der von einem Menschen nicht zu unterscheiden ist; andere betreffen Roboter, die Größenwahn entwickeln oder zwanghafte Lügner werden. Außerdem sah er mindestens zwei Probleme voraus, die sich in der Wirklichkeit schon eingestellt haben: Seine Roboter werden wegen der Konkurrenz, die sie für menschliche Arbeiter darstellen würden, von der Erde verwiesen, und einer von ihnen wird lahmgelegt durch das, was ein moderner Robotiker als eine »Grenzkurve« erkennen würde.

Der Beitrag von »I, Robot«, der am stärksten im Gedächtnis haften blieb und von anderen Schriftstellern am häufigsten »ausgeborgt« wird, betrifft jedoch die »Drei Gesetze der Robotik«. Sie sind als eine Art unzerstörbarer Moralkodex in die positronischen Gehirne aller Roboter einprogrammiert. Die drei Gesetze lauten:

1. Ein Roboter darf weder einem menschlichen Wesen schaden noch zulassen, daß durch Untätigkeit ein Mensch zu Schaden kommt.
2. Ein Roboter muß menschlichen Wesen stets gehorchen, es sei denn, das stünde im Widerspruch zum ersten Gesetz.
3. Ein Roboter muß sich selbst vor Schaden schützen, es sei denn, das stünde im Widerspruch zum ersten Gesetz.

Diese Gebote sorgen dafür, daß Asimovs Roboter eine Kraft des Guten sind und daß sie, wenn sie die Verwaltung menschlicher Angelegenheiten übernehmen, was unausweichlich geschieht, das als platonische Wächter und nicht als unbarmherzige Autokraten tun.

Asimovs Kurzgeschichten sind bemerkenswert durch die Tatsache, daß mehrere davon unmittelbar vor der Erfindung des Computers geschrieben wurden. Von etwa 1950 an, als der Computer eine feststehende und weithin bekannte Tatsache geworden war, besaß die Science Fiction ein stabiles, erkennbares Modell, an dem sie ihre Roboter ausrichten konnte, und es ist bemerkenswert, daß, nachdem sie in den fünfziger Jahren eine ziemlich anachronistische »Michelin-Mann«-Phase durchlaufen hatten, die Roboter im Film sich ziemlich eng an die jeweils gängige Mode in der Konstruktion elektronischen Geräts gehalten haben. Im anderen Fall, wenn sie daran verzweifeln, die Wirklichkeit zu verbessern, sind sie zurückgekehrt zur Erscheinung von Androiden oder Humanoiden, Masken, die weniger anspruchsvoll sind, weil nur elektronische Eingeweide gezeigt zu werden brauchen, wenn den Roboter sein gerechtes Schicksal einholt.

Der Computer hatte aber eine viel bedeutsamere Konsequenz, als Hollywood-Konstrukteuren das Leben zu erleichtern; er verwandelte den Roboter aus einer unglaubhaften literarischen Erfindung in ein machbares wissenschaftliches Objekt, gewiß viel entlegener hinter dem technologischen Horizont, als der Laie annehmen mag, aber doch vorhanden. Plötzlich waren viele Fragen, die man in der Science Fiction abgehandelt hatte, keine belustigenden, hypothetischen Rätsel mehr, sondern wurden ernsthafte Studienthemen, sogar in der öffentlichen Diskussion. Es erschien beispielsweise nicht mehr völlig absurd, darüber zu streiten, wie man zwischen einem Menschen und einer Maschine unterscheiden, ob eine Maschine denken könne oder ob es möglich sei, eine Maschine zu bauen, die intelligenter sei als ein Mensch.

Das Auftreten des Computers kristallisierte auch vieles von dem echten, aber undeutlich ausgedrückten Unbehagen gegenüber Maschinen, das fünfzig Jahre zuvor zur Erfindung des Roboters als literarischer Figur geführt hatte. Der Mensch hatte in den vergangenen zwei Jahrhunderten vor den Maschinen viel Gelände räumen müssen: Sie waren unzweifelhaft stärker als er; sie konnten Präzisionsarbeit leisten, die nicht im Bereich seiner Fähigkeiten lag; sie konnten Erscheinungen wahrnehmen, die ihm verschlossen blieben, etwa Röntgenstrahlen und Licht außerhalb des sichtbaren Spektrums; sie konnten schneller und in einem Element, nämlich der Luft, unterwegs sein, das er nicht zu meistern vermochte; sie konnten sich augenblicklich über riesige Entfernungen hinweg verständigen; sie konnten ihn mit schreckenerregender Tüchtigkeit vernichten. Eine allgemeine Reaktion auf diese Zunahme an Macht und Reichweite der Maschinen hatte darin bestanden, das Territorium, das von der Menschheit verteidigt werden konnte, auf der Grundlage dessen neu abzustecken, was seine natürlichen philosophischen Grenzen zu sein schienen.

Die Stelle, wo der Strich zu ziehen war, lag offenkundig an der Grenze zwischen Geist und Körper. Das physische Reich mußte der Maschine vielleicht zugestanden werden, aber die traditionell menschlichen Reservate von Sprache, freiem Willen, Kreativität und abstraktem Denken blieben doch unangreifbar – was man abtreten mußte, war also lediglich das Niemandsland, das man mit dem animalischen Reich immer schon hatte teilen müssen. Es ist nicht zu weit hergeholt, wenn man sagt, in der Sprache klinge wieder, daß die Zugbrücken an der Grenze hochgezogen worden sind. Aufgaben, die sich ständig wiederholen und wenig Können erfordern, bezeichnet man als »mechanisch«; die »Maschinerie« (des Staates, der Gerichte oder was auch immer) meint das Routinehafte und Automatische daran; das »Mechanische« eines Problems ist das, was man mit formelhaft Gelerntem bewältigen kann; und als ein Politiker einen Rivalen mit Verachtung strafen wollte, nannte er ihn eine »trockene Rechenmaschine«. Im Gegensatz dazu ist »menschlich« ein Beiwort geworden, das Eigenschaften von Wärme und Mitgefühl meint, sogar eine liebenswerte Fehlbarkeit, die Maschinen zu erlangen niemals hoffen können.

Es gab ein parallel verlaufendes Argument, das die Menschheit von jenem mechanischen System auszuschließen oder auszunehmen versuchte, zu dem die Natur von der Wissenschaft unerbittlich verkleinert wurde. Darwin hatte überkommene theologische Festen dadurch unterminiert, daß er den Menschen in die Evolution hineinstellte, und in der Philosophie hatten deterministische Argumente immer mehr an Boden gewonnen. Die Fortschritte der Wissenschaft schienen zumeist den Glauben zu stützen, das Verhalten jedes Systems, sogar das des Menschen, könne, falls genügend Information über seine Bestandteile und ihr Funktionieren vorlägen, theoretisch vorhergesagt werden. In der Mitte des Jahrhunderts waren diejenigen, die solchem Denken Widerstand leisten und für die Menschheit die Würde des freien Willens zu retten suchten, auf recht verzweifelte philosophische Haarspaltereien zurückgedrängt worden, etwa auf den Einwand, das Unsicherheitsprinzip, das nachweist, daß das Verhalten subatomarer Teilchen nur in statistischem Sinn voraussagbar ist, auf irgendeine Weise noch einmal alles gerettet hatte.

Sogar die Psychologie war der herrschenden Strömung erlegen. In den Nachkriegsjahren hatte der Behaviourismus nämlich zumindest in der akademischen Welt die Vorherrschaft erlangt. Die Behaviouristen lehnten es ab, die Bedeutung anzuerkennen, die frühere Denkrichtungen der Innenschau und der Auslegung eigener Erfahrung durch das Individuum zugemessen hatten, und stuften solche Selbsterkenntnis als subjektiv und damit als belanglos und unwissenschaftlich ein. An die Stelle des Menschen als eines freien, wenngleich oft sehr fehlbaren Geistes, setzten sie ein Modell des Menschen als Maschine, deren Leistung nur im Rahmen seiner Reaktion auf äußere Reize gemessen werden könne. Die Reaktionen seien bestimmt durch Erbeigenschaften, könnten allerdings durch Konditionierung modifiziert werden, was aber wiederum ein mechanischer, vorhersagbarer Vorgang sei. Descartes stolze Behauptung »Ich denke, also bin ich«, durch die Feststellung zu ersetzen, »Du reagierst, also bist du«, war für die Empfindung, die der Mensch von seiner eigenen Würde hatte, kaum beruhigend. Mehr noch: Wenn das Gehirn die geforderten Reaktionen nicht lieferte und Konditionierung nicht als das angemessene Vorgehen erschien, war die zeitgenössische Psychiatrie entschlossen, es mit chemischen oder elektrischen Mitteln an den Platz zurückzuprügeln, wohin es gehörte.

Unter diesen Umständen ist es kein Wunder, daß diejenigen, die sich aus Vernunftgründen oder instinktiv bemühten, dieser Attacke von Maschinen und mechanischen Prinzipien zu widerstehen, das Erscheinen eines »elektronischen Gehirns« als den letzten Tropfen für den fast überlaufenden Krug empfanden. Das war nicht einfach ein weiterer Vorstoß an der umstrittenen Grenze, sondern ein kühner Blitzkrieg, der die Zitadelle rationalen Denkens einnehmen sollte. Die Debatte darüber, ob Computer »denken« können, tobt bis heute, aber die Kampftaktik war von Anfang an klar. Es ließ sich nicht bestreiten, daß Computer mathematische und logische Operationen ausführen konnten, daß sie ein Gedächtnis besaßen und daß sie Entscheidungen auf der Grundlage der Befehle zu treffen vermochten,mit denen man sie versorgte. Die Frage war, wie diese Leistung zu bewerten sei.

Befürworter des Computers (man muß erwähnen, daß viele davon Mathematiker waren und deshalb von Natur aus dazu neigten, die logische Denkweise, die der Computer gemeistert hatte, als die beispielhafte zu betrachten) verkündeten, der Krieg sei praktisch vorbei, es gehe nur noch um Nachhutgefechte, die durch die sich entwickelnde Technologie zu gegebener Zeit erledigt werden würden. Sie bekräftigten ihren Glauben, im natürlichen Verlauf des Fortschritts werde der Computer seine Fähigkeiten so erweitern, daß sie alle vom menschlichen Gehirn geleisteten Funktionen umfaßten, mit dem Argument, die exakte Definition des »Denkens« sei nicht von Belang: Wenn ein Computer nach allen Maßstäben zu denken *scheine,* dann *denke* er auch. Diese Definition der Gehirnleistung im Rahmen des Anscheins, den sie einem Beobachter bietet, hängt offenkundig stark mit dem Behaviourismus zusammen. Die berühmteste Formulierung dieses Arguments ist der sogenannte Turing-Test, erstmals 1950 von dem britischen Mathematiker und Computerwegbereiter Alan Turing als Kriterium für die Beurteilung mechanischer Intelligenz vorgelegt.

Turing wollte von einem Menschen und einer Maschine Fragen beantworten lassen, die eine Person in einem anderen Raum stellte. Sowohl der Mensch als auch die Maschine sollten den Fragesteller, mit dem sie nur schriftlich verkehrten, davon überzeugen, daß sie Menschen seien. Wenn der Fragesteller auf der Grundlage der erhaltenen Antworten nicht entscheiden könne, wer Mensch und wer Maschine sei, hätte die Maschine den Test bestanden. Turing unterstrich die Gültigkeit seines Tests durch den Vergleich mit einer ähnlichen Situation, in der einer der Antwortenden eine Frau, der zweite ein Mann wären und jeder den Befrager davon überzeugen sollte, eine Frau zu sein. Die Tatsache, daß beim ersten Test einer der Beteiligten in Wahrheit mechanisch und der andere ein Mensch sei, sage über ihren Erfolg so wenig aus wie über das Geschlecht beim zweiten. Das läuft auf die Behauptung hinaus, wenn eine Imitation in der Praxis ausreichend überzeugend sei, ergäbe es keinen Sinn, sie grundsätzlich vom Echten zu unterscheiden.

Eine mögliche Erwiderung auf diesen Gedankengang wäre, es käme, gleichgültig, wie eindrucksvoll die Leistung des Computers auf Anhieb erscheinen möge, allein auf die Geschicklichkeit seiner Konstrukteure und den Einfallsreichtum derer an, die seine Programme schreiben; damit sei er ein Produkt menschlicher und nicht mechanischer Intelligenz. Um dem zu begegnen, beriefen sich Befürworter des Anspruchs der Maschine, intelligent zu sein, erneut auf das behaviouristische Menschenmodell. Das dem Computer in Form seiner logischen Schaltungen eingebaute Potential sei, so meinten sie, eine exakte Entsprechung der neurologischen Ausstattung, mit der man als Mensch auf die Welt kommt, Programme entsprächen menschlicher Erfahrung und ererbten Fähigkeiten. In der Sicht der Behaviouristen ist die menschliche Reaktion auf einen Reiz nämlich ebenso Folge eines Programms oder Mechanismus wie bei einem Computer; die Meinung, da eine Maschine von Menschen gebaut sei und ihre Programme von Menschen stammten, sei ihre Leistung in irgendeiner Weise geringerwertig, müsse als subjektiv und irrational gelten.

Die Verteidiger der humanistischen Position sahen die Dinge natürlich anders. Obwohl ganz gewiß ein Vorstoß in ein Gebiet gelungen war, das der Mensch bislang für sich beansprucht hatte, konnte der Rückschlag dadurch wettgemacht werden, daß man den verlorenen Boden neuerdings als im Grunde mechanisch einstufte. Die Nachhut, die unterwegs eine ganze Anzahl intellektueller Gerätschaften aufgab, flüchtete sich in neue Stellungen auf dem höherliegenden Gelände von menschlicher Kreativität, Phantasie und sogar Emotion. Von dort schleuderten sie neue Herausforderungen hinab – könne ein Computer Gedichte schreiben? Eine Symphonie komponieren? Sich verlieben? Das Beste, womit ihre Gegner aufzuwarten vermochten, war die Antwort: »Wartet nur ab«. Das konnte zunächst als Eingeständnis aufgefaßt werden, daß der Krieg sich in einen Aushungerungsfeldzug verwandelt hatte. Die Verfechter des Computers sind weit davon entfernt, den Kampf aufzugeben; Leute, die künstliche Intelligenz erforschen, beschießen weiterhin aus dem Hinterhalt die vorgelagerten Stellungen der humanistischen Front; von Zeit zu Zeit erobern sie einen Vorposten – der Erfolg von Computern beim Schachspiel ist ein naheliegendes Beispiel – und feuern gelegentlich einen weitreichenden Schuß auf ein höherliegends Ziel ab. Die Gesamtlage hat sich aber vielleicht nicht so stark verändert, wie sie gehofft hatten. Es gibt jedoch wenig Zweifel daran, welche Seite die belagerte ist und wo die Belagerer stehen.

Die Relevanz dieser Diskussion, die in den fünfziger Jahren überhaus hitzig wurde, hatte für den Roboter doppelt Belang. Das Erscheinen des Computers lieferte endlich die Denkausrüstung, die notwendig war, wenn Roboter je aus dem Reich des Fiktiven in die Wirklichkeit stolpern sollten. Wie sich jedoch zeigte, dauerte es aus technischen Gründen, mit denen wir uns später befassen, erstaunlich lange, bis das Computer»gehirn« in einem mechanischen »Körper« Unterkunft fand, und der wirkliche Roboter trat erst Ende der sechziger Jahre aus seinem Mutterschoß im Labor. Bis jetzt ist er, obgleich ein kräftiges Kind, das als Konkurrent auf dem Arbeitsmarkt schon seine Muskeln spielen läßt, weit davon entfernt, den erfundenen Artgenossen zu gleichen.

Auf kurze Sicht hatte das Auftreten des Computers in viel höherem Maß direkte Auswirkungen auf den fiktiven Roboter: Er verlieh der Idee eine Glaubwürdigkeit, die ihr bis dahin gefehlt hatte. Vorher war es nicht möglich gewesen, den Roboter klar einzustufen: Capek und andere hatten ihn als ein Symbol für etwas Unerfreuliches verwendet, das sich in der Fabrikhalle regte, Fritz Lang ihn in »Metropolis« dazu benützt, eine allgemeine mechanische Bösartigkeit darzustellen, und sogar Asimov hatte trotz all seiner Bemühungen um Realismus eine Erfindung, das positronische Gehirn, zugrundelegen müssen, die kein Fundament in der zeitgenössischen Wissenschaft besaß. Die meisten Schriftsteller haben sich nicht übermäßig um wissenschaftliche Wahrscheinlichkeit gekümmert, weil sie die Behauptung für ausreichend hielten, auf irgendeine Weise werde irgendwann und irgendwo eine moderne Version von Frankensteins Monster auftauchen und wie ein künstlicher Samson den Tempel der Technologie über der Menschheit niederreißen.

Der Computer änderte das alles und lieferte eine fertige »Persönlichkeit« für den Roboter. Er sollte kein stählerner Golem sein, der Unheil anrichtete, sondern ein mit Transistoren vollgestopfter Bürokrat, der das Ende der Welt nicht mit einem Knall, sondern mit einem Computerprotokoll herbeiführte. Erneut zeigt sich Asimovs unheimliche Weitsicht: Die letzte Kurzgeschichte in »I, Robot« ist vielleicht die erste, worin der Roboter über den Menschen triumphiert, nicht durch materielle Vernichtung oder seine Versklavung, sondern einfach dadurch, daß er der endgültige Alleswisser ist. In dem Film »2001: Eine Weltraumodyssee« ist der Computer HAL für den neuen Roboter typisch: herrisch, allwissend und letzten Endes größenwahnsinnig. Er steht für alles, was wir am Computer verabscheuen und fürchten.

Die gesamte Geschichte des fiktiven Roboters vom Golem bis zum elektronischen Diktator hat Entsprechungen in der Legende vom Doppelgänger. Der ursprüngliche Doppelgänger war ein der Phantasie entsprungenes Double, dessen Erscheinen den Tod des Opfers ankündigte. Offensichtlich besitzt die Idee eines Zwillings, der sozusagen aus dem Spiegel tritt, um die schlimme Nachricht zu überbringen, daß die Zeit gekommen sei, etwas außerordentlich Unheimliches, und vieles von ihrer Macht beruht auf der stillschweigenden Unterstellung, das Individuum sei nicht länger einzigartig und deshalb für sich selbst nicht mehr »wirklich«. Überträgt man diese Idee vom mechanischen auf den elektronischen Menschen, hat man es mit einem Doppelgänger zu tun, was doppelt erschreckt. Er besiegt den Menschen beim Spiel des Denkens, das er stets für sich allein beansprucht hatte, und signalisiert deutlich, wenn schon nicht körperliche Vernichtung, dann zumindest den metaphysischen Tod das lange als kostbar gehüteten Bewußtseins unserer eigenen Einzigartigkeit. Die apokalyptische Bestie trägt nicht mehr die Zahl 666, sondern ihre binäre Entsprechung.

Die Erwartung oder Befürchtung, zuletzt werde sich ein mechanischer Doppelgänger mit diesen Eigenschaften einstellen, führte zu vielerlei Spekulationen in der utopischen Literatur und anderswo darüber, wie wir darauf reagieren müßten. Wenn er sich als so intelligent erweisen sollte wie der Mensch, welche Rechtfertigung gab es dann dafür, ihn nicht wie einen Menschen zu behandeln? Ihn als minderwertig einzustufen, mußte als eine Art Rassismus oder Sklaverei erscheinen, oder besitzen Fleisch und Blut einen inneren Wert, der ihnen Überlegenheit gegenüber Stahl und Siliziumchips verleiht und ein System der Apartheid nahelegt? Die Probleme vervielfachen sich, wenn man den Gedanken zu seinem logischen Schluß weiterverfolgt, nämlich, daß eine Technologie, die eine dem Menschen entsprechende Maschine hervorbringt, bald auch eine solche erzeugen wird, der ihn übertrifft. Hat der Mensch in diesem Fall nicht in einem Prozeß der Lamarckschen Evolution seinen eigenen Nachfolger hervorgebracht, und hätten wir, so wir an dem Grundsatz festhalten, den wir verwenden, um unsere eigene autoritäre Haltung gegenüber der Natur zu rechtfertigen, nicht die Pflicht, abzutreten und dem überlegenen Wesen Platz zu machen?

Keines dieser Probleme hat schon konkrete Dringlichkeit erlangt; selbst wenn man den Turing-Test als gültigen Maßstab anerkennt, liegt eine Maschine, die ihn überzeugend bestehen könnte, noch geraume Zeit in der Zukunft, und die heutige Generation von Robotern zeigt keine Neigung zu einem Sklavenaufstand. Die Probleme, die sie aufwerfen, sind allen Maschinen der Industrieproduktion gemeinsam. Die Roboter von heute mögen Arbeitsplätze kosten, aber sie bewerben sich nicht um Wahlämter oder bitten um die Hand deiner Tochter. Besitzen wir dann das Recht, die Vision als ein makabres Phantasieprodukt zu mißachten, das praktisch keine größere Bedeutung besitzt als die Prophezeiungen des Nostradamus?

Die Frage kann von der Wissenschaft der Robotik auf ihrem derzeitigen Entwicklungsstand nur zum Teil beantwortet werden. Dieses Buch wird aber versuchen, folgenden Nachweis zu führen: Die Propheten des Roboters sind zwar in mancherlei Beziehung bemerkenswert erfolgreich gewesen, haben jedoch zumeist die Bedeutung einer »nach dem Menschen geschaffenen Maschine« in einer sehr wichtigen Hinsicht nicht erkannt.

Der Ausgangspunkt praktisch aller ernsthaften Überlegungen zu Robotern war der, daß sie auf die eine oder andere Weise durch die Weiterentwicklung vorhandener Maschinen hervorgebracht (der weitere Weg konnte natürlich erst mit dem Aufkommen des Computers in irgendeiner Hinsicht definiert werden) und deshalb bekannten Maschinen darin gleichen würden, daß sie deterministisch und berechenbar seien. Wie der behaviouristische Mensch mochten sie Verhaltensweisen an den Tag legen, die an der Oberfläche unerklärbar waren; Verständnis würde aber folgen, sobald man die Geheimnisse ihrer Mechanismen und die Regeln kannte, an die sie sich hielten. Ferner wurde angenommen, daß, wenn Roboter menschliche Fähigkeiten erreichten oder übertrafen, das Kriterium für ihre Beurteilung das behaviouristische sein würde, gegründet allein auf das, was sie lieferten. Von diesem Standpunkt aus läge es prinzipiell neben der Sache, die Frage zu stellen, ob ein Roboter dasselbe Ergebnis erziele, weil er auf dieselbe Weise arbeitet; es käme allein darauf an, daß das Ergebnis vergleichbar ist.

Die Überzeugung, das Entscheidende bei Robotern seien die nützlichen Zwecke, die sie erfüllen, und nicht die technischen Mittel, die sie anwenden, wurde bestärkt durch den Erfolg des Computers auf bestimmten Gebieten. Heute steht außer Streit, daß Computer Information in Mengen und mit einer Schnelligkeit speichern und wiedergewinnen können, die weit über die Kapazität jedes menschlichen Gehirns hinausgehen, und dasselbe gilt für die Verarbeitung dieser Information nach logischen Regeln. Es trifft aber auch zu, daß diejenigen, die versucht haben, diese Fähigkeit auf andere Bereiche, wie den Gebrauch von Sprache, die Organisation und Interpretation von Sinnesdaten oder das Erkennen von Mustern, auszudehnen, auf Schwierigkeiten gestoßen sind, die sich nur zum Teil durch den Einsatz immer größerer Computerleistung beheben lassen. Bei manchen Robotikern wächst der Verdacht, es könnte, wenn ihre Maschinen auf einer Vielzahl von Gebieten menschlicher Leistung entsprechen sollen, notwendig sein, nicht nur genauer zu betrachten, *was* wir tun, sondern, *wie* wir es tun.

Gewiß trifft zu, daß es viele auffallende Parallelen zwischen Computer und Gehirn gibt, wahr ist aber auch, daß dies die Folge dessen ist, was ein Evolutionstheoretiker Konvergenz nennen würde, und nicht irgendeiner Absicht, das Gehirn nachzubilden, und langsam hat es den Anschein, die Unterschiede könnten bedeutsamer sein als die Ähnlichkeiten. Kurz gesagt: Es kann sein, daß das Unvermögen des Computers, in manchen sehr wichtigen Punkten dem Gehirn zu entsprechen, daran liegt, daß er nicht wie ein Gehirn funktioniert, und, darüber hinaus, daß das Bemühen, ihn ständig zu vergrößern, niemals ein Ergebnis erzielen wird, das auch nur den behaviouristischen Betrachter befriedigen würde.

Paradoxerweise sind die Schwierigkeiten nicht nur auf der Ebene des kreativen Denkens und der Phantasie aufgetreten – auf dem Gebiet, das von den Computergegnern so heftig verteidigt wird – sondern auch auf der sehr prosaischen Stufe visueller Wahrnehmung und physischer Koordination, eindeutig Dinge, die dem Robotiker am Herzen liegen. Die Beschränkungen können erläutert werden durch das, was als »Kranführerrätsel« zu bezeichnen wäre.

Hebt ein Kran einen schweren Gegenstand irgendwo, sagen wir, an einem Kai, hoch, und setzt ihn an einer anderen Stelle, etwa in einem Schiffsbauch, ab, so muß der Kranführer berücksichtigen, daß die Last, die vom Auslegerende herabhängt, sich wie ein Pendel verhält. Sie wird zu Beginn der Bewegung hinter dem Ausleger zurückbleiben und beim Anhalten hinausschwingen. Viel Zeit ginge verloren, wenn der Kranführer das Aufhören des Hin- und Herschwankens abwarten müßte, bevor er die Last in den Schiffsraum hinabsenkt, und ein geschickter Kranführer meistert rasch die Kunst, den Ausleger so zu steuern, daß der Pendeleffekt sogar ausgenutzt wird. Die Geschicklichkeit liegt darin, den Ausleger kurz anzuhalten, bevor er sich direkt über der Stelle befindet, wo die Last hinabgelassen werden soll, und ihn dann genau im richtigen Augenblick zu bewegen, damit die zurückpendelnde Last abgefangen und zum Stillstand gebracht wird. Überdies kann ein geschickter Kranführer instinktiv die veränderlichen Kräfte wie das Gewicht der Last und die Kabellänge berücksichtigen. Das Interessante dabei: Probleme dieser Art haben sich als bemerkenswert widerspenstig gegenüber einer Lösung durch die Berechnungsvorgänge erwiesen, auf die ein Computer sich stützt, und es ist klargeworden, daß, selbst wenn ein orthodoxer Computer zur Meisterung des »Rätsels« entwickelt werden sollte, die Methoden, die er anzuwenden hätte, sich von denen des Kranführers grundsätzlich unterscheiden würden.

Langsam entsteht der Eindruck, als sollte der Versuch, den Computer in Rollen zu zwängen, für die er nicht geschaffen ist, ersetzt werden müssen durch eine andere Methode, darauf gegründet, das innere Funktionieren des Gehirns im selben Maß genauer nachahmen zu wollen wie seine Leistung. Im Grunde läuft dies darauf hinaus, den Versuch aufzugeben, von einer Maschine, die auf einem traditionellen, mechanischen Modell beruht, eine vergleichbare Leistung zu verlangen, und statt dessen den Bau von Maschinen zu versuchen, die an das biologische Original angelehnt sind. Die Bauteile werden dieselben bleiben, die Art ihrer Organisation wird aber eine völlig andere sein.

Der Gedanke, durch einen direkten Vergleich mechanischer und biologischer Systeme vorankommen zu wollen, ist nicht völlig neu, obschon er erst vor vergleichsweise kurzer Zeit seinen Propheten in der Gestalt Norbert Wieners, des Begründers der Kybernetik, gefunden hat. Wiener definierte Kybernetik als »die Wissenschaft der Steuerung von Mensch und Maschine«, und sie ist natürlich einer der Ecksteine der Robotik. Ihre Bedeutung für die heutige Debatte liegt aber darin, daß sie Möglichkeiten nicht nur in der Technik, sondern auch in der Medizin, der Untersuchung des Menschen, eröffnet hat. Beispielsweise benützte auch Wiener eine Abart des »Kranführerrätsels«, um den Defekt im menschlichen Nervensystem zu untersuchen, der die Krankheit *Ataxie* (Koordinationsstörung) hervorruft.

Es sammeln sich Nachweise dafür an, daß die Übernahme einer ähnlichen Methode für andere Aspekte der Gehirnfunktion ebenso zu einem besseren Verständnis für sie führen, wie sie uns ermöglichen wird, Maschinen zu konstruieren, die diese Funktion nachvollziehen können. Solche Maschinen würden der Robotik eine neue und wichtige Dimension verleihen, denn das Bestreben, bessere Roboter zu bauen, würde ein Versuch werden, den Menschen zu verstehen, statt einfach durch andere Mittel seine Fähigkeiten zu erreichen oder zu übertreffen.

Das soll nicht heißen, daß alle Robotiker sich ins Labor zurückziehen und versuchen werden, funktionierende Modelle von sich selbst hervorzubringen, oder daß alle Roboter die Form von

Menschenprototypen annehmen werden. Ihre große Mehrzahl wird ohne Zweifel in Fabrik oder Büro tätig sein und zunehmend ein Problem darstellen, wenn ihre Vorteile gegenüber menschlichen Arbeitskräften deutlicher hervortreten. Wir werden mit dem *Robotus industrialis* fertigzuwerden haben, so gut wir können, und Trost vielleicht daraus beziehen, daß die Konkurrenz, die er darstellt, nicht metaphysischer, sondern wirtschaftlicher Art ist – schließlich würde er als Konkurrent vieles verlieren, sollte er menschliche Eigenschaften in dem Ausmaß entwickeln, daß er Kaffeepausen oder einen Jahresurlaub verlangt.

Der *Robotus fundamentalis* dagegen stellt nicht ganz die Bedrohung dar, die vorausgesehen worden war. Statt ein aggressiver Eindringling aus der mechanischen Sphäre zu sein, sieht er mit der Zeit eher nach einem willigen Ersatz für den Menschen aus, mit dem wir Experimente anstellen und Hypothesen prüfen können, die wir als unerträglich empfinden müßten, wenn die Versuchskaninchen Menschen wären. Man braucht solche »klinischen Roboter« nicht als exakte Nachbildungen oder unanständig realistische Parodien menschlicher Wesen zu sehen. Statt dessen würden sie der Wissenschaft ein neues und wertvolles Instrument liefern. Wir haben uns sehr an die Vorstellung gewöhnt, daß die Verwendung von Tieren für medizinische Experimente auf der Anwendung einer Analogie beruht, nämlich, daß der »Mensch ein Tier ist«, und die Tatsache, daß wir es für sinnvoll halten, Medikamente an Kaninchen oder die Wirkung von Strahlung an Affen zu erproben, geht nicht von dem Glauben aus, Menschen und Tiere wären gleich. Statt dessen wird unterstellt, daß Menschen und Tiere in manch wichtiger Beziehung sehr ähnlich, in anderer wieder völlig unähnlich sind. Der Gebrauch einer neuen Analogie, »der Mensch ist ein Roboter«, braucht deshalb nicht zu beinhalten, daß unser eigenes Gefühl für den Wert, ein Mensch zu sein, verringert wird.

Das wichtigste Gebiet, auf dem der Vergleich vom Menschen als Roboter genutzt werden könnte, ist die Untersuchung des Gehirns. Auch hier brauchen wir keine buchstäbliche Entsprechung zu unterstellen. Es läge gewiß außerhalb der Möglichkeiten jeder vorhersehbaren Technologie, die elektrochemischen Mechanismen des natürlichen Gehirns nachzugestalten, aber es könnte in unserer technologischen Reichweite liegen, Maschinen hervorzubringen, die Information auf dieselbe Weise verarbeiten wie das Gehirn. Man benötigt nicht viel Phantasie, um zu erkennen, daß eine Bestrebung dieser Art neues und erhellendes Licht auf eine ganze Reihe von Fragen werfen könnte, die Jahrhunderte lang sogar dem wagemutigsten menschlichen Geist Widerstand geleistet haben. Manche davon gehören zu den tiefgründigsten, mit denen die Philosophie sich befaßt hat. Da ist die Frage des Determinismus oder die Bedeutung von Kultur im Gegensatz zur Natur für uns als Individuen (denn eine solche Maschine würde sicherlich der Erfahrung ausgesetzt und genauso erzogen werden müssen wie ein Kind); da ist die Beziehung zwischen Geist und Körper (für den Robotiker ist das kein abstraktes Rätsel, sondern ein praktisches Konstruktionsproblem); da ist das Wesen des »Geistes« selbst. Kehren wir die Schlußszene von »RUR« in paradoxer Weise um, hat es den Anschein, daß wir, statt Roboter zerlegen zu müssen, um zu sehen, wie *sie* funktionieren, versuchen werden, sie zusammenzubauen, um festzustellen, wie *wir* funktionieren.

Diejenigen, die gegen das Unternehmen, die innersten Geheimnisse unseres Denkens zu erkunden, mit der Begründung sind, es sei entweder unfromm oder unklug, können Trost wenigstens aus der Tatsache beziehen, daß der Doppelgänger, sobald und falls sie ihm begegnen, erkennbar sein wird. Wir werden kein mechanisches Gegenstück zu Frankensteins Monster geschaffen, sondern uns selbst oder zumindest den Aspekt von uns neu erfunden haben, den wir gern als ausschließlich »menschlich« betrachten.

2
Was ist ein Roboter A.D. 1984?

Jetzt leiht mir das Ohr, nochmals zähl' ich vor
die fünf unverkennbaren Dinge,
woran ihr erkennt, wohin ihr auch rennt,
die gültigen, ganz echten Kringe.
Lewis Carroll »Die Jagd nach den Kringen«

Kein vorhandener Roboter hat Ähnlichkeit mit den den Phantasierobotern der utopischen Literatur, so wenig, wie die Raumkapsel Mercury dem Raumschiff »Enterprise« im Fernsehen gleicht. Während eines Tages Raumschiffe aber unseren Vorstellungen davon entsprechen mögen, wie sie aussehen »sollten«, spricht sehr wenig dafür, daß das bei Robotern der Fall sein wird. Fiktive Roboter werden, wie wir gesehen haben, in erster Linie auf dramatische Wirkung konstruiert; Roboter im realen Leben dagegen sind wie alle anderen Maschinen hauptsächlich auf Nützlichkeit abgestellt.

Bahnbrecher wie Joseph Engelberger von Unimation Inc., der den Industrieroboter geschaffen und in seiner schwierigen Kindheit aufgepäppelt hat, um ihn seine heutige gesunde und überschwengliche Halbwüchsigkeit erreichen zu sehen, wurden nicht von dem Wunsch angetrieben, die Phantasieeinfälle der SF in Wirklichkeit zu verwandeln, auch nicht von einem verzehrenden Interesse an grundsätzlichen Vergleichen Mensch-Maschine. Was sie sahen, war, daß eine ganze Gruppe von Technologien den Punkt erreicht hatte, wo man Maschinen zu bauen vermochte, die einen direkten und wirtschaftlich vorteilhaften Ersatz für menschliche Arbeit bieten konnten. Engelbergers Buch »Robotics in Practice« erklärt sich ganz offen. Wie er schreibt, waren es die steigenden Arbeitskosten in den Nachkriegsjahren und die Schwierigkeit, auf einem leergefegten Arbeitsmarkt Beschäftigte für unangenehme, langweilige oder monotone Tätigkeiten zu finden, die den frühen Robotern einen Einstieg am Arbeitsplatz verschafften. Nachdem sie sich bewährt hatten, wurden andere Vorteile deutlich: Roboter konnten nicht in Streik treten oder Lohnerhöhung verlangen; sie arbeiten klaglos rund um die Uhr, Schicht um Schicht, und sie beklagen sich nicht über die Tätigkeiten, die sie auszuführen haben.

Im Verfolg von Effizienz und Wirtschaftlichkeit hatte die Industrie viele Produktionsvorgänge in einfache, von Wiederholung bestimmte Stufen zerlegt, die vom Fließbandarbeiter oder Maschinisten wenig Geschick verlangten und den Abstand zwischen dem Facharbeiter, der die Maschinen aufstellte und wartete, und der großen Mehrheit der Arbeiter, die sie nur bediente, vergrößert. Wie Engelberger bestätigt, war es die Tatsache, daß so viele Tätigkeiten in der Industrie von Fachkönnen fast ganz befreit worden waren, die vorstellbar machte, sie von Robotern ausführen zu lassen.

Die Wissenschaft oder Technologie der Robotik – und es lohnt der Hinweis, daß, so, wie der Welt das Wort Roboter von einem Dramatiker geschenkt wurde, das Wort Robotik von einem Romanschriftsteller, nämlich Asimov, stammt – zielt gewiß darauf ab, Roboter hervorzubringen, die unserer Arbeitsdefinition von »einer Maschine nach dem Bild des Menschen« entsprechen, aber nur, wenn das Wort »Bild« nicht wörtlich, sondern ganz allgemein verstanden wird. Den Versuch zu unternehmen, die gehende, sprechende mechanische Puppe zu bauen, die den meisten Menschen einfällt, wenn sie das Wort Roboter hören, wäre fast mit Gewißheit sinnlos. Erstens haben wir vom Originalmodell Exemplare mehr als genug und können es durch Methoden ergänzen, die zuverlässiger – und möglicherweise befriedigender – sind als moderne Technikforschung.

Zweitens: Zwar gibt es Aspekte des menschlichen Modells, die wir mit Sicherheit verbessern können, etwa Kraft und Ausdauer, und solche, bei denen wir möglicherweise Entsprechendes erreichen können, vielleicht bei Intelligenz und sinnlicher Wahrnehmung, aber andere, wie der Zellmetabolismus oder die Mechanik der Fortpflanzung, liegen ganz außerhalb des Bereichs jeder bekannten Technologie. Schließlich gibt es viele menschlichen Eigenschaften, die nachzuerschaffen ganz und gar nicht wünschenswert wäre. Wer wünscht sich schon einen Roboter, der jeden Tag acht Stunden Schlaf und einen Jahresurlaub braucht, oder im Alter leicht krank wird?

Womit sich die Robotik also befaßt, sind jene menschlichen Eigenschaften, die nachgestalten zu wollen gleichzeitig nützlich und machbar erscheint; es ist aber durchaus nicht klar, ob wirklich ein Vorteil darin liegt, sie alle in einer einzigen Maschine, einem *Robotus universalis*, unterzubringen. Viel wahrscheinlicher dürfte sein, daß die Roboter der Zukunft nach dem Grundsatz »jedem Roboter sein eigener Job« spezialisiert und grundverschieden sein werden. Wenn man exakt sein möchte, müssen wir deshalb unsere Definition ergänzen, so daß etwa herauskommt: »Eine *Kategorie von Maschinen*, die *in einer oder mehreren Beziehungen* nach dem Bild des Menschen geschaffen sind.«

Um die Frage zu Beginn dieses Kapitels zu beantworten, befassen wir uns zunächst mit der Art von Industrierobotern, die zur Zeit in Herstellerlisten aufgeführt werden. Das ist der beste Ausgangspunkt, und sei es nur deshalb, weil der Roboter erstmals in der industriellen Umwelt zu einer unterscheidbaren Gattung wurde und der heutige Industrieroboter deshalb ein repräsentatives Beispiel für den »Stand der Technik« ist, mit dem wir uns in den folgenden drei Kapiteln befassen wollen.

Da die industrielle Welt im vergangenen Jahrhundert oder noch länger beinahe schon der Definition nach eine mechanische gewesen ist, muß die erste Frage lauten: Was unterscheidet einen Roboter von Maschinen im allgemeinen? Darauf gibt es verschiedene Antworten, je nach dem Befragten. Ein Industrieller, dem es vor allem darum geht, was Maschinen leisten, und weniger darum wie sie es tun, würde die auffallendsten Merkmale eines Roboters in seiner Fähigkeit sehen, menschliche Arbeiter mehr oder weniger auf einer Basis Eins zu Eins zu ersetzen, und in seiner Vielseitigkeit, die ihm wie einer menschlichen Arbeitskraft gestattet, eine Vielzahl verschiedener Aufgaben zu bewältigen. Ein Produktionsingenieur, der darauf achtet, wie Maschinen arbeiten, würde diese Ansicht durch den Zusatz ergänzen, der Besitz eines Gelenkarms analog zum menschlichen Arm sei eine Grundbedingung. Ein Elektronikingenieur dagegen würde die Regelungsaspekte hervorheben, die Roboter im Gegensatz zu vielen anderen Maschinen selbständig machen: Sie müssen eine Folge von Vorgängen ohne menschliche Aufsicht ausführen können. Wird zusätzlich von ihnen verlangt, daß sie verschiedene Rollen übernehmen, heißt das, daß sie irgendein Gedächtnis brauchen, in dem die für die Bewältigung einer bestimmten Aufgabe erforderlichen Schritte festgelegt werden, und um dem Erfordernis der Vielseitigkeit zu entsprechen, muß das Gedächtnis der Veränderung oder Ergänzung zugänglich sein.

Es ist natürlich eine Funktion der meisten Maschinen, menschliche Arbeit zu ersetzen, und viele – etwa Nähmaschinen oder Elektroquirle – nehmen den Platz eines einzelnen Beschäftigten ein; manche, wie mechanische Grabmaschinen, verwenden einen Gelenkarm; wieder andere, wie automatische Waschmaschinen, verzichten zumindest für die Dauer eines einzelnen Arbeitsgangs auf menschliche Bedienung. Man kann aber schwerlich eine andere Maschine außer dem Roboter nennen, die alle drei Eigenschaften vereint, und noch schwerer eine, die auch verschiedenen Zwecken angepaßt werden kann. Ein Industrieroboter ließe sich deshalb beschreiben als die einzige Art von Maschine, die bisher von einem Menschen ausgeführte Tätigkeiten zu übernehmen vermag, einen Gelenkarm besitzt, sich eine Folge von Vorgängen merken und sie ohne Aufsicht wiederholen und auf eine Vielzahl von Zwecken umgestellt werden kann. Diese Beschreibung paßt zu der allgemeineren Definition einer »Maschine nach dem Bild des Menschen« insoweit, als die einzige andere »Maschine«, die ihr entspricht, der Mensch ist.

Trotz der hochtechnologischen Ausstrahlung, die sie umgibt, war die Art von Rolle, für die der Industrieroboter erdacht wurde, kaum ruhmreich oder, nach menschlichen Begriffen, eine Herausforderung. Um 1960, als die ersten Industrieroboter auf den Plan traten, waren die Tätigkeiten, die in der Industrie großen Maßstabs unmechanisiert und unautomatisiert blieben, – wenn sie nicht soviel Können erforderten, daß sie die Fähigkeiten jeder praktikablen Maschine überstiegen – in der Regel ungelernte und prosaische: Maschinen Werkstücke zureichen und sie wieder entfernen, Teile von einem Laufband zum anderen befördern, Fertigprodukte verpacken und stapeln. Kurz gesagt, bei vielen lief es darauf hinaus, daß sie Gegenstände an einer Stelle aufzuheben und an einer anderen abzusetzen hatten. Es war natürlich genau diese Art von Arbeit, die viele industrielle Tätigkeiten langweilig, eintönig und unbefriedigend machte und dem Arbeiter das Gefühl verlieh, er sei weniger Herr als Diener der Maschinen.

Die ersten Roboter, nun oft zu verlängerten Händen degradiert, waren dazu gedacht, in dieser Art von Nische menschliche Arbeit zu ersetzen. Was man brauchte, war eine Maschine, die fortlaufend einen Gegenstand ergreifen, ihn aufheben, an eine neue Stelle befördern und sie absetzen konnte – und das immer wieder. Die Arme und Greifer (im Robotikjargon »Endeffektoren«) stützten sich bei ihrer Konstruktion, soweit sie nicht alltäglicher Technikpraxis entstammten, auf das vergleichsweise neue Gebiet der »Telecherics« (Fernsteuerung), was man die »Technologie der verrückten Zangen« nennen könnte, nämlich, auf Entfernung die Bewegungen von Menschenhand und -arm nachzuvollziehen. Die Notwendigkeit, mit gefährlichen Stoffen wie radioaktiven Substanzen hinter einem Schutzschirm präzise umzugehen, hatte zu raschen Fortschritten in der Fernsteuerung geführt, die ihrerseits von der Arbeit in der Prothetik profitierte, dem Bau künstlicher Gliedmaßen für Amputierte.

Es ist durchaus möglich, solche Manipulatoren nach wohlbekannten technischen Modellen zu bauen; in der einen oder anderen Form sind sie sogar alltäglich. So verwenden die meisten Druckmaschinen Greiferpaare, die der Reihe nach jedes Blatt Papier ergreifen und in die Druckmaschine befördern. Manipulatoren dieser Art sind aber eindeutig hochspezialisiert, dazu konstruiert, mit einem bestimmten Material oder Bauteil in einem bestimmten Zusammenhang zu arbeiten. Überdies funktionieren sie nach traditionellen mechanischen Grundsätzen; die Bewegung der Greifer wird bestimmt durch Systeme von Kurbeln, Hebeln oder Zahnrädern, und geändert werden können diese Bewegungen eigentlich nur dadurch, daß man die Maschine umbaut.

Ein Arm mit drei oder mehr Gelenken liefert die Mittel, einen Greifer innerhalb eines bestimmten Raums in unendlich viele Positionen zu bringen und ihn vor allem dann, wenn das »Hand«gelenk in zwei oder drei Ebenen beweglich ist (zwei oder drei »Freiheiten« hat), eine Vielzahl verschiedener Haltungen bewirken; und die Energie zur Bewegung der Gelenke stammt von wohlerprobten elektrischen, pneumatischen oder hydraulischen Anlagen. Das Problem ergibt sich aus der Notwendigkeit, die »Kommandos« zu speichern und notfalls zu ändern, die den Gelenken sagen, in welcher Weise, um wieviel und in welcher Folge sie sich drehen sollen. Die Methoden, die man bei der ersten Generation von Manipulatoren anwandte, nutzten elektromechanische Schalter (Schalter, die sich schließen, wenn Strom in einen Elektromagneten fließt, und sich öffnen, wenn er abgeschaltet wird, ähnlich dem Solenoid [Zylinderspule], das den Anlassermotor eines Autos betreibt, wenn der Zündschlüssel gedreht wird), hintereinander ausgelöst von einem Gerät ganz ähnlich dem automatischen Zeitmesser einer Zentralheizung. Vielseitigkeit wurde dadurch erreicht, daß man die Schalter mit der Steuer»uhr« über ein »Schaltbrett« verband, das einem altmodischen Telefon-Vermittlungsschrank glich.

Die Schwierigkeiten bei solchen Anlagen waren zweifacher Art. Einmal war die Aufgabe, das Schaltbrett zur »Programmierung« einer neuen Tätigkeit umzustellen, mühsam und zeitraubend und erforderte oft tagelange Arbeit; in einem gewissen Sinn ging es immer noch darum, die Maschine umzubauen oder, in Computerbegriffen, anstelle der Software die Hardware zu modifizieren. Zweitens war das Maß an Steuerung, das durch eine Serie von Ein/Aus-Schaltern bewirkt werden konnte, sehr primitiv; die Befehle, die sie in Form von Energiestößen an einen bestimmten Motor oder ein Ventil gaben, waren einfachster Art: »Beweg dich« oder »Steh still«. In der Praxis konnte der Befehl, »stillzustehen«, selten ausreichend genau festgelegt werden, und man brauchte mechanische Haltepunkte und Begrenzungsschalter (solche, die von dem Arm betätigt wurden, der mit ihnen in Berührung kam), um die Greifer halbwegs genau einzustellen. Die Notwendigkeit, diese Haltepunkte und Schalter umzustellen, verlängerte die Zeit, die erforderlich war, um den Manipulator für eine neue Aufgabe umzuprogrammieren.

Der Computer lieferte ein Mittel, die Fähigkeiten des Manipulators radikal zu verbessern, bis zu dem Punkt, wo man ihn zu recht einen Roboter nennen konnte. Er vermochte nicht nur die ganze Befehlsfolge in elektronischer Form zu speichern, sondern konnte auch Information empfangen und danach handeln, die von Sensoren am Arm selbst geliefert wurde. Wir werden die große, entscheidende Frage nach Steuerung, Regelung und dem Beitrag der Kybernetik in einem späteren Kapitel behandeln; hier genügt der Hinweis, daß die Genauigkeit beträchtlich gesteigert werden kann, wenn die Befehle, die der Arm erhält, eine Form annehmen wie: »Beweg dich und melde laufend deine Position, bis ich dir sage, wann du stillstehen sollst.« Programme, die man auf Magnetband oder Diskette aufzeichnen und, falls notwendig, speichern und wiederverwenden konnte, boten eine ungeheure Zunahme an Vielseitigkeit. Das wurde noch verstärkt durch die sogenannte Playback-Technik. Statt daß der Maschinist abstrakt eine Folge von Befehlen erarbeitet, wird ein Playback-Roboter so programmiert, daß er seine eigenen Befehle aufzeichnen kann, während der Maschinist ihn durch die erforderlichen Bewegungen lenkt, entweder durch Bewegung des Arms von außen oder durch ein Fernbedienungsgerät in seiner Hand.

Ein Roboter mit Computersteuerung konnte sich mit Aufgaben befassen, die viel ehrgeiziger waren, als nur Gegenstände mit seinen Greifern aufzuheben und wieder niederzusetzen. Er konnte beispielsweise mit spezialisierten Endeffektoren ausgestattet werden wie Elektromagneten oder Saugnäpfen, mit denen er Gegenstände wie Bleche oder Glas bewegen konnte, die zu groß oder zu ungefüge waren, um von mechanischen Greifern gefaßt zu werden. Trat an die Stelle des Greifers ein Schweißgerät, konnte er Arbeiten wie Punktschweißen an einem Autofließband ausführen, wo es mehr um Schnelligkeit als um Geschicklichkeit oder Genauigkeit geht. Erhielt er andere Endeffektoren wie Sprühpistolen oder Löffel, konnte er Tätigkeiten ausführen, die für Menschen zu gefährlich oder einfach unmöglich waren: Autokarosserien mit giftigen Farben lakkieren, Schmelzöfen bedienen oder Gußformen mit geschmolzenem Metall befördern. Vorzugsweise sollte es auch ein Roboterarm und kein menschlicher sein, der gefährliche Tätigkeiten übernahm wie das Einschieben von unbearbeiteten Werkstücken in einen Pressentisch unter einem Hammer, der mehrere hundert Tonnen wog und in der Minute zehn oder mehr Schläge ausführte, vor allem auch deshalb, weil der Roboter mit der Presse elektronisch auf eine Weise Verbindung halten konnte, die menschlichen Arbeitern nicht möglich war.

In der Tat erweiterte sich der Bereich von Tätigkeiten, die Roboter übernehmen konnten, sehr rasch, aber bis zur Mitte der siebziger Jahre zögerte die Industrie sonderbar lange, ihre wachsenden Fähigkeiten zu nutzen. Der Grund dafür war die Art, wie sich der Computer entwickelte.

In den ersten rund zwanzig Lebensjahren, bis Ende der sechziger Jahre, krankte der Computer an Gigantomanie; die Kräfte, die seine Entwicklung beeinflußten, der technische Fortschritt und die kommerziellen Interessen von Herstellern und Käufern waren auf immer größere Maschinen ausgerichtet. Die Hardware wie Transistoren, Magnetspeicherkerne, etc., aus der ein Computer bestand, war immer noch sehr teuer, und es sprach manches dafür, daß es so bleiben würde, wodurch Computer praktisch auf einen Markt von großen Organisationen beschränkt blieben. Die von den Herstellern eingesetzte Strategie, weithin einem Marktanalytiker bei IBM namens Herb Grosch zugeschrieben, sah vor, das zu akzeptieren, den Markt aber dadurch zu maximieren, daß man die Computer so groß und vielseitig wie möglich baute. Statt die Kunden zu überreden, sie benötigten einen Computer, um gerade diese Tätigkeit zu leisten oder jene Art von Information zu speichern, boten die Hersteller Maschinen an, die eine Vielfalt von Rollen übernehmen konnten, was dem Kunden Ersparnisse oder gesteigerte Leistungsfähigkeit in einem möglichst großen Spektrum einbrachte.

Die riesigen »Großrechner« der Ära Grosch konnten über Fernterminals eine ganze Reihe von Aufgaben gleichzeitig bewältigen (»gleichzeitig« trifft die Sache nicht ganz, aber dem Benutzer erschien es so). Das bedeutete, daß beispielsweise ein großes Unternehmen ein einziges Gerät nicht nur dazu verwenden konnte, die Lohn- und Gehaltsberechnung auszuführen, das Lager zu überwachen, die Buchhaltung zu bewältigen, Rechnungen zu schreiben und Zahlungsziele im Auge zu behalten, sondern auch, daß kleinere Firmen, die den Kauf einer solchen Riesenmaschine nicht zu rechtfertigen vermochten, einige dieser Vorteile durch Zugang zu Computerbüros und »Timesharing«-Termine erlangen konnten.

Das Beste, was ein Industrieroboter unter diesen Umständen zu erwarten hatte, war die Chance, an eine der großen »Mainframe« -Anlagen angeschlossen zu werden, um Gelegenheit zu erhalten, einen kleinen Teil ihrer »Aufmerksamkeit« zu genießen. Das hatte die Wirkung, die Entwicklung des Roboters aus zwei Gründen zu hemmen. Erstens war die Menge an Denkleistung (streng genommen das Maß an Verarbeitungszeit), die ein Großcomputer für Robotertätigkeiten erübrigen konnte, begrenzt, zumal dann, wenn es darum ging, Programme auszuwechseln, was von seiner Kapazität mehr beanspruchte, als sie nur auszuführen. Zweitens war der Besitz von Computern und damit die Verfügbarkeit von Anschlußmöglichkeiten für Roboter auf Großunternehmen beschränkt, die ihrerseits Roboter nur als eine Art Lumpenproletariat betrachteten, das lediglich für die einfachsten und anspruchslosesten Arbeiten zu gebrauchen war. Dies deshalb, weil es in der Natur von Großbetrieben liegt, sich auf lange Produktionsabläufe von Standardprodukten zu konzentrieren und die stärker spezialisierten Tätigkeiten den kleineren Fischen zu überlassen, die sich Computer nicht leisten konnten und außerdem Fähigkeiten und eine Anpassungsfähigkeit benötigten, wie Roboter sie nicht aufbringen konnten und die bei Massenproduktion großen Maßstabs nicht verlangt war.

Die meisten der größten und bekanntesten Roboteranlagen, die es heute gibt, etwa die »dunklen Fabriken« von Fiat in Italien, sind Produkte der Ära Grosch. Die Roboter werden als im Prinzip ungelernte Arbeiter verwendet, um die peinlichen Lücken zu füllen, die durch Automation auf andere Weise nicht geschlossen werden konnten. Sie sind gewiß eindrucksvoll, sogar unheimlich, nichtsdestoweniger aber bloße Ableger einer Computertechnologie, die so überholt ist wie die Dinosaurier.

Die Nabelschnur, die den Roboter mit dem Großcomputer verbindet, wurde Anfang der siebziger Jahre durch den Siliziumchip durchtrennt. Das Erscheinen des Chips ließ nicht nur die äußeren Dimensionen des Computers schrumpfen, es verringerte noch krasser seine Kosten. Aus einem scheinbar unüberwindlichen Hindernis für die Ausdehnung des Computereinsatzes wurden die Kosten für Hardware im Lauf eines Jahrzehnts zu einem beinahe nebensächlichen Faktor. Die erste Folge für Industrieroboter war die, daß sie, statt um die Aufmerksamkeit eines großen Zentralgehirns konkurrieren zu müssen, ein eigenes Gehirn in Form eines Minicomputers erhielten, »reserviert«, wie es in der Fachsprache heißt, für ihre Steuerung. Der Mini wurde seinerseits rasch durch den Mikroprozessor ersetzt, im Grunde ein kompletter Computer auf einem einzigen Chip. In kaum einem Jahrzehnt war das Gehirn des Roboters von einem riesigen, abseits gelegenen Saal voller Gerät, das Millionen Dollar kostete, Klimaanlagen und die Dienste weißbekittelter Jünger erforderte, zu etwa Schuhkartongröße geschrumpft, kostete höchstens noch einige tausend Dollar und ließ sich am Roboter befestigen, wo man wollte.

Mitte der achtziger Jahre verfügt der Industrieroboter, man muß es gerechterweise sagen, über soviel Gehirnkraft, wie er nutzen kann. Allerdings ist, wie einschränkend hinzuzufügen wäre, die Gehirnkraft von einer besonderen Art, die ziemlich strenge Beschränkungen auferlegt. Der Mikroprozessor ist, so klein und billig er auch sein mag, nach wie vor ein Computer, und der Computer ist vielleicht, wie wir später noch vortragen werden, gar nicht in der Lage, die Rolle des Allzweck-Roboterhirns zu übernehmen. Wenn wir diesen wichtigen Punkt aber zunächst einmal beiseitelassen, ist eine Reihe von Wegen zu erkennen, auf denen der Industrieroboter seine neuentdeckten Denkfähigkeiten verwenden kann, um seine Vielseitigkeit zu erweitern und seine Fähigkeiten zu verbessern.

Das folgende Kapitel befaßt sich eingehender mit der Technik der Roboteranatomie, aber eine Hauptströmung wird deutlich. Viele Roboter entfernen sich bereits vom anthropomorphen Modell, das sie über Fernsteuerung und Prothetik vom menschlichen Original geerbt haben. Das ist völlig logisch; vieles vom Bedarf an Maschinen und Werkzeugen aller Art ergibt sich aus der Tatsache, daß die Technik Kraft, Präzision und andere Vorteile bewirken kann, denen biologische Systeme nicht gewachsen sind. Wie Buckminster Fuller betonte, erfolgte der Fortschritt der Technik ganz allgemein dadurch, daß sie die Geräte, etwa die Kurbel, die in der Natur ein Vorbild hatte, durch solche ersetzte, die vom Grundplan her völlig künstlich waren, wie die Turbine, und man darf annehmen, daß es beim Roboter genauso sein wird. Bei manchen Beispielen ist das fast von Anfang an so gewesen. So besitzen viele Roboterarme die Form von Teleskop-Rammen, die sich verlängern oder verkürzen, um ihre Reichweite zu verändern, während die Natur, der dieser Mechanismus fehlt (das einzige menschliche Organ, das auch nur nach einem ganz entfernt ähnlichen Prinzip wirkt, ist notorisch unfähig zu fortgesetztem, wiederholtem Einsatz und überdies auf das männliche Geschlecht beschränkt) mit Kombinationen von biegsamen Gelenken auskommen muß, die von Haus aus komplizierter und schwer zu steuern sind. Im besonderen spricht manches dafür, daß das Bedürfnis, die Hand nachzubilden, verschwinden wird. Hände in der Industrie werden ja in der Hauptsache dazu verwendet, Werkzeug festzuhalten, und der Roboter kann den Prozeß dadurch kurzschließen, daß er Werkzeuge direkt in sein »Handgelenk« einsteckt.

Der Aufbau des Roboters wird außerdem beeinflußt werden von einer anderen Entwicklung als Folge des Mikroprozessors. Es ist logisch, den Prozeß zur Dezentralisierung der Steuerkräfte, der damit begann, daß er den Roboter aus seiner Abhängigkeit vom Vielzweckcomputer befreite, noch weiterzutreiben, indem man ihn mit zwei oder mehr Mikroprozessoren ausrüstet, von denen jeder für einen anderen Bereich seiner Tätigkeit verantwortlich ist.

Die Vorteile eines solchen Vorgehens sind vergleichbar mit jenen, die man erzielt, wenn man irgendeinen komplizierten Vorgang in seine Bestandteile zerlegt. Beispielsweise wird die Aufgabe, eine große Zahl von Briefumschlägen zu füllen, zuzukleben und zu frankieren, vereinfacht, wenn eine Person den Briefinhalt faltet, eine zweite ihn in den Umschlag steckt, eine dritte ihn verschließt und eine vierte die Marke aufklebt, weil jeder Beschäftigte einen einfachen Wiederholungsvorgang übernehmen kann. Ebenso wird ein

Mikroprozessor, der sich darauf konzentrieren kann, etwa die Handgelenkbewegungen eines Roboters zu steuern, einfacher, billiger und leichter umzuprogrammieren sein als einer, der alle Tätigkeiten des Roboters gleichzeitig bewältigen muß. Auch bei der Geschwindigkeit, mit der Roboter arbeiten können, lassen sich Fortschritte erzielen. Ein einziger Prozessor mag zwar Tausende oder sogar Millionen Berechnungen in der Sekunde ausführen können, kann sie aber doch nur eine nach der anderen bewältigen; der Besitz mehrerer Prozessoren wird es einem Roboter ermöglichen, an mehrere Dinge gleichzeitig zu »denken«. Offenkundig wird zwischen ihnen wechselseitige Kommunikation stattfinden müssen, die aber auf das Wesentliche beschränkt werden kann.

Interessanterweise werden, wenn man diesen Entwicklungsgang weiterverfolgt, Roboter sich an vergleichsweise primitiven Wesen wie Ameisen orientieren, wo die Steuerung der Gliedmaßen in ein sekundäres Nervenzentrum im Rückenmark verlagert ist. Parallel verlaufende Forschungen in der Computerwissenschaft versuchen außerdem, Berechnungen dadurch zu beschleunigen, daß sie auf eine Anzahl von Mikroprozessoren verteilt werden, statt, wie der »traditionelle« Computer das tut, auf einen einzigen Zentralprozessor für alle logischen Operationen. Soweit es mit einem Computer verglichen werden kann, läßt sich auch vom menschlichen Gehirn behaupten, daß es »verteilte Verarbeitung« nutzt – beispielsweise scheinen, wenn wir »spazierengehen, um über etwas nachzudenken«, Gehen und Denken von verschiedenen Bereichen des Gehirns bewältigt zu werden.

Wie immer sie auch erreicht werden, die Vorteile verteilter Verarbeitung dürften besonders deutlich werden, wenn Roboter eine vollständigere Reihe von Sinnen erwerben. Die Information, die heutige Industrieroboter enthalten, ist gewöhnlich auf ihren eigenen Aufbau beschränkt; sie »wissen« beispielsweise, daß ihre Ellenbogengelenke in einem Winkel von 60 Grad geknickt oder ihre Handgelenke im Uhrzeigersinn 30 Grad zur Horizontalen drehen. Nach medizinischen Begriffen haben die meisten Roboter nur propriozeptive Sinne. Manche, ausgestattet mit einem Ansatz von Tastsinn durch zusammendrückbare Polster oder Kontaktschalter, können beurteilen, ob sie tatsächlich mit ihren Greifern etwas festhalten, aber im allgemeinen wissen sie von anderen Objekten und ihrer Umwelt nur das, was von anderen Maschinen übermittelt wird. Ein Förderband etwa mag mit einem Schalter oder einer Fotozelle ausgerüstet sein, die einem Roboter mitteilen, daß ein Gegenstand an seinem Platz ist und darauf wartet, aufgenommen zu werden; eine Presse teilt ihrem Robotergehilfen mit, daß sie in offenem Zustand eingerastet ist und ein neues Werkstück eingelegt werden kann; oder ein

Roboter kann seinem Genossen mitteilen, daß er eine Tätigkeit beendet hat und ein Bauteil nun für die nächste Stufe der Bearbeitung bereitliegt.

In mancher Beziehung ermöglicht diese Fähigkeit, sich »auf derselben Wellenlänge« wie andere Maschinen mitzuteilen, einem Roboter, auf eine Weise mitzuwirken, wie menschliche Arbeiter das nicht vermögen. So kann auf eine sofortige elektronische Anzeige »Tätigkeit beendet« einer Werkzeugmaschine ein Roboter viel schneller und zuverlässiger reagieren als ein Mensch auf die Erkenntnisse seiner Augen oder Ohren – und natürlich besteht keine Gefahr, daß die Gedanken des Roboters sich zum Film von gestern abend oder zum heutigen Abendessen verirren. Und selbst wenn das Schlimmste eintritt, ist ein zerquetschter Endeffektor unendlich besser als eine zermalmte Hand.

Offenkundig ist aber auch, daß ein Roboter, der nur diese Art von Information erhält, erheblich eingeschränkt ist. Er verläßt sich darauf, daß alles genau vorhersagbar ist, daß jeder Gegenstand, den er ergreifen soll, am selben Ort und in derselben Lage präsentiert wird, oder, wenn er eine Schweißtätigkeit auszuführen hat, eine Spannvorrichtung jedes Werkstück genau in der richtigen Position festhält. Das kann sogar bei ganz einfachen Aufgaben ein Nachteil sein. Um einen Roboter etwa dafür auszubilden, daß er Kisten auf einer Palette stapelt, wird der Maschinist die Placierung jeder Kiste als einen eigenen Vorgang behandeln, den Roboter also programmieren müssen, die erste Kiste in die hintere linke Ecke zu stellen, die zweite einen Platz nach rechts ... die zehnte auf die erste, die elfte auf die zweite, und so weiter. Niemand wird den Wunsch haben, sich auf so etwas einzulassen, wenn die Tätigkeit nur zeitweilig nötig ist; das ergibt nur Sinn, wenn gleiche Kisten auf gleiche Paletten tagein, tagaus über einen langen Zeitraum hinweg gestapelt werden müssen.

Ein Roboter, der sehen könnte, was er tut, besäße eindeutig enorme Vorteile. Vorausgesetzt, er hätte die Fähigkeit, zu interpretieren, was er sieht, und entsprechend zu handeln, mit anderen Worten, er könnte sogar relativ einfache Muster erkennen und verständig darauf reagieren, dann wäre es nicht notwendig, ihn annähernd im selben Maß zu »bemuttern« wie einen Roboter ohne Sehvermögen. Man könnte ihm Gegenstände in wirrem Durcheinander zuliefern; man dürfte sogar erwarten, daß er einen Gegenstand vom anderen unterscheiden und sie in Kategorien sortieren kann; mit einigen allgemeinen Regeln über das Beladen von Paletten könnte er lernen, eine Vielfalt von Kisten oder Paletten unterschiedlicher Größe zu bewältigen.

Die dadurch erreichbaren Vorteile werden als so bedeutsam

angesehen, daß an oberster Stelle auf der Liste der Forschungsvorhaben steht, Robotern Sehvermögen zu verschaffen. Es gibt eine Reihe von Systemen auf sehr weit fortgeschrittenen Entwicklungsstufen, die unterschiedliche Techniken nutzen. Die verschiedenen Methoden fallen aber in zwei klar getrennte Kategorien: vorprogrammiert und anpaßbar. Damit man den Unterschied begreifen kann, muß man zunächst erkannt haben, wo die eigentlichen Schwierigkeiten liegen. Es stellt kein Problem dar, einen Roboter mit einem Bild seiner Umgebung zu versorgen oder einen bestimmten Gegenstand zu erfassen, ihn zu vergrößern oder in aller Buntheit wiederzugeben. Zu allen diesen Dingen sind Fernsehkameras imstande, und sie besitzen den Vorteil, daß sie die Information in digitaler Form liefern können, die ein Roboter anzunehmen vermag. Die Schwierigkeiten beginnen bei dem Versuch, den Computer zu befähigen, daß er »versteht« oder erkennt, was er sieht.

Methoden der Vorausprogrammierung versuchen dieses Problem dadurch zu lösen, daß sie den Computer veranlassen, ein übermitteltes Bild auf vielerlei Art zu analysieren, die Ecken oder Kanten von Gegenständen zu finden, ihre Position im Verhältnis zueinander zu bestimmen, und so fort. Kapitel 9 beschreibt die wichtigsten inzwischen entwickelten Methoden und untersucht die Gründe für ihre relative Erfolglosigkeit. Die Probleme, die sich ergeben, rühren auf die eine oder andere Art alle von der ungeheuren Menge an Information her, die der Computer aufnehmen und analysieren muß, bevor er auch nur eine ziemlich einfache Schlußfolgerung ziehen kann. Es ist durchaus möglich, ein solches System darauf zu programmieren, daß es fehlerlos zwischen, sagen wir, Muttern und Schrauben unterscheidet – vorausgesetzt, die Schrauben werden stets von der Seite gezeigt, damit sie erkennbar lang und schmal im Vergleich zu den Muttern erscheinen, die von jedem Winkel aus mehr oder weniger rund sind. Leider können in der wirklichen Welt Schrauben in jeder Lage auftauchen und von vorne gesehen viel Ähnlichkeit mit Muttern haben. Je komplexer der Gegenstand und je feiner die Unterschiede, die gemacht werden müssen, desto komplizierter das erforderliche Programm.

Adaptive Systeme funktionieren nach ganz anderen Prinzipien. Auch sie werden in späteren Kapiteln ausführlich behandelt. Im Augenblick genügt der Hinweis, daß adaptive Systeme, das Gehirn nicht programmieren, ein Bild nach festen Regeln zu analysieren, sondern darauf abzielen, Bilder in verallgemeinerte elektronische Muster umzuwandeln, die von der Maschine gespeichert und erkannt werden können.

Systeme zur Vorprogrammierung erfordern Vorprogrammierung insoweit, als das zu erkennende Bild in Daten zerlegt werden muß, etwa so, wie ein Landvermesser topographische Fakten in einer Reihe von Elevationen und Koordinaten erfaßt. Adaptive Systeme sind dadurch adaptiv, daß die Hardware jedes Bild in ein von seiner internen Konstruktion diktiertes Muster überträgt und das System sich daher rasch anpassen kann, um ein neues Bild nach Bedarf zu erkennen. In diesem Buch wird die Behauptung aufgestellt, die Zukunft gehöre auf lange Sicht den adaptiven Systemen, (und zwar nicht nur beim Sehvermögen), wogegen auf kurze Sicht ohne Zweifel beide Ideen entwickelt und genutzt werden.

Zu erkennen, was er sieht, wird die Vielseitigkeit des Roboters nur gering erweitern. Gewiß kann er dann Muttern von Schrauben unterscheiden damit er sie aber zusammenstecken kann, wird er auch »Intelligenz« benötigen. Das Thema künstliche Intelligenz wird ebenfalls in späteren Kapiteln behandelt, aber was den Industrieroboter angeht, muß man sagen, daß die Prognose für die unmittelbare Zukunft nicht optimistisch ist. Die Forschungsarbeiten, die am ehesten praktikabel erscheinen, jene, die sich mit dem Entwurf von Programmen befassen, durch die Maschinen Formen oder Gegenstände erkennen und damit umgehen können, sind nicht weiter gediehen als bis zur Stufe eines einjährigen Kindes, das sich mit Bauklötzen abmüht, und jene Erfolgsebene zu erreichen, die Mütter meistens von ihren Kleinkindern erwarten, erfordert die Verwendung hochkomplizierter Programme und unangemessener Mengen Computerleistung. Außerdem gibt es keine realistischen Vorstellungen dazu, wie selbst diese bescheidenen Leistungen am Arbeitsplatz genutzt werden könnten. Fortschritt in dieser Richtung wird aber notwendig sein, wenn Roboter jemals von dem, was nach menschlichen Begriffen ungelernte Arbeit ist, zu auch nur angelernter Tätigkeit fortschreiten sollen, etwa zur Montage komplizierter Teile.

Wie weit, so könnte man abschließend fragen, entspricht der Industrieroboter von Gegenwart und unmittelbarer Zukunft dem Ziel der Robotiker, eine »Maschine nach dem Bild des Menschen« zu schaffen? Diese Frage läßt sich von zwei Seiten betrachten. Insoweit, als der industrielle Mensch als ein Arbeiter gesehen wird, der erworbene Fähigkeiten besitzt, hat der Roboter wenig Fortschritte gemacht, einesteils deshalb, weil die menschliche Einfallskraft bereits Spezialmaschinen erfunden hatte, die den Bedarf an manchen Fähigkeiten beseitigen könnten, und zum anderen deswegen, weil gelernte Arbeit Intelligenz und sogar gesunden Menschenverstand in einem Maß verlangt, das sich dem Computer bislang entzogen hat. Man kann zwar sagen, daß der Roboter viel als Benutzer von Werkzeugen verspricht, muß aber hinzufügen, daß ein Roboter im selben Sinn gut mit Farbpistole oder Schweißapparat umgehen kann, wie eine Werkzeugmaschine eine Fräse oder einen Bohrer »gut« nutzt – weil das Werkzeug am effektivsten auf eine Weise verwendet wird, die weniger erfindungsreich als mechanisch und repetitiv ist.

Nimmt man einen anderen Standpunkt ein, der den industriellen Menschen auf einen Diener von Maschinen zurückgestuft sieht, dann steht außer Zweifel, daß der Roboter ein gewaltiges Potential als ungelernter Arbeiter für alle Tätigkeiten bewiesen hat. Die Tatsache, daß er auf diesem Gebiet, wirtschaftlich gesehen, eine so starke Konkurrenz darstellt, ist allerdings, wie man vernünftigerweise behaupten kann, ein Hinweis auf das Maß, in dem Massenproduktion menschliche Fertigkeiten entwertet und nicht ausreichend nutzt. Der Fortschritt des Roboters bis zum heutigen Tag könnte mit der Bemerkung zusammengefaßt werden, daß die Tätigkeiten, bei denen er am meisten verspricht, jene sind, die ein menschlicher Arbeiter vielleicht als »so einfach, daß eine Maschine sie schaffen kann« bezeichnen würde.

Das soll nicht heißen, daß der Roboter für die Industrie als unwichtig und für den Arbeiter als nicht bedrohlich abgetan oder als einfach eine andere Art von Maschine lächerlich gemacht werden soll, die anmaßend einen besonderen Rang beansprucht. Es soll nur heißen, daß so, wie die Dinge heute liegen, die Industrie bestimmte Aspekte des Roboters für wertvoll hält, andere aber zum großen Teil unbeachtet läßt. In der unmittelbaren Zukunft werden die Dinge, die man in der Industrie bei der Robotik für die nützlichsten halten wird, solche sein, die Roboter von menschlichen Wesen unterscheiden, und nicht jene, die sie gemeinsam haben. Die Industrie hat allen Anlaß, Roboter zu fördern, die ihren Platz am Fließband einnehmen und rund um die Uhr arbeiten können; sie interessiert sich weniger für Roboter, die einen Sitz im Aufsichtsrat verlangen.

3
Die Konstruktion von Muskeln und Knochen

The back bone's connected to the shoulder bone
The shoulder bone's connected to the neck bone
The neck bone's connected to the head bone
Oh, hear the word of the Lord
Spiritual

Angesichts der Tatsache, daß der Industrieroboter sich aus dem Bedürfnis nach einer Maschine ergab, die einen direkten, leistungsfähigeren oder wirtschaftlicheren Ersatz für menschliche Arbeitskräfte bieten konnte, verwundert es nicht, daß die Anatomie der meisten heutigen Roboter eindeutig antropomorph ist. Eine Maschine, dazu konstruiert, eine Nische auszufüllen, die bislang von einem Menschen besetzt wurde, wird bis zu einem bestimmten Grad ihren Vorgänger zum Modell haben müssen. So wird sie die industrielle Umwelt in unangemessener Weise aus dem Gleichgewicht bringen, wenn sie sehr viel mehr Platz braucht oder auf völlig andere Weise arbeitet. Dieser Anthropomorphismus ist aber vielleicht nicht mehr als eine vorübergehende Phase; während Roboter und Automation sich parallel fortentwickeln, wird der Bedarf an Robotern, die weithin mit Menschen austauschbar sind, vermutlich an Bedeutung zurückgehen.

Im Augenblick ist die Robotik aber in einer anthropomorphen Vorstellung insoweit befangen, als sie einen Teil der menschlichen Anatomie, den Arm, ergriffen und sich wie ein besessener Bodybuilder darauf konzentriert hat, ihn unter Ausschluß aller anderen physischen Aspekte zu entwickeln. So, wie Karikaturisten in der Regierungszeit König Edwards Riesenköpfe auf winzigen Körpern zeich neten, um sich auf die Merkmale zu konzentrieren, die für ihre Absichten wichtig waren, definieren Robotiker ihre Produkte nach dem Bestandteil, auf den es ankommt, und die Art von Arm, die ein Roboter besitzt, bestimmt in erster Linie, was für ein Roboter er ist.

Ein Roboter braucht, außer als festen Halt für seine »Schulter«, keinen Rumpf; ein einziges Elektrokabel erfüllt die Zwecke, für die der Mensch einen Rumpf benötigt – Atmung, Verdauung und Ausscheidung – und die meisten heutigen Roboter sind fest am Boden verankert und brauchen, jedenfalls bis jetzt, keine Beine oder entsprechende Fortbewegungsmittel. Was den Kopf betrifft, so kann er sich am Ende eines zweiten Kabels befinden oder an irgendeiner geeigneten Stelle fest montiert sein, wo er nicht stört. Das könnte sich ändern, sobald Bilderkennungssysteme und andere Sinne verfügbar werden, aber sogar dann wird man wohl am Arm Sensoren anbringen, um seine Tätigkeiten besser zu überwachen. Manche Roboter sind sogar heute schon mit dem Ansatz eines Auges in der »Handfläche« ihres Endeffektors ausgestattet. Vielleicht wird der Roboter der Zukunft wie eine Art Schloßgespenst durch die Fabrik streifen, die Augen (wenn schon nicht den Kopf) unter den Arm.

Als Konstruktion betrachtet, ist der Arm eine Vorrichtung dafür, die Hand in einem bestimmten Raumvolumen an jede beliebige Stelle zu bringen. Der menschliche Arm leistet das, weil er über drei »Freiheiten«, als Bewegungsebenen, verfügt, zwei am Schultergelenk und eine am Ellenbogen. Die Schulter erlaubt uns, daß wir den Arm in einem horizontalen Bogen von etwa 180 Grad über die Brust (eine Art Drehversion des faschistischen Grußes) und in einem vertikalen Bogen bewegen (wie Marschierende ihre Arme schwingen). In der Kombination bringen diese beiden Bewegungsebenen die Hand an jede beliebige Stelle der Umfangslinie ihrer Reichweite. Die Hinein-Hinaus-Bewegung, um Zwischenpositionen zu erreichen, wird von Biegung und Streckung des Ellenbogens besorgt.

Alle Roboterarme besitzen drei gleichwertige Bewegungsebe-

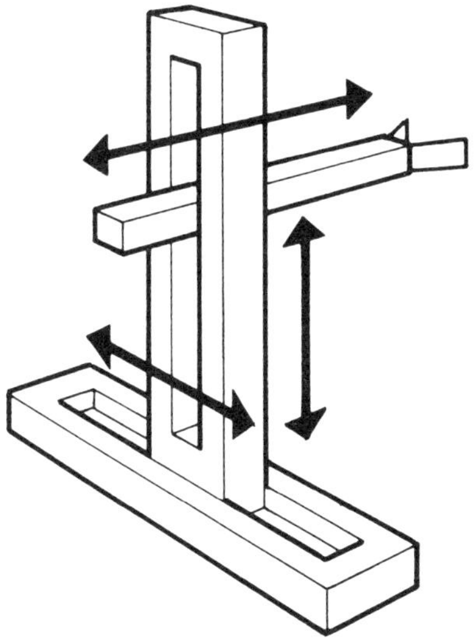

Ein Roboter mit kartesischen Koordinaten

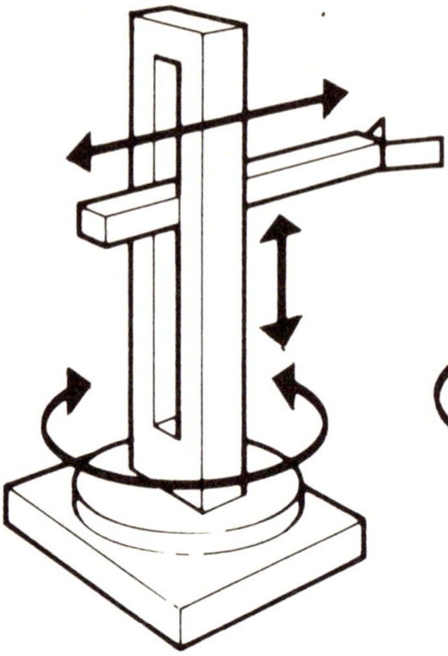

Ein Roboter mit zylindrischen Koordinaten

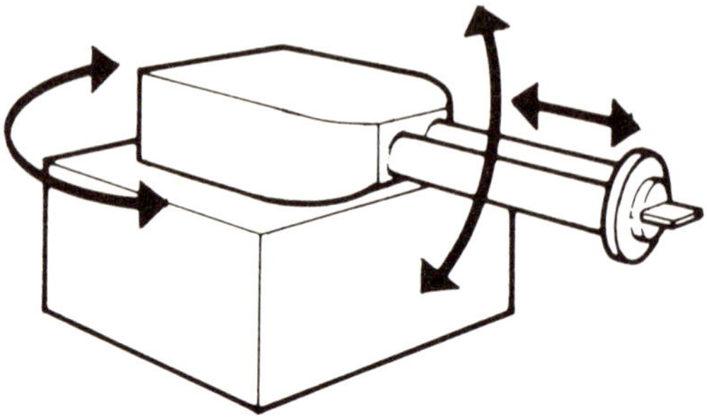

Ein Roboter mit Polarkoordinaten

nen, auch wenn sie nicht unbedingt auf dieselbe Weise konstruiert sind. Das einfachste System ist die Bewegung an den klassischen kartesischen Koordinaten – auf und ab, hin und her, vorwärts und zurück. Ein Roboter mit einem System dieser Art wird von großer Starrheit und vergleichsweise leicht zu steuern sein, vor allem deshalb, weil eine Bewegung an einer Koordinate entlang niemals zu einer Versetzung an eine andere führen oder die Orientierung der »Hand« beziehungsweise des Endeffektors verändern kann. Fast genau das Gleiche kann man von einem Roboter behaupten, der sich an zylindrischen Koordinaten bewegt und die Hin- und Herbewegung durch eine rotierende ersetzt. Das bietet offenkundig größere Vielseitigkeit und erlaubt dem Arm, auf Kosten nur geringfügig komplizierterer Konstruktion einen größeren Bereich abzudecken.

Ein Roboter mit Polarkoordinaten wirkt in viel stärkerem Maße anthropomorph. Im Grunde hält er sich an das Beispiel der menschlichen Schulter und erzielt Auf- und Abbewegung durch Kippen, ganz wie ein Seegeschütz in seinem Turm, ersetzt den Ellenbogen aber durch ein starres Teleskopgelenk. Er besitzt offenkundige Vorteile, sobald es darum geht, Gegenstände zu ergreifen und zu bewegen, weil Heben und Senken des Handgelenks nicht durch Heben und Senken des ganzen Arms, sondern durch kleine, sparsame Bewegungen an der Schulter ausgelöst wird; letzteres versetzt den Roboter in die Position eines Menschen, der in die Knie gehen muß,

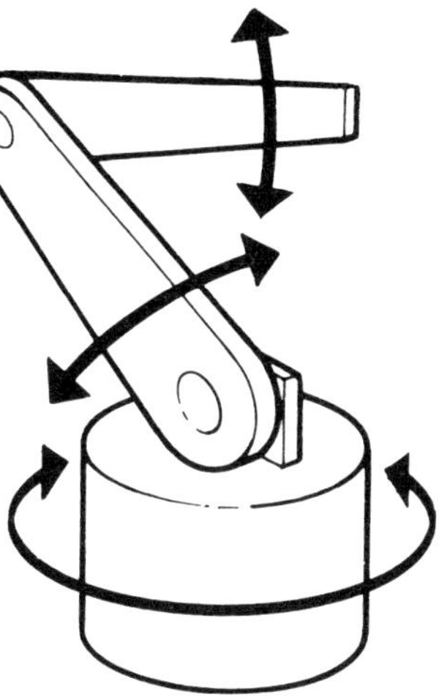

Ein Roboter mit Rotationskoordinaten

um von einer Tischplatte etwas aufzuheben. Die Steuerung wird allerdings komplizierter, weil die Kippbewegung für das Heben oder Senken des Endeffektors seine Ausrichtung in der Horizontalebene beeinflußt und am Handgelenk wieder ausgeglichen werden muß.

Das vierte, komplizierteste und am deutlichsten anthropomorphe System der Armgeometrie beruht auf Rotationskoordinaten. Hier folgt der mechanische Arm dem menschlichen Vorbild durch Verwendung eines Ellenbogengelenks; allerdings kehrt man in der Praxis das menschliche Modell um. Der Ellenbogen ist wie bei einem Delphinschwimmer oder einer Gelenk-Tischlampe nach außen gedreht. Ein Arm dieser Konstruktion kann eindeutig über Hindernisse hinweg oder an ihnen vorbei oder in Behälter greifen und Stellungen annehmen (sich beispielsweise »unter der Achsel kratzen«), zu denen andere nicht imstande sind. Ebenso deutlich fehlt ihm die Starrheit einfacherer Arme, und die Steuerung wirft mehr Probleme auf, weil jede Ellenbogenbewegung mit einer Schulterbewegung zusammenfallen muß, wenn sie nicht neben der Ein-Auswärtsbewegung auch noch eine Auf- und Abversetzung hervorrufen soll. Außerdem muß Bewegung im Handgelenk stattfinden, wenn der Endeffektor in derselben Ausrichtung bleiben soll.

Die Hand an die richtige Stelle zu führen, ist natürlich erst der halbe Erfolg. Wie jeder, dessen Handgelenk schon einmal in Gips gelegen hat, weiß, ist die Ausrichtung der Hand genauso wichtig. Um verschiedene Ausrichtungen zu erreichen, besitzt der menschliche Arm drei weitere Freiheitsgrade: die winkende Auf- und Abbewegung des Handgelenks, eine Hin- und Herbewegung geringeren

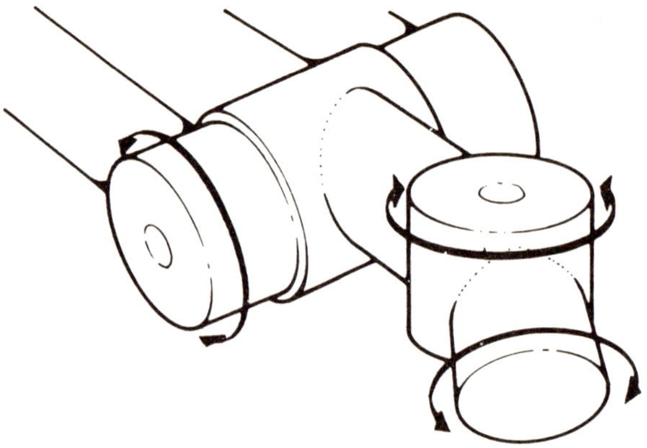

Typische Handgelenksartikulationen

Grades und eine Rotationsbewegung, bei der sich der Unterarm um die Längsachse dreht. Die meisten Roboter halten sich an das menschliche Beispiel mit dem Unterschied, daß die Rotation am äußersten Handgelenk stattfindet, so daß eine volle Drehung um 360 Grad erfolgen kann, ohne die Ausrichtung der anderen Gelenke zu beeinflussen. Das befreit den Roboter von der Notwendigkeit, den Griff zu lockern und neu zuzupacken, wie die Hand es bei jeder halben Drehung tun muß, sobald sie einen Korkenzieher oder Schraubenzieher führt.

Manche Roboter erzielen stärkere Einfachheit aber dadurch, daß ein oder zwei Freiheitsgrade am Handgelenk geopfert werden. Nutz man nämlich größere, weniger sparsame Bewegungen weiter oben am Arm, kann der Endeffektor theoretisch trotzdem alle Ausrichtungen mit nur fünf der sechs Artikulationen erreichen. Bei vielen Anwendungen ist ein vollständiger Satz von Handgelenksbewegungen nicht erforderlich. Ein Roboter, der sich etwa darauf verlassen kann, daß Gegenstände stets in derselben Lage angeliefert werden, und der sie nur aufheben und bewegen muß, benötigt vielleicht kaum Bewegungsfähigkeit im Handgelenk. Die meisten Robotiker werden aber mit Mißtrauen auf Maschinen blicken, denen alle sechs Freiheitsgrade fehlen, weil sie beinahe instinktiv davon ausgehen, daß diese Vereinfachung früher oder später ein Handikap sein wird.

So groß die oberflächliche Ähnlichkeit zwischen einem Vollgelenk-Roboterarm und dem menschlichen Arm aber auch sein mag, es bleiben doch große Unterschiede. Die Gelenke des Skeletts funktionieren alle als Kugelgelenke. Das erlaubt große Vielseitigkeit; beispielsweise besitzt die Schulter mit einem einzigen Gelenk zwei Freiheitsgrade und kann damit eine unendliche Vielzahl von Diagonalen zwischen horizontaler und vertikaler Ebene einnehmen, statt sich wie der mechanische Arm auf die gleichzeitige Bewegung von zwei Gelenken stützen zu müssen. Das Kugelgelenk hingegen wird durch Muskelspannung an seinem Platz gehalten und kann relativ leicht ausgerenkt werden. Es wird von Muskeln bewegt, die sich in außerordentlich komplizierten Mustern symmetrisch spannen und wieder erschlaffen.

Das sind Eigenschaften, die reproduzieren oder steuern zu wollen, dem Ingenieur große Schwierigkeiten bereitet, weil beides davon abhängt, daß das Muskelgewebe elastisch ist und elastische Stoffe sehr problematisch und kaum berechenbar sind – sogar unsere biologischen Exemplare sind nicht vollkommen zuverlässig, sonst könnte jeder die anstrengendsten Bewegungsübungen machen, ohne vorher üben oder sich »lockern« zu müssen. Die Robotik hat sich deshalb damit begnügt, einfache Artikulationsbewegungen in nur einer Ebene oder für die Rotation, die Hin- und Herbewegung liefert, einen Drehteller zu verwenden, wie er bei einem Dutzend anderer Anwendungen üblich ist. Diese Vereinfachung bei der Konstruktion von Gelenken bedeutet, daß es nicht in jedem Fall notwendig ist, mechanische Muskeln genauso zu verwenden, wie natürliche Muskeln gebraucht werden, nämlich, um dem Skelettbau Hebelwirkungen auszusetzen; statt dessen kann Drehkraft über ein Getriebe direkt auf die Gelenke übertragen werden, eine Einrichtung, die größere Präzision gestattet, vor allem dann, wenn die Kraft von einem Motor in Form von Drehmoment geliefert wird.

Jedem Freiheitsgrad eine eigene Artikulation, Rotation oder Teleskopbewegung zuzuordnen, bedeutet, daß auch jeweils ein Muskel oder Antrieb beigesteuert werden muß. Ein Roboter mit sechs Freiheitsgraden benötigt dann sechs Antriebe, jeder mit eigener Energiequelle und eigener Verbindung zum Steuer»gehirn«. Das bedeutet weiterhin: Falls der Arm nicht jedesmals von, sagen wir, der rechten oberen Ecke eines Quadrats zur linken unteren Ecke auf eine solche Weise gehen soll, daß er sich zuerst abwärts und dann seitwärts bewegt, wird außer der allereinfachsten jede Bewegung erfordern, daß mindestens zwei Antriebe mit einem dritten zusammenwirken. Obwohl also der Steuermechanismus jede Position im Rahmen einer Art Bezugnahme auf eine Landkarte festlegt, hat die Karte doch drei Dimensionen, und die gerade Linie, die beliebige zwei Punkte im Raum miteinander verbindet, ist die Summe von zwei oder drei Linien oder Kurven an unterschiedlichen Koordinaten.

Soll der Arm mehr leisten können, als sich einfach von Punkt A zu Punkt B zu bewegen, und über das verfügen, was man »dynamische Regelung« nennt – sie beschreibt den Weg, den er zurückle-

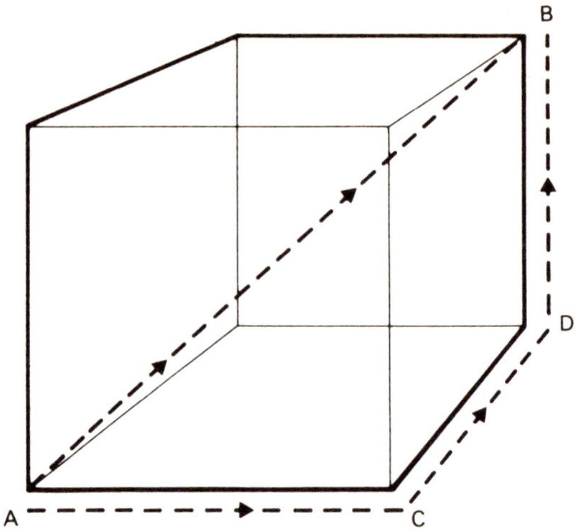

Obwohl die Bewegung des Endeffektors von Ecke A zu Ecke B mit einer Geraden dargestellt werden kann, läßt sie sich nur durch eine Kombination von Bewegungen erreichen, die alle drei Freiheitsgrade des Armes umfaßt und viel mehr Zeit benötigt, wenn der Endeffektor diesen Weg nehmen muß: Ecke A zu Ecke C zu Ecke D zu Ecke B.

gen soll, um Hindernisse zu meiden, seine Beschleunigung und Verzögerung zu variieren, um für glatte und fließende Bewegung zu sorgen und die verschiedenen Gewichte zu berücksichtigen, die er trägt – werden auch Geschwindigkeit und Drehmoment der Antriebe variabel sein müssen. Ein Robotermuskel ist deshalb weit mehr als eine einfache Energiequelle, die auf einen Hebel wirkt oder eine Achse dreht; er muß zum richtigen Zeitpunkt auf die richtige Weise mit der angemessenen Energie und, vor allem, in einem genau richtigen Ausmaß schieben, ziehen oder drehen. Sind seine Muskeln keiner strengen Überwachung unterworfen, wird ein Roboterarm sich wie ein untrainierter Faustkämpfer verhalten, der die Beherrschung verliert und wild in alle Richtungen schlägt.

Roboterantriebe sind mit sehr wenigen Ausnahmen entweder elektrisch oder hydraulisch. Kabel und Schläuche sind beide ausreichend flexible Leitungen für Energie; sie können an jeden Teil der Roboteranatomie angeschlossen werden, ohne seine Bewegung zu behindern. Die Hydraulik bietet eine sehr billige Technologie und ist bei Robotern, die sehr viel Kraft brauchen, weil große Elektromotoren für den Einbau in einen Arm zu schwer und zu umfangreich sind, die einzige Wahl; Hydraulik ist aber im Betrieb auch weniger exakt und läßt sich mit der elektronischen Steuerung eines Roboters weniger gut vereinbaren. Hydraulische Muskeln können die Form von Kolben annehmen, die unmittelbar auf die Gliedmaßen einwirken – jene Art naheliegender mechanischer Muskeln, wie man sie bei mechanischen Grabmaschinen sehen kann. Kolben sind auch die nächstliegende Wahl für einen Teleskoparm, der sich ausdehnt und zusammenzieht. Hydraulischer Druck kann ferner dazu verwendet werden, eine Vielzahl von Motoren anzutreiben, die Rotationsbewegung liefern.

Eine Reihe verschiedener Arten von Elektromotoren wird dafür genutzt, Robotermuskeln zu liefern, aber einer von ihnen, der Schrittmotor, verdient genauere Beschreibung, weil seine einfallsreiche Betriebsmethode den Bedürfnissen eines Roboters sehr entgegenkommt. Ein Schrittmotor kann sehr vereinfacht beschrieben werden als eine rotierende Magnetspindel, die von einem zylindrischen Gehäuse aus einer Reihe von Elektromagneten umgeben ist, in manchen Fällen bis zu tausend Stück. Das Geheimnis der Konstruktion liegt darin, daß die Spindel starr bleibt, wenn ihr Magnet nach einem der Magneten im Gehäuse ausgerichtet ist. Wird dem Motor in Form von elektrischen Impulsen Energie zugeführt, bewirkt ein Impuls, daß die Spindel sich um einen »Schritt« dreht und auf den nächsten Magneten im Gehäuse ausgerichtet zum Stillstand kommt. Um einen Begriff einzuführen, mit dem der Leser im nächsten Kapitel vertraut werden wird, besitzt die Spindel somit nur eine begrenzte Zahl von »Zuständen« (entsprechend der Zahl der Magneten, von denen sie umgeben ist), in denen sie zum Stillstand kommen kann, und die Eingabe eines begrenzten Energiebetrags wird eine entsprechende Bewegung erzeugen – nicht mehr und nicht weniger. Da das Zählen zu den starken Seiten des Computers gehört, ist es für ein Robotergehirn sehr leicht, Bewegungen zu organisieren, die als Reaktion auf eine begrenzte Zahl von elektrischen Impulsen stattfinden, und es ist viel einfacher, Präzision mit Hilfe eines Schrittmotors zu erreichen, als den Strom hydraulischer Flüssigkeit durch ein Ventil oder die Zuführung von Strom für einen gewöhnlichen Motor auszulösen und wieder zu unterbrechen.

Wendet man sich vom Arm der Hand zu, wirken die anthropomorphen Ansprüche des Roboters dann doch übertrieben. Mechanische Arme mögen nicht genauso wie menschliche arbeiten, können in vielen Fällen aber ebensoviel und in manchen erheblich mehr leisten. Es fällt nicht nur leicht, sie länger und stärker zu machen, man kann auch Abarten konstruieren, die Bewegungen ausführen und Stellungen einnehmen, wie sie nicht einmal ein Gummimensch zustandebringt. Wir geben aber jeden Gedanken an einen Vergleich mit dem Menschen sofort auf, sobald wir zum Endeffektor des Roboters kommen. Falls wir überhaupt an ein Tier denken, dann an ein ungewohnt bewegliches Krustentier. Die Hand eines Roboters ist nämlich (wenn wir Sondereffektoren einmal beiseite lassen) wenig mehr als eine Zange, und der Gedanke, sie könnte menschliche Tätigkeiten ausführen wie Klavierspielen oder die Verteilung von Spielkarten, erscheint absurd. Die Plumpheit von Roboterhänden rührt zum Teil daher, daß für die meisten Einsätze, bei denen ein Roboter etwas ergreifen soll, eine kompliziertere Hand zuviel des Guten wäre. Es hat ja wenig Sinn, einen Roboter mit einer leistungsfähigen Hand auszustatten, die mit komplizierten Formen umgehen kann, wenn er nicht zu sehen vermag, was er tut. Während die Aussicht auf sehende Roboter größer wird, entwickelt man Hände, die das nutzen: Eine Hand mit zwei Fingern und opponierendem Daumen würde es Robotern im Prinzip gestatten, jeden Gegenstand zu ergreifen (wenn auch nicht damit umzugehen). Ein Team des Cranfield Technologie-Instituts in Großbritannien hat inzwischen auch schon den Prototyp einer kompletten Hand mit fünf Fingern vorgelegt. Angesichts der Schwierigkeiten, die Bauteile zu verkleinern und Geschicklichkeit ebenso wie Feinfühligkeit zu erreichen, wird es noch lange dauern, bis wir einen Robotervirtuosen am Klavier hören oder einem ausgefuchsten Roboter-Kartenspieler begegnen.

Weitaus problematischer ist, daß im Zweifel steht, inwieweit die meisten Roboter überhaupt Hände brauchen werden. In der Industrie betätigen geschickte Hände meist Steuerungen oder umgreifen Werkzeuge. Der Roboter kann die erstgenannte Funktion viel leichter durch direkte elektronische Kommunikation bewältigen, und statt daß er Instrumente mit seinen Endeffektoren festhält, setzt er sie einfach an deren Stelle. Das läßt sich sogar dort erkennen, wo der Roboter die niedrige Arbeit leistet, Gegenstände aufzuheben und sie zu bewegen. So ist es viel einfacher, Glas- oder Kunststoffplatten mit Druckluft-Saugnäpfen oder Bleche mit Elektromagneten festzuhalten und zu bewegen, als sie auf gewohnte Weise zu ergreifen. Dabei ist nicht nur der Zugriff stärker, sondern Ergreifen und Loslassen sind eine Frage des Ein- oder Ausschaltens von Druck oder Strom. Wird es nötig, ein Rohrstück aufzuheben, warum dann nicht eine Hand mit einer riesigen Spannweite verwenden, die an beiden Enden je einen Finger hineinstecken kann? Oder ein anderes Beispiel: Statt einem Roboter zwei Arme zu geben, damit er einen umfangreichen Karton ergreift, warum ihn nicht einfach mit einer einzigen größeren Hand ausstatten?

Dieser Prozeß wird um eine Stufe weitergeführt durch Roboter, die zwei Hände an einem einzigen Handgelenk besitzen. Das ist etwa dann von großem Vorteil, wenn der Roboter ein Bauteil aus einer Werkzeugmaschine herausnehmen und durch ein anderes ersetzen soll. Statt hineinzugreifen, ein Teil zu erfassen, es herauszunehmen und den Arm mit dem neuen Teil erneut hineinzustecken, ergreift er das zu ersetzenden Bauteil, weist die Maschine an, ihre Spannvorrichtungen oder Backen zu öffnen, dreht das Handgelenk um 180 Grad, und das neue Bauteil ist automatisch an seinem Platz.

Ein logischer nächster Schritt vom Spezialgreifer ist der Endeffektor als Werkzeug. Die ersten beiden Fälle des »Einsteck« -Werkzeugs für Roboter und nach wie vor die häufigsten sind Punktschweißbrenner und Farbspritzpistole. Für den Gebrauch von Robotern sind auch viele andere Werkzeuge, von einfachen Gießpfannen für den Umgang mit geschmolzenem Metall bis zu Steckschlüsseln und Schneidköpfen, adaptiert worden. Im Prinzip gibt es kein Werkzeug, das der Mensch gebrauchen, und mehrere, wo er das nicht kann, die ein Roboter nicht nach entsprechendem Umbau verwenden könnte. Inzwischen sind bereits Systeme in Betrieb, bei denen Roboter ein Werkzeug in eine Halterung stecken, ihre Handgelenke herausziehen und ein anderes Werkzeug anschließen können. Der Hauptfaktor, der den Fortschritt in dieser Richtung aufhält, ist der, daß viele Werkzeuge, wenn sie mit mehr als unvollkommener Wirkung verwendet werden sollen, den Gebrauch des Gesichtssinns oder anderer Sinne erfordern. In manchen Fällen kann dieses Problem dadurch gelöst werden, daß man Führungen einbaut, die etwa dafür sorgen, daß ein Schraubenschlüssel den Schraubenkopf findet, aber das ist offensichtlich nur die zweitbeste Lösung; sie kann nicht bei Fällen angewendet werden, wo echte Urteilskraft und Geschicklichkeit gefordert sind.

Die eigentlichen Probleme des Roboters bestehen nicht darin, welche Art von Händen er haben oder was er damit anstellen soll, sondern darin, zu sehen, was sie tun und wie sie mit größerer Genaugikeit und Geschwindigkeit bewegt werden können. Spätere Kapitel werden sich eingehender mit Regelungs- und sensorischen Problemen befassen, die sich als die eigentlichen Aufgaben der Robotik entpuppen. Schon an dieser Stelle lohnt es aber, die Folgen zu untersuchen, die sich aus der Konstruktion von Muskeln und Knochen für diese komplizierteren Fragen ergeben. Da ein Roboterarm sich innerhalb seines Arbeitsbereichs ohne mechanische Hemmnisse bewegt, die ihn einengen, so, wie ein Zylinder den Kolben umschließt oder ein Lager die Kurbelwelle auf bestimmte Bewegungen beschränkt, geht es bei der Steuerung ebensosehr darum, seine Bewegung zu beenden, wie dafür zu sorgen, daß er sich in der richtigen Richtung bewegt. Er muß, wenn er nicht sich und seine Umgebung zerschlagen soll, gleichmäßig beschleunigen und abbremsen, und mit einem Mindestmaß an Schwung an seinem Ziel ankommen; sonst behandelt er jedes Werkstück wie ein Gastgeber, der seinem

Gast einen harten Schwinger in den Bauch versetzt, wenn er ihm höflich die Hand drücken möchte.

Für jeden Roboter, gleich welcher Größe, stellen Trägheit oder Schwung schon des eigenen Gewichts, geschweige denn des beförderten Gegenstandes, ein beträchtliches Problem dar. Ein Roboterarm mit Motoren und Getrieben an Hand- und Ellenbogengelenk ist kein Leichtgewicht. Man versuche einmal, den eigenen Arm zu bewegen, wenn man auch nur ein Gewicht von wenigen Pfund in der Hand hält, und (die Frage nach der reinen Kraft einmal beiseitegelassen, die von zweitrangiger Bedeutung ist) man wird erkennen, daß eine etwas schnellere Bewegung von einer Position zur anderen sehr viel Übung erfordert. Die Fertigkeit ist jener der japanischen Schwertkämpfer ähnlich, die ein Stück Tuch an einer ausgestreckten Hand zertrennen können, ohne die Haut darunter zu verletzen. Sollen Roboter ihre Tätigkeit aber so beschleunigen, daß sie bei leichten Montagearbeiten und Ähnlichem für menschliche Arbeiter konkurrenzfähig werden, dann müssen sie sich schneller und mit größerer Präzision bewegen.

Das Problem liegt zum Teil darin, daß weder elektrische noch hydraulische Motoren auch nur annähernd so leichtgewichtige und leistungsfähige Umwandler von Energie in Bewegung sind wie Muskeln. Metallarme mit starren Scharnieren besitzen auch nicht die natürliche Elastizität von Fleisch und Knochen. Einer der auffälligsten Eindrücke, die man bei der Beobachtung arbeitender Roboter gewinnt, ist der, daß oft Hunderte Kilogramm Stahl bewegt werden müssen, um eine relativ bescheidene Wirkung zu erzielen. Mit der Zunahme der Roboterstückzahlen werden die auf diese Weise vergeudeten Energiemengen ernsthaft zu berücksichtigen sein. Eine derzeit vorgeschlagene Lösung, die am MIT untersucht wird, ist die, daß man Arme aus leichtem, biegsamen Material zu bauen versucht, die buchstäblich von einer Position zur anderen schnellen. Ein flexibler Arm wird enorme Steuerungsprobleme hervorrufen und ähnliche Schwierigkeiten bereiten wie das in Kapitel 1 geschilderte Kranführerrätsel. Dem Arm oder seinen Gelenken eine gewisse Elastizität zu verleihen, ist aber der einzig mögliche Weg, die für eine typische Armbewegung heutiger Roboter benötigte Zeit von mehreren Sekunden auf jene Sekundenbruchteile zu verringern, die der menschliche Arm benötigt. Der Versuch, nach heutigen Erkenntnissen konstruierte Maschinen zu Bewegungen mit solchen Geschwindigkeiten zu veranlassen, führt zu einem völligen Zusammenbruch der Steuerung (der Arm schießt weit über sein Ziel hinaus oder erreicht es bei weitem nicht) und bewirkt, daß der Roboter sich buchstäblich kaputtrüttelt.

Ein anderer Weg der Forschung ist der, Möglichkeiten zu untersuchen, mit mechanischen Muskeln Gelenkartikulationen auf eine Weise auszuführen, die dem Naturmodell näherkommt. Es geht darum, daß ein einzelner »Muskel« an einem Gelenk schiebt oder zieht, das in einer Ebene an einer Anzahl einzelner Stäbe hängt. Diese sind so angeordnet, daß sie das Gelenk kippen. Die Stäbe sind an der Querschnitt-Außenseite des Gelenks derart befestigt, daß es kippt, wenn die Stäbe auf der einen Seite hinausgeschoben und an der anderen eingezogen werden. Das hätte den Vorteil, daß die Konstrukteure zwei Freiheitsgrade in einem einzigen Gelenk vereinen könnten, wie das beim menschlichen Kugelgelenk der Fall ist, aber auch hier sind die entscheidenden Probleme groß, und die Notwendigkeit, für jeden Stab eine eigene Energiequelle bereitzustellen, wird die Konstruktion wohl auf kleine Roboter für komplizierte Arbeiten beschränken, im Gegensatz zu großen, die grobe Kraft brauchen.

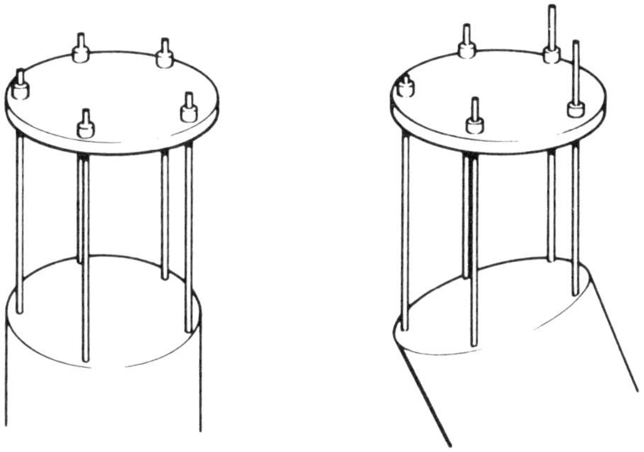

Ein Muskelsystem, das dem biologischen Modell näherkommt. Dadurch, daß man die Bewegungen der Stäbe über die Antriebe am oberen Teil des Gelenks koordiniert, können dem unteren Teil des Arms zwei Freiheitsgrade verliehen werden.

Derzeitige Strömungen für den Einsatz von Industrierobotern verzweigen sich in zwei Richtungen: Hin zu einer stärkeren, exakteren Gleichwertigkeit zwischen Mensch und Maschine, und fort von jeder Form des Anthorpomorphismus. Die erste Tendenz ergibt sich aus der Tatsache, daß mit der Verfeinerung der Roboter die Zahl der Rollen, die sie anstelle von Menschen übernehmen können, größer wird und damit das Bedürfnis zunimmt, sie in vollständigerem Maß mit Menschen austauschbar zu machen. Das hat zu einer Reihe von Konstruktionsentwürfen für Maschinen geführt, die ihren Platz an einer Werkbank oder einer Maschinenstation neben einem menschlichen Arbeiter einnehmen können, denselben Platz besetzen und mit einem ähnlichen Aktionsradius tätig sind. Da Roboter dieser Art für Arbeiten ausgelegt sind, die nicht besonders anstrengend, sondern kompliziert sind, und statt großer Reichweite oder Vielseitigkeit Geschicklichkeit verlangen, sind sie leichtgewichtig und verwenden in der Regel eine Vielzahl von Spezial-Endeffektoren anstelle von Allzweckgreifern. Im funktionalen Sinn sollen sie die Entsprechung eines menschlichen Arbeiters sein, der an einer Werkbank sitzt und eine ganze Serie von Maschinenwerkzeugen zur Verfügung hat, und äußerlich gleichen sie ziemlich genau einem Bohrmeißelgestell oder einem Speiseaufzug.

Am anderen Ende stehen die Roboter, die aus dem einen oder anderen Grund die anthropomorphe Geometrie oder das menschliche Vorbild aufgeben. Der Rahmen äußerer Abmessungen ist schon so groß geworden, daß er das ganz Kleine ebenso umfaßt wie das sehr Große. Eine schweizer Firma hat Miniaturroboter entwickelt, die auf einer Werkbank hocken und wie eine Gattung einfallsreicher mechanischer Gnome Uhren zusammensetzen; eine schottische Firma baut Risenroboter, die Stahlblöcke von bis zu 20 Tonnen Gewicht jonglieren können.

Größenunterschiede könnten aber erst ein Anfang sein. So ist ein Roboter mit einem Kreisradius um einen festen Punkt von Grund auf ungeeignet für die Arbeit an einem Fließband, wo das Ideal ein linearer Roboter ist. Man kann den Arm ein Werkstück in Gestalt einer Autokarosse verfolgen lassen, das mit dem Fließband befördert wird, oder man kann den Roboter als Ganzen an einem parallel laufenden Band verschieben, was allerdings erfordert, daß ein schweres Gerät hin- und herbefördert wird. Eine elegantere Lösung ist allerding die, den Roboter am ganzen Band zu »verteilen«, ihm also etwa ein einziges Gehirn zu geben, aber eine Reihe von Armen und Händen wie die Beine eines Tausendfüßlers.

Außerdem könnte es durchaus sein, daß der Roboter in der industriellen Umgebung vom Äußerlichen her alle seine anthropomorphen Eigenschaften verliert. Sobald die Automation den Punkt erreicht, an dem sie auf menschliche Aufsicht ganz verzichten kann, brauchen Fabrikhallen nicht mehr nach menschlichen Dimensionen gebaut zu werden. Stellt ein Industriezweig sehr kleine Gegenstände her, wird es sinnvoll sein, eine ganz niedrige Fabrikhalle zu errichten, wo die Abstände zwischen Maschinen auf ein Mindestmaß verringert sind und die Decke eine Höhe von nur noch sechzig oder neunzig Zentimetern hat. Zur Zeit wird die industrielle Umwelt noch zum größten Teil durch menschliche Bedürfnisse bestimmt – Werkbänke, Geräte und der Zugang zu Maschinen befinden sich in Hüfthöhe, über den Köpfen verlaufende Kabel oder Maschinen müssen hoch genug angebracht sein, und die Arbeiter brauchen Platz, um sich bewegen zu können. Nimmt man aber die Menschen heraus, dürfen alle Maschinen samt den Robotern in Bodenhöhe sein und so nah beieinander wie möglich arbeiten.

Ein noch radikalerer Vorschlag fordert dazu auf, die Konzeption, den menschlichen Arbeiter durch einen mechanischen Ersatz, der auf analoge Weise tätig ist, von Grund auf zu überdenken. Dieser Überlegung zufolge ist der anthropomorphe Roboter ein Kompromiß, den uns die Unvollkommenheiten heutiger Automation aufzwingen. Sobald wir die Stufe vollkommener Automation erreichen und die Menschen von den Arbeitsstätten ganz verbannen, wird auch die Notwendigkeit von Maschinen verschwinden, die wie Menschen arbeiten. Der Roboter wird nicht unbedingt aussterben, sondern in einem Gesamtfabrikationssystem aufgehen, das man als einen einzigen Riesenroboter ansehen könnte, ein Robotersystem im selben Sinn, wie ein Flugzeug ohne Pilot mit autonomer Steuerung ein »Roboterflugzeug« ist. Innerhalb eines solchen Systems gäbe es aber keinen Bedarf an anthropomorphen Maschinen, weil die Aufgaben, die Menschen oder Roboter derzeit erfüllen, auf ganz andere Art bewältigt werden könnten. Ein anthropomorpher Roboter soll, so wird argumentiert, nur deshalb eine Werkzeugmaschine beschicken oder eine Palette beladen, weil Werkzeugmaschinen und Paletten so konstruiert wurden, daß Menschen sie beschicken oder beladen. Verändert man die Grundregeln, wird man zu völlig anderen Methoden kommen, ganz so, wie die Schraube das Schaufelrad ersetzte, als man begriff, daß eine Dampfmaschine ein Schiff nicht dadurch anzutreiben brauchte, daß es die menschliche Rudertätigkeit nachahmte, oder wie die Turbine an die Stelle des Kolbenmotors trat, als den Ingenieuren klar wurde, daß ein Motor, der Energie direkt in Rotation verwandelt, einfacher und leistungsfähiger sein muß als ein solcher, der Seitwärtsbewegung mit Hilfe einer Kurbelwelle in Rotation umsetzt.

Ein Gebiet, auf dem die Roboter die anthropomorphe Stufe wahrscheinlich ganz überspringen werden, ist die Beweglichkeit. Für die meisten Zwecke sind Räder eine wirksamere und einfachere Art der Fortbewegung als Beine. Manche Industrieroboter sind bereits in dem Maß mobil, daß sie auf Schienen oder an Laufkatzen hin- und herfahren, um der Reihe nach an einer Anzahl verschiedener Teile zu arbeiten oder ein laufendes Fließband zu begleiten. Begrenzte Beweglichkeit dieser starr festgelegten Art läßt sich dem vorhandenen Fertigkeitsrepertoire eines Roboters vergleichsweise leicht hinzufügen. »Freie« Beweglichkeit auf dem Boden der Fabrikhalle oder im Lagerhaus oder übrigens auch im privaten Heim wird fast mit Gewißheit auf das Erscheinen relativ stark verfeinter Bilderkennungssysteme warten müssen. Ein Roboter mit einer Tonne Gewicht oder mehr, der blindlings an der Arbeitsstätte herumfährt, würde eine Berufsgefahr höchsten Ranges darstellen.

Inzwischen sind die Steuerungsprobleme für mobile Roboter, wenn sie sich in beengten Räumen frei bewegen können, Thema eifriger Forschung. Das erste Ergebnis dieser Bemühungen wird jedoch weniger die Mobilisierung vorhandener Roboter sein als die »Roboterisierung« leichter Lastfahrzeuge und Gabelstapler, die an der Arbeitsstätte verwendet werden. Einige ziemlich einfache »Roboter« dieser Art sind bereits in Gebrauch und putzen nachts die Gänge in Supermärkten. Sie fahren auf Magnetschienen, die im Boden versenkt sind. Solche Maschinen werden in dem Sinn Roboter sein, daß der menschliche Fahrer von einem elektronischen Steuersystem ersetzt worden ist. Es hat offenkundig wenig Sinn, eine anthropomorphe Maschine zu entwickeln, die den Fahrersitz einnimmt und auf die Bremse tritt oder das Lenkrad dreht.

Ein Gebiet, auf dem Bedarf an Robotern mit Beinen bestehen könnte, ist die Weltraumforschung. Es mag durchaus Gelände geben, das zwar ein Roboter mit Rädern oder Raupen nicht bewältigen kann, wohl aber einer mit Beinen. Das zweibeinige menschliche Modell verspricht hier aber nicht viel. Vier oder, beim Insektenmodell, sogar sechs Beine sind erheblich sinnvoller, weil sie viel größere Stabilität und besseren Halt auf schwierigen Oberflächen bieten und ein weit weniger komplexes Gleichgewichtsgefühl im Steuermechanismus erfordern. Interessanterweise stellten russische Wissenschaftler, die an der Konstruktion eines sechsbeinigen Roboters beteiligt waren, bei Besprechungen mit Kollegen aus der Biologie fest, daß sie das Insekt praktisch neu erfunden hatten. Um höchste Stabilität und Beweglichkeit zu erzielen, mußte der Roboter seine Beine genau im selben Ablauf wie eine Ameise oder ein Käfer bewegen. Man mußte dafür sorgen, daß in jedem Augenblick fünf der sechs Beine am Boden waren. Eine frivolere Parodie der Natur, erfunden von Marc Raibert an der Carnegie-Mellon-Universität, ist das Roboterkänguruh, das auf einem Einzelbein von einer Stelle zur anderen hüpft. Damit sollen die Steuerungsprobleme untersucht werden, die sich aus der inneren Instabilität in seinem Ruhezustand ergeben.

Die technische Konstruktion eines Roboter-Bestiariums wie überhaupt von Roboterfahrzeugen aller Art übersteigt den Rahmen dieses Buches. Roboterflugzeuge, -autos oder -unterseeboote werden das Gerät verwenden und weiterentwickeln, das bei vorhandenen Flugzeugen, Autos oder U-Booten genutzt wird und sich, wenn es nötig wird, Greifarme und Endeffektoren hinzufügen, ohne Zweifel an den anthropomorphen Roboter halten. Der Punkt bei solchen Fahrzeugen, der den Robotikern Sorgen macht, betrifft nicht die äußere Form oder die Fortbewegungsmethode, die man wählt, sondern das Steuerungssystem, das Gehirn, das den menschlichen Piloten, Fahrer oder Steuermann ersetzt. Wird menschliche Steuerung überflüssig, muß die mechanische Steuerung, die an ihre Stelle tritt, mit derselben Gruppe von Sinnen (oder einem Ersatz dafür), denselben Fertigkeiten, Erfahrungen und Fähigkeiten ausgestattet sein, Urteile zu fällen und Entscheidungen zu treffen, die ein Mensch an der Steuerung besitzt. Nichts von alledem ist auch nur entfernt möglich ohne irgendeine Art von »Gehirn«. Aus diesem Grund ist es der Computer, dem für Roboter aller Arten verfügbaren Gehirn, auf den wir nun unsere Aufmerksamkeit richten.

4
Ein berechnendes Gehirn

Das Reich der Zahlen besteht nur aus Grenzen.
Das mag schön und muß wahr sein.
Willst du wissen, ob es groß oder klein sei,
gehörst du zu den Liebenden, die besser bei Gesichtern bleiben.
W.H. Auden, »Numbers and Faces«

Die Konstruktion von Robotergehirnen wirft Probleme auf, die sich nach Art wie Ausmaß von denen im Zusammenhang mit Roboterkörpern unterscheiden. Die Konstrukteure künstlicher Muskeln und Knochen nutzen eingeführte Mechanismen und Methoden, um die Funktion eines Modells, des menschlichen Arms, nachzuvollziehen, von dem sie eine vollständige Beschreibung besitzen, und die sie klar verstehen. Die Konstrukteure von Gehirnen hingegen stützen sich auf eine Kategorie des Maschinellen, nämlich jene, die ausschließlich mit Information zu tun hat; sie ist vergleichsweise neu, und in der Praxis war man auf die Verwendung einer Maschine von nur einer einzigen Art beschränkt – auf den Digitalcomputer. Überdies gibt es keinen Grundplan des Modells, das man nachzugestalten versucht, also des menschlichen Gehirns, so daß man nicht wissen kann, ob die angewendeten Mittel dem Ziel entsprechen oder ihm überhaupt angemessen sind.

Niemand würde behaupten, ein Roboterarm sei eine exakte Kopie des menschlichen Arms, aber die Kenntnisse der Technik einerseits und der Anatomie andererseits ermöglichen es uns, sehr genau zu definieren, in welcher Beziehung sie vergleichbar sind und wo das nicht zutrifft. Dies wiederum gestattet es dem Robotiker, mit Zuversicht ans Werk zu gehen, wenn er eine mechanische Entsprechung für eine bestimmte menschliche Fertigkeit oder Eigenschaft sucht. Häufig kann der Roboter gegenüber dem Naturmodell dadurch sogar verbessert werden. Im Zusammenhang mit körperlicher Bewegung hat die Technologie die Natur sogar in vielerlei Beziehung übertreffen können. Aber sogar dann, wenn die Waage des Vorteils sich zu Gunsten des Mechanischen neigt, ist das Verhältnis zwischen den beiden Systemen eindeutig. So steht fest, daß ein einziger Freiheitsgrad eines Roboter-Ellenbogens dem menschlichen Modell entspricht, ein Handgelenk mit Drehung um 360 Grad es verbessert und ein Arm, der sich teleskopisch hinaus- und zusammenschiebt, manche der gleichen Ergebnisse mit ganz anderen Mitteln erzielt.

Die Physiologie, die der Robotik ein klares und unzweideutiges Bild von der Art liefert, wie die Gliedmaßen funktionieren, kann, wenn es sich um das Gehirn handelt, nicht mehr als Mutmaßungen anbieten. Die Untersuchung toten Gewebes verrät uns nur in begrenztem Maß etwas darüber, wie oder warum das lebende Gehirn arbeitet, und für die Forschung am lebenden Objekt gibt es naheliegende praktische und ethische Grenzen. Überdies besteht eine philosophische Grenze für die introspektive Beschäftigung des Gehirns mit sich selbst insofern, als stets der Verdacht besteht, Schlußfolgerungen könnten durch eine innere Anlage des Gehirns gefärbt seien, oder, anders ausgedrückt, die Wahrnehmung des Gehirns von seinen eigenen Abläufen könnte weder zutreffend noch vollständig sein.

Das Wissen über das menschliche Gehirn ist derzeit auf zwei verwundbare Brückköpfe an einem großen Meer der Unwissenheit beschränkt. Auf der einen Seite kann die Neurophysiologie ein oberflächliches Bild vom Aufbau des Gehirns vorlegen und einige sinnvolle Mutmaßungen über seine Abläufe bieten; auf der anderen präsentiert die Psychologie eine Vielzahl von Hypothesen zu seiner Leistung. Wie eines das andere hervorbringt, bleibt ein Rätsel. Für die Robotik läßt sich das Problem mit jenem vergleichen, die Prinzipien des Verbrennungsmotors dadurch ergründen zu wollen, daß man das Äußere betrachtet, hier ein Kabel abzwickt und dort eine Leitung durchtrennt, um festzustellen, was sich dann abspielt, während man sieht, daß ein Metallblock, den zu zerlegen man nicht das Werkzeug besitzt, auf irgendeine Weise die Räder dreht. Mit diesem Wissensstand einen zweiten Motor bauen zu wollen, wäre gewiß ein gefahrenreiches Unterfangen.

Da ausreichendes Wissen über das natürliche Gehirn, auf das man die Konstruktion von künstlichen Gehirnen gründen könnte, fehlt, war die Robotik gezwungen, sich auf die einzigen verfügbaren Maschinen zu stützen, von denen man mit Grund behaupten kann, sie erfüllten wenigstens einige der Kriterien, die ein Gehirn definieren. Ob der Computer in der Lage ist, alle Bedürfnisse der Robotik zu erfüllen, oder, was vielleicht noch wichtiger ist, ein Modell zu liefern, auf dessen Grundlage Vergleiche zwischen natürlichen und künstlichen Systemen angestellt werden können, ist eine völlig offene Frage. Bestreiten läßt sich aber nicht, daß es die Erfindung des Computers war, die Robotik überhaupt erst möglich gemacht hat, und daß er ein mehr als ausreichendes Gehirn für die Arten von Robotern zur Verfügung gestellt hat, die heute in Gebrauch sind. Der beste Ausgangspunkt für eine Diskussion von Robotergehirnen ist deshalb der Versuch, folgende Frage zu beantworten: Welche Art von Maschine ist ein Computer (oder, um genauer zu sein, ein elektronischer Digitalcomputer mit gespeichertem Programm)?

Die Eigenschaft, die den Computer von den meisten seiner mechanischen Vorfahren unterscheidet, und die sie am deutlichsten mit dem Gehirn gemeinsam hat, ist die Fähigkeit, auf Information als abstrakte Erscheinung hin zu handeln, die von jeder physischen Erscheinungsform losgelöst ist. Da das keine sehr leicht zu erfassende Vorstellung ist, könnte man ein Beispiel der Juristen übernehmen, die von »unkörperlichem Eigentum« im Gegensatz zu körperlichem sprechen. Es ist zwar durchaus möglich und oft praktisch, einen körperlichen Besitz wie etwa ein Stück Land nach Informationsbegriffen zu definieren (etwa als Markierungen auf einer Landkarte), aber diese Information existiert nur als Beschreibung eines körperlichen Gebildes; andererseits ist unkörperliches Eigentum, etwa das Urheberrecht an einem literarischen Werk oder einer musikalischen Komposition an sich ein Stück Eigentum ohne Rücksicht darauf, ob sie physische Form als Buch oder Schallplatte erhalten.

Mathematische oder logische Information besitzt eindeutig die Eigenschaft, abstrakt oder »unkörperlich« zu sein; die Zahl 17 existiert unabhängig von ihrer Zugehörigkeit zu physischen Objekten wie 17 Stockwerken oder Maßangaben wie 17 Stunden; dasselbe gilt für logische Beziehungen wie »und«, »ist gleich«, »wenn« und »oder«.

Ein Computer (oder ein Gehirn) besitzt die Fähigkeit, Information in »unkörperlichem« Sinn aufzunehmen, zu speichern (oder zu »erinnern«) und zu verarbeiten (oder darüber »nachzudenken«). Das unterscheidet ihn von praktisch allen anderen Maschinen, die im Medium Information tätig sind. Es gibt viele solche Maschinen, die mit Information in weniger abstrakten Sinn zu tun haben. Uhren, Waagen oder Thermometer messen Information, Telefone oder Radios übertragen sie, Tonbandgeräte zeichnen sie auf. Trotzdem arbeiten diese Maschinen in der Regel auf eine Weise, die für eine bestimmte Art von Information spezifisch ist – Bewegung, Schallwellen, etc. – und die Information, mit der sie umgehen, besteht aus Messungen der einen oder anderen Art. »Erinnert« sich etwa ein Tonbandgerät an ein bestimmtes Musikstück, dann ist die »Erinnerung« eine Beschreibung der Schallwellen, die diese Musik erzeugt. Die Musik auf dem Tonband ist nicht Musik in dem Sinn wie etwa die Partitur, die der Komponist geschrieben hat. Auf dem Tonband ist das Cis im zweiten Takt ein bestimmtes Cis, gespielt von einem bestimmten Instrument, und existiert nur für den Zeitraum, in dem der Ton ausgehalten wurde; das Cis in der Partitur existiert als Information, die von jedem beliebigen Instrument in Schall verwandelt werden kann, solange es ein Exemplar der Partitur gibt. Im Gegensatz zum Tonbandgerät geht der Computer mit Information in der zweiten Kategorie um, die eindeutig mehr von einer Idee als von einer Sache an sich hat.

Soll eine Maschine eine »Idee« aber aufnehmen, speichern oder verarbeiten, muß ein Weg gefunden werden, ihr im Sinne einer »Sache« eine physische Form zu verleihen. Der naheliegende Weg dazu ist der, den *Zustand* der Maschine oder ihrer Bauteile für die Darstellung der Information zu verwenden. Alle messenden Maschinen tun das: Eine Uhr stellt durch den Zustand ihrer Zeiger Information über die Zeit dar, ein Thermometer Information über Temperatur durch den Zustand des Quecksilbers in ihm. Die von diesen Maschinen genutzten Zustände sind aber ganz offenkundig für die Art von Information, die zu bewältigen sie geschaffen wurden, sehr spezifisch – eine Uhr kann keine Information über Temperaturen, ein Thermometer keine Information über die Zeit verwerten. Überdies verfügen die meisten Maschinen solcher Art über einen unendlichen Bereich von Zuständen. Sie geben die in ihnen dargestellte Information nur dann preis, wenn von außen irgendein Meßprozeß angewendet wird oder es irgendeine Skala oder Meßeinteilung gibt, an der man den Zustand der Maschine ablesen kann.

Diese Tatsache läßt sich mit einem einfachen Beispiel veranschaulichen. Ein altmodischer Schiffstelegraph ist ein Gerät, das den Zustand eines Handgriffs oder Hebels dazu verwendet, Information zur Geschwindigkeit zu übertragen und zu speichern, mit der die Schiffsmaschinen auf Geheiß des Kapitäns an Deck laufen sollen. In der Theorie könnte der Zustand des Systems dazu genutzt werden, jede Abstufung zwischen »Volle Kraft voraus« und »Volle Kraft achteraus« darzustellen; in der Praxis ist es erforderlich, die Skala willkürlich zu unterteilen in »Halbe Kraft voraus«, etc. Dieses Prinzip einer begrenzten Anzahl »diskreter« Zustände ist den meisten Maschinen gemeinsam, die für den Umgang mit Information konstruiert sind. Obwohl alle möglichen physischen Zustände einer Maschine ein Kontinuum darstellen können, das endlos unterteilbar ist, wird es notwendig sein, die Zahl bedeutsamer Zustände, also derjenigen, die Information darstellen oder vermitteln, auf eine endliche Zahl zu begrenzen und sie voneinander zu trennen, so daß jeder Zustand eine klar umgrenzte oder digitale Informationsgröße darstellt. Die Notwendigkeit, abstrakte Information in diskrete Portionen zu teilen, führt unweigerlich zu dem Gedanken, sie mathematisch aufzuspalten, da Mathematik mit Zahlen zu tun hat, deren abstrakte Eigenschaften vielen verschiedenen Arten Information gemeinsam sind. Im Prinzip beschäftigt sich die Mathematik mit »reellen Zahlen« unendlicher Genaukeit wie *Pi*, aber in der Praxis kommt es sogar Mathematikern oft gelegen, sie als digitale Größen zu behandeln.

Obwohl wir aber gewöhnt sind, uns die physikalische Welt in numerischen, mathematischen Begriffen vorzustellen, weil es sonst unmöglich wäre, mit Vorstellungen wie der Entfernung von London nach New York oder der erforderlichen Zeit für die Fahrt zur Arbeit einen Sinn zu verbinden, wehren wir uns instinktiv gegen die Idee, abstraktes Denken oder Fühlen genauso zu behandeln. So wäre es abstoßend, politische Überzeugungen, emotionelle Bindungen oder auch nur eine Vorliebe für Roastbeef gegenüber gegrilltem Fisch in mathematischen Begriffen zu messen. In der Regel verschleiern wir das Problem, wenn auch vielleicht nicht das Prinzip, dadurch, daß wir solche Dinge in vageren Begriffen messen – wir »bevorzugen« diesen Kandidaten gegenüber einem anderen, lieben jemand »von ganzem Herzen«, mögen Rindfleisch »lieber« als Fisch. Allerdings sind es nicht die Konstrukteure von Gehirnen allein, die Mathematik als einzig logischen Ausgangspunkt für den Umgang mit abstrakter Information erkennen. Von Plato an sind Philosophen auf der Suche nach einem Fundament für die Errichtung von Gedankengebäuden von den Gewißheiten der Mathematik angelockt worden, die, ausgehend von Tatsachen, die selbstverständlich zu sein scheinen und von den Sinnen bestätigt werden, zu Schlußfolgerungen gelangen kann, die alles anderes als naheliegend und in hohem Maße abstrakt sind. Es fällt schwer, sich einen anderen Denkmodus vorzustellen, der beispielsweise von einem »Faktum« wie $1 + 1 = 2$, das sich in der physischen Welt leicht beweisen läßt, ausgehen und zu einer Idee, der Quadratwurzel von 2, gelangen kann, die nur als gedanklicher Begriff zu existieren vermag.

Die Idee zu einer mathematischen Maschine oder einem Rechner ist natürlich nicht erst mit dem Computer entstanden. Die ersten mechanischen Rechner wurden im 17. Jahrhundert gebaut, interessanterweise von Philosophen. Pascal konstruierte die erste Addier-, Leibniz die erste Multipliziermaschine, und die Prinzipien, die sie nutzten, blieben bis zum Erscheinen des elektronischen Rechners Anfang der siebziger Jahres dieses Jahrhunderts bestehen. Der Grundgedanke ist der, mit einer Reihe von Rädern auf einer gemeinsamen Achse durch ihre Rotationsstellung zu einem festen Punkt in der traditionellen Dezimalschreibung eine Zahl darzustellen. Ein bekanntes Beispiel für dieses Prinzip ist der Kilometerzähler eines Autos, der in der Regel sechs Räder aufweist, jedes aufgeteilt in Abschnitte von 1 bis 10 und so miteinander verbunden, daß beispielsweise das »Zehner«-Rad mit jeder vollständigen Umdrehung des »Einer«-Rads um einen Abschnitt weiterrückt. Eine solche Vorrichtung hat 1000000 mögliche Zustände und stellt in Digitaleinheiten eines Zehntelkilometers Entfernungen von Null bis zu 99999,9 Kilometern dar.

Obwohl ein Kilometerzähler nicht rechnet, sondern zählt, fällt es nicht schwer, sich einen Mechanismus vorzustellen, der es ihm ermöglichen würde, mit einem einzigen Vorgang mehr als eine Einheit zu addieren oder zu subtrahieren, und mit etwas Einfallsreichtum könnte man einen weiteren hinzufügen, durch den er multiplizieren und dividieren kann. Allerdings ist hier der Hinweis angebracht, daß viele mechanische Rechner die beiden letztgenannten Funktionen dadurch bewältigen, daß sie als wiederholte Additions- oder Subtraktionsprozesse behandelt werden.

Das Rad ist aber im Grunde kein digitales Gerät. Man benötigt technisches Können, um es auf eine feste Zahl von Zuständen zu beschränken, weil es für das Rad natürlicher ist, sich gleichmäßig zu drehen, als das in einer Folge von Rucken zu tun. Außerdem besitzt sein Zustand als Information Wert nur dann, wenn die Messung an einem feststehenden Punkt erfolgt. Sobald man einen Kilometerzähler aus dem Gehäuse nimmt, könnte der Zustand der Räder als der beliebiger Zahlen zwischen 1 und 10 angesehen werden. Ein Schalter dagegen ist im grundsätzlichen Sinn digital; seine Funktion erfordert, daß er zwei Zustände und nur diese beiden kennt – ein oder aus, geöffnet oder geschlossen. Überdies besitzt er die Vorteile, daß er, als Vorrichtung verwendet, um einen Durchfluß zu ermöglichen oder zu sperren, keinen äußeren Fixpunkt benötigt, an dem sein Zustand gemessen werden müßte, und durch Übertragung der Durchflüsse von einem Schalter zum anderen Schalterreihen leichter und vielseitiger miteinander verbunden oder kombiniert werden können als Räderanordnungen.

Trotz seiner digitalen Eigenschaften hat der Schalter aber offenkundige Nachteile, sobald er auf das Dezimalsystem angewendet wird.

Um eine Zahl zwischen 0 und 9 in Begriffen ihres Zustands zu speichern, sind statt einem Rad zehn Schalter erforderlich. Man kann durchaus Maschinen bauen, die diese Schwierigkeit überwinden; die Maschine, die allgemein als unmittelbarer Vorgänger des Computers gilt, nämlich ENIAC, nutzte Schalter sogar auf diese Art zur Darstellung von Dezimalzahlen. Die Basis 10 des Dezimalsystems ist für die Mathematik aber nicht Voraussetzung, sondern Willkür. Man kann ohne weiteres mit jeder beliebigen Zahl als Basis zählen und rechnen, und der Schalter bietet sich offenkundig für die Nutzung einer Basis 2 an, des Binärsystems, das nur zwei Ziffern benötigt, 0 und 1 – ein und aus. Das ist beim Umgang mit Information von Vorteil, weil ein und aus ebenso für ja oder nein, wahr oder falsch wie für 0 und 1 stehen können.

Nichtmathematikern erscheinen die Reihen von 1 und 0, aus denen Binärzahlen bestehen, im Vergleich zur vertrauten Dezimalschreibung oft umständlich und kompliziert. Es sieht viel einfacher aus, dezimal 15 zu schreiben oder zu lesen als binär 1111. (Für diejenigen, die mit Binärzahlen nicht vertraut sind, ist es vielleicht am einfachsten, sich 1111, von rechts gelesen, vorzustellen als einmal 1, einmal 2, einmal 4 und einmal 8, genauso, wie man 15 als fünf Einer und eine Zehn betrachtet.) Sieht man sich aber die Folgen einer Zahlenkodierung in Begriffen des Zustands einer Maschine an, wird deutlich, daß das Gegenteil richtig ist.

Nehmen wir etwa die Zahl 98 oder 1100010 (keine 1, eine 2, keine 4, 8 oder 16, eine 32 und eine 64). Um 98 in einem üblichen Rechner darzustellen, braucht man zwei Räder, jedes mit den zehn zugelassenen Stellungen, oder eine Maschine, die einen Vorrat an 20 möglichen Bewegungen von Zustand zu Zustand benötigt, um insgesamt hundert Zustände zu erreichen. Dieselbe Zahl in Binärziffern darzustellen, erfordert sieben Schalter, jeden mit zwei Stellungen, oder eine Maschine mit einem Vorrat von nur vierzehn Bewegungen, die kombiniert werden können, um 128 oder 1111111 mögliche Zustände zu erzeugen. Schalter benötigen natürlich mehr Verkettungen als Räder, aber die Art, wie sie erzielt werden, ist im Grunde sehr einfach. Eine einfache Formel, die man sich merken sollte, lautet: Wird 2 zur Potenz der Anzahl von Ziffern in einer Binärzahl erhoben, ist das Resultat die größte Zahl, die durch diese Anzahl von Ziffern dargetellt werden kann. So kann eine Zahl aus zwei Ziffern jede Zahl zwischen 1 und 4 (2^2) darstellen, eine Zahl von drei Ziffern alle bis zu 8 (2^3) und so weiter. Gehen wir davon aus, daß verschiedene Zahlen verschiedene Mitteilungen vermitteln, können wir beispielsweise sagen, daß eine Kombination von acht Binärziffern dazu verwendet werden kann, 256 (2^8) verschiedene Mitteilungen zu vermitteln.

Ein weiterer Vorteil des Binärsystems wird bei der Multiplikation augenscheinlich. In der Dezimalarithemtik ist die Multiplikationstafel ein Gitter von hundert Quadraten. Sie enthalten die Produkte aller möglichen Multiplikationen der Ziffern von $0 \times 0 = 0$ bis zu $9 \times 9 = 81$. In der binären Mathematik besteht das Gitter nur aus vier Quadraten, wie die Abbildung auf Seite 69 oben links zeigt.

Der Nutzen dieser Vereinfachun wird klar, wenn man den Prozeß »langer Multiplikation« in den beiden Systemen vergleicht. Nehmen wir die Aufgabe, 23 mit 36 zu multiplizieren. Im Dezimalsystem besteht der erste Schritt darin, 23 mit 6 zu multiplizieren. Man muß sich merken, daß eine Zehn von der Einerspalte zu den

×	0	1
0	0	0
1	0	1

Das binäre Multiplikationsgitter

+	0	1
0	0	1
1	1	10

Das binäre Additionsgitter

Zehnern und Hundert von den Zehnern zu den Hundertern übertragen werden müssen, damit man 138 erhält; dann wird, nachdem man eine Null angefügt hat, um die höhere Größenordnung zu berücksichtigen, 23 mit 3 multipliziert. Man erhält 690. Schließlich addiert man die beiden Teilprodukte, um das Ergebnis zu erhalten, also 828. Im Binärystem erfordert die Multiplikation derselben Zahlen, 10111 und 100100, nur eine einfache Addition. Überspringt man nämlich die Stufen, wo der Multiplikator eine Null ist, wären die Produkte einer Multiplikation 1011100000 und 1011100 oder Multiplikand multipliziert mit 1 und angehängten Nullen. Die Addition

$$\begin{array}{r} 11011100000 \\ +\quad 1011100 \\ \hline 1100111100 \end{array}$$

führt noch einen weiteren Faktor vor: Der Übertrag ist auf eine einfache Faustregel vereinfacht. $0 + 0 = 0$, $1 + 0 = 1$ und $1 + 1$ ergibt 0 und einen Übertrag zur nächsten Kolonne. Das kann mit einem zweiten Gitter dargestellt werden (Abbildung oben rechts).

So betrachtet, kann binäre Arithmetik ebenso als logischer wie als mathematischer Prozeß gesehen werden. Kehren wir nämlich zum Multiplikationsgitter zurück und ersetzen 0 durch »falsch« und 1 durch »wahr«, entsteht, was Logiker eine »Wahrheitstafel« nennen. Sie zeigt, wenn von zwei Sätzen A und B beide wahr sind (siehe Abbildung Seite 70 oben links).

Die Funktion UND hat praktisch die Funktion *multipliziere* ersetzt. Ebenso kann das Gitter für Addition so gesehen werden, daß es die Funktion ODER im Sinne einer Prüfung nutzt, ob Satz A *oder* Satz B wahr ist (siehe Abbildung Seite 70 oben rechts).

Nehmen die Ziffern 0 und 1 oder die Mitteilung ja oder nein die Form eines Stromes an, der fließt oder nicht fließt und einen Schalter betätigt, und sind die Schalter Teil einer Vorrichtung, die nach der einen oder anderen dieser logischen Regeln neue Durch-

UND	falsch	wahr
falsch	falsch	falsch
wahr	falsch	wahr

Wahrheitstafel für die UND-Funktion

ODER	A falsch	B wahr
A falsch	falsch	wahr
B wahr	wahr	beides wahr

Wahrheitstafel für die ODER-Funktion

flüsse erzeugt, hat man es in der Computersprache mit einem »UND-Gatter« oder einem »ODER-Gatter« zu tun. Kombiniert man sie auf verschiedene Weise, führt das zu einer Maschine, die sowohl Arithmetik als auch Logik »leistet«. Sie umfaßt sogar die sogenannten Booleschen Funktionen, benannt nach dem englischen Mathematiker George Boole, der im 19. Jahrhundert eine Algebra, beruhend auf Gittern wie diesen, erfand. Er legte sie, sehr optimistisch, als ein Modell der »Denkgesetze« vor.

Die ersten elektrischen Schaltungen, die nach Booleschen Prinzipien arbeiteten, wurden 1938 von dem Amerikaner Claude Shannon konstruiert. Noch heute bilden »logische Schaltungen« aus UND-Gattern, ODER-Gattern, NICHT-Gattern (die eine 1 in eine 0 verwandeln und umgekehrt) und weitere Verfeinerungen wie »exklusive ODER«(EXOR-)Gatter das Herzstück jedes Computers, jene Teile, mit denen er rechnen kann. Die Art, wie diese Gatter funktionieren, läßt sich mit einer ganz einfachen Zeichnung zeigen.

Bisher haben wir gesehen, daß ein Computer eine Maschine ist, die digitale Information einfachster Art (Einer und Nullen) in Form der Zustände von Schalterkombinationen speichert und zwei Informationsbits nach Regeln verarbeiten oder kombinieren kann, die, obwohl sie für die Lösung mathematischer Aufgaben genutzt werden können, im Grunde Ausdruck logischer Beziehungen sind. Die kompliziertesten mathematischen Regeln, die ein Computer auf der Grundsebene seiner logischen Schaltungen anwendet, sind nämlich $0 + 0 = 0$, $1 + 0 = 1$, $1 + 1 = 0$, $0 \times 0 = 0$, $0 \times 1 = 0$ und $1 \times 1 = 1$. Solche elementaren Formen von »Gedächtnis« und »Denken« scheinen auf den ersten Blick mit der Kompliziertheit des Gehirns unvereinbar zu sein. Für sich allein genommen ist das eindeutig auch der Fall.

Eine Maschine, die einfach zwei Zahlen addiert oder sie miteinander multipliziert, ob im dezimalen oder binären System, ob mit drehbaren Rädern oder Schaltern, mag nun zwar praktisch sein, aber man könnte von ihr nicht behaupten, daß sie Mathematik auf irgendeine andere als die banalste Weise betreibt. Jedes lohnende

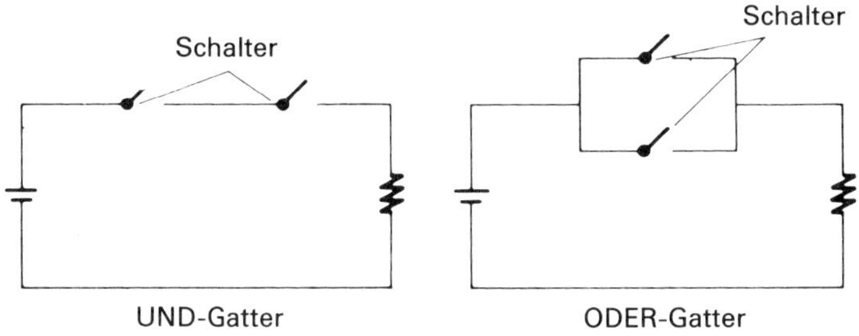

Schematische Darstellung von zwei Gatterarten. Stellt man sich vor, daß die Schalter von ankommenden Ziffern betätigt werden (eine 0 bewirkt, daß der Schalter sich öffnet, eine 1, daß er sich schließt), kann man sehen, daß im Fall des UND-Gatters nur dann Strom von der Batterie auf der linken Seite durch die Schaltung fließt und rechts eine Ausgabe (oder eine 1) erzeugt, wenn beide Ziffern eine 1 sind. Im Fall des ODER-Gatters dagegen wird eine 1 ausgegeben, wenn eine der Eingaben eine 1 ist.

mathematische Problem wird eine Folge von Berechnungen beinhalten; sogar eine einfache Gleichung wie $X = 3(6+5) - 2(3+4)$ erfordert zwei Additionsvorgänge, zwei Multiplikationen und eine Subtraktion, die alle in der richtigen Reihenfolge auszuführen sind, wobei Zwischenergebnisse beiseitegestellt werden müssen, bis man sie braucht. Führt ein menschlicher Mathematiker eine Berechnung dieser Art mit Hilfe eines einfachen Rechners aus, könnte man sagen, es sei er, der die Berechnungen anstellt, und nicht die Maschine. Wären die Zahlen größer, müßte er schon Bleistift und Papier verwenden, um die Resultate jedes Zwischenschritts zu notieren. Eine Maschine, die in der Lage wäre, eine ganze Folge von Berechnungen auszuführen, käme der Vorstellung, sie »bewältige« Mathematik in dem Sinn, wie der Mathematiker es tut, offenkundig schon viel näher. Sie würde aber drei Eigenschaften benötigen, die einem Rechner mangeln: Befehle für jeden Schritt, ein Steuersystem, das dafür sorgt, daß sie mit den richtigen Zahlen in der richtigen Reihenfolge ausgeführt werden, und ein Gedächtnis, um Zwischenergebnisse zu speichern. Die obige Gleichung zu lösen, würde beispielsweise folgende Befehle erfordern:

I Addiere 6 und 5.
II Multipliziere das Ergebnis von Schritt I mit 3, stell das Produkt in den Speicher.
III Addiere 3 und 4.
IV Multipliziere das Ergebnis von Schritt III mit 2.
V Hol das Produkt von Schritt II aus dem Speicher und zieh es vom Produkt aus Schritt IV ab.

Bei mehr als einem einzigen Zwischenergebnis braucht jedes im Speicher eine eigene Adresse, und die Steuerung der Maschine muß sich merken, welche Zahl sich an welcher Adresse befindet.

Obwohl eine Maschine, die einen solchen Prozeß ausführen kann, ein großer Schritt nach vorn wäre, weil viele Arten von Problemen dadurch bewältigt werden können, daß man einfach einer Befehlsreihe von A bis folgt, gibt es andere Aufgaben, bei denen die Art des nächsten Schritts erst dann bestimmt werden kann, wenn der vorherige ausgeführt ist. Sogar einfache, scheinbar mechanische Prozesse wie Buchführung setzen solche »Entscheidungen« voraus. So könnten ein Angestellter oder eine Maschine beauftragt werden, zwei Zahlenkolonnen zu addieren, um zwei Gesamtergebnisse, A und B, zu erzielen, und, nachdem der Unterschied C zwischen ihnen berechnet wurde, C zu dem einen oder anderen von zwei weiteren Gesamtbeträgen zu addieren, je nachdem, ob A größer war als B oder umgekehrt. Der Befehl für eine solche Berechnung wird das Wort »wenn« enthalten müssen. In einer Beziehung ist die »Wenn« -Funktion ein Teil des Booleschen Systems; die Gitter oder die Schaltungen, die mechanischen Ersatz für sie darstellen, sind im Grunde Methoden, »Wenn«-Fragen durch Regeln in der Art von »Wenn 0 und 1, dann 1, aber wenn 0 und 0, dann 0«, zu entscheiden. Wird das Boolesche System in Form elektrischer Schaltungen verwirklicht, dann ist diese Fähigkeit, »Wenn ... dann ...«-Probleme, wie wir sie nennen wollen, zu lösen, sogar noch stärker ausgeprägt. Shannon wies 1938 nach, daß jede Anordnung seiner logischen Schaltungen, die für eine »Rückkopplung« des Resultats einer Berechnung sorgt und sie als Bestandteil der nächsten behandelt, zu einer Vorrichtung führt, in der die »Wenn«-Funktion eine fundamentale Eigenschaft des Systems ist.

Wir können diesen Punkt dadurch erläutern, daß wir die Anordnung in der untenstehenden Zeichnung betrachten. Hier ist ein EXOR-Gatter (dessen Funktion so zusammengefaßt werden kann: 0 und 0 = 1, 1 und 0 = 1, 1 und 1 = 0) derart verdrahtet, daß seine Ausgabe nach einer sogenannten »Laufzeitverzögerung« (wir kommen gleich darauf zurück), zurückkehrt, um eine der Eingaben zu liefern. Nehmen wir an, das System begänne mit Eingaben von 1 und 0; die Ausgabe wird eine 1 sein. Diese Ausgabe, für den nächsten Durchgang in eine Eingabe verwandelt, hat die Wirkung, die Funktion des Gatters zu bestimmen, wenn es eine neue Eingabe in Form einer einzelnen Ziffer erhält. *Wenn* die neue Ziffer eine 1 ist, wird die neue Ausgabe eine 0 sein, *wenn* die neue Ziffer eine 0 ist, eine 1. Der springende Punkt: Das Gatter selbst weist nun einen »Zustand« auf, der ihm die Eigenschaft verleiht, eine 0 auszugeben, wenn die Eingabe eine 1 ist, und umgekehrt.

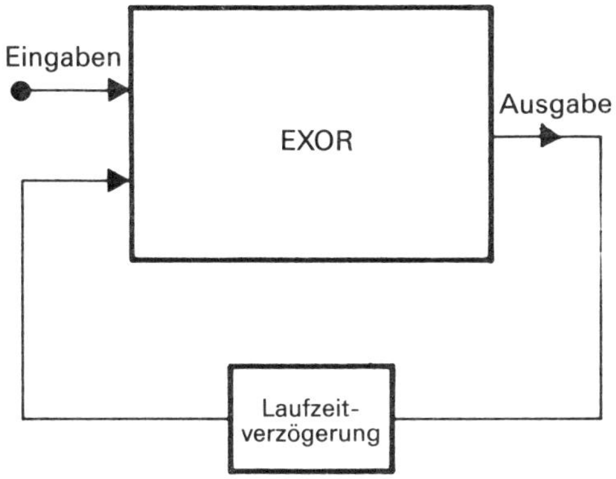

Gatter mit Rückkopplung

Die Bedeutung der Laufzeitverzögerung liegt darin: Soll eine Maschine diskrete Zustände haben, muß der Ablauf in Schritten erfolgen, so, wie die Einzelbilder eines Filmstreifens durch einen Kinoprojektor laufen. Flösse die Rückkopplung als fortlaufender Strom, wäre die Vorrichtung viel schwerer zu steuern, weil es sehr schwer fiele, ihren Zustand in irgendeinem Augenblick zu bestimmen. Für Spezialzwecke gibt es zwar einige »asynchrone« Systeme, aber ein *Digital*computer muß »synchron« sein. In der Praxis wird die Diskretheit der Zustände aller seiner Bestandteile, ob Schalter im Speicher oder logische Schaltungen wie diese, durch den »Schrittpuls« bewirkt, ein elektrischer Strom, der etwa hunderttausendmal in der Sekunde zu allen Teilen der Maschine gleichzeitig fließt. Solange der Schrittpuls oder Takt vorhanden ist, befindet sich die Maschine als Ganzes in einem bestimmten Zustand, so, wie das Einzelbild eines Filmstreifens für den Augenblick, in dem der Verschluß Licht hindurchläßt, im Projektorfenster stillstehen muß.

Der Begriff einer Maschine die einer ganzen Folge von Befehlen folgen könnte, eingeschlossen jene, die »Wenn«-Funktionen betreffen, entstand erstmals im Gehirn des britischen Mathematikers Charles Babagge zu Beginn des 19. Jahrhunderts. Babbage mußte seine Konstruktion notgedrungen auf die Technik von Rädern und Hebeln stützen, die in mechanischen Rechnern verwendet wurden (der Gedanke, Schalter oder binäre Arithmetik zu nutzen, sollte noch ein Jahrhundert auf sich warten lassen), und sein Plan erwies sich nur deshalb als unausführbar, weil die damalige Technik Bauteile mit der erforderlichen Genauigkeit nicht herstellen konnte. Obwohl seine »analytische Maschine« nie das Licht der Welt erblickte, dürfte das nichts daran ändern, daß Babbage, als er über die Erfordernisse einer solchen Maschine nachdachte, erstaunlich nah an den Entwurf eines Geräts herankam, das wir heute einen Computer nennen würden. Er erkannte, daß Befehle in für die Maschine verständlichem Code oder einer »Sprache« abgefaßt sein mußten, und übernahm vom Jacquardwebstuhl (der einzigen damaligen Maschine, die kompliziert und vielseitig genug war, um ein Befehlsprogramm zu benötigen), den Gedanken, sie auf Lochkarten zu verschlüsseln. Außerdem sah er für die Ausgabe der Maschine einen Druckermechanismus vor, mit dem sie ihre Ergebnisse festhalten konnte.

Das Herz der analytischen Maschine sollte ein einzelner Mechanismus sein, die Mühle, die alle mathematischen Prozesse auf ganz ähnliche Weise ausführte, wie ein Computer seine logischen Operationen in einem zentralen Prozessor zusammenfaßt. Außerdem gab es einen großen Speicher in Form vieler Reihen von Getrieberädern zur Aufnahme von Zwischenergebnissen und ein Steuersystem, das dafür sorgte, daß die Mühle die richtigen Zahlen zur richtigen Zeit im Speicher ablegte und aus ihm herausholte und die richtigen Rechenvorgänge mit ihnen ausführte. Ein letzter, surrealer Einfall war der, daß Babbage die ganze Anlage mit einer Dampfmaschine zu betreiben gedachte. Wie wohl unvermeidlich, starb er, ohne daß sein grandioser Plan verwirklicht worden wäre. Damit mußte auf die Technologie gewartet werden, die ihn ausführbar machte. Als der Gedanke einer Allzweckmaschine zum zweitenmal auftauchte, wurde er von einem ganz anderen Standpunkt aus aufgegriffen, dem der reinen mathematischen Spekulation ohne Rücksicht auf Nützlichkeit oder Machbarkeit.

Die Turing-Maschine war und bleibt eine völlig abstrakte Idee. Ihr Erfinder, der britische Mathematiker Alan Turing (den wir bereits als Erfinder des Turing-Tests erwähnt haben), arbeitete in den dreißiger Jahren nach dem Abschlußexamen an der Universität Cambridge und begann sich für das sogenannte »Entscheidungsproblem« zu interessieren, das der deutsche Mathematiker David Hilbert zu Beginn des Jahrhunderts vorgelegt hatte. Es ging darum, ob die Mathematik »entscheidbar« sei, ob es eine eindeutige Methode geben könne, die in der Lage sei, Wahrheit oder Unwahrheit jedes beliebigen mathematischen Satzes zu beweisen. Um es weniger formell auszudrücken: Die Frage war die, ob es in der Mathematik ein unlösbares Problem geben konnte.

Der erste Schritt bestand offenkundig in dem Versuch, eine eindeutige Methode zu definieren, die alle möglichen Formen von Berechnung und Kalkül von der einfachsten Arithmetik bis zur höchsten Algebra umfaßte. Turing erfand eine Maschine. Keine, die nun unbedingt gebaut werden konnte, sondern eine Maschine, beschreibbar in Begriffen, die klarstellten, daß alles, was sie tat, völlig »mechanisch« war. Die Maschine, die Turing sich vorstellte, bestand aus einem »Kopf«, der auf einem in Quadrate aufgeteilten »Band« hin- und herglitt. Damit die Maschine alle Arten der Berechnung bewältigen kann, ist es notwendig, sich ein Band von unendlicher Länge vorzustellen, auch wenn jede konkrete Berechnung nur eine endliche Zahl von Quadraten erfordert. Der Kopf rückt um jeweils ein Bandquadrat nach links oder rechts weiter und »tastet« bei jeder Bewegung ein Quadrat danach ab, ob es ein Symbol enthält. Der Kopf kann ein Quadrat unverändert lassen, gleichgültig, ob dort ein Symbol steht oder nicht, er kann ein Symbol löschen und das Quadrat leerlassen oder das Symbol durch ein anderes ersetzen oder ein Symbol in ein leeres Quadrat schreiben. Obwohl Symbole jeder Art verwendet werden können, erfordert jede Berechnung nur einen begrenzten Bereich, das heißt, die Maschine verwendet nur das »Alphabet«, das ihr »gegeben« wird, wenn man auf dem Band ein Problem aufzeichnet.

Das Verhalten, das der Kopf an jeder Stelle zeigt, wird bestimmt durch eine Kombination von zwei Faktoren: Was er in dem abgetasteten Quadrat findet, und die von Turing so genannte »Konfiguration« des Kopfs. Die Konfiguration ist im Grunde dasselbe wie ein »Zustand«, aber im Zusammenhang mit Turings Maschine ist es nützlich, sich den Zustand des Kopfs in dem Sinn vorzustellen, wie ein Autogetriebe einen bestimmten Zustand aufweist, wenn irgendein Gang eingelegt wird. Der Zustand des Kopfs bestimmt nämlich die Ausgabe (oder das, was dort getan wird) als Antwort auf eine Eingabe (oder das abgetastete Symbol), so wie der Gang die Bewegung des Autos bestimmt, sobald man die Kupplung losläßt.

Nehmen wir an, eine Turing-Maschine soll 2 und 4 addieren. Das Problem wird in folgender Form auf das Band gebracht:

11 1111

Der Kopf steht dabei irgendwo links von der ersten Symbolgruppe. Die der Maschine erteilten Befehle weisen sie an, in Zustand 1 nach rechts zu gehen. In diesem Zustand bewet sich der Kopf und tastet alle Quadrate ab, bis er dem ersten Quadrat begegnet, das ein Symbol enthält. Wenn es die erste 1 abtastet, weisen seine Befehle ihn an, in Zustand 2 umzuschalten, wo er nach rechts weitergeht und alle Quadrate abtastet, bis er auf ein leeres stößt. Dann schreibt er in das leere Quadrat ein Symbol. Das Band sieht nun so aus:

1111111

Seine Befehle verlangen nun, daß er in Zustand 3 umschaltet. Darin bewegt er sich erneut nach rechts und tastet die Quadrate mit den Symbolen der zweiten Gruppe ab, läßt sie aber unverändert, bis er erneut auf ein leeres Quadrat stößt. Das zweite Leerfeld läßt er unverändert, schaltet selbst aber in Zustand 4, in dem er ein Quadrat nach links rückt, das dort enthaltene Symbol abtastet und es löscht. Dann ist seine Aufgabe erfüllt, er kommt zum Stillstand, und die Antwort sieht so aus:

111111

Falls das so einfach aussieht, daß es sinnlos erscheint, lohnt es vielleicht, ein anderes Problem zu betrachten. Es zeigt, daß der Kopf der Turing-Maschine Zustände oder Konfigurationen hat, die sich mit der »Wenn«-Funktion befassen. Stellen wir uns vor, er solle entscheiden, ob eine Buchstabenfolge wie ABBCDDCBBA ein Palindrom, also von links oder rechts gelesen gleich ist. Der Kopf beginnt an einer Stelle links von der Symbolgruppe und wird angewiesen, nach rechts zu gehen, bis er auf ein Symbol stößt. Das löscht er dann, ersetzt es, sagen wir, durch ein X und tritt in einen Zustand ein, in dem er weiter nach rechts geht, bis er das leere Quadrat erreicht, mit dem das Ende der Folge bezeichnet wird. Er wechselt den Zustand wieder und geht nach links, um das letzte Symbol zu lesen; *wenn* es nicht dasselbe ist wie jenes, das er am anderen Ende der Gruppe gelöscht hat, dann kommt er zum Stillstand, nachdem er gezeigt hat, daß die Buchstaben kein Palindrom bilden, aber *wenn* er, wie im obigen Beispiel, feststellt, daß das Symbol das gleiche ist, löscht er es und ersetzt es durch ein weiteres X. Der Kopf geht dann hin und her und ersetzt Symbole durch X-Zeichen, bis er ein Symbol findet, das nicht in das Muster paßt, oder bis er alle Symbole durch X ersetzt hat, so daß auf dem Band nun XXXXXXXXXX steht.

Eine andere Art, sich die Konfiguration vorzustellen, die übrigens von Turing selbst stammt, ist eine Zusammenfassung der Fortschritte, die bei der anzustellenden Berechnung bislang erzielt wurden. Man kann nämlich erkennen, daß die Befehle der Maschine nicht mitteilen, was sie in jedem Quadrat tun soll, sondern ihr sagen, in welchem Zustand sie sich befinden und in welche Richtung sie sich bewegen soll. Es ist also die Kombination von Konfiguration und gelesenem Symbol, die bestimmt, was der Kopf tut. Eine bestimmte Konfiguration kann deshalb als eine Regel betrachtet werden, die dem Kopf mitteilt, was er mit jedem leeren Feld oder Symbol tun soll, denen er als nächstes begegnet, eine Regel, die praktisch den erreichten Stand der Berechnung umfaßt.

Turing vermochte nachzuweisen, daß eine Maschine dieser

Art im Prinzip jede denkbare Berechnung anstellen kann, für die eine eindeutige Methode in Form einer Tabelle von Befehlen zur Verfügung steht. Der technische Ausdruck für solche Methoden oder für die Befehle, die sie beschreiben, ist Algorithmus, ein Ausdruck, dem wir im ganzen weiteren Verlauf des Buches begegnen werden.

Eine andere Art, eine Maschine zu beschreiben, die im Prinzip jedes beliebige Problem angehen kann, ist die Bezeichnung als »Universalmaschine«. Ein Problem vom größerer Länge oder Kompliziertheit mit einer Turing-Maschine lösen zu wollen, wäre in Wahrheit unpraktisch, aber die Erkenntnis, daß jede Frage, gleichgültig wie groß und vielschichtig, auf diese Weise behandelt werden kann, mit ganz einfachen Methoden, Schritt für Schritt, war ein entscheidender Fortschritt, und die, wenn auch nur theoretische, Erfindung einer Universalmaschine kann im Rückblick als epochemachendes Ereignis eingestuft werden.

Um die Frage zu lösen, die ihn beschäftigte, ging Turing noch einen Schritt weiter. Vorausgesetzt, die Maschine kann jedes mögliche definierbare Problem lösen, wäre es, wie er argumentierte, theoretisch denkbar, alle möglichen Probleme in einer numerierten Folge aufzuführen und jedem Eintrag in der Liste die Befehlstabelle anzufügen, die der Maschine mitteilt, wie sie eben dieses Problem angehen soll. Und weiter: Da die jeder Befehlstabelle angehörende Zahl als ein Code betrachtet werden könne, der diesen Satz von Befehlen bezeichnet, sei die Übersetzung des Codes in eine Befehlstabelle lediglich eine weitere Art von Berechnung, die man im Prinzip der Maschine anvertrauen könne. So sei es möglich, sich eine Maschine vorzustellen, die, sobald sie eine Liste von Zahlen erhält, die alle möglichen Berechnungen darstellen, diese durcharbeitet. Sie entschlüsselt jede Zahl zu einem Satz von Befehlen, die sie auf ihr Band schreibt, liest und danach handelt, bis sie ein Band hervorgebracht hat, das alle möglichen Probleme und ihre Lösungen aufführt – alles, wie Turing schrieb »berechenbare Zahlen«. Das veranschaulicht einen weiteren wichtigen Punkt. Die »Universalität« der Turing-Maschine ist eine Folge der Tatsache, daß sie nur dann, wenn sie einen Satz Befehle besitzt, zu einer Maschine einer bestimmten Art »wird« (die Art, die erforderlich ist, um diese Befehle auszuführen); wird er durch einen anderen Befehlssatz ersetzt, tritt eine andere Art von Maschine an ihre Stelle.

Ein weiterer Punkt: Mit dem Schritt, die Befehle an seine Maschine in Berechnungen zu verschlüsseln, die sie selbst ausführen kann, schlug Turing vor, sie solle ihr eigenes Programm speichern und rekonstruieren, eine Konzeption, die der Vorstellung des gesunden Menschenverstands widerspricht, Daten und Befehle seien jeweils eigene, klar unterschiedene Kategorien, die einer Rechenmaschine in verschiedenen Formen geliefert werden müssen. Die Methode, Zahlen zu verwenden, um mathematische Prozesse oder, in Turings Fall, Befehle zur Ausführung von Prozessen auszuführen, war in der reinen Mathematik alltäglich geworden – Gödels berühmter Unvollständigkeitssatz beruht darauf – aber der Gedanke, sie, wenn auch nur theoretisch, auf Rechenmaschinen anzuwenden, war völlig neu und auf den ersten Blick unsinnig. Bei der Anwendung im Computer hingegen erwies sie sich als der Schlüssel, der die Tür zu einem mechanischen Gehirn öffnete, zumindest zu einem solchen von ganz bestimmter Art.

Die Lösung des Entscheidungsproblems wurde durch einen erprobten mathematischen »Trick« erzielt. Die Liste aller möglichen Befehlstabellen wäre natürlich unendlich lang gewesen, und wenn die jeder Tabelle zugeteilte Zahl ebenfalls unendlich lang war, und sei es auch durch angehängte Nullen, kann bewiesen werden, daß jede solche Liste unendlich langer Zahlen eine neue Zahl hervorbringen kann, die Cantorsche Diagonalzahl, die in der Liste nicht enthalten ist. Diese Zahl würde eine Befehlstabelle für ein Problem definieren, das die Liste aller möglichen Probleme nicht enthält und deshalb, wie Turing es ausdrückte, »unberechenbar« ist. »Über berechenbare Zahlen ...«, die Abhandlung, die seine Maschine beschrieb, wird als der bedeutsamste Markstein in der, wie man sagen könnte, Vorgeschichte des Computers angesehen, und zwar aus Gründen, die klar werden, wenn man ihre Methode, Schritt für Schritt ein Symbol nach dem anderen zu verarbeiten, mit den ganz ähnlichen Methoden des Computers vergleicht. Turing zeigte, daß eine Maschine, die auf diese scheinbar schlichte Weise arbeitet, im Prinzip eine Universalmaschine sein kann, und wies damit das Potential eines Computers nach, bevor es ihn überhaupt gab.

Turings Konzeption ist, wie man deutlich erkennt, kein Bauplan für eine praktisch funktionierende Maschine in dem Sinn, wie das Babbages Maschine war, und der Computer, die erste funktionierende Universalmaschine, trat ins Dasein, um dringende prosaische Bedürfnisse zu erfüllen, statt interessenfreie Neugier im Zusammenhang mit abstrakten mathematischen Problemen zu befriedigen. Viele Aspekte des Zweiten Weltkriegs – die Notwendigkeit, Artiellerie-Schußtafeln zu berechnen, die Entschlüsselung von Geheimcodes und zuletzt der Bau der ersten Atombombe – erforderten Berechnungen in einem Maßstab, der menschliche Mathematiker zu überfordern drohte. Das lag nicht daran, daß die Probleme unbedingt sehr kompliziert gewesen wären, sondern an ihrem enormen Umfang. So mußten für die Aufstellung von Schußtafeln Auswirkungen variabler Größen wie Richthöhe, Antriebsladung und

Windgeschwindigkeit für jeden winzigen Bruchteil der Geschoßbahn eigens berechnet werden.

Vor Kriegsausbruch war deutlich geworden, daß der Schalter gegenüber dem Rad bei der Konstruktion von digitalen »Zustands«-Maschinen Vorteile aufwies. Der Schalter, der am meisten zu versprechen schien, war das elektromagnetische Relais (beschrieben in Kapitel 2), das fester Bestandteil von Telefon- und Telegrafensystemen war. Es arbeitete mit zehn und mehr Reaktionen in der Sekunde viel schneller als rein mechanische Schalter, und Nachrichten liefen in Form eines elektrischen Stroms augenblicklich von Schalter zu Schalter. Ende der dreißiger Jahre hatte der deutsche Ingenieur Konrad Zuse einen Rechner gebaut, der mit elektromagnetischen Schaltern binäre Arithmetik leistete, 1937 brachte der Amerikaner Howard Aiken ein viel ehrgeizigeres Unternehmen für eine Riesenmaschine dieser Art in Gang, die später »Harvard Mark I« genannt wurde. Diese Maschine verwendete eine riesige Zahl von Relais und füllte einen ganzen Saal mit Relaisschränken, in denen verrückt gewordene Strickmaschinen zu klappern schienen. Sie war keine Universalmaschine und sollte auch keine sein; ihre Hauptaufgabe, Schußtafeln für die amerikanische Marine zu berechnen, erforderte, daß sie mit hoher Geschwindigkeit Berechnungen anstellte, die sich ständig wiederholten, und nicht, daß sie eine Vielzahl von Aufgaben übernahm. Bis sie 1944 in Dienst gestellt wurde, war sie von der Entwicklung bereits überholt.

Der Krieg verlangte nicht nur, daß beispiellose Rechenleistungen mit äußerster Schnelligkeit erbracht wurden, sondern regte auch das Interesse an einer Technologie an, die sich für das Verfahren als entscheidend erweisen sollte. Elektronische Geräte waren in den vierziger Jahren keine Neuheit, aber bis die Briten mit dem Forschungsprogramm begannen, das zum Radar führte, war ihre Verwendung in der Praxis hauptsächlich auf den Funk beschränkt gewesen. Die Radio- oder Vakuumröhren, die in kleiner Zahl als Verstärker in Radiogeräten Verwendung fanden, konnten kombiniert aber auch als Schalter betrachtet werden, die beinahe augenblicklich in Zyklen von bis zu einer Million pro Sekunde funktionierten. Der Haken an der Sache: Röhren waren überaus teuer, brauchten sehr viel Strom, erzeugten sehr viel Wärme und galten allgemein als so empfindlich und unzuverlässig, daß jede Maschine, die vom Zusammenwirken sehr vieler Röhren abhing, zum Scheitern verurteilt sein mußte.

Der Erfolg des Radars und der große Zugewinn an praktischer Erfahrung, der sich aus seiner Entwicklung ergab, erzeugten jedoch eine Atmosphäre, in der die Elektronik gewissermaßen eine Modetechnologie wurde. Bei jedem Problem lag die Prüfung nahe, ob es nicht eine elektronische Lösung dafür geben könne. Überdies befand sich der Krieg in einer Phase, in der traditionelle Ansichten jeden Tag in Frage gestellt wurden und die Lösung wissenschaftlicher Probleme buchstäblich auf eine Frage von Leben und Tod hinauslief.

Einige Zeit, bevor Aikens Maschine fertiggestellt war, hatten auch schon andere Forscher an der Moore School in Philadelphia den Sprung gewagt und die Konstruktion einer rein elektronischen Maschine in Angriff genommen. ENIAC (Electronic Numeral Integrator And Calulator = elektronischer Zahlenintegrator und Rechner) darf als unmittelbarer Vorgänger, wenn nicht sogar als Prototyp des Computers gelten, trotz der Tatsache, daß das Gerät ein wenig hinter der Zeit herhinkte und statt binärer Arithmetik dezimale Rechenvorgänge ausführte; für jede Ziffer wurde eine Gruppe von zehn Röhren verwendet.

Im Prinzip kam ENIAC an das Ideal einer Universalmaschine im Sinne von Babbages analytischer Maschine heran. Die Röhren lieferten genug Speicherplatz für die Bewältigung überaus ehrgeiziger Berechnungen, und die Maschine verkleinerte natürlich die Zeitskala um einen Faktor von einigen Zehntausend, weil ihr elektronischer Zustand sich mehrere hunderttausendmal in der Sekunde verändern konnte. Es war aber gerade ihre Geschwindigkeit, die ihre Universalität schmälerte. Einer solchen Maschine mit Lochkarten oder irgend einem anderen Träger Befehle einzugeben, die durch zwischengeschaltete mechanische Operationen gelesen werden mußten, wäre in ungeheurem Maß Verschwendung gewesen, weil kein mechanisches Eigabesystem mit den inneren Arbeitsabläufen der Maschine Schritt halten konnte. Die Lösung, auf die man bei den ENIAC-Konstrukteuren verfiel, war ein Schaltbrett ähnlich der Steckeinheit, mit der man die Bewegungen der frühen Roboterarme steuerte. Die Befehle für den Umgang mit allen Problemarten mußten als Vermaschungen zwischen den verschiedenen Maschinenteilen erarbeitet werden. Sie wurden dadurch umgesetzt, daß man in mühseliger Arbeit Anschlüsse in das Brett steckte. Sobald das Schaltbrett fertig war, konnte ENIAC jedes dem Schema entsprechende Problem mit einer Geschwindigkeit angehen, die weit über die aller Rivalen hinausging. In der Praxis war das von großem Wert, weil sich die Berechnungen etwa für die Aufstellung von Schußtafeln bis zur Eintönigkeit wiederholen; ENIAC geriet dadurch aber in ein seltsames Zwischenreich irgendwo zwischen Spezialrechner und Universalcomputer. In einem bestimmten Sinn war das keine Einzelmaschine, sondern ein Baukasten, aus dem man eine ganze Reihe von Maschinen montieren konnte. Es war eine Art Turing-Maschine, wo der Prozeß des »Umbaus« der Maschine für eine neue Aufgabe nicht einfach die Eingabe neuer Befehlstabellen, sondern mühsames Umstecken erforderte.

In England rührte der Antrieb für die Entwicklung neuer Rechnerformen in der Hauptsache von den Geheimcode-Entschlüsslern in Bletchley Park her. Dort waren keine mathematischen Allzweckmaschinen gefordert, sondern Spezialgeräte. Der Durchbruch gelang aber auf ganz ähnliche Weise, als die Entscheidung fiel, die herrschenden Ansichten über die Unzuverlässigkeit von Röhren zu mißachten und zu erproben, ob elektronische Maschinen großen Maßstabs funktionieren konnten. Die »Colossus«-Maschinen, die dabei herauskamen, waren Spezialrechner ohne Anspruch auf Universalität, aber wie ENIAC überzeugten sie die wenigen Begünstigten, die sie sehen durften, unter ihnen Alan Turing, davon, daß die Elektronik einen Weg eröffnete, das mechanische Rechnen zu revolutionieren.

Wenn logische Operationen mit Geschwindigkeiten von bis zu einer Million mal in der Sekunde ausführbar waren, dann konnten sogar die einfachen, sorgfältigen Schrittprozesse einer Turing-Maschine mit einer Schnelligkeit ablaufen, die ihr praktischen Nutzen verlieh. Komplizierte Probleme brauchten nicht mehr mit komplizierten und unbegreiflichen Prozessen angegangen zu werden, sondern konnten sich Serien von außerordentlich einfachen Abläufen beugen, die mit erstaunlich hohen Geschwindikeiten ausgeführt wurden. Dieser Gedankengang, der natürlich zu der Hypothese führt, das Denken selbst könnte aus einer Folge sehr einfacher Schritte bestehen, wurde gefördert durch die Indizien, die darauf hindeuteten, daß das Gehirn selbst ein elektronischer, digitaler Mechanismus mit diskreten Zuständen sei. 1943 wiesen die Amerikaner McCulloch und Pitts nach, daß die Neuronen oder Nervenzellen, Grundbausteine des Gehirns, in der Funktion sehr viel Ähnlichkeit mit den Röhrenschaltkreisen besitzen, die in Maschinen wie ENIAC und Colossus als Schalter dienten. Jedes Neuron kann einen elektrischen Strom »zünden« oder übertragen, der von anderen Neuronen über Synapsen genannte Stationen empfangen wird, die Ströme haben die Form diskreter, digitaler Impulse. Das Geflecht wechselseitiger Verbindungen, das die Neuronen zusammenschließt, ist ungeheuer komplex und besitzt keine Ähnlichkeit mit den geordneten Kabelsträngen, aus denen die Schaltkreise der Rechenmaschinen bestanden, aber es schien klar zu sein, daß die beiden Systeme grundsätzlich miteinander vergleichbar waren. Wenn man genügend elektronische Schaltungen auf dieselbe Weise anordnete und vermaschte, wie das bei den Neuronen im Gehirn der Fall war, sollten sie sich auch wie ein Gehirn verhalten. Das Gehirn enthält rund zehn Milliarden Neuronen, und die Zahl möglicher Zustände wird dementsprechend unfaßbar groß sein, die Zahl sinnvoll unterscheidbarer Zustände dagegen endlich.

Der auffälligste Unterschied zwischen dem Gehirn und einer Universalmaschine, die Technologie der ENIAC-Art nutzte, ist die Tatsache, daß die Maschine vollkommen von Befehlen abhängig war, die von außen gegeben wurden. Sie mochte zwar in der Lage sein, jedes »berechenbare« Problem zu lösen, aber ohne ein menschliches Gehirn, das ihm mitteilte, wie sie das anstellen sollte, war sie hilflos. Eine solche Maschine »kann« Mathematik, aber das Gehirn »kennt« Mathematik, oder, um es anders auszudrücken, es enthält die Anweisungen für die Anwendung von Mathematik. Insoweit, als diese Anweisungen aus Wissen bestehen, etwa der richtigen Methode, große Zahlen zu dividieren, oder dem Verfahren zur Berechnung einer Quadratwurzel, erworben durch Übung und Lernen, kann man vom Gehirn behaupten, daß es Befehlsprogramme speichert, die ihm eingegeben worden sind.

Der Gedanke, Befehle für eine Rechenmaschine brauchten nicht die Form von Lochkarten oder einer Schaltplatte mit Steckern anzunehmen, sondern könnten ihr, ausgedrückt in ihren inneren Zuständen, eingegeben und dort gespeichert werden, kam wahrscheinlich mehreren Leuten mehr oder weniger gleichzeitig. Er hätte nahegelegen bei Alan Turing, der, nachdem er fünf Jahre lang als maßgebende Kraft der Entschlüsselungsforschung von Bletchley Park gewirkt hatte, 1945 seine Aufmerksamkeit der Verwirklichung seines Traums von einer Universalmaschine zuwandte, die noch vor acht Jahren so unfaßbar praxisfern und entlegen erschienen war. Bei der Lösung des Entscheidungsproblems ging es nämlich um den Einfall, daß die Turing-Maschine ihre Anweisungen auf demselben Band niederschreiben sollte, das ihre Daten und Berechnungen enthielt. Das von J.P. Eckert und John Mauchley an der Moore School in Philadelphia geleitete Team, dem ENIAC zu verdanken war, hatte aber bereits über den nächsten Schritt nachgedacht. Man hatte den Vorteil, über die Dienste eines der größten mathematischen Genies der Zeit zu verfügen, weil John von Neumann dort als Berater tätig war. Die Idee eines Rechners mit gespeichertem Programm wurde öffentlich erstmals in dem Bericht vorgebracht, den von Neumann für die Beschreibung des nächsten Projekts der Moore School, EDVAC, verfaßte. Allgemein wird von Neumann das Verdienst an dem entscheidenden Gedanken zugesprochen. In diesem Sinn könnten alle folgenden Computer »von Neumann-Maschinen« genannt werden, weil das gespeicherte Programm jener Schritt war, der aus dem Rechner einen Computer machte.

Auf den ersten Blick scheint die interne Speicherung von Befehlen im Gegensatz zu ihrer Übernahme von außen mehr ein Fortschritt in der Methode als im Prinzip zu sein. Die Befehle bleiben ja die gleichen, obschon es unbestreitbar praktischer ist, wenn sie in elektronischer Form augenblicklich zugänglich sind. Die Versuchung, Vergleiche mit unserer eigenen Erfahrung anzustellen, ist groß. Dabei stellt sich das Gefühl ein, für einen Koch könne es ja recht nützlich sein, wenn er das Rezept für Biskuitkuchen im Gedächtnis hat, statt es in einem Kochbuch nachschlagen zu müssen, aber von wesentlicher Bedeutung sei das wohl nicht. Die Frage so zu betrachten, heißt aber, das Ausmaß zu unterschätzen, in dem unsere eigenen Gehirne vorprogrammiert sind. Ein Computer, der es etwa mit zwei Simultangleichungen zu tun hat, benötigt nicht nur den Algorithmus für diese Art von Problem, sondern auch Befehle für alle anderen damit verbundenen Grundprozesse – Addieren, Subtrahieren, und so weiter. Ohne Befehle von außerhalb oder ein internes Programm hat er buchstäblich keine Ahnung, was er tun soll, und wenn die Befehle von außen kommen sollen, müssen sie jeden einzelnen Schritt bis ins Kleinste genau angeben.

Ein Rechner ohne Programm gleicht also nicht einem Koch, der sich nicht an ein Rezept erinnern kann; er ist ein Koch, der nicht weiß, wie man die Zutaten abmißt, ein Ei aufschlägt oder den Herd einschaltet. Eine unprogrammierte Maschine verlangt, daß jeder Befehlssatz von den einfachsten Grundsätzen ausgeht und sie jedesmal, wenn sie gebraucht werden, wiederholt.

Die Fähigkeit, Programme intern zu speichern, verwandelt die Natur der Maschine von Grund auf, weil sie dann mit einem ganzen Vorrat an Programmen ausgestattet werden kann, auf die sie sich in beliebiger Reihenfolge zu beziehen vermag, wann und wie sie diese benötigt. Mehr noch: Große Programme können in Folgen kleinerer Unterprogramme (Subroutinen) zerlegt werden, die innerhalb des Hauptprogramms »verschachtelt« sind, so daß die Befehle für die Lösung von Simultangleichungen nicht in allen Einzelheiten aufgeführt werden müssen, sondern aus vorhandenen Programmen für die Prozesse, aus denen sie sich zusammensetzt, aufgebaut werden können.

Ausgerüstet mit der Fähigkeit, Programme zu speichern, wird der Computer zu einer Maschine, die jeden Prozeß »kennen« kann, der auf eine Folge klar definierter Schritte zurückführbar ist. Man kann das Gehirn durchaus als lediglich eine sehr komplizierte Maschine dieser Art betrachten. Die Schritte, die in den Logikschaltungen eines Computers stattfinden, sind ja nach wie vor die einfachen, »schlichten« Schritte der Turing-Maschine oder des Booleschen Gitters, aber versorgt mit augenblicklich zugänglichen Befehlen, damit sie in komplizierten Kombinationen zu Hunderttausenden in der Sekunde ausgeführt werden können, erscheint die Maschine als

Ganzes keineswegs von schlichtem Zuschnitt. Vielmehr ist sie zu Leistungen fähig, die weit über das Vermögen der menschlichen Gehirne hinausreichen, die ihre Schaltkreise konstruiert und die Programme verfaßt hatten.

Schon die ersten primitiven Computer mit vielen Röhrenschaltkreisen und damit einer Spanne von Zuständen, die im Vergleich zu den Millionen Gehirnneuronen und den ungezählten Milliarden Zuständen, die sie kombiniert annehmen konnten, bedeutungslos war (die Anzahl der Zustände übersteigt die Zahl der Teilchen im Universum), vermochten das Gehirn zu übertreffen, und die Schlußfolgerung, diese Fähigkeit müsse nicht auf das Reich der Mathematik beschränkt sein, ergab sich aus der Logik. Gehirn und Computer schienen nun doch dieselbe Art von Maschine zu sein – eine digitale Maschine mit diskreten Zuständen und gespeichertem Programm. Und obwohl der Computer als eine spezifisch mathematische Maschine das Dasein erblickt hatte, war, wie wir gesehen haben, sein Arbeitsmodus in dem Sinn grundsätzlich logisch, daß er nicht die Regeln irgendeiner bestimmten Rechenart enthält, sondern Information in ihrer fundamentalsten Form, nämlich einzelner digitaler Einheiten, verarbeitet, um jede mögliche Art des Rechnens nachzuahmen. Es erschien möglich, ja, sogar wahrscheinlich, daß das Gehirn alle, nicht nur mathematische Informationen auf diese Weise behandelte.

In der ersten Begeisterung für den neugeborenen Computer hatte es den Anschein, als könnten Maschinen, die »denken«, damit auf die Nachgestaltung von Hirnfunktionen im Rahmen von Programmen hinauslaufen, die der Computer verstehen konnte. Gingen Gehirn und Computer mit Information prinzipiell in gleicher Weise um, dann brauchte man, um den Computer zu befähigen, über Beliebiges nachzudenken, nur den richtigen Algorithmus zu finden. Das war genau wie bei der Turing-Maschine, wo die Befehlstabelle definiert sein mußte, damit sie ein bestimmtes Problem lösen konnte. Alles, was ein Gehirn leistete, mußte nämlich für eine Universalmaschine ein »berechenbares« Problem darstellen.

Viele widersprachen diesen Vernunftschlüssen mit der Begründung, manche Vorgänge im Gehirn seien zwar mit dem Lauf eines Programms vergleichbar, andere aber nicht. Mathematik möge programmierbar sein, Originalität und Erfindungskraft hingegen, die Erkenntnis von Beziehungen, die noch nicht bekannt waren, die Entdeckung von Mustern im scheinbar Ungeordneten, seien fast schon der Definition nach nicht programmierbar. Dagegen konnte man einwenden – und wendet man immer noch ein – das Vorhandensein des gespeicherten Programms beinhalte die Fähigkeit, neue Programme zu konstruieren; ein Befehl könne die Form von Befehlen für die Erzeugung neuer Befehle annehmen; man könne eine Maschine anweisen, über ihre eigenen Gedanken nachzudenken. Dieser Forschungsweg ist am deutlichsten anwendbar auf sogenannte »künstliche Intelligenz«, die Thema eines späteren Kapitels sein wird. Hier findet er nur Erwähnung, auf etwas hinzuweisen: Die Tatsache, eine Maschine sei programmierbar, bedeutet im Prinzip nicht, daß sie auf die Anwendung von Programmen, die von außerhalb geliefert werden, beschränkt sei.

Der Computer verfügt jedoch über eine Eigenschaft, von der keineswegs sicher ist, daß das Gehirn sie ebenfalls besitzt. So wie Babbages analytische Maschine ihre mathematischen Operationen in der Mühle und die Turing-Maschine sie in ihrem Kopf vereinigte, der ein Symbol nach dem anderen las, vereinigt der Computer seine logischen Operationen in einem zentralen Prozessor. Der Prozessor führt die Operationen mit ungeheurer Geschwindigkeit aus – bis zu einer Million mal in der Sekunde gegenüber den Gehirnzyklen von rund hundert pro Sekunde – und arbeitet an Gruppen von entweder acht oder sechzehn Ziffern gleichzeitig. Nichtsdestoweniger hat dies die Folge, daß ein Computer ohne Rücksicht darauf, wieviele Zustände er hat, sie nur Schritt für Schritt in Stufen ändern kann, auf denen jede Zustandsveränderung das Ergebnis der Anwendung einer logischen, berechneten Regel ist. Das ist natürlich genau die Art von Verhalten, die der Umgang mit mathematischen Prozessen erfordert, aber weder die einzige Art, eine digitale Maschine mit diskreten Zuständen zu organisieren, noch unbedingt jene, in der das Gehirn organisiert ist.

In der Frühzeit der Computer konnten solche Argumente nur hypothetisch sein, weil wenig Aussicht zu bestehen schien, daß der Computer jemals Größe und Kompliziertheit des Gehirns erlangen würde. Da alles sich um die Hypothese drehte, daß komplexe Informationsverarbeitung im Gehirn die Folge seiner Fähigkeit sei, überaus vielschichtige Programme zu speichern, kam es entscheidend auf die Größe an. Das Vermögen eines Gehirns oder Computers konnte in der Zahl ihrer Speicherelemente und deren Kapazität ausgedrückt werden, und die für den Computer verfügbaren Speicher waren anfangs durch technologische Rücksichten streng begrenzt.

Röhren waren teure und vergleichsweise große Gebilde, die man mit verdrahteten Schaltungen zusammenfügen und in Gestellen montieren mußte. Man konnte Systeme bauen, die Schalter zu Hunderten oder sogar zu Tausenden enthielten, sie aber millionenfach zur Verfügung zu stellen, hätte Anlagen erfordert, deren Abmessungen in Meilen zu messen gewesen wären. Dagegen war der

Speicher eines Computers (freilich nicht die Spanne seiner elektronischen Zustände) dadurch zu vergrößern, daß man ihn in zwei Teile zerlegte, in einen elektronischen Sofortspeicher und ein weniger zugängliches, aber auch weniger teures und schwerfälliges Reservesystem. Die Information in Röhrenschaltkreisen entsprach dann dem Angebot im Schaufenster eines Ladens, nach Wunsch für den Kunden, also hier die Logikschaltungen des Zentralprozessors, verfügbar; das Reservesystem war ein Vorratsraum oder Lagerhaus, aus denen man weitere Information beziehen konnte, sobald neue oder andere Ware gefragt war.

Die meisten frühen Computerprojekte befaßten sich in der Hauptsache damit, den richtigen Träger für diesen Reservespeicher zu finden. Der erste funktionierende Computer der Welt, gebaut von Dr. F.C. Williams an der Universität Manchester, der sein erstes Programm im Juni 1948 fuhr, verwendete Kathodenstrahlröhren, um die Ziffern als Lichtpunkte zu speichern. Ein anderer Mechanismus, den man in England und Amerika erprobte, war die Verzögerungsleitung, eine Röhre, in der man elektronische Impulse festhalten und von einem Ende zum anderen hin- und herlaufen lassen konnte. Das Problem dabei: Jedes Medium, das wie Schallplatte oder Tonband Information in linearer Form speichert, mußte das Wiederauffinden zweifellos erschweren, Vorrichtungen wie Kathodenstrahlröhre oder Verzögerungsleitung dagegen waren zwar rascher zugänglich, aber ebenfalls kompliziert und teuer. Ende der fünfziger Jahre war ein vernünftiger Kompromiß in Form einer Magnettrommel mit Ringbändern aus winzigen Elektromagneten gefunden. Man konnte sie dadurch ein- und ausschalten, daß ein Kopf an den Bändern auf und ab oder um die Bänder herumfuhr. Ausgestattet mit dieser Art Reservesystem, glich ein Computer einem Schüler, der sich zwar nur wenige Antworten merken kann, dafür aber das Talent besitzt, die richtige Stelle im Lehrbuch blitzschnell zu finden und zu lesen.

Bis aber die Magnettrommel sich als der übliche Reserveträger in der ersten Generation kommerziell verfügbarer Computer durchgesetzt hatte, war es zu einer Entwicklung gekommen, die zur gegebenen Zeit die ganze Frage zur Zweitrangigkeit verurteilte. Die Erfindung des Transistors, eines elektronischen Schalters, der von Natur aus einfacher, billiger und zuverlässiger ist als die Röhre, gestaltete die Zukunft des Computers neu. Er blieb keine Maschine, die man wie die Autos vor der Jahrhundertwende mühsam einzeln von Hand zusammenbauen mußte. Statt dessen konnte man sich eine Zeit vorstellen, in der Computer wie Ford-Autos Model T am Fließband hergestellt werden würden. Der Transistor verringerte auf lange Sicht nicht nur den Bedarf an Reservespeichern, sondern beseitigte auch die mühevolle Arbeit, unabhängige Speicher mit schnellem Zugang, Magnetkernspeicher genannt, zu bauen, die man bei den meisten Maschinen benützt hatte. So, wie die Dinge sich entwickelten, waren die Folgen sogar noch bedeutsamer, weil der Transistor von einer Vorrichtung in der Größe eines Zigarettenfilters, die auf einer Schaltungsplatte an ihren Platz gesteckt werden mußte, zu einem winzigen Fleckchen in einem Siliziumchip schrumpfte, der selbst nicht nur einfach ein Schaltkreis ist, sondern ein kompletter Computer, der nicht mehr kostet als vor dreißig Jahren einige Röhren.

Elektronische Bauteile mit einer Kapazität, die mit der des Gehirns vergleichbar ist, kann man heute in einem mittelgroßen Koffer unterbringen und für einige hunderttausend Dollar kaufen. Die Maschine kann somit ihre Grenzen nicht mehr mit Gründen technologischer oder wirtschaftlicher Beschränkung entschuldigen. Wenn das Modell das richtige ist, besitzen wir alle Zutaten eines vollentwickelten mechanischen Gehirns.

Da wir das natürliche und die künstlichen Modelle nicht direkt miteinander vergleichen können – die Erkenntnis, daß die Neuronen digitale Informationen speichern und in Form von Impulsen übertragen, ist weit von einem Verständnis dafür entfernt, wie die Information in digitaler Form verschlüsselt wird oder die Übertragungen organisiert sind – können nur Ein- und Ausgaben verglichen und Algorithmen gesucht werden, mit denen der Computer dasselbe leisten kann wie das menschliche Gehirn.

Die wichtigste Forderung, die jeder Roboter an sein Computergehirn stellt, wird wohl die sein, daß es die Bewegung eines mechanischen Körpers organisiert und steuert; die meisten heutigen Roboter verlangen auch nicht mehr. Bewegung ist ein Prozeß, für den Algorithmen zu finden vergleichsweise leicht ist. Er paßt sich auf natürliche Weise der charakteristischen Methode des Computers an, alles der Reihe nach zu tun. Einige einfache Beispiele werden zeigen, daß es Computern sehr leicht fällt, die Bewegung eines mechanischen Körpers zu steuern.

Unterstellen wir, ein Robotergehirn solle das Ausfahren eines Roboterarms steuern. Die Position, die der Arm erreichen muß, kann als eine Folge von Ziffern ausgedrückt werden – der Einfachheit halber nehmen wir 1111 und für seine jetzige Position 0011. Ziehen wir die zweite Zahl von der ersten ab, erhalten wir eine dritte. Sie gibt die Entfernung an, die der Roboterarm zurücklegen muß. Verfügt der Arm über einen Sensor, der im Verlauf der Bewegung Information durch Rückkopplung liefert, wird die Subtraktion einen immer kleineren Unterschiedsbetrag ergeben, der, sobald der Arm zur richtigen Entfernung ausgefahren ist, Null erreicht. So führen die Logikschaltungen zu Beginn des Vorgangs eine Subtraktion folgender Art aus, um festzulegen, daß die zurückgelegte Entfernung zwölf Einheiten entspricht:

$$\begin{array}{rl} 1111 & (15) \\ -\ 0011 & (\ 3) \\ \hline 1100 & (12) \end{array}$$

Sobald die Bewegung halb abgeschlossen ist, wird die Berechnung zeigen, daß noch eine Entfernung zurückgelegt werden muß, die sechs Einheiten entspricht.

$$\begin{array}{rl} 1111 & (15) \\ -\ 1001 & (\ 9) \\ \hline 0110 & (\ 6) \end{array}$$

Sobald der Vorgang beendet ist, werden beide Zahlen gleich sein:

$$\begin{array}{rl} 1111 & (15) \\ -\ 1111 & (15) \\ \hline 0000 & (\ 0) \end{array}$$

Ein Programm dieser Art kann offenkundig erweitert werden, um zu berücksichtigen, daß der Arm langsamer werden muß, wenn er sich seinem Ziel nähert, damit er weich und ohne Schwung eintrifft, der dazu führen würde, daß er über das Ziel hinausschießt, das sein Endeffektor ergreifen soll, oder es umwirft.

Roboterbewegung kann die logischen Funktionen des Computers im Gegensatz zu seinen mathematischen auf dieselbe Weise nutzen. Stellen wir uns nun vor, wir hätten dafür zu sorgen, daß der Arm einen bestimmten Weg in einer geraden Linie zurücklegt und weder nach rechts noch nach links abweicht. Der gewünschte Weg könnte als ein Muster von vier Ziffern definiert werden, Register A (ein Register ist das Speicherelement, in dem der Prozessor eine Folge von Ziffern aufbewahrt, während er sie verarbeitet), und die Sensoren am Arm könnten Information über seine tatsächliche Position in Form einer zweiten Ziffernfolge, Register B, liefern.

Wird jedes Ziffernpaar in den beiden Registern (durch ein »exklusives ODER«-, ein EXOR-Schaltglied) miteinander verglichen, um eine dritte Folge C zu erzeugen, so drückt die letztgenannte die Beziehung zwischen dem gewünschten und dem tatsächlich zurückgelegten Weg aus. Beispiel: A sei 0111, B (wenn alles richtig verläuft) 1100. C wird 1011 sein (EXOR ist eine logische Funktion, keine mathematische, so daß das Ziffernpaar auf der rechten Seite, 1 und 1, 0 keinen »Übertrag« mitgibt). Führt man die Ziffern von C als C1, C2, C3 und C4 auf, nehmen die Befehle im Programm die logische Form an: »Tu nichts, wenn und nur wenn«:

C1 = 1
C2 = nicht 1
C3 = 1
C4 = 1

oder, in der von Logikern verwendeten Schreibweise, nichts tun = $C_1 \quad C_2 \quad C_3 \quad C_4$ (C_1 und nicht C_2 und C_3 und C_4).

Nehmen wir an, der Arm weicht vom geraden Weg nach links ab und verändert B zu 0100, C also zu 0011. Das Programm würde diesem Fall mit einem Befehl begegnen, die Bewegung nach rechts zu führen, wenn und nur wenn:

C1 = nicht 1
C2 = nicht 1
C3 = 1
C4 = 1

oder, $\bar{C}_1 \quad \bar{C}_2 \quad C_3 \quad C_4$ (nicht C_1 C_2 C_3 C_4) = nach rechts bewegen.

Programme solcher Art mögen als eine außerordentlich umständliche Weise erscheinen, einen Roboterarm anzuweisen, Dinge zu tun, die der menschliche Arm offenbar bewältigt, ohne das Gehirn für irgendeinen bedeutsamen Anteil an seiner Leistung zu beanspruchen. Das sind aber genau jene Berechnungen, die der Computer viele hundertmal in der Sekunde wiederholen kann. Damit nicht die Meinung aufkommt, diese Art von Programmierung sei jedesmal erforderlich, sobald dem Roboter eine neue Aufgabe gestellt wird, sollte man hinzufügen, daß Programme wie diese auch exakt die Art von Grundfertigkeiten sind, die einem Roboter bei der Herstellung in seinem ROM (»Read-Only Memory« = Nur-Lese- oder Festspeicher) eingebaut werden können. Es enthält alle unveränderlichen Grundprogramme, die er während seiner Lebensdauer brauchen wird. Wir wissen nicht genau, wie ein Gehirn solche Aufgaben bewältigt, aber wenn man einen Roboter in Aktion beobachtet, der mit scheinbar müheloser Gewandtheit komplizierte und präzise Bewegungen ausführt, wird die Vorstellung, es finde ein ganz ähnlicher Prozeß statt, völlig glaubhaft.

Leider ist der Computer viel weniger erfolgreich, wenn er Prozesse ausführen soll, die im Gegensatz zur Bewegung keine naheliegenden rechnerischen Algorithmen kennen oder nicht wirklich linear sind. Visuelle Wahrnehmungen oder Wahrnehmungsmuster irgendwelcher Art zu verstehen, gehört nicht zu den Dingen, die sich leicht auf eine Folge von Berechnungen zurückführen lassen. Wenn wir ein Muster sehen oder eine Beziehung zwischen Objekten entdecken, etwa eine Straßenkurve, die auf uns zukommt, oder ein schiefstehendes Gedeck auf dem Eßtisch, gelangen wir, soweit wir unsere eigenen Denkprozesse verstehen oder überwachen können, nicht durch Berechnung zu einer Auslegung dessen, was wir sehen. Sogar dann, wenn es um etwas derart Kompliziertes geht wie die Sprache, fällt auf, daß man bei einem Kind dann davon ausgeht, es könne lesen, wenn es den Satz »Die Ratte saß auf der Matte« nicht mehr als D-I-E R-A-T-T-E S-A-S-S A-U-F D-E-R M-A-T-T-E liest, sondern als eine einzige Aussage, als Gesamtheit und nicht als eine Folge von Buchstaben oder Silben aufnimmt. Ebenso schaltet, wenn wir eines von Eschers berühmten Puzzlebildern betrachten, in der ein Bild auf zwei völlig verschiedene Arten wahrgenommen werden kann, unser Gehirn mit einer scheinbar einzigen Umwandlung von einem zum anderen – der Wechsel erfolgt wie ein Filmschnitt, wenn die Szene sich schlagartig und total verändert. Man wendet viel Einfallskraft dafür auf, Algorithmen zu finden, die es Computern ermöglichen sollen, Muster – in visuellen Bildern, Sprache und anderen Formen – zu erkennen, aber man kommt viel mühsamer voran, als man das hätte erwarten können, wenn der Computer tatsächlich ein vollkommen befriedigendes Modell des Gehirns wäre. Das wirft für Robotiker beträchtliche Probleme auf. Sehen, Sprache und Denkschlüsse sind nämlich die Fähigkeiten, die Roboter brauchen werden, wenn sie aus der Klasse blinder Sklaven aufsteigen sollen.

Bevor wir uns die Art der Grenzen, an die das Computermodell stoßen könnte, und die möglichen Alternativen dazu genauer ansehen, müssen wir das dritte Element jedes praktisch einsetzbaren Roboters untersuchen: Die Organisation der Kommunikation zwischen »Gehirn« und »Körper«, ohne die nicht einmal das beste Gehirn einen mechanischen Körper in irgendeiner nutzvollen Form steuern könnte.

5
Nervensysteme: Medium *und* Botschaft?

Was für ein Meisterwerk ist der Mensch!
William Shakespeare, »Hamlet«

Das Erscheinen eines elektronischen Gehirns als Partner für die verfügbare Spannweite mechanischer Körper allein machte den Roboter noch nicht zu einem erreichbaren Ziel. Um einen Computer etwa mit einem mechanischen Arm zu einem funktionierenden Ganzen zu kombinieren, benötigt man eine klare Vorstellung davon, wie beide zueinander in Beziehung stehen sollen. Allgemeiner ausgedrückt: Ein Verständnis für die Art der Kommunikation zwischen Steuermechanismen, sprich Gehirnen, und Mechanismen, sprich den Körpern, die sie steuern, könnte nützlich sein. Mitte der vierziger Jahre gab es keine theoretische Gesamterkenntnis für diese Beziehung, und ein Erfinder, dessen Gedanken sich mit der Möglichkeit befaßten, das entstehende Computergehirn in einen Roboterkörper einzufügen, wäre in der Lage einer Fluggesellschaft gewesen, die eine Reihe verschiedener Flugzeuge und mindestens einen freiwilligen Piloten besitzt, allerdings durch die Entdeckung behindert wird, daß er gar nicht fliegen kann und, noch schlimmer, kein Ausbildungshandbuch für Piloten vorhanden ist, das die notwendigen Anweisungen enthielte.

Die Physiologie, von der man hätte erwarten können, daß sie einige Hinweise darauf bieten könnte, wie das menschliche Gehirn den menschlichen Körper steuert, befand sich, um den Vergleich fortzuführen, in der Lage besonders tüchtigen Bodenpersonals. Sie konnte die Funktion der verschiedenen »Flugzeugteile« erklären und wußte, wie man eine ganze Reihe von Defekten erkennt und behebt, die bei ihnen eintreten konnten, konnte aber über die Kunst des Fliegens nichts aussagen. Mit anderen Worten: Die medizinische Wissenschaft konnte die Rolle der Lunge für die Atmung oder die Funktion der Nieren erklären, und sie konnte Krankheiten im Rahmen der Symptome, die sie hervorriefen, und der Schäden, die sie verursachten, diagnostizieren, aber den Steuerapparat des Körpers, das Nervensystem, begriff sie nur so, wie eine Wartungsmannschaft die Koppelung zwischen Gashebel und Motor oder Seitenruderfußhebel und Seitenruder versteht, und sogar da war das Verständnis oberflächlich und begrenzt.

Seit Anfang des 19. Jahrhunderts, als der italienische Arzt Allesandro Volta feststellte, daß Froschmuskeln zuckten, wenn sie an die Pole seiner neu erfundenen Batterie angeschlossen waren, hatte man gewußt, daß die Abläufe des Nervensystems mit Elektrizität zu tun hatten. Es dauerte aber ein weiteres Jahrhundert, bis der spanische Histologe Ramon Cajal de Santiago einen Großteil des verwikkelten Netzwerks nachzeichnete und bis die medizinische Welt akzeptierte, daß sein Zweck darin bestand, elektrische Impulse zum Gehirn und von ihm fortzuleiten, daß afferente Nerven Befehle zu den Muskeln beförderten und efferente Nerven die Wahrnehmungen der Sinne zurückmeldeten. Die Leistung des Nervensystems zu kennen, ist aber weit entfernt von einem Verständnis dafür, wie es das tut. Zwar fällt es relativ leicht, sich ein Netz elektrischer Drähte vorzustellen, das die Funktion der Nerven bei Informationsübertragung nachahmt. Das nützt aber nicht viel, wenn man nicht weiß, welche Art von Information übertragen, wie sie in Impulse verwandelt werden soll und wie Gehirn und Zentralnervensystem sie organisieren und Sinn darin finden.

Man hat Fortschritte auch darin erzielt, die Grundbestandteile des Systems zu beschreiben. Unter einem starken Mikroskop entpuppt sich die Gehirnmaterie, für das bloße Auge eine breiige Gallerte, die an dicke Erbsensuppe erinnert, als eine Masse einzelner Nervenzellen oder Neuronen. Obwohl die Größe eines einzelnen Neurons winzig klein ist (zehn Millionen davon würden in einen Fingerhut passen, und das Gehirn enthält rund 10^{10} oder zehn Milliarden Neuronen), hat das Werk der Nobelpreisträger A.F. Huxley und A.L. Hodgkin an der Cambridge-Universität eine Erklärung für die chemischen Wechselwirkungen geliefert, die ein Neuron veranlassen, einen Impuls zu »zünden« oder hervorzurufen. Warren McCullough und Walter Pitts von der Universität Illinois wiesen später nach, daß Neuronenimpulse als logische Funktion der Zündung anderer Neuronen erzeugen. Ungeachtet dessen hatte niemand eine klare Vorstellung davon, wie die Zündung Tausender von Neuronen sich in einen »Gedanken« verwandelt.

Stellt man sich, um zu einem Bild zu greifen, das sogar in Kinderbüchern weite Verbreitung gefunden hat, das Nervensystem als ein Telefonnetz mit dem Gehirn als Vermittlungszentrale vor, war die Wissenschaft zu dem Punkt fortgeschritten, an dem sie den Weg der Drähte verfolgen und das Funktionieren eines einzelnen Sprechapparats erklären konnte; das Gewirr von Verbindungen innerhalb des Gehirns war jedoch labyrinthartig und sein Funktionieren rätselhaft. Ein Kommunikationssystem auf dieser Ebene zu verstehen, verrät überdies nichts von den vermittelten Nachrichten, und das Gehirn schlicht als eine Telefonzentrale darzustellen, ist insoweit irreführend, als es den entscheidenden Punkt übersieht, daß das Gehirn gleichzeitig der wichtigste Benutzer des Systems ist. Das Nervensystem auf der fundamentaleren Ebene zu verstehen, welche Nachrichten es übermittelt, welche Sprache es benützt, worum das Gespräch geht und warum es geführt wird, erforderten einen völlig anderen Ansatz, nämlich den, statt dem simplen »Was ist das?« die Frage zu stellen: »Wozu ist das alles da?«

Hätte der künftige Robotiker sich von der Anatomie ab- und der Technik zugewandt, so hätte er vielleicht einige Hinweise in dieser Richtung erhalten können. Obwohl für den Laien sogar die fortgeschrittensten Maschinen der vierziger Jahre nach wie vor Geräte waren, die unter menschlicher Steuerung arbeiteten – Autos benötigten Fahrer, Flugzeuge Piloten – hatte die Technik schon vor dem Aufkommen des Computers damit begonnen, die Probleme der Konstruktion von Steuerungsmaschinen zu untersuchen. Zumindest *eine* echte selbststeuernde Maschine, die Dampfmaschine, gesteuert von einem Fliehkraftregler der Art, wie Watts ihn erfunden hatte, gab es seit fast zwei Jahrhunderten, und Systeme in der Art von Telefonvermittlungen arbeiteten ebenso ohne menschliche Überwachung wie einige Großprozesse in der chemischen Industrie. Außerdem gab es viele Fälle, in denen direkte menschliche Steuerung unpraktisch geworden war und durch Servomechanismen hatte ergänzt werden müssen. So konnte der Rudergänger auf einem großen Schiff das Ruder nicht ohne äußere Hilfe bewegen. Man hatte deshalb eine Steuermaschine einbauen müssen, um die erforderliche Kraft zur Verfügung zu stellen. Aus diesen Gründen war die Wissenschaft der Regeltechnik entstanden, um Fragen zu klären, die, wenn auch in stark vereinfachter Form, Ähnlichkeit mit jenen besaßen, die von der Konstruktion eines Roboter-Nervensystems aufgeworfen werden sollten.

Die Regeltechnik hatte vor allem zwei methodische Konzepte entwickelt, die von grundsätzlicher Bedeutung sind. Das erste ist der Gedanke, daß die Beziehung zwischen Regelndem und Geregeltem die Form einer »Schleife« annimmt, durch die Information fließt. Regelung kann nicht einfach als ein nur in einer Richtung fließender Informationsstrom ausgeübt und aufrechterhalten werden. So würde ein Unteroffizier, der einem Trupp Soldaten den Rücken zudreht und Befehle ins Leere schreit, nach sehr kurzer Zeit den Überblick verlieren und dahinterkommen, daß die Rekruten zum Kasernenhof hinaus- und in einen Graben oder ins Offizierskasino marschiert sind. Damit er die Regelung aufrechterhalten kann, muß er die Augen benützen, um die »Schleife zu schließen« und sich über die Position des Trupps auf dem Laufenden zu halten. Die Information, die sich daraus ergibt, daß eine Schleife auf diese Weise geschlossen wird, nennen Regelingenieure »Rückkopplung«. Durch Rückkopplung kann der Regelnde nicht nur beurteilen, wann neue Befehle erforderlich sind und wie sie abgefaßt sein sollen, sondern auch nachprüfen, ob vorherige Befehle empfangen, begriffen und ausgeführt worden sind, beispielsweise, daß die Rekruten nicht »linksum« mit »rechtsum« verwechselt haben. Rückkopplung, die dazu benützt wird, Fehler dadurch zu beseitigen daß sie Information liefert, die dazu verwendet werden kann, den konkreten Erfolg eines Befehls mit dem gewünschten zu vergleichen, nennt man »negative Rückkopplung.«

Das zweite von der Regeltechnik erkannte Prinzip war, daß das bloße Vorhandensein einer Schleife nicht ausreicht, um wirksame Regelung zu garantieren. Der kritische Faktor ist die gelieferte Menge an Rückkopplung, und ein Zuviel davon kann so schädlich sein wie ein Zuwenig. Das ist ein wichtiger Punkt, sogar bei Servomechanismen, wo die letzte Regelung in menschlichen Händen verbleibt. Beispielsweise muß ein Servolenkungssystem in einem großen Fahrzeug dem Fahrer die richtige Menge an Information über die vom Nachlauf der Räder erzeugten Kräfte übermitteln, damit er ein »Gefühl« für das Fahrzeug bekommt. Zu wenig Rückkopplung führt dazu, daß die Steuerung sich weich und »schlaff« anfühlt; zuviel davon überträgt jede Unebenheit der Straße als Ruck auf das Lenkrad. In beiden Fällen wird eine gleichmäßige Regelung erschwert.

Die Rückkopplungsmenge wird noch wichtiger, wenn eine Maschine ihr Regelgerät selbst enthält, das kaum soviel Anpassungsfähigkeit und Beurteilungsfähigkeiten besitzen wird wie der menschliche Steuermann. Sind die Fähigkeit, Fehler zu erkennen, und das Vermögen, sie zu korrigieren, nicht genau aufeinander abgestimmt und führen Bemühungen, einen Fehler in einer Richtung zu korrigieren, zur Überkorrektur, was sehr wahrscheinlich noch größere Fehler in der anderen Richtung hervorruft, so entsteht die Gefahr der Instabilität. Ein für diese Art von Instabilität anfälliges System kann sehr leicht zu Zyklen immer stärkerer Oszillation degenerieren.

Dadurch, daß diese Gedanken auf eine streng mathematische Form zurückgeführt wurden, hatte die Regeltechnik bis zum Ende des Zweiten Weltkriegs eine große Spanne selbststeuernder Maschinen ermöglicht und eine Vielzahl von Servomechanismen geliefert. Man war aber noch weit von dem Punkt entfernt, an dem für die

Konstruktion eines vergleichsweise sogar einfachen Roboterarms Wesentliches beigesteuert worden wäre. Die Befehls- und Rückkopplungsinformation, mit der man sich befaßte, wurde in der Regel von mechanischen Verbindungsgliedern oder ihren hydraulischen oder elektrischen Gegenstücken übermittelt, die Bewegungen an einem Ende der Schleife durch eine direkte Analogmethode in entsprechende Bewegungen am anderen Ende übertrug. Die so übermittelte Information hatte nicht die Form von Information im abstrakten Sinn, des Mediums, in dem Computer tätig sind, sondern die Form von Kraft oder Bewegung, und es sah gewiß nicht danach aus, als sei das natürliche Nervensystem eine Anordnung von Hebeln, um Kleinbewegungen im Gehirn in Großbewegungen der Muskeln oder umgekehrt umzuwandeln.

Die Unterschiede zwischen den Gedanken, mit denen Regeltechniker sich befaßten, und der Kompliziertheit, die bei einem natürlichen Nervensystem unterstellt werden konnte, waren im Gegenteil um so vieles auffälliger als die Parallelen, daß sowohl Ingenieure als auch Mediziner kaum auf die Idee kamen, es könnte eine gemeinsame Grundlage geben. Gewiß war die Medizin daran gewöhnt, mechanische Vergleiche zu gebrauchen, um Laien ihr Wissen anschaulich zu machen – die Darstellung des Gehirns als einer Telefonvermittlung ist dafür nur ein Beispiel – aber eben nicht an die Vorstellung, echte Erkenntnisse könnten von der Technik gewonnen werden, die sich mit Mechanismen von unendlich geringerer Verfeinerung als jenen im Körper befaßte. Die meisten Techniker ihrerseits begriffen noch wenig von den Möglichkeiten, geschweige denn den Folgen der neuen Art von Maschinen, die reine Information speicherten und verarbeiteten, und der Gedanke, eines der neuen elektronischen Gehirne mit einem mechanischen Körper zusammenzuspannen, galt als ausgefallene Spekulation. Der Abgrund zwischen den beiden Wissenschaftsbereichen war riesengroß, und den auf beiden Seiten beschäftigten Menschen wäre die Möglichkeit, ihn überbrücken zu wollen, entlegen und vermutlich sinnlos erschienen.

Die Erkenntnis, daß dem nicht so war und auf einer abstrakten Ebene Vergleiche angestellt werden konnten, erforderte, daß man vom Besonderen einen Schritt zurücktrat und beide Systeme auf ihre Grundprinzipien untersuchte. Der Mann, der diesen Schritt tat, war Norbert Wiener, und der Ausblick, den er durch die so gewonnene neue Perspektive eröffnete, war so neuartig und wertvoll, daß man ihn heute als eine völlig neue Art erkennen kann, Menschen und Maschinen zu betrachten.

Als er 1947 »Kybernetik« veröffentlichte, das Buch, das der neuen Wissenschaft der »Regelung und Nachrichtenübertragung in

Lebewesen und Maschine« gleichzeitig einen Namen und das Leben gab, war Norbert Wiener fast sechzig Jahre alt. Der Großteil seiner Laufbahn, die früh begonnen hatte, weil er als Halbwüchsiger ein mathematisches Wunderkind gewesen war, hatte Überlegungen gegolten, die mindestens ebenso abstrakt waren wie jene, die Turing zu seiner Idee der Universalmaschine geführt hatten. Obwohl sein Ruf in der kleinen Welt reiner Mathematik beachtlich war, kannte man ihn außerhalb von ihr kaum, und im Rückblick kann die Beförderung eines Mathematikspezialisten am Massachusetts Institute of Technology zum öffentlichen Propheten der »Informationsmaschine« als Signal für den Beginn eines neuen Zeitalters angesehen werden.

Wieners Interesse an der Möglichkeit, Mensch und Maschine zu vergleichen, war erstmals Ende der dreißiger Jahre geweckt worden, als ihm bei einem interdisziplinären Seminar in Harvard zum erstenmal zum Bewußtsein kam, daß der Abgrund zwischen Technik und Biologie vielleicht weniger von einer totalen thematischen Unvereinbarkeit als vom Fehlen einer gemeinsamen wissenschaftlichen Sprache herrührte, und daß es eine angemessene Aufgabe für Mathematiker sein mochte, ein Verbindungsglied zu schaffen. Der Funke jedoch, der den Zunder der Kybernetik in Wieners Gehirn in Flammen setzte, war eine spezifischere Frage, die sich aus seiner leidenschaftlichen Entschlossenheit ergab, einen Beitrag zu den Kriegsanstrengungen der Alliierten zu leisten.

Die Frage, mit der Wiener sich in den späteren Stadien des Krieges befaßte, betraf die Konstruktion von Feuerleitsystemen für Flugabwehrgeschütze, um die Notwendigkeit zu beseitigen, sich auf die Geschicklichkeit eines menschlichen Richtschützen verlassen zu müssen. Das Aufkommen elektronischer Rechenmaschinen bot ein Mittel, die erforderlichen Berechnungen mit hoher Geschwindigkeit auszuführen, aber die Schwierigkeiten gingen über das Bedürfnis hinaus, das Ausmaß an »Voreilung« zu berechnen, das beim Schießen auf ein Ziel in schneller Bewegung zu berücksichtigen war. Man durfte eines unterstellen: Während das Richtsystem am Boden berechnete, wie weit das Flugzeug in der Zeit flog, die das Geschoß benötigte, um es zu erreichen, würde der Pilot erkennen, daß man auf ihn zu schießen gedachte, und Ausweichversuche unternehmen.

Wieners Erkenntnis: Obwohl einzelne Piloten unterschiedliche Entscheidungen treffen würden, konnte das Verhalten des Flugzeugs ohne Rücksicht darauf, welche Manöver es ausführte, vom Standpunkt des Richtschützen aus innerhalb der Grenzen aerodynamischer Möglichkeiten als zufällig betrachtet werden. Für den Nichtmathematiker könnte es den Anschein haben, als entspräche das der Feststellung, eine Richtung, in die das Geschütz ziele, sei vermutlich so gut wie irgendeine andere, aber Wieners mathematische Arbeit hatte sich ausführlich mit der Zufälligkeit befaßt, und er vermochte ein System zu entwickeln, mit dem das Geschütz so gerichtet werden konnte, daß die *Wahrscheinlichkeit,* das Ziel zu treffen, den höchsten Wert erreichte. Der Krieg ging zwar zu Ende, bevor Wieners Idee verwirklicht wurde, aber das hatte keine Bedeutung für das Wesentliche, nämlich seine Erkenntnis, daß man praktische Vorteile erzielen konnte, wenn man das Verhalten eines menschlichen Wesens, des Piloten, das in Wahrheit die Folge freien Willens oder von Neigungen auf der Grundlage von Ausbildung oder Charakter war, so behandelte, als sei es mechanisch und unterliege rein mathematischen Regeln.

Die Tatsache, daß Wiener es vorzog, von dem in diesem Einzelbeispiel enthaltenen Keim ausgehend zu versuchen, andere Aspekte menschlichen Verhaltens zu analysieren, bedeutete nicht, wie oft angenommen worden ist, daß er menschliche Wesen als Maschinen betrachtet oder geglaubt hätte, alles menschliche Verhalten ließe sich mechanisch erklären. Im Gegenteil war er von Gemüt und Überzeugung her grundsätzlich gegen solche Ideen eingestellt und sah deutlicher als die meisten Menschen, wohin sie führen konnten. Aber wenn er die von der neuen Kategorie der Informationsmaschinen ausgehende Bedrohung für menschliche Werte erkannte und schon lange, bevor das Mode wurde, davor warnte, sah er auch, daß ihre Entwicklung eine Gelegenheit für weitere Erkenntnisse über menschliche Wesen bot, vor allem bei jenen Aspekten, für die, wie wir gesehen haben, die traditionelle Medizin kein eindeutiges Modell liefern konnte. Er hegte die Hoffnung, das so gewonnene Wissen werde dazu beitragen, die Aussichten auf medizinische Behandlung nervöser und geistiger Erkrankungen zu verbessern, und schließlich vielleicht zu besseren Kunstgliedern für Amputierte führen. Wiener sah gewiß voraus, daß seine Arbeit einer künftigen Wissenschaft der Robotik zugutekommen würde, äußerte aber unmißverständlich, daß das Motiv für den Bau von Robotern die Vorteile sein sollten, die sich aus einem besseren wissenschaftlichen Modell des Menschen für alle ergaben, und nicht der wirtschaftliche Nutzen, den ein mechanischer Ersatz für den Menschen einigen wenigen Leuten bringen mochte.

Die Wissenschaft der Kybernetik hatte, wie von Wiener ursprünglich dargelegt, vier Grundthemen. Es lohnt, sie einzeln darzulegen, und sei es nur deshalb, weil sie durch die nachfolgenden Ereignisse teilweise unklar geworden sind. Das erste war die zentrale These, daß es Ebenen gibt, auf denen Mensch und Maschine, vor allem Maschinen, die Information verarbeiten, in gültiger und nutzbringender Weise verglichen werden können. Und die Ebene, um die es der Kybernetik vor allem ging, war die der Konstruktion mathematischer Modelle von der Art, wie natürliche und künstliche Systeme mit Information umgehen, aus der Erwartung heraus, das werde neue Einblicke in Gedankengänge von Philosophie und Psychologie bringen.

Thema Zwei und Drei schlugen zwei solche Modelle vor. Das eine sollte ein Maßstab sein, mit dem Information aller Art gemessen werden konnte, das zweite sollte zeigen, wie man von der Regeltechnik entwickelte Gedanken auf das menschliche System anwenden konnte.

Das vierte Thema war im Grunde eine Spekulation, nämlich, daß die Art, in der das Gehirn Information verarbeitet, eine Folge seiner Struktur sei, und daß man durch den Bau künstlicher Strukturen mit ähnlichen Eigenschaften seine Abläufe begreifen könne. Bevor wir uns mit Thema Eins und Vier, die offenkundig in enger Beziehung zueinander stehen, genauer befassen, empfiehlt es sich, das zweite und dritte näher zu untersuchen, um ihre Bedeutung und Relevanz für die Robotik zu begreifen.

Bei der Darstellung seines zweiten Themas bezog Wiener sich weitgehend auf das Werk Claude Shannons, der nach seiner in Kapitel 4 beschriebenen Forschungsarbeit an Booleschen Logikschaltungen eine Stellung bei Bell Telephone Laboratories angenommen und dort eine exakte Informationstheorie entwickelt hatte. Shannons Theorie beruhte auf dem Gedanken, Information sei im Grunde ein Gebrauchsgegenstand, durch den Ungewißheit nach statistischen Regeln verringert wird. Ein einfaches Beispiel ist der bekannte Quiz »Zwanzig Fragen« oder »Tier, Pflanze, Mineral«. Eine Ratemannschaft versucht durch eine begrenzte Anzahl von »Ja«- oder »Nein« -Fragen einen Gegenstand herauszufinden, von dem lediglich bekannt ist, daß er in eine der drei Kategorien fällt. Geht es also um »Tier«, könnte die erste Frage sehr wohl lauten: »Ist es ein Mensch?« und, falls die Antwort ein Ja ist, die zweite: »Ist er oder sie noch am Leben?« Shannon legte dar, daß die auf jede Frage dieser Art gegebene Antwort ein nicht mehr zu verringerndes Minimum an Information darstellt, ein »Bit«, und daß jede systematische Anordnung von Information stets ein Muster bildet, in dem jedes Bit die Ungewißheit um fünfzig Prozent verringert. Ein Päckchen Spielkarten veranschaulicht das gut.

Wenn man durch einen Eliminierungsprozeß herausfinden will, welche Karte von 52 möglichen eine Person in der Hand hält, läßt sich das stets mit sechs Fragen erreichen. Unterstellen wir, daß B die Pik-Sechs hat, könnte die Befragung durch A folgende Form annehmen:

A: Ist sie rot?
B: Nein. (Also muß es Pik oder Treff sein.)
A: Ist es Pik?
B: Ja.
A: Ist es die Sieben oder größer?
B: Nein. (Also muß es Pik zwischen As und Sechs sein.)
A: Ist es die Vier oder größer?
B: Ja.
A: Ist es die Fünf oder größer?
B: Ja.
A: Ist es die Fünf?
B: Nein. (Also muß es die Pik-Sechs sein.)

Kurzes Nachdenken wird zeigen, daß bei dieser Methode sechs Fragen sogar ausreichen, um jede beliebige Karte in einem Päckchen von bis zu 64 Karten herauszufinden, wo jede Karte anders ist und die Karten eine deutliche Hierarchie bilden. Das entspricht der Feststellung, daß in der binären Arithmetik sechs Ziffern genügen, um jede Zahl zwischen 0 und 63 zu bezeichnen. Shannons Grundeinheit, das Bit, 0 oder 1, das ein einzelner elektronischer Schalter speichert, ist natürlich als Maß für die Kapazität eines Computers ein vertrauter Ausdruck geworden. Computer gehen normalerweise mit Information in Blöcken um, die aus acht Bits bestehen und Bytes genannt werden, seit einiger Zeit auch mit größeren Einheiten von 16 oder sogar 32 Bits. Jede Adresse im Speicher dient dazu, den Platz eines Bytes zu bezeichnen, das vom Zentralprozessor als Einheit in den Speicher hinein- und aus ihm herausgenommen und verarbeitet wird. Wenn wir die in Kapitel 4 beschriebene Formel anwenden, die feststellt, daß eine Binärzahl mit x Ziffern 2 Nachrichten vermitteln kann, wird offenkundig, daß ein Byte von acht Bits dazu dienen kann, eine Zahl bis zu 2^8 oder 256 darzustellen, etwa ein Zeichen aus dem gesamten Bereich, den eine Tastatur umfaßt. Es könnte auch dazu verwendet werden, die Position einer Roboterartikulation oder die Ausdehnung eines Arms mit einer Genauigkeit von 1 aus 256 zu bezeichnen. Die Anwendung von 16 Bits würde, zumindest in der Theorie, die Ungewißheit auf 1 in 65536 (2^{16}) verringern!

Shannons Arbeit hatte noch einen anderen Aspekt, der Störung oder »Rauschen« in einem Kommunikationssystem betraf, ein Thema, das für seinen Arbeitgeber offenkundig von großer Bedeutung war. Für einen Fernmeldetechniker oder einen Kybernetiker ist Rauschen aber nicht bloß ein Knistern in der Leitung, es kann die Form jeder Störung annehmen, die zufällig auftritt, ein Druckfehler in der Zeitung oder die Verwechslung eines Punkts mit einem Strich beim Morsen. Man kann Wieners seinerzeitiges Problem bei Flakgeschützen auch so sehen, daß man Ausweichmanöver des Piloten als Rauschen betrachtet, das die Kommunikation der Flugzeugbewegung zum Geschütz am Boden beeinflußt, und wie in diesem Fall müssen die Chancen, daß in irgendeinem System Rauschen auftritt, nach Wahrscheinlichkeitswerten geschätzt werden. Shannon wies nach, daß man in jedem beliebigen System die Chancen eines als 1 oder Ja übertragenen Einzelbits, als 0 oder Nein empfangen zu werden und umgekehrt, berechnen kann.

Obwohl Shannons Theorie ein Modell vorlegte, das völlig ausreichend war, die Art von Information zu analysieren, die heutige Industrieroboter benötigen, hat sie nicht das Universalmodell geliefert, für das Wiener ein Bedürfnis voraussah. Die Schwierigkeit entsteht, wenn man versucht, ein in hohem Maß komplexes Kommunikationssystem wie die Sprache nach statistischen Begriffen zu analysieren. Leider passen grammatikalische Strukturen nicht in ein auf Shannons Theorie gegründetes Modell; überdies wird es in allen außer den allereinfachsten Beispielen eine »Sinn« -Stufe geben, die vom Zusammenhang abhängt. Die Schwierigkeit ergibt sich, weil der menschliche Verstand beim Umgang mit der Sprache zu Annahmen fähig ist, die über den Inhalt der Kommunikation in ähnlicher Weise hinausgehen, wie wir automatisch unterstellen, daß ein Baum, dessen Wipfel wir über dem Dach eines Hauses im Vordergrund sehen, einen Stamm besitzt, oder daß der Fluß auf der einen Seite einer Brücke derselbe ist wie auf der anderen. Vieles vom Reichtum der Sprache ergibt sich aus dieser Sinntiefe, die Konstruktionen wie Gleichnis und Metapher ermöglicht, so daß wir Wörterformen gebrauchen können, die statistisch identisch sind wie »Joe hat diese Woche im Büro hochfliegende Pläne« und »Am Himmel ist heute ein hochfliegendes Flugzeug«, und doch überzeugt sein können, daß der Zuhörer den Unterschied im Sinn des Ausdrucks »hochfliegend« erkennen wird.

Aus ähnlichen Gründen wäre es zwar möglich, den Ablauf jedes Kartenspiels mit einem System zu analysieren, das die Sechs-Bit-Beschreibungen nach dem Shannon-Prinzip nutzt, aber nicht bei einem Spiel, in dem die Asse zu »Jokern« werden können, weil die Zahl der Karten zwar nicht zugenommen hat, manche davon aber eine besondere Eigenschaft besitzen, nämlich die Fähigkeit, in verschiedenen Zusammenhängen unterschiedlichen Sinn anzunehmen, was außerhalb der statistischen Grammatik des Kartenpäckchens liegt. In einem Versuch, Modelle der Sprache – und anderer Arten von Information, die diese vielschichtige Struktur besitzen – in mathematischen Begriffen zu konstruieren, wandte man später statt statistischer Methoden algebraische an. Dieses Bestreben ist allerdings, wie wir sehen werden, nicht völlig erfolgreich darin gewesen, die alltägliche natürliche Sprache auf ein Modell zurückzuführen, das von Maschinen der Art, die heute in Gebrauch sind, verstanden werden könnte.

Wieners drittes Thema, die Anwendung von Prinzipien der Regelungstechnik auf natürliche Systeme, hat die weiteste Anerkennung gefunden und den deutlichsten Einfluß auf die Robotik gehabt. Im Rückblick erscheint es sogar überraschend, daß ein so auffallend »richtiger« Gedanke damals so umwälzend erschien. Die Tatsache, daß die menschliche Steuerfunktion Regelkreise und Rückkopplung beinhaltet, ergibt sich klar aus einer so alltäglichen Erscheinung wie dem Schwindelgefühl. Wenn jemand sich im Kreis dreht und schwindlig wird, taumelt und schwankt er deshalb, weil die Organe im Innenohr, mit denen die Orientierung des Körpers im Verhältnis zur Vertikalen gemessen wird, gestört sind und dem Gehirn keine zutreffende Information vermitteln. Da diese Rückkopplung fehlt, »weiß« das Gehirn einfach nicht, welche Regelungen als die richtigen angewendet werden müssen.

Mit den mathematischen Methoden der Regelungstechniker konnten Wiener und sein Kollege Arturo Rosenblueth einen viel ernsteren klinischen Zustand erklären, die Ataxie. Dieses Leiden führt dazu, daß der Betroffene die Fähigkeit verliert, Gliedmaßen in genau die erforderliche Position zu bringen, beispielsweise, wenn jemand einen Bleistift von der Tischplatte aufheben will. Statt daß die Hand mit einer einzigen Bewegung zu einer Stelle greift, wo die Finger den Bleistift erfassen können, zuckt der Unterarm des Patienten vor und zurück, so daß die Hand zuerst zu weit und dann zu kurz greift. Statt auf einem Defekt in den Muskeln des betroffenen Glieds zu beruhen, wurde die Ataxie, wie Wiener und Rosenblueth, nachwiesen, von einem Defekt im Regelkreis Gehirn-Arm-Auge verursacht.

Durch Messung der Oszillationsrate des betroffenen Glieds bewiesen sie, daß das Problem in den Mechanismen auftrat, mit denen die Position der Armmuskeln ermittelt wird. Sie übermittelten keine zutreffende Information an das Gehirn, und als Folge erteilte das Gehirn eine Folge von Befehlen und Gegenbefehlen, die zu der beobachteten Instabilität führten.

Einer von Wieners frühen Anhängern, der britische Biologe W. Ross Ashby, ging noch einen Schritt weiter, als er nachwies, daß die überstabilen motorischen Funktionen des Körpers wie Atmung, Metabolismus und Herzschlag ihre Regelmäßigkeit nicht infolge irgendeines erstaunlichen Regelungsprozesses durch das Gehirn aufrechterhalten – gewissermaßen ein lebenslanger Drahtseilakt – sondern deshalb, weil das Regelungssystem selbst die Eigenschaft der Homöostase oder inhärenten Stabilität genießt.

Das war einer der ersten Triumphe der Kybernetik insoweit, als die von Ross Ashby verwendeten Beispiele offenbarten, daß man Parallelen zwischen anscheinend enorm komplizierten Systemen in der Natur und Maschinen von relativ trivialer Art finden konnte. Trotz dieses Anfangserfolges konnte jedoch der von Wieners drittem Thema angeregte Ansatz, wie sich zeigte, nicht sehr viel weiter verfolgt werden. Die Schwierigkeit lag darin: Zwar konnte man mit den angewendeten mathematischen Methoden lineare Prozesse erklären, in denen jede Wirkung eine einzige Ursache hat, aber sie taugten nicht für die Analyse kompolizierter, nicht-linearer Prozesse, wie sie im Gehirn ablaufen. Man wußte nämlich bereits, daß Neuronen nicht in kettenartigen Systemen verknüpft sind, bei denen die Wirkung eines Impulses an einem Ende ein durch die Leitung laufender Fluß von Impulsen wäre, sondern in verwickelten Netzen, in denen ein Impuls an einer Stelle zu völlig unberechenbarem Verhalten an anderer führen kann. Information im Gehirn fließt vielmehr durch eine unvorstellbar komplexe Folge von Regelkreis- und Rückkopplungsanordnungen, deren Verhalten nur durch die völlig anderen Methoden der Automatentheorie erklärt werden kann. Diese Methoden werden in Kapitel 7 untersucht, aber im Augenblick genügt folgende Feststellung: Der Unterschied liegt darin, daß man sich in der klassischen Regelungstheorie jede Kombination von Veränderungen in einem System als in Folge ablaufend vorstellen kann – in einer genau definierten Kette von Ursache und Wirkung führt eines zum anderen – die Automatentheorie dagegen sich mit Systemen befassen kann, in denen eine Wirkung viele Ursachen haben und in denen Veränderung diskontinuierlich und beunruhigend drastisch sein kann.

Wieners Leistung jedoch schuf zusammen mit den Arbeiten von Ross Ashby und anderen die Grundlagen, auf denen die meisten heute vorhandenen Systeme der Robotersteuerung beruhen. Sie führten sogar zu einigen der allerersten Roboter, zu den »kybernetischen Schildkröten«, die Grey Walter, ebenfalls ein britischer Wissenschaftler, in den fünfziger Jahren vorstellte. Diese kleinen, elektrisch angetriebenen Fahrzeuge waren ausgerüstet mit Gerät, das die in ihren Batterien gespeicherten Stromreserven maß, und mit Sensoren, durch die sie, wenn der Strom zur Neige ging, ein Aufladegerät aufsuchen und sich »anschließen« konnten. An den »Schildkröten«, die 1952 eine der Hauptattraktionen beim Festival of Britain waren, fiel auf, daß sie die scheinbar komplizierte Aufgabe, ihren Appetit selbst zu stillen, mit einem Mindestmaß an »Gehirn« bewältigten. Viele Beobachter wurden zu der Schlußfolgerung verleitet, daß sie viel »klüger« seien, als das in Wirklichkeit zutraf.

In der Robotik liegt die Hauptbedeutung von strengen Modellen für Informations-Regelkreise und Rückkopplungssysteme darin, daß sie die Konstruktion von Maschinen ermöglichen, die Präzision mit Stabilität vereinen. Ein einfaches Beispiel veranschaulicht das. In Kapitel 3 wurde eine gängige Form von Roboterantrieb, der Schrittmotor, näher beschrieben und dazu mitgeteilt, daß er durch seine Betriebsart, sich nach jedem zugeführten Stromimpuls einen Schritt zu drehen, für Computersteuerung besonders geeignet ist. Bedauerlicherweise sind Schrittmotoren nicht perfekt; es bedarf eines Rückkopplungssystems, um ihren Betrieb zu überwachen. Nehmen wir an, ein Roboterarm soll sich zu irgendeinem Zweck durch eine Kurve von zehn Grad drehen, und das Computerprogramm berechnet, daß diese Bewegung die Zufuhr von 30 Impulsen für den Schrittmotor erfordert, der den Antrieb besorgt. Es kann durchaus vorkommen, daß der Motor einen Schritt ausläßt oder zuviel macht und sich statt der vorgeschriebenen 30 Schritte 29 oder 31 Schritte bewegt. Wie entdeckt und korrigiert der Computer des Roboters den Fehler?

Eine einfache Form von Rückkopplungssensor ist ein Gerät, das Drehgeber oder Kodierscheibe genannt wird, eine durchsichtige Scheibe, die auf die Motorachse montiert ist und sich mit ihr dreht, so angeordnet, daß von einer Seite durchscheinendes Licht mit einer Batterie von fotoelektrischen Zellen auf der anderen registriert wird. Die Scheibe weist eine Reihe schwarzer Flecken auf, von denen jeder der Abschnitt eines Rings in einer Reihe konzentrischer Ringe ist. Während der Drehung der Scheibe unterbrechen sie das zu einer oder mehreren der fotoelektrischen Zellen gelangende Licht. Ein Muster aus zehn Flecken, abgelesen von zehn Zellen, liefert 1024 (2^{10}) Kombinationen binärer Ziffern, so daß die Zellen seine Position auf eine Genauigkeit von 1 aus 1024 oder ungefähr einem Drittel eines Rotationsgrades unterscheiden können. In unserem Beispiel würde eine Kodierscheibe deshalb einen übersprungenen oder zusätzlichen Schritt durch den Motor als Fehler registrieren und ihn dem Computer anzeigen, der dann dem Motor einen Impuls zuschickt, um das Problem zu beheben; der Drehgeber könnte bestätigen, daß damit wieder alles im Lot ist.

Wie man sieht, kommt es entscheidend darauf an, daß Befehle und Rückkopplung die Stellungen mit einem gleichartigen Maß an Präzision unterscheiden. Könnte der Drehgeber beispielsweise Fehler von 1 in 1000 feststellen, während der Motor in Schritten läuft, die 1 in 500 entsprechen, bestünde stets Gefahr, daß die Kodierscheibe Fehler entdeckt, die der Antrieb gar nicht korrigieren kann. Das menschliche System neigt ebenfalls zu solchen Problemen, sogar

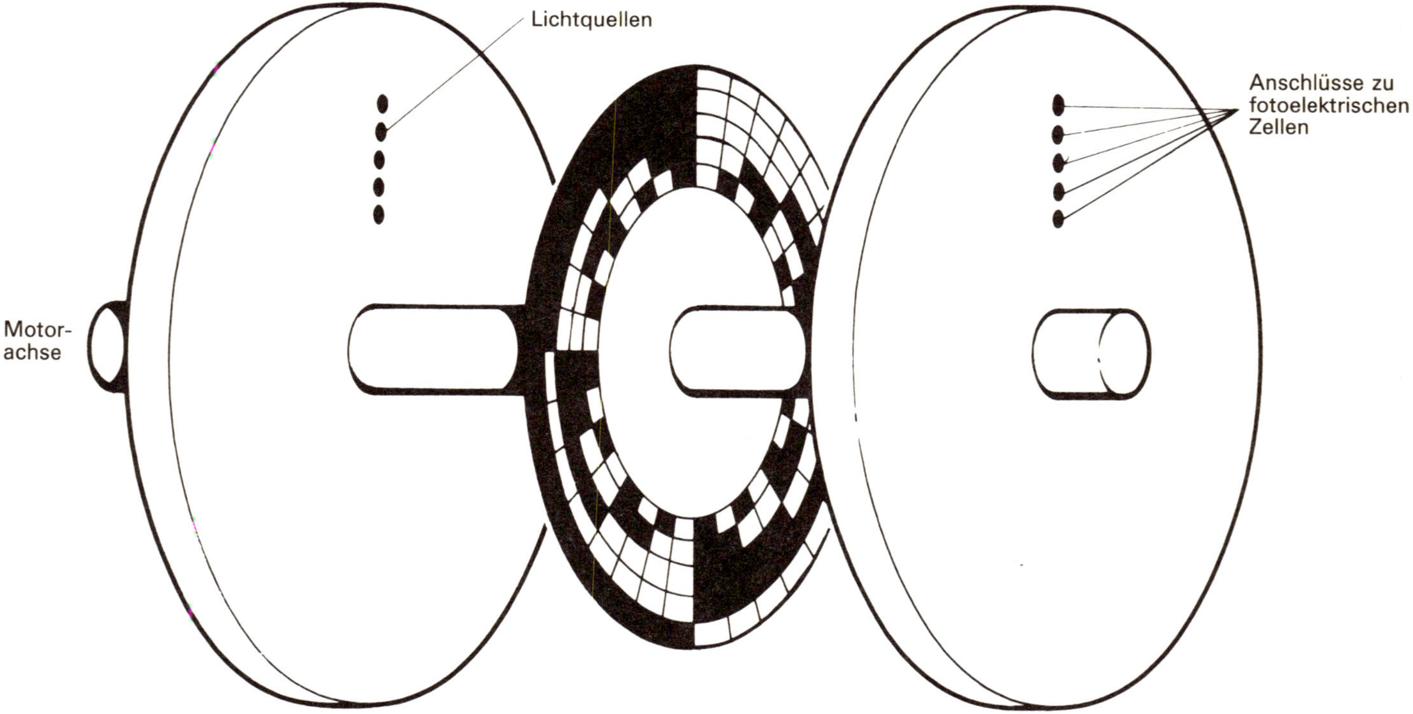

Ein Drehgeber, hier mit fünf Ringen oder Ziffern, was zu einer Genauigkeit von 1 in 32 führt!

dann, wenn es nicht an einer Krankheit leidet. So ist es eine alltägliche Erfahrung, daß, wenn man eine dünne Nadel einzufädeln versucht, die Hand mit dem Faden umso stärker zittert, je mehr man sich konzentriert, und daß die einzige Lösung darin besteht, sich zu beruhigen und neu anzufangen, ein Ausweg, der sich einem Roboter wohl nicht leicht einprogrammieren lassen wird. Eine Lösung für diese drohende Überkorrektur ist die, Fehler in Stufen zu beseitigen. Man zielt nicht darauf ab, das Problem auf einen Schlag zu lösen, sondern engt es ganz ähnlich ein, wie der Bereich der Spielkarten im Beispiel auf Seite 99 eineengt wurde, bis der Fehler innerhalb der erforderlichen Toleranzen liegt.

Viele Roboterregelungssysteme sind freilich sehr viel komplizierter, als das Beispiel der Kodierscheibe erkennen läßt. Die Lücke zwischen der tatsächlichen und der gewünschten Stellung eines Gelenks kann beispielsweise als Unterschied des elektrischen Potentials gemessen werden, oder man benützt Dehnungsmeßgeräte, um die Hebelkraft zu beurteilen, die auf ein Gelenk wirkt, oder aber den Druck, den ein Endeffektor auf einen ergriffenen Gegenstand ausübt. Die Wahl der Sensoren für einen bestimmten Roboter wird zum Teil bestimmt durch die Art des verwendeten Antriebs und das erforderliche Maß an Genauigkeit. Eines der Grundkriterien für Roboterleistung ist die sogenannte »Wiederholbarkeit«, das heißt, die Genauigkeit, mit welcher der Arm eine einmal gelernte Bewegung wiederholt. Manche Anwendungen erfordern offenkundig ein höheres Maß an Wiederholbarkeit als andere – beispielsweise kommen Punktschweißroboter sehr gut zurecht, wenn sie ihre Schweißbrenner bis auf drei oder sogar sechs Millimeter an die gewünschte Stelle heranführen. (Die Schweißbleche besitzen oft »Furchen«, mit denen die Klemmbacken der Brenner an die richtige Stelle gelenkt werden.) Kleinere Roboter, vielleicht für komplizierte Montagearbeiten konstruiert, können ihre Endeffektoren mit viel größerer Genauigkeit in Position bringen, bis auf einige Hundertstel Millimeter oder, bei manchen der neuesten Maschinen, auf drei oder vier Mikron (ein Millionstel Millimeter) genau, eine Leistung, neben der sogar der geschickteste Hirnchirurg geradezu unbeholfen wirkt.

Man muß aber bedenken, daß es bei Robotern nicht um die Feinkoordination von Hand und Auge geht, auf die ein menschliches Wesen sich verläßt, sondern um einen blinden, gedankenlosen Wiederholungsprozeß, der für seine Präzision allein von propriozeptiven Sinnen abhängt (die Sinne, die auf die Position der beweglichen Eigenteile des Roboters achten). Wird einem Roboter eine Folge von Bewegungen erstmals beigebracht, erlernt er die Position, die jedes Gelenk bei jedem Schritt einzunehmen hat, dadurch, daß er die von seinen verschiedenen Sensoren gemeldete Information in Form von Computerprogrammen festhält.

Um zu verstehen, wie dieser Lernprozeß in der Praxis abläuft, könnten wir unterstellen, daß es notwendig sei, einem Roboterarm beizubringen, daß er sich von Punkt A zu Punkt B bewegt. Die menschliche Bedienunsperson wird normalerweise ein sogenanntes »Lehrtablett« verwenden, das einer komplizierteren Ausgabe der Funkfernsteuerungsanlagen gleicht, wie Modellbauer sie benützen, um ihre Boote und Flugzeuge zu lenken. Das Gerät ist durch ein Kabel mit dem Roboter verbunden. Wenn wir davon ausgehen, daß der Arm sechs Freiheitsgrade hat, wird das Tablett sechs getrennte Schalter aufweisen, mit denen der Techniker die sechs Gelenke regeln kann. Er steuert sie, indem er mit den Schaltern ein Gelenk beugt oder streckt oder den Arm ausfährt oder einzieht. Der erste Schritt wird der sein, den Arm in Stellung A zu bringen; das kann ganz beliebig geschehen, wichtig ist hier nur, daß die Stellung mit absoluter Genauigkeit erzielt wird. Sobald der Techniker die Gewißheit hat, daß der Arm genau die gewünschte Stellung einnimmt, drückt er auf einen »Lehr«-Knopf, der den Computer veranlaßt, die digitale Information von den Drehgebern oder anderen Sensoren, die Stellung A bestimmen, aufzuzeichnen. Bei weniger verfeinerten Robotern, die sogenannte »Punktsteuerung« nutzen, steuert der Lehrer den Arm dann zu Stellung B und weist den Computer an, die Einzelheiten der neuen Stellung festzuhalten. Soll der Roboter die Bewegung wiederholen, berechnet er lediglich den direkten Weg von A nach B und folgt ihm.

Die meisten heutigen Roboter nutzen die komplizierteren Methoden »dynamischer Regelung«. Damit kann der Lehrer die Maschine in dem genauen Weg, dem der Arm folgen, und in der Geschwindigkeit, mit der er sich bewegen soll, unterweisen. Dynamische Regelung ist erforderlich, wenn der Arm Hindernissen ausweichen oder etwa einer gekrümmten oder winkligen Schweißnaht mit einem Schweißbrenner folgen soll. Der Lehrer kann dann auch dafür sorgen, daß der Endeffektor gleichmäßig von einer Position zur anderen geht und mit einem Mindestmaß an Schwung sein Ziel erreicht. Wo einem sehr komplizierten Bewegungsablauf gefolgt werden muß, kann eine etwas andere Lehrmethode verwendet werden. Der Lehrer ergreift die Endeffektoren des Roboters und steuert sie, vielleicht in »Zeitlupe«, durch den erforderlichen Ablauf, während das Computergehirn beharrlich die wechselnde Information der Sensoren registriert.

Dynamische Regelung erfordert die Bereitstellung eigener Regelkreise und Regelungssysteme für jeden variablen Faktor. So wird ein Sensor Information über die durch Schwerkraft auf das Gelenk

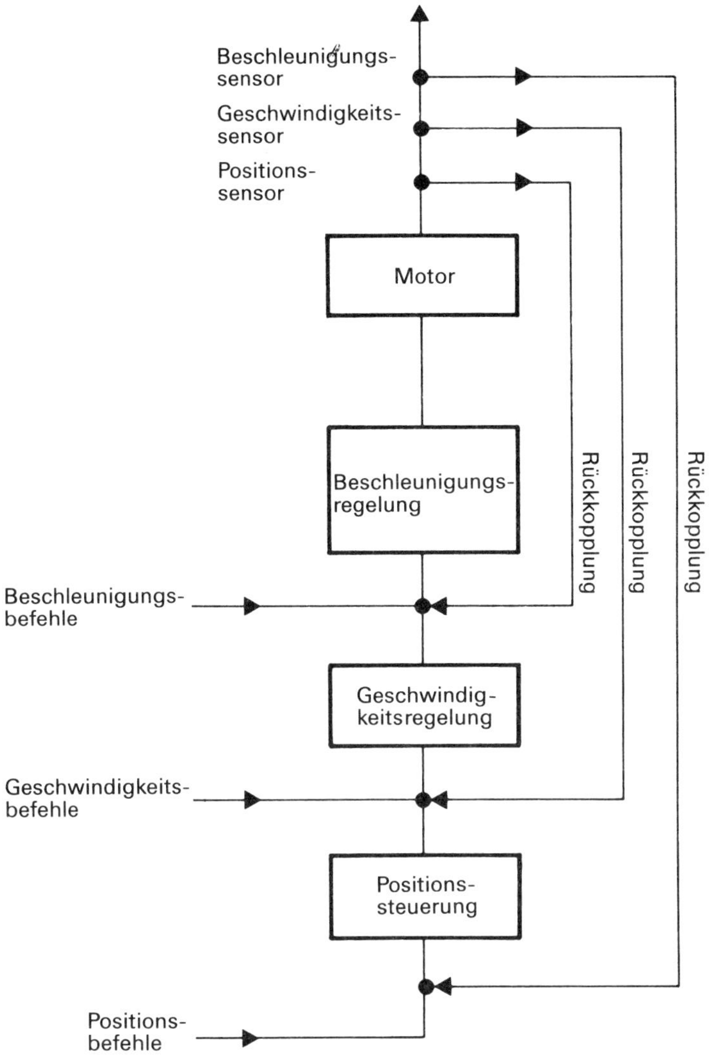

Das Diagramm zeigt die Anordnung von Regelungsschaltungen und Regelkreisen, mit der die dynamische Regelung eines einzigen Freiheitsgrades bei einem Roboter erfolgen kann.

ausgeübte Hebelwirkung liefern, die sich entsprechend der beförderten Last und der jeweiligen Länge des Arms verändert. Andere werden die Bewegungsgeschwindigkeit und ihre Veränderung überwachen, um dafür zu sorgen, daß der Arm mit einem Mindestmaß an Schwung sein Ziel erreicht, eine Berechnung, die sich nach dem Ausmaß der Bewegung und der vorhandenen Trägheit verändert.

Jeder Sensor gibt seine Information an passender Stelle in das Regelungssystem ein und bildet einen kleineren Regelkreis innerhalb des großen, der aus der gesamten Positionsregelung und den Positionssensoren besteht.

Man kann erkennen, daß die Konstruktion von Systemen, die für jeden von sechs Freiheitsgraden diese Art von Regelung und dazu eine Gesamtregelung des anzen Arms bieten, komplexe und exakte mathematische Modelle und Sensoren verschiedener Art erfordert. Ebenso müßte deutlich werden, weshalb Instabilität ein ständiger Alptraum der Robotiker ist. Sie entsteht nicht nur aus einer Unvereinbarkeit von Befehlen und Rückkopplung in einem einzelnen Regelkreis, sondern, noch gefährlicher, durch mangelnde Übereinstimmung der einzelnen Systeme, die zusammenwirken müssen, um ein Gesamtergebnis zu erzielen.

Roboter und andere Maschinen mit Regelungssystemen, die nach der Shannon-Theorie analysierte und entsprechend der Regelungstechnik organisierte Information nutzen sollen, eignen sich ganz besonders für Computersteuerung. Computer gehen ja mit Information um, die genau nach Shannons Vorschlag in »Bits« aufgeteilt ist, und wie wir in Kapitel 4 gesehen haben, können Computer, die gut im Rechnen sind, auf eben jene lineare, logisch fortlaufende Weise vorgehen, wie die Regelungstechnik es verlangt. Leider hat gerade der Erfolg dieses Modells eines Regelungssystems, das praktische Anwendung nicht nur in der Robotik, sondern auch auf so unterschiedlichen Gebieten wie der Konstruktion volkswirtschaftlicher Modelle und der Steuerung von Lenkwaffen gefunden hat, Wieners damalige Methode des Vergleichs zwischen Mensch und Maschine auf das begrenzte Gebiet der Vergleichung zwischen Mensch und Computer eingeengt. Statt eine neue Wissenschaft zu sein, die neue Ausblicke auf eine weite Landschaft eröffnet, in der von Philosophie bis Psychologie alles enthalten ist, wurde die Kybernetik schließlich als eine Methode betrachtet, mit Computern »etwas zu leisten«.

Zum Teil rührte diese Einschränkung kybernetischer Horizonte davon her, daß, wie wir sehen konnten, Shannons Informationstheorie nicht so umfassend gewesen ist, wie Wiener erhofft hatte, und daß auch der Ansatz der Regelungstechnik Grenzen aufwies. Freilich lag es auch an einer Erscheinung, die ironischerweise im kybernetischen Rahmen leicht zu analysieren ist. Der plötzliche Aufstieg zum Gipfelpunkt wissenschaftlicher Mode veranlaßte manche von der neuen Disziplin Begeisterte, ihre Ansprüche aufzubauschen und ihre Bedeutung zu übertreiben. Das führte zu Rückkopplung in Form von Kritik, die ihrerseits den ursprünglichen Fehler überkompensierte. Im Besonderen stellte die Kybernetik für Gebiete wie Management und Sozialpsychologie Behauptungen auf, die nicht wirklich berechtigt waren. Das setzte sie Angriffen von Leuten aus, die zwar nicht entfernt qualifiziert waren, ihre mathematischen Methoden zu beurteilen, aber keine Mühe hatten, ihre Anwendung in den Sozialwissenschaften lächerlich zu machen. Sozialkybernetik wurde für kurze Zeit so große Mode wie früher der Sozialdarwinismus, und die Reaktion trat umso schneller und wirksamer ein, weil es relativ leichtfiel, Wieners Eintreten für einen *Vergleich* zwischen Mensch und Maschine auf *manchen* Ebenen als ein Programm für den *Ersatz* des Menschen durch Maschinen auf *allen* Ebenen mißzuverstehen oder sogar falsch darzustellen. Es war vielleicht bedauerlich, daß die übertriebene Begeisterung seiner Schüler Zügen in Wieners eigenem Charakter entsprach, die ihn dazu verleiteten, seine plötzliche Erhebung in den Rang eines Propheten mit einem gewissen trägen Genuß zu quittieren.

Eine Folge des schwindelerregenden Aufstiegs der Kybernetik zur Popularität und der unheimlichen, anti-menschlichen Gedankenverbindungen, die sie bewirkte, war das Auftreten einer ganzen Untergattung von Science Fiction-Figuren, halb Roboter, halb lebendig, mit Namen wie »Kybermenschen« oder »Kybernauten«. Traurigerweise erwies sich das Bild in der Öffentlichkeit, das diese Geschöpfe hervorriefen, von größerem Einfluß als Wieners Versuch, die Dinge mit seinem 1950 veröffentlichtem Buch »Mensch und Menschmaschine« wieder geradezurücken.

Für die Zukunft der Robotik bestand eine ernsthafte Folge des Ansehensverlusts, den kybernetische Überlegungen erlitten, im relativen Mangel an Aufmerksamkeit für Wieners viertes Thema, ein Versäumnis, das vom Eroberungszug des Computers ausgelöst wurde.

Als 1947 »Kybernetik« der Welt vorgelegt wurde, lag der Computer noch in den Geburtswehen, aber Wiener war sich schon im klaren darüber, daß die durch von Neumann vorgeschlagene Anordnung elektronischer Schaltungen nur eine aus einer ganzen Reihe möglicher »Architekturen« war. Wieners Einstellung zur Möglichkeit informationsverarbeitender Maschinen unterschied sich von der, die von Neumann und die anderen Bahnbrecher des Computers vertraten, sogar sehr wesentlich. Für die Erfinder des Computers war die Tatsache, daß man zwischen ihren Röhrenschaltkreisen und Nervenzellen Parallelen ziehen konnte, eine interessante, letztlich aber bedeutungslose Kuriosität. Wenn sie überhaupt etwas bedeutete, dann nur dies, daß Natur und Technik bei dem Problem, digitale Information zu speichern, zur selben Lösung gelangt waren, nämlich durch einen Prozeß, den Evolutionstheoretiker als Konvergenz bezeichnen. Das heißt, die beiden Systeme waren einander ähnlich, nicht weil das eine vom anderen ererbt oder kopiert worden wäre, sondern weil es vielleicht nur eine einzige mögliche Lösung gab.

Wenn es darum ging, die Struktur des Computers zu planen, suchten die Mathematiker und Ingenieure ihr Modell gewiß nicht in der Natur. Stattdessen wurde die gewählte Lösung von der Idee des Computers als einer programmierten Maschine diktiert, die mathematische und logische Probleme lösen konnten. Von Neumanns Entwurf einer solchen Maschine ist im ganzen späteren Verlauf der technologischen Verfeinerung und des Wachstums an Kapazität und Leistung im Grundsätzlichen gleich geblieben. Der moderne Mikroprozessor ist ebenso eine »von Neumann-Maschine« wie seine ersten primitiven Vorgänger. Das Modell von Neumanns ist sogar so erfolgreich gewesen, daß es viele Menschen zu der Meinung verführte, alle informationsverarbeitenden Maschinen müßten vorprogrammiert werden, um logische Operationen in organisierter Folge auszuführen. Dem entspricht der Glaube, die Intelligenz, lebendigster Ausdruck für die Verarbeitungskräfte des Gehirns, sei ein Produkt nicht der Gehirnstruktur, sondern der komplizierten Programme, die es enthält.

Aus dieser Denkweise folgt, daß die Struktur des Gehirns von zweitrangiger Bedeutung ist, weil die Geheimnisse der Intelligenz in den Programmen liegen, die ausgeführt werden, und nicht in den Maschinen, die sie ausführen, und selbst wenn ein Computer nicht einem Gehirn gleicht, muß ihn das nicht daran hindern, ähnliche Ergebnisse zu erzielen. Man braucht lediglich die Algorithmen zu finden, die diese Ergebnisse reproduzieren, sobald sie in einen Computer einprogrammiert werden. Erst in den letzten Jahren haben die Schwierigkeiten, Algorithmen zu finden, mit denen Computer komplizierte Informationsverarbeitungsaufgaben wie das Verstehen natürlicher Sprache oder die Interpretation visueller Information bewältigen (Probleme, die in den Kapiteln 8 und 9 behandelt werden), zu erneuertem Interesse an Wieners viertem Thema geführt, nämlich der These, Maschinen mit gehirnähnlichen Strukturen könnten eingewurzelte gehirnähnliche Eigenschaften besitzen, die nicht von Vorausprogrammierung abhängig sind. Der Versuch, diese Ansicht zu erproben, trägt den Namen »Modellierung von Neuralnetzen«.

Die drei abschließenden Kapitel des Bandes sind der Arbeit gewidmet, die für die Modellierung von Neuralnetzen aufgewendet wurde, und der Erwartung, daß, wie Wiener hoffte, Alternativen zur Architektur des von Neumann-Computers uns in echter kybernetischer Weise vielleicht die Möglichkeit liefern, Parallelen zwischen Maschinen von Menschenhand und dem geheimnisvollsten aller Mechanismen, dem menschlichen Gehirn, zu ziehen. Es könnte deshalb sein, daß der wichtiste Beitrag Wieners zu unserem Verständnis von Mensch und Maschine doch noch verwirklicht werden kann; inzwischen hat dieses Kapitel nachgewiesen, daß die Kybernetik das Mittel war, mit dem begonnen werden konnte, zwei Arten von Maschinen zu kombinieren, die traditionelle »mechanische« und die neue informationsverarbeitende, um eine dritte Art von Maschine zu schaffen, den Roboter.

6
Eine Welt für Roboter

Ohn' Aug in Gaza, mit Sklaven am Werk.
John Milton, »Samson Agonistes«

Biologen haben oft darauf hingewiesen, daß wenig gewonnen ist, wenn man das Verhalten eines isolierten Individuums aus einer hochsozialisierten Gattung wie etwa den Ameisen untersucht, weil nur ein ganzer Ameisenstaat sich wirklich »ameisenhaft« verhält. Ganz ähnlich steht es mit jeder Untersuchung der Rolle, die der heutige Industrieroboter spielt. Ein Roboter in der nicht automatisierten Umwelt eines früheren industriellen Zeitalters (etwa eine Eisengießerei des 18. oder eine Lokomotivenfabrik des 19. oder sogar eine Flugzeugfabrik Mitte des 20. Jahrhunderts) wäre eine einfallsreiche, aber nutzlose Kuriosität gewesen. Eine Ameise ohne Ameisenhügel. Die Technologien, die bei Robotern genutzt werden, und die Anwendungsbereiche von Robotern an Arbeitsplätzen sind mit dem größeren Gebiet der Automation nämlich so verflochten, daß es unpraktisch wäre, die Rolle von Robotern isoliert von der Entwicklung der Automation ganz allgemein zu betrachten.

Zur Zeit diskutiert man lebhaft das künftige Verhältnis zwischen Robotik und Automation. Nach Ansicht der einen Seite werden Roboter sich vermutlich als vorübergehender, kurzfristiger Notbehelf erweisen, der mit dem Fortschreiten echter Automation überflüssig wird. Die gegenteilige Meinung vertreten diejenigen, die behaupten, Roboter besäßen das Potential, alle vorstellbaren Entwicklungen auf anderen Gebieten zu überflügeln und die Leiter der Fertigkeiten so rasch zu erklimmen, daß andere Automatierungstechniken nur eine zweitrangige Rolle spielen werden. Im Grunde geht es bei dieser Diskussion zum großen Teil um eine Frage der Terminologie. Obwohl Roboter zur Zeit von den Technologien der allgemeinen Automation abhängen, durchdringen Ideen und Methoden, die in der einen oder anderen Weise roboterbezogen sind, zunehmend das ganze Gebiet. Um den Rahmen der Diskussion und ihrer Folgen für die Zukunft der Robotik verstehen zu können, muß man zunächst einmal damit beginnen, Natur und Bestrebungen der Automaten zu untersuchen.

Das Wort wurde von einem Fabrikleiter der Ford-Autowerke

in den fünfziger Jahren geprägt. Es sollte einen Prozeß beschreiben, der eben erst in Gang kam und, wie sich zu zeigen begann, grundsätzlich von der Mechanisierung der Industrie unterschieden war, die seit einem Jahrhundert oder noch länger stattfand. Mechanisierung konnte definiert werden als das Bestreben, menschliches Arbeitspersonal mit besseren und leistungsfähigeren Werkzeugen auszustatten. Bis zur Mitte des 20. Jahrhunderts waren zwar viele dieser Werkzeuge in der Tat automatisch geworden, allerdings nur innerhalb ziemlich enggesteckter Grenzen. Die meisten Maschinen hingen nach wie vor von der Fertigkeit eines menschlichen Maschinisten ab; die Fabrikation unterteilte man allgemein in deutlich voneinander getrennte Stufen, die durch die betroffenen Maschinen und Fertigkeiten festgelegt wurden. Die Erfindung des Fließbandes hatte manche Montagearbeiten in einen kontinuierlichen Prozeß verwandelt, aber in der Hauptsache war es nach wie vor ein Mittel, den Montageablauf in Einzelstufen zu zerlegen und die Arbeit zum Arbeiter zu transportieren. Man stellte dabei die Tradition auf den Kopf, wonach das Werkstück an seinem Platz zu bleiben hatte, während der Arbeiter und sein Werkzeug sich bewegten.

Bei der Automation ging es von Anfang an um zwei neuartige Ideen, die zwar verwandt, aber klar unterschieden sind. Die erste war der Ersatz menschlicher Steuerung einer bestimmten Maschine oder Tätigkeit durch mechanische. Das bekannteste Beispiel dafür ist vielleicht die numerisch gesteuerte Werkzeugmaschine oder NC-Maschine (später rechnergesteuerte Maschine). Das Entscheidende daran: Da die wiederholte Bearbeitung gleicher Werkstücke eine gelernte Bedienungsperson verlangt, die denselben Vorgang immer wieder ausführt, kann man den Schneidknopf einer Maschine darauf programmieren, eine Folge von Bewegungen zu wiederholen, und damit den ganzen Ablauf automatisieren. Eine so automatisierte Maschine unterscheidet sich von einer Anlage etwa in der Art einer automatischen Flaschenfüllmaschine dadurch, daß es vergleichsweise leicht fällt, sie ohne größere technische Umbauten für andere Aufgaben umzuprogrammieren. Dadurch behält sie die Vielseitigkeit einer menschlich gesteuerten Maschine und erlangt gleichzeitig die arbeitssparende Wirtschaftlichkeit einer automatischen.

Der zweite, in vieler Beziehung wichtigere Aspekt der Automation war die Integration einzelner Maschinen zu Kombinationen, die eine ganze Reihe von Aufgaben automatisch bewältigen konnten. So kann man beispielsweise die entscheidenden Elemente einer Anzahl verschiedener Werkzeugmaschinen in einer sogenannten »Transfermaschine« kombinieren, die in der Lage ist, den gesamten Bereich von Spanabheben, Bohren, Fräsen und Zurichten zu bewältigen, der erforderlich ist, um ein Rohgußstück in ein Fertigprodukt zu verwandeln. Die durch diese zweite Art der Automation ermöglichten Leistungsverbesserungen lassen sich deutlich auf einem ganz anderen Gebiet erkennen, und zwar dem der Buchherstellung.

Bei der Herstellung von Büchern waren seit mindestens hundert Jahren automatische Maschinen verwendet worden, aber bis vor ganz kurzer Zeit hatte man die Vorgänge von Bogendruck, Falten zu sogenannten »Signaturen«, Binden der Signaturen zu einem »Buchblock« und Einhängen in eine »Buchdecke« als völlig getrennte Abläufe behandelt, die verschiedene Arten von Maschinen und Fertigkeiten erforderten und oft in verschiedenen Herstellungsstätten ausgeführt wurden. Die Automation brachte Maschinen, die in einem einzigen »Durchgang« leeres Papier in fertig gebundene und mit Schutzumschlägen versehene Bücher verwandelten. Dabei mußten nur noch die vorgefertigten Buchdeckel und die Schutzumschläge eigens hergestellt werden. Es bedarf noch immer gelernter Arbeitskräfte, die Maschinen für jede Aufgabe »zuzurichten«, aber die ungelernte Arbeit, Bogen zu stapeln, sie zu transportieren und in jeden getrennten Arbeitsablauf einzuführen, wurde mit Gewinnen an Wirtschaftlichkeit und Schnelligkeit beseitigt.

Die Konstruktion integrierter Maschinensysteme für eine ganze Reihe von Funktionen beruht ihrerseits auf zuverlässigen Methoden, Gegenstände zu bewegen, während man genaue Kenntnisse über ihren Ort und ihre Lage besitzt und sie zu steuern vermag. Sobald ein Teil oder Werkstück nämlich in einen Behälter gekippt oder auf einen unordentlichen Haufen in einer Ecke gelegt wird, muß ein menschlicher Arbeiter eingreifen, um den automatischen Prozeß wieder in Gang zu bringen. Traditionelle Herstellung ähnelt ein wenig einem Fußballmatch, bei dem jedesmal abgepfiffen wird, sobald ein Spieler den Ball tritt, und das Spiel immer wieder neu begonnen werden muß. Das Ziel der Automation besteht darin, den Ball dadurch im Spiel zu halten, daß immer längere Sequenzen mechanisierter Bewegung geplant werden, im Idealfall vom Augenblick des Anpfiffs an, wenn die Rohmaterialien eingegeben werden, bis zum Ziel der Endmontage fortlaufend.

Beide Aspekte der Automation sind wie der Roboter Folge der »Informationsrevolution« in den vergangenen dreißig Jahren. Die traditionelle Technik nutzte Maschinen, deren Funktionen durch ihre Konstruktion bestimmt wurde; wollte man die Funktion verändern, falls das überhaupt möglich war, mußte man alle Bauteile verändern und mit Meßgeräten und Schraubenschlüsseln viel Arbeit leisten. Mit dem Auftreten von »Informationsmaschinen« allgemein und natürlich dem Computer im besonderen, konnte man die Funktion einer Maschine dadurch ändern, daß man sein Befehlsprogramm auf eine Weise veränderte, die bis dahin nur bei einer sehr begrenzten Zahl von Maschinen möglich gewesen war, etwa beim Jacquard-Webstuhl, von dem Charles Babbage vor mehr als einem Jahrhundert sein Lochkarten-Eingabesystem übernommen hatte. Maschinen zu befähigen, daß sie Information nutzten, und sie zu kombinieren, erforderte, daß sie miteinander in einer Art kommunizieren konnten, die ebenfalls vor dem Aufkommen der Informationsverarbeitung und den Begriffen, wie die Kybernetik sie entwickelte und definierte, kaum möglich gewesen war. Ein Bahnbrecher der Automation, der britische Industrielle Sir Leon Bagrit, sprach sogar davon, eine angemessenere Bezeichnung des ganzen Bestrebens sei »Kybernetisierung«.

Die Automation hat somit viele Gedanken und Methoden mit der Robotik gemeinsam. Befehle müssen in digitaler Form übermittelt und als Algorithmen formuliert werden, nach denen Computer arbeiten können; auf jeder Stufe muß Rückkopplung stattfinden, und dort, wo getrennte Prozesse in ein einziges System integriert sind, muß eine Hierarchie »intelligenter Steuerung« eingeführt werden. In einem gewissen Sinn ging es bei der Automation um den Bau von Maschinen »nach dem Bild« einer ganzen Vielzahl menschlicher Berufe. Man könnte die numerische Steuerung einer Werkzeugmaschine als ein Modell der beruflichen Fähigkeiten der menschlichen Bedienungsperson betrachten. In den Industriezweigen Mineralöl und Chemie ersetzen Computersysteme die Erfahrung von Ingenieuren, die vorher Information über Flüsse, Temperaturen und Reaktionen abgelesen und die Steuerung entsprechend eingestellt haben, durch mechanische Beurteilung. Im manchen Fällen hat die Automation sogar Systeme hervorgebracht, die nach dem Bild des Managers konstruiert sind: So können Computer den Arbeitsablauf einer Fabrik organisieren, wo Autokarosserien in verschiedenen Farben gespritzt werden oder verschiedene Motoren oder Innenausstattungen erhalten, um dafür zu sorgen, daß die richtigen Teile zur richtigen Zeit am richtigen Ort sind und der Lagerbestand auf ein wirtschaftliches Mindestmaß beschränkt bleibt. In allen diesen Fällen wirkt sich die Automation in einer Form aus, die man als roboterhaft bezeichnen könnte.

Die Rolle der eigentlichen Roboter in der Automation, im strengen Sinn von Maschinen, die Gelenkarme besitzen, ist jedoch sonderbar zweideutig. Obwohl sie manchmal als die kompliziertesten und verwickeltesten Erscheinungen der Automation betrachtet werden, setzt man sie oft nur ein, um deren Unzulänglichkeiten auszugleichen oder unangenehme, von anderen Systemen hinterlassene Lücken zu füllen. Man hat sogar die Meinung vertreten, Roboter wären in Wahrheit nicht die Verbündeten, sondern die

Feinde echter Automation, weil sie darauf angelegt seien, menschliche Handlungen und Eigenschaften nachzuahmen. Damit man begreifen kann, warum Roboter so gesehen werden, muß man erkennen, daß nach Ansicht vieler Befürworter echte Automation erst dann verwirklicht sein wird, wenn sie darüber hinausgelangt, eine menschliche Hand an Werkzeug oder Steuerknopf lediglich durch eine mechanische zu ersetzen, und die Abläufe von Grund auf verändert. Der entscheidende Punkt dieser Denkweise läßt sich an einem sehr einfachen Beispiel erklären, dem der Verpackung. Eine Maschine zu konstruieren, mit der die menschliche Tätigkeit nachgeahmt wird, eine Schnur um ein Paket zu wickeln, sie strammzuziehen und zu verknoten, wäre eine komplizierte Aufgabe, vor allem dann, wenn die Maschine zuverlässig mit Paketen verschiedener Größe und Form umgehen soll. Die Banderoliermaschine, die einen gespannten Metallstreifen um ein Paket legt und die Anschlußstelle automatisch verlötet, erzielt dasselbe Ergebnis, nämlich ein fest verschlossenes Paket, aber mit Material, das für einen Arbeiter schwer zu handhaben und gefährlich wäre, und mit einer Methode, die er keinesfalls nachvollziehen könnte.

Dieses Prinzip, einen industriellen Prozeß grundsätzlich neu zu überdenken, damit er sinnvoll automatisiert werden kann, reicht weit über Maschinen und Methoden hinaus. In vielen Fällen mußte auch das Erzeugnis umgestaltet werden. Nehmen wir als Beispiele elektrische Schaltkreise. Der natürliche Weg für menschliche Arbeitskräfte, einen Schaltkreis zu verdrahten, ist der, Drähte an Bauteile anzuschließen, die im Gerät oder auf einem Schaltbrett schon ihren festen Platz haben. Die gedruckte Schaltung, die das Ganze dadurch auf den Kopf stellt, daß man zuerst die »Verdrahtung« herstellt und Bauteile je nach Bedarf anschließt, ist zur Automation ideal geeignet, von Menschenhänden aber mehr oder weniger schwer zu bewältigen. Hier handelt es sich um ein klassisches Beispiel für eine im Grunde »mechanische« Methode, die sich als leistungsfähiger und wirtschaftlicher entpuppt als jede denkbare Verfeinerung der früheren »menschengestützten« Methoden.

Viele der Anwendungsbereiche, wo Roboter heute eingesetzt sind, ergeben sich daraus, daß das, was man als unvollkommene oder unvollständige Automation ansehen könnte, eine Nische freigelassen hat, die nur durch menschlicher Betätigung oder einer Maschine ausgefüllt werden kann, die diese nachahmt. Das ganze Gebiet des »Werkstücktransfers« (Gegenstände von einem Ort zum anderen befördern), auf dem Roboter weithin verwendet werden, kann als eine Folge unvollkommener Automation gelten und wird, nach Ansicht mancher Fachleute, verschwinden, sobald ausgefeiltere, besser anpaßbare und gesteuerte Systeme von Transportbändern, ausgestattet mit automatischen Gattern zur Verkehrsregelung, vorhanden sind. Ein weiterer gängiger Anwendungsbereich für Roboter ist das Spannen und Entspannen von Werkzeugmaschinen. Der Bedarf dafür entsteht, wie man sagen könnte, als Folge unvollständiger Automation. Werkzeugmaschinen erfordern für die Beschickung menschenähnliche Maschinen nur deshalb, weil sie immer noch danach konstruiert sind, von Menschen bedient zu werden. Künftige Generationen von Werkzeugmaschinen verfügen vielleicht über Spann- und Entspannvorrichtungen, die selbst schon automatisiert sind. Dasselbe gilt für Druckguß- und Kehlmaschinen und andere Spezialanlagen, die heutzutage »Kunden« für Roboterarbeit sind.

Wer zu der Ansicht neigt, Roboter seien vermutlich eine zeitweilige Kompromißlösung für Probleme, die komplette Automation eines Tages mit anderen Mitteln lösen wird, kann darauf verweisen, daß die heutige Robotergeneration ohnehin von größeren automatisierten Systemen abhängig ist, ja, vielleicht sogar als parasitär für sie gelten muß. So können blinde, empfindungslose Roboter keine Werkstücke bewegen oder andere Maschinen bedienen, wenn die Automation nicht dafür sorgen würde, daß Gegenstände in vorausbestimmten Positionen und Lagen angeliefert werden, und sie nicht ein elektronisches Kommunikationsnetz zur Verfügung stellen könnte, das den Roboter fortlaufend darüber informiert, wo sich die einzelnen Teile befinden und welche Vorgänge ablaufen.

Sogar in den Fällen, wo sich der Roboterarm als die bestmögliche Lösung für ein bestimmtes Problem erwiesen hat, kann man sich eine Zeit vorstellen, in der er keine eigene Maschine mehr ist, sondern nur noch Teilglied oder Fortsatz eines größeren Systems. So neigt man auf den Gebieten Schweiß- und Spritztechnik, wo ein Gelenkarm ein leicht umprogrammierbares Gerät dafür ist, über Hindernisse hinweg- oder in schwer erreichbare Ecken zu greifen, und sein besonderer Wert darin liegt, einem laufenden Fließband »folgen« zu können, in der letzten Zeit zu Spezialrobotern, die auf eine einzige Funktion hin konstruiert sind. Soweit solche Maschinen nicht verschiedenen Zwecken angepaßt werden können, ließe sich behaupten, daß man sie nicht zu den echten Robotern zählen kann. Außerdem ist es eine Streitfrage, ob die Arme nun die »wahren« Roboter sind oder lediglich gehorsame Sklaven der größeren Maschinen, die das Werkstück transportieren und in die richtige Lage bringen.

In vieler Beziehung ist der ganze Streit über die heute verwendeten Roboter eher einer um Kaisers Bart, weil er sich um die formelle Definition eines Roboters als einer Maschine mit Gelenkarm dreht. Das wird besonders auffällig, sobald man etwa ganz einfache und vergleichsweise unkomplizierte Roboter, deren Freiheitsgrade und Steuerungspräzision oft eingeschränkt sind, mit den fortgeschritteneren Bilderkennungssystemen vergleicht, die zur Zeit entwickelt werden, und die, weil sie, statt selbst Arbeit zu leisten, nur als Sensoren und Interpretierer konstruiert sind, und nicht als Roboter gelten. Man könnte schwerlich einwenden, eine Maschine, die eher schlichte Handfertigkeiten besitzt, sei ein genaueres Abbild des Menschen als eine solche, die ihre Umwelt beobachten und »verstehen« kann. Eine solche Meinung käme der Behauptung gefährlich nahe, Armdrücken sei eine von Natur aus höherstehende menschliche Beschäftigung als Astronomie oder Ästhetik.

Das wahrscheinlichste Ergebnis wird wohl sein, daß die Roboter immer unterschiedlicher und spezieller und immer mehr in größere Systeme integriert werden, daß aber gleichzeitig Automation als Ganzes zunehmend von Methoden abhängig werden wird, die im weitesten Sinn roboterhaft sind. Die Folge werden Großkombinationen von automatisierten Geräten sein, die, als Ganzes betrachtet, Ausgaben erfüllen können, welche Robotereigenschaften erfordern, wo man aber nicht auf einen bestimmten Bestandteil zeigen und ihn als Roboter bezeichnen kann. In dieser Sicht wird die Industrie kein Ort für eine Neuerfindung des Menschen sein, sondern nur für jene Aspekte des Menschen, die für industrielle Zwecke Wert besitzen und ohne besondere Mühe in neuartige Maschinen integriert werden können, das lückenlos automatisierte Produktionssystem.

Es gibt aber noch eine ganz andere Sicht der Zukunft für den Industrieroboter, der man sich anschließen kann. Ausgangspunkt ist in diesem Fall die Tatsache, daß die Automation bisher im wesentlichen auf die Industrie relativ großen Maßstabs und auf Prozesse beschränkt war, die ein begrenztes Ausmaß an Intelligenz, Anpassungsfähigkeit und Handfertigkeit verlangen. So hat die Automation wenig Fortschritte bei Montagearbeiten erzielt, die in der Regel für mechanische Methoden zu »knifflig« sind. Sie wurde auch nicht eingesetzt in Fertigungszweigen mit kurzen Produktionsläufen oder rasch wechselnden Produkten, weil die Anlagen für »harte« Automation großen Maßstabs ziemlich teuer und stark spezialisiert sind. Zwar befassen sich neue Anläufe zu sogenannter »flexibler Herstellung« mit einigen dieser Grenzen, aber in der wirklichen Welt findet der Übergang von alten zu neuen Methoden in Stufen statt und verlangt Kompromisse, Provisorien und große Vorsicht der Verantwortlichen. Die Erwägungen, die gegen Automatisierung sprechen, sind jedenfalls zunächst von Gewicht. Die Aussicht auf rasche Veränderung in der Zukunft spricht gegen voreilige Investitionen in der Gegenwart, und die Automation ist immer noch in sehr starkem Maß eine Sache des »Alles oder Nichts«, weil der Entschluß, einen Zweig des Unternehmens zu automatisieren, sich auch auf alle anderen auswirkt. Es hat wenig Sinn, einen Engpaß in der Produktionshauptstraße zu beseitigen, wenn eine neue Stockung an anderer Stelle die Folge ist.

Unterstellt man das, so werden Überlegungen dieser Art in vielen Industriezweigen stets als eine Bremse für harte Automation wirken; der Roboter sollte aber bald eine attraktive Alternative darstellen. Das Bild, das Anhänger dieser Meinung zeichnen, zeigt eine Zukunft, in der außer der Großindustrie alles seine erkennbare Form behält und weiterhin jene Art von Methoden und Maschinen verwendet, die heute in Gebrauch sind, wobei menschliche Arbeitskräfte aber immer rascher durch Roboter ersetzt werden, die zunehmend geschickter, vielseitiger und intelligenter werden.

Man muß darauf hinweisen, daß diese Ansicht Annahmen zum Fortschritt in der Robotik unterstellt, die viele für optimistisch, wenn nicht gar für unrealistisch halten. Vor allem geht sie vom relativ rasch bevorstehenden Erscheinen außerordentlich verfeinerter Bilderkennungssysteme im Verein mit einem Maß an Intelligenz aus, so daß im Gesehenen »Sinn« entdeckt werden kann. Wie Kapitel 8 und 9 zeigen sollen, hat es langsam den Anschein, als müßte sich der »Denk«-Aspekt der Automation über die Grenzen konventioneller Computermethoden hinausentwickeln. Eine Vorstellung von der Art der oft ziemlich elementaren, aber doch gewichtigen Probleme, die sich aus Versuchen ergeben, ohne das Vorhandensein solcher Fortschritte menschliche Arbeitskraft unmittelbar durch Roboter zu ersetzen, ist an einem Beispiel zu erkennen, das kürzlich die Erfahrung geliefert hat. Ein Roboter trat an einer Werkzeugmaschinenstation an die Stelle einer menschlichen Bedienungsperson. Erst als das neue System einsatzbereit war, stellte sich der Haken bei der Sache heraus. Die Werkzeugmaschine stieß nebenbei auch lange Spiralen vom Metalldrehspänen aus. Man hatte das bei der Prüfung der Frage, ob die Tätigkeit für einen Roboter geeignet sei, übersehen, und zwar ganz einfach deshalb, weil die menschliche Betätigung, in Abständen einen Haufen Metallabfall am Boden wegzukehren, so unbedeutend erschienen war. Erst als die Werkzeugmaschine in einem Berg geringelter Metallspäne steckte, begriff man, daß Abfallbeseitigung ein Problem darstellte, das der Roboter nicht zu bewältigen vermochte. Die Schwierigkeiten wurden schließlich zwar überwunden, aber nur durch Einbau eines Druckluftsystems zum Absaugen des Abfalls. Die Lösung bestand unter anderem darin,

Rohmaterial zu verwenden, das staubartigen Abfall erzeugte, der ohne Stocken durch das Saugrohr floß.

Manche Unzulänglichkeiten bei Robotern können durch »Mogeln« überwunden werden. Beispielsweise hatte sogar das zur Zeit modernste Bilderkennungssystem große Schwierigkeiten, ganz einfache dreidimensionale Bilder zu intepretieren. Das ist bei einer Anwendungsart wie dem Bogenschweißen, wo der Endeffektor des Roboters möglicherweise eine exakte Enfernung zur Schweißnaht einhalten muß, während er einer gekrümmten oder winkeligen Bahn folgt, von erheblicher Bedeutung. Eine Methode, dieses Problem zu umgehen, die zur Zeit erforscht wird, ist die Verwendung von strukturiertem Licht. Dabei wird Licht so durch ein Gitter geworfen, daß es ein Muster aus hellen und dunklen Streifen erzeugt. Das hebt die Konturen eines Gegenstands auf eine Weise hervor, die der digitalen Interpretation zugänglich ist. In anderen Fällen, wo nur die Wahrnehmung des Vorhandenseins oder Fehlens eines Gegenstands erfordert wird, können Ultraschallgeräte als Ersatz für Bilderkennung dienen.

Der Einsatz spezieller Beleuchtung oder von Methoden, die eine Umgestaltung des Produkts voraussetzen, schränken die Nützlichkeit des Roboters als Ersatz menschlicher Arbeitskraft deutlich ein. Überdies erfordern Roboter, die von solchen Techniken abhängen, langwierige Einstellungsprozeduren, Koordination mit anderen automatischen Systemen und sehr wahrscheinlich eine beträchtliche Zeit der »Fehlerbeseitigung« für jede neue Einsatzart. Sie sind weit davon entfernt, die Vielseitigkeit auch nur eines ungelernten Arbeiters zu erlangen, und würden in den meisten kleineren Betrieben mit Sicherheit mehr Probleme hervorrufen, als sie wert sind. Dasselbe dürfte für viele der fortgeschritteneren Bilderkennungs- und Sensorsysteme gelten, die zur Zeit entwickelt werden, weil sie nur einen sehr begrenzten Bereich von einfachen Objekten »erkennen« können, und auch das nur nach sehr ausgedehnten »Trainings«- oder »Lehr«-Prozessen. Für die Großindustrie mit langen Produktionsläufen gleicher Produkte mag das keinen großen Nachteil darstellen, aber es wird gewiß verhindern, daß Roboter am unteren Ende der industriellen Skala Fuß fassen.

Was in kürzerer Zeit bevorstehen mag und zum Teil schon auf den Plan tritt, ist der kleine, relativ schnelle und gewandte Roboter, der einfache Montagearbeiten verrichten kann. Interessanterweise werden Größe und Form vieler dieser Maschinen durch das Erfordernis bestimmt, daß sie neben Menschen arbeiten müssen, dieselbe Bodenfläche besetzen und denselben Aktionsradius haben. Roboter dieser Art sind natürlich noch immer abhängig von einem Produktionsband, das Teile in vorgegebener Weise anliefert – sie arbeiten blind und können zur Zeit nur die einfachsten Aufgaben bewältigen. Eine Alternative für solche Roboter, die an einem »traditionellen« Fließband neben menschlichen Wesen arbeiten sollen, ist der Roboter, der seine eigene »Umwelt« enthält – eine kleine, unabhängige »Welt«, die sorgfältig auf die Anforderungen des Roboters zugeschnitten ist. Solche »Welten«, sogenannte »flexible Herstellungssysteme«, besitzen die Form einer kleinen Werkbank ungefähr in der Größe eines üblichen Tischs mit einem Kranausleger, von dem der Roboterarm herabhängt, so daß er sich frei bewegen und jede Stelle der Werkbank gleichermaßen mühelos zu erreichen vermag. Die Werkbank kann verschiedene Geräte aufnehmen, eine Spannvorrichtung, um im Montageablauf Bauteile festzuhalten, ein Werkzeuggestell, wo der Arm seine Reihe von Endeffektoren zur Auswechslung aufbewahren kann, und offene Behälter für Vorräte an Teilen, die nach ihrem Verbrauch von außen ersetzt werden. Natürlich handelt es sich darum, innerhalb des Mikrokosmos, den der Boden der Fabrikhalle darstellt, alles, was der Roboter braucht, mit absoluter Exaktheit an den richtigen Platz zu stellen. Sobald der Arm einen Prozeß erlernt hat, kann der Arm sich in seiner kleinen Welt mit völliger Sicherheit bewegen. Um dafür zu sorgen, daß der Arm mit absoluter Genauigkeit die Orientierung behält, kann in die Arbeitsplatte ein fester Bezugspunkt eingebaut werden, damit der Roboter von Zeit zu Zeit die Position seines Endeffektors neu einzumessen vermag.

Ein System solcher Art veranschaulicht deutlich, wie Roboter und Automation allgemein zunehmend voneinander abhängig werden. Man könnte nämlich nicht behaupten, in einem Fall wie dem geschilderten besitze der Roboterarm eine Existenz, die von der des Systems als Ganzem unabhängig sei. Der Roboter, wenn es denn einer sein sollte, ist speziell darauf konstruiert, innerhalb seiner auf den Endzweck ausgerichteten Welt zu arbeiten; man könnte ihn nicht herausnehmen und erwarten, daß er in einem anderen Zusammenhang eine nützliche Rolle spielt. Ein menschlicher Arbeiter dagegen würde die kleine Welt des Roboterarms nicht als eine behagliche empfinden, in der sich arbeiten läßt. Das System ist nicht einfach nur ein Arbeitsplatz für Roboter in dem Sinne, wie das Cockpit eines Flugzeugs ein Arbeitsplatz für den Piloten oder der Führerstand einer Lokomotive ein Arbeitsplatz für den Lokführer ist. Vielmehr sind die kleine Welt der Werkbank und der Roboter, der darin tätig wird, miteinander verbunden wie eine Schnecke mit ihrem Haus, und man kann den einen von der anderen so wenig lösen, wie es vernünftig wäre, eine Schnecke aus ihrem Haus zu reißen und damit zu rechnen, daß sie das unbeschadet übersteht.

Wahrscheinlich ist nicht nur, daß Roboter immer mehr Fähigkeiten erwerben, sondern auch, daß die Gestaltung von Produkten die von der Robotermontage auferlegten Beschränkungen in Zukunft berücksichtigen wird. Beispielsweise ist es für einen Roboter relativ leicht, Bauteile auf »Pfannkuchenart« zu montieren. Das erfordert nicht mehr, als Gegenstände aufeinanderzustellen und das Ganze mit einer einzigen Schraube zu befestigen. Ein anderer Aspekt, nicht nur den Arbeitsplatz, sondern auch das Produkt auf Robotertätigkeit auszurichten, betrifft das vergleichsweise neue Gebiet der computergestützten Konstruktion (CAD = computer-aided design). Man spricht bereits davon, daß die von einem CAD-System erzeugte Information – beispielsweise Größen, Dimensionen und Toleranzen von Bauteilen – direkt in die Speicher der Roboter übertragen werden könnten, die für die Produktion zuständig sind. Damit wird umgangen, daß Roboter für eine neue Aufgabe von menschlichen Programmierern ausgebildet werden müssen.

Obwohl alle diese Entwicklungen auf eine Erweiterung des Angebots hindeuten, das der Roboter der Industrie bieten wird, weist keine davon auf einen echten Durchbruch bei seiner Abhängigkeit von einer automatisierten Umwelt. Eher im Gegenteil. Neue Sensoren, Interpretationsmethoden und Regelungssysteme, die zur Verfügung gestellt werden, dürften die Form unabhängiger »Fähigkeiten« annehmen, die vorhandenen Robotern hinzu- oder anderswo im Gesamtaufbau der Automation eingefügt werden können. Weniger wahrscheinlich ist, daß sie alle in komplizierte (und teure) Vielzweckroboter eingebaut werden. So spricht zwar vieles dafür, daß es viele Roboterarme geben wird, die in der Fabrik der Zukunft heben, tasten und greifen werden, aber die Prognose, die der Wirklichkeit am nächsten kommen dürfte, scheint die zu sein: Automation und Robotik werden immer enger zusammenwachsen und in manchen Fällen zu einer einzigen Disziplin verschmelzen, die das Beste aus dem Vermögen des Roboters herausholt, menschliche Fertigkeiten nachzuvollziehen, wo diese gebraucht werden, aber auch die Möglichkeiten der Automation nutzt, um neue und bessere Wege für die Bewältigung der Aufgaben zu finden, die sich völlig von der Vorstellung einer auf menschliche Arbeit gestützte Fabrik lösen.

Die Art der Entwicklungen, die man in der Industrie erwarten darf, läßt sich schon an den vertrauteren Bedingungen des privaten Heims erkennen. Seitdem der »Hausroboter« eine feste Figur der Science Fiction ist, deren Roboter sich selten die Hände am Fabrikboden schmutzig machen, aber oft bei Hausarbeiten oder dem Mixen von Cocktails zu beobachten sind, könnte es erlaubt sein, das private Heim als Illustration für das zu verwenden, was wir meinen, wenn wir davon sprechen, Automation und Robotik könnten eine Einheit werden.

Einer der auffälligen Mängel der frühen Science Fiction war ihre Unfähigkeit, eine Zukunft vorzustellen, in der die gesamte Technologie und nicht nur ihre sensationelleren Seiten eine hohe Stufe erreicht hatten. So wurden in der Zeit zwischen den Kriegen Roboter durchwegs beim Umgang mit Haushaltsgeräten wie Teppichkehrmaschinen und Bügeleisen dargestellt, die eigentlich längst veraltet sein sollten, bevor der Roboter auf den Plan tritt. Es ist diese Art von technologisch eingeengtem Blick, vor dem die Befürworter der Allzweckautomation warnen, wenn sie behaupten, an die Stelle der heutigen Industrieroboter würden nicht verbesserte Roboter treten, sondern Maschinen völlig anderer Art. So ist es überaus wahrscheinlich, daß die Notwendigkeit, zu bügeln, durch Fortschritte in der Stoffherstellung beseitigt sein wird, bevor jemand einen Roboter herausgebracht hat, dem man ungefährdet ein Dampfbügeleisen und die wöchentliche Wäsche anvertrauen könnte.

Andererseits kann es sehr wohl sein, daß in naher Zukunft irgendein Bodenreinigungsroboter auf dem Markt erscheint; solche Geräte sind in großen Supermärkten schon im Einsatz. Optimismus in dieser Hinsicht sollte aber durch die Erkenntnis gedämpft werden, daß beim derzeitigen Entwicklungsstand der Einsatz einer solchen Maschine die Verlegung von Magnetleitschienen unter dem Teppich und die Fixierung aller Möbelstücke an festen Plätzen erfordern würde; man könnte sich auch nicht darauf verlassen, daß er etwa zwischen der Stelle auf dem Teppich, wo der Gast von gestern abend das Boeuf Stroganoff verschüttet hat, und jener Zimmerecke unterscheiden kann, die niemals schmutzig wird – er muß allen Bereichen unparteiisch die gleiche Aufmerksamkeit widmen. Da die Maschine eher ein automatischer Staubsauger wäre als eine mechanische Kehrichtschaufel mit Besen, würde er kaum unter der Anrichte fegen oder die herumliegenden Spielsachen der Kinder aufräumen. Damit er leistungsfähig sein kann, wäre es wohl notwendig, die Ecken aller Zimmer abzurunden, außerdem müßte es einen langdauernden Trainingsprozeß geben, der jedesmal zu wiederholen wäre, sobald man sich entschließt, die Möbel umzustellen. Im Ganzen gesehen ist der Durchschnittshaushalt mit einem gewöhnlichen Staubsauger wohl besser bedient.

Es ist sogar wahrscheinlich, daß die Entwicklung von Luftfiltern und Staubabsauggebläsen viele Probleme der Haushaltsreinigung weit wirksamer lösen könnte als jeder vorstellbare Roboter. Das Erscheinen des Mikroprozessors hat das automatisierte Haus ja schon in praktische Nähe gerückt. Man kann, wenn man will, mit Siliziumchip-Intelligenz »von der Stange« und vorhandenen Geräten automatische Systeme einbauen lassen, um die Vorhänge zuzuziehen, die Tür zu öffnen, die Temperatur aller Räume zu überwachen, die Wäsche zu besorgen, den Abfall zu beseitigen oder Fernsehprogramme aufzuzeichnen, die man sonst verpassen würde. Kurz gesagt, die Automation läßt einem Roboter vielleicht nur wenig an häuslichen Tätigkeiten übrig. Daraus jedoch den Schluß zu ziehen, die Robotik hätte nichts zu bieten, ginge an den Tatsachen vorbei. Viele der heute verfügbaren Geräte verdanken einiges den Roboterprinzipien, und manches spricht dafür, daß fortgeschrittenere Nachfolger noch stärker in ihrer Schuld stehen werden. Das Mißverständnis der Science Fiction lag in der Meinung, alle Funktionen würden in einer einzigen Maschine mit zwei Beinen, unterwürfiger Verhaltensweise und möglichst einem schwarzen Anzug vereinigt sein.

Um diesen Punkt zu beleuchten, braucht man nur ein paar heutige Beispiele einige Jahre in die Zukunft fortzuspinnen. Geräte wie Waschmaschinen, Geschirrspüler und Mixapparate sind bis zu einem Punkt entwickelt worden, wo ein oder zwei Mikroprozessoren ihnen, falls sich das als nützlich erweisen sollte, völlige Selbständigkeit verleihen könnten. Die meisten modernen Zentralheizungs- und Klimaanlagen sind wochen- oder monatelang ohne menschliche Überwachung ununterbrochen arbeitsfähig. Mit den Methoden des WISARD-Projekts (siehe Kapitel 10) wäre es durchaus möglich, einer Maschine die Aufgabe zu übertragen, Besucher an der Haus- oder Wohnungstür zu erkennen und sie hereinzulassen, wenn es sich um Verwandte oder Freunde handelt. Und falls Sie allein im Haus sind und niemand zu Besuch kommt, können Sie immer noch Ihren Schachcomputer herausholen und ihn zu einer Partie herausfordern. Alle diese Maschinen könnten in mehr oder minder großem Maß insoweit als Roboter gelten, als sie über Wahrnehmung oder Urteilsfähigkeit auf irgendeiner Stufe verfügen und Funktionen ausführen, die vorher allein Sache des Menschen waren.

Um zum Schluß zu kommen: Es spricht vieles dafür, daß die Definition des Roboters sich erweitern und eine ganze Reihe von Maschinen umfassen wird, die in der einen oder anderen Weise irgendeinen Aspekt menschlichen Verhaltens nachvollziehen. Viele dieser Maschinen werden in sich extrem begrenzt sein, aber die Verfügbarkeit billiger, leicht anzupassender Silizium-»Minigehirne« wird ermöglichen, daß man sie zusammenschaltet und kombiniert, um einen ganzen Bereich von Aufgaben zu bewältigen. Die daraus entstehenden Maschinen werden nicht auf einen Ersatzmenschen hinauslaufen, könnten aber ein völlig ausreichender Ersatz für den ziemlich engen Bereich menschlicher Fähigkeiten sein, die derzeit von Industrieprozessen gefordert werden.

7
Automaten: Den Geist in der Maschine suchen

Es ist seltsam, daß ein bißchen Schlamm
von Tönen, Silben, Zeichen widerhallt,
zu einem Berge Popocatepetl sagt,
zu einem Strauch mit grünen Blättern Oleander.
W.J. Turner, »Talking with Soldiers«

Die vorangegangenen sechs Kapitel haben versucht, einen Überblick über den »Stand der Technik« in der Robotik zu liefern, wie der heutige Roboter sie verkörpert. Wir haben die genutzten Technologien beschrieben, vor allem die der Informationsverarbeitung und Regelung, um zu zeigen, was Roboter heute können und was sie nicht können, und einen Einblick in die Faktoren zu geben, die ihren Fähigkeitsbereich bestimmen. Die Schlußfolgerung, die wir aus diesem Überblick ziehen, ist die, daß die Aussichten des Industrieroboters und damit seine künftige Auswirkung auf die Industrie entscheidend von den Chancen abhängen, bessere Robotersinne und echte Roboterintelligenz zu entwickeln. Solange Roboter nicht auf einer Stufe sehen, hören und verstehen können, die Wahrnehmung, Begriffsvermögen und Normalverstand des Menschen nicht wenigstens angenähert ist, werden die vermuteten Verfeinerungen ihrer Anatomie und ihres Körperbaus (bessere Hände, schnellere Bewegung, größere Präzision, Beweglichkeit und so weiter) nur zu gering erhöhter Nutzbarkeit führen, und auch das nur innerhalb des Zusammenhangs allgemeiner Industrieautomation.

Dasselbe gilt in noch höherem Maß, wenn wir uns der Möglichkeit zuwenden, daß die Robotik ein Modell des Menschen liefern könnte, das in ernsthafter Weise nützlich oder aufschlußreich wäre, weil jene Seiten von uns, die wir weiterhin als die verwirrendsten und am schwersten zu fassenden empfinden, eben die Prozesse sind, mit denen wir denken und wahrnehmen.

Im weiteren wird das Buch sich deshalb von nun an auf Robotergehirne konzentrieren. Mechanische Körper sollen damit nicht als uninteressant oder bedeutungslos abgetan werden. Die potentielle Bedeutung des Roboters als Modell des Menschen beruht ja tatsächlich zum größten Teil darauf, daß er eine künstliche Ausgabe des Kontinuums Gehirn/Körper darstellt, aber es spricht doch sehr viel dafür, daß der Schlüssel zum Verständnis der Beziehung zwischen beiden im Gehirn zu finden ist. Keine Untersuchung der Konstruktions- oder Regelungssysteme des Körpers dürfte für sich allein die Geheimnisse des Gehirns aufklären können, aber falls wir das Gehirn einmal ganz verstehen, dürfte es auch möglich sein, viele der verbleibenden Rätsel um den Körper zu lösen.

Wenn wir davon sprechen, das Gehirn zu »verstehen«, denken wir überdies in Wahrheit an den Verstand – das heißt, es geht uns nicht darum, was das Gehirn sei, sondern um das, was es tut. Das eine mag natürlich vom anderen abhängen, aber da die Konstruktion irgendeines Mechanismus, der physisch dem Gehirn ähnelt, niemals in Frage kommt, bleibt den Robotikern als einziger Ausweg, die Eingaben, die das Gehirn erhält, die Ausgaben, die es liefert, und die Prozesse, durch die das eine zum anderen führt, zu studieren und ihre Nachgestaltung zu versuchen. Vernünftigerweise darf man ja davon ausgehen, daß, wenn eine Maschine konstruiert werden könnte, die wie ein Gehirn arbeitet und das im Zusammenhang mit dem Körper tut, sie dann einen »Verstand« besitzen oder erworben haben könnte, und wir damit das philosophische Rätsel gelöst hätten, das ein »Geist in der Maschine« darstellt.

Jede Maschine, von der man behaupten könnte, sie besitze einen »Verstand«, würde sich natürlich ebenso in der Art wie im Maßstab von jenen Alltagsgeräten unterscheiden, die wir gewöhnlich als Maschinen ansehen. Daraus folgt, daß sogar eine Diskussion der bloßen Möglichkeit ein System der Betrachtung oder Beschreibung erfordert, das sich von jenem unterscheidet, mit dem wir über Nähmaschinen oder Flugzeuge sprechen. Dieses Erfordernis einer neuen Perspektive war in der Tat etwas, das sich das in der Entwicklung der Computer- und der Informationswissenschaft schon zu einem frühen Zeitpunkt herauszuschälen begann. Obwohl nämlich die ersten Informationsmaschinen das Ergebnis einer sorgfältigen Erweiterung der vorhandenen elektronischen Technologie waren und die Information, die sie verarbeiteten, vorwiegend im Rahmen wohlbekannter, von Menschen gemeisterter mathematischer und logischer Prozesse formuliert wurde, zeigte sich deutlich, daß selbständige Maschinen, die sich durch Informationsverarbeitung selbst steuerten, eine radikal neue Gattung waren, deren Verhalten durch kein eingeführtes theoretisches System befriedigend erfaßt werden konnte.

Die Bedeutung des Theoretischen für alle Zweige der Technik liegt darin, daß sie es Wissenschaftlern ermöglicht, das Verhalten hypothetischer Maschinen ebenso vorherzusagen wie das der schon vorhandenen zu beschreiben. So wurden in der ersten Hälfte des 19. Jahrhunderts die Untersuchung von Elektrizität und Magnetismus und ihre Nutzung durch die Technik dadurch behindert, daß es an einem allgemeinen Verständnis für die Erscheinungen fehlte. Labors in der Zeit von Königin Viktoria enthielten viele elektrische Maschinen, und der Magnetismus war seit Jahrhunderten bekannt und genutzt worden, aber es gab kein feststehendes Gebäude von Naturgesetzen, das den Forschern gestattet hätte, im voraus zu sagen, wie ein elektrisches oder magnetisches System sich verhalten würde. Das konnte nur durch konkrete Erprobung festgestellt werden. Das mit diesem Prozeß erworbene Wissen gestattete es dem britischen Physiker James Clerk Maxwell schließlich, seine berühmten Gleichungen aufzustellen. Sie wiesen nach, daß es nicht zwei Erscheinungen gab, sondern nur eine einzige, den Elektromagnetismus, und formulierten die sein Verhalten bestimmenden Gesetze. Von nun an besaßen die Ingenieure einen Bestand an »Spielregeln«, der es ihnen im Prinzip ermöglichte, das Verhalten jedes elektromagnetischen Systems vorherzusagen.

Mitte der fünfziger Jahre bedurfte die keimende Informationswissenschaft dringend einer ähnlichen, umfassenden Theorie, die einen Rahmen zu schaffen vermochte, innerhalb dessen das Verhalten aller Arten von Informationsmaschinen, der hypothetischen ebenso wie der wirklich vorhandenen, vorausgesagt werden konnte. Wie wir in Kapitel 5 gesehen haben, lieferte Claude Shannon einen Teil der Antwort dadurch, daß er Information als solche definierte, aber nach wie vor gab es keine Methode, alle Arten, in denen sie mechanisch verarbeitet werden konnte, zu analysieren. Die Frage spitzte sich zu bei einer Tagung, die Shannon selbst und John McCarthy 1956 an der Princeton-Universität einberiefen (McCarthy wird im nächsten Kapitel als der Begründer des Gebiets vorgestellt, das heute den Namen »künstliche Intelligenz« trägt). Die aufgeworfenen Themen betrafen Fragen wie diese: Gibt es eine Grenze für das, was mit logischen Schaltungen der Art, wie Shannon sie 1938 entworfen hatte, geleistet werden kann? Gibt es Probleme, bei denen nachzuweisen ist, daß sie mit keinem Mittel lösbar sind, nicht einmal durch bislang nicht erfundene Maschinen? Das sind Fragen, die man eindeutig nur im Zusammenhang einer Theorie angehen kann, die alle Informationsmaschinen umfaßt, so, wie Maxwells Gleichungen für alle elektrischen Maschinen gelten. Die Tagung trug den Titel »Automatenstudien« und bezeichnete den Punkt, an dem das Wort »Automat« allgemein übernommen wurde, um alle automatischen und autonomen Maschinen zu erfassen, sowie die Geburt einer Theorie, der Automatentheorie, mit der ihr Verhalten beschrieben und vorhergesagt werden kann.

Damit der Leser nicht fürchten muß, wir wollten uns kopfüber in ein Thema von einschüchternd technischer Art stürzen, muß sofort gesagt werden, daß die Automatentheorie weder schwer verständlich noch unbedingt abschreckend mathematisch ist. Im Gegenteil. Mit ihr können wir in einfacher und sinnvoller Form über Maschinen sprechen, die sehr schwer zu verstehen wären, wenn das in anderer, vertrauterer Form geschähe. Weil es sich um eine allgemein gültige Theorie handelt, kann sie überdies ebenso auf sehr vertraute, alltägliche Maschinen angewendet werden, denen wir normalerweise nicht den Ehrentitel »Automat« verleihen würden, wie auf kompliziertere Maschinen.

Ein anderer großer Vorteil der Automatentheorie als einer Methode, die neue Art von Maschinen zu betrachten, ist der, daß wir den Tabus ausweichen können, die jeden Vergleich zwischen menschlicher Intelligenz und »mechanischer Intelligenz« umstellen. Es ist zwar absolut möglich und oft sehr aufschlußreich, menschliches Verhalten im Rahmen der Automatentheorie zu betrachten, aber es geht dabei nie darum, sich Menschen als Maschinen vorzustellen. Die Theorie ist viel eher eine Methode, über die Verarbeitung von Information nachzudenken, was, falls man nicht zu metaphysischen Erklärungen Zuflucht nehmen will, menschliche Wesen unbezweifelbar tun, als über die konkreten Muttern und Schrauben der Maschinen. Die Konstruktion eines theoretischen Automaten könnte in der Tat dazu befähigen, einen konkreten Automaten zu bauen, aber wie man sehen wird, folgt daraus nicht, das Ergebnis wäre in dem traditionellen Sinne mechanisch, daß er nur Verhaltensweisen zeigte, die vorhersagbar und vorausbestimmt sind. Der Nutzen der Automatentheorie liegt vor allem in dem Nachweis, daß die Frage des Determinismus, die unserem Argwohn zugrundeliegt, der Roboter könnte auf irgendeine Art unsere eigene Freiheit als Illusion entlarven, eine relative und keine absolute ist.

Als erstes muß klargestellt werden, was wir mit dem Wort »Automat« eigentlich meinen. Das ist besonders wichtig, weil es semantisch stark überfrachtet ist, was von seinem Alltagsgebrauch herrührt. Die meisten Wörterbücher liefern zwei Definitionen, die auf Anhieb widersprüchlich erscheinen. Die erste Definition, »Maschinen mit verborgenem Mechanismus, der ihre Bewegungen verursacht«, erfaßt den Sinn, in dem das Wort gebraucht wird, um die Uhrwerkautomaten zu beschreiben, die in Kapitel 1 erwähnt wurden. So gebraucht, weist das Wort auf ein Element des Scharfsinns hin. Wird es aber, wie in der zweiten Erklärung des Wörterbuchs, auf Menschen gemünzt, bedeutet es eine Person, die »automatisch oder ohne Verstand« handelt. Ein mechanischer Automat ist dem Anschein nach auf irgendeine Weise schlauer als andere Maschinen, ein menschlicher Automat dagegen benimmt sich dümmer als andere Menschen. Der scheinbare Widerspruch erklärt sich natürlich durch die stillschweigende Annahme, die Gründe für die »Bewegung« des mechanischen Automaten müßten offenkundig werden, sobald man seinen »verborgenen Mechanismus« untersucht. Daraus folgt: Wenn ein Mensch sich wie ein Automat verhält, handelt er so, als enthielte auch er einen verborgenen Mechanismus, durch den seine Handlungen vorhersagbar und determiniert werden. Die Vorstellungen der behaviouristischen Psychologie beruhen auf der Annahme, die Menschen bestünden in der Tat aus einer Reihe solcher Mechanismen, die ihre Reaktion auf jeden Reiz bestimmen und nur durch Konditionierung modifiziert werden können. Der behaviouristische Mensch ist deshalb ein Automat im Sinn des Wörterbuchs. Der Automat des Robotikers oder Informatikers hingegen ist ein wenig komplizierter.

Die Grundvorstellung vom Automaten, wie wir das Wort verwenden wollen, ist die eines Mechanismus mit einer »Reihe innerer Zustände«. Die Zustände sind eigentlich eine allgemeinere und nutzvollere Version des »verborgenen Mechanismus«. Der Gedanke eines mechanischen »Zustands« wurde eingeführt, um die Position der Bestandteile eines Rechners oder Computers in Kapitel 4 zu beschreiben. Wie man sich erinnern wird, war das Wichtigste dabei, daß der Zustand eines elektronischen Schalters, der nur ein- oder ausgeschaltet sein kann, im Speicher eines Computers ein Bit digitaler Information darstellt. Der Ausdruck wurde bei der Schilderung der Turing-Maschine auch noch in einer ganz anderen, wenn auch verwandten, Art verwendet. Der Kopf der Maschine konnte seine »Konfiguration« oder seinen Zustand auf eine Art und Weise verändern, die durch seine Befehle bestimmt wurde, wenn er ein bestimmtes Symbol abtastete, und der Zustand, in dem er sich befand, bestimmte, wie er handeln sollte, sobald er ein anderes Symbol ablas.

Ein Automat besitzt innere Zustände dieser zweiten Art im Sinn einer Turing-Maschine. Der Begriff liegt sehr nah beim »Gemütszustand« einer Person, und die Analogie kann dazu benützt werden, genau zu definieren, was mir mit einem Automaten meinen. Nehmen wir den Fall eines Menschen, der sich in einem »Zustand« des Zorns befindet. Der Zustand wird wahrscheinlich die Folge von Dingen sein, die ihm in der Vergangenheit zugestoßen sind, in den Begriffen der Automatentheorie eine frühere »Eingabe«, und er wird seine Reaktion oder »Ausgabe« bestimmen, wenn er vor einer neuen »Eingabe« steht. Zorn, hervorgerufen durch die Entdekkung, daß der Autoreifen ein Loch hat, könnte somit einen Elternteil veranlassen, wenn ein Kind nicht brav ist, heftiger zu reagieren als unter anderen Umständen. Ein Zustand der Hochstimmung, weil der Chef eine Gehaltserhöhung ausgesprochen hat, könnte andererseits dazu führen, daß dasselbe Vergehen mit Nachsicht behandelt wird. Ein Automat ist somit eine Maschine mit einer Reihe möglicher innerer Zustände, die verborgen sind (das heißt, man kann den inneren Zustand nicht einfach dadurch erkennen, daß man den Automaten betrachtet), die eine Folge früherer Eingaben sind und seine künftigen Ausgaben bestimmen.

Die Anzahl der Zustände, die ein Automat hat, wird stets endlich sein, und für die Absicht, über Maschinen zu sprechen, die wirklich gebaut werden können, muß man sie als digital und diskret betrachten; das heißt, die Theorie kann Aussagen nur über Automaten machen, die sich in einem bestimmten Zustand befinden, nicht aber über Automaten, die gerade von einem Zustand zum anderen wechseln, ein Vorgang, den man als augenblicklich ablaufend unterstellt. Die Funktion der Theorie besteht darin, die Regeln zu definieren, die den Wechsel von einem Zustand zum anderen bestimmen, und diese Regeln im Rahmen der Eingaben, die der Automat empfängt, und der Ausaben, die er hervorbringt, zu formulieren. Anders ausgedrückt: Wenn wir die früheren Eingaben einer Maschine kennen, können wir mit der Automatentheorie ihre Aktionen und Reaktionen bei allen zur Sache gehörigen Umständen voraussagen und zwar dadurch, daß wir die Zustandsveränderungen im Inneren der Maschine aufzählen.

Die Ein- und Ausgaben eines Automaten können entweder Handlungen oder Information sein, der Automat selbst mag sogar nur als Information existieren. Da die Theorie eine feste Reihe von Regeln für jeden denkbaren Automaten liefern kann, folgt daraus, daß die Regeln die Maschine definieren oder in einem gewissen Sinn die Maschine *sind.* Diesem paradoxen Gedanken eines festen Bestands von Regeln, der eine Maschine darstellt, begegnen wir bei der Turing-Maschine und beim Computer. Wie man sich entsinnen wird, ging es darum, daß der Computer nicht wie eine Waschmaschine oder ein Mixgerät eine Maschine ist, die dazu konstruiert wurde, eine bestimmte Aufgabe zu erfüllen, sondern eine Universalmaschine, die alles tun kann, wofür man einen Algorithmus oder einen Befehlssatz zu finden vermag. Die Befehle sind somit ein Bestand an Regeln, der dem Computer mitteilt, was für eine Maschine er sein soll, um eine bestimmte Aufgabe anzugehen. Auf dieselbe Weise definieren die Regeln, die von der Automatentheorie verwendet werden, um einen Automaten zu beschreiben, die Maschine auch dann vollständig, wenn sie nie gebaut wird.

Jeder Automat, der nach den theoretischen Regeln beschrieben wird, kann übrigens auch gebaut werden, entweder als rein mechanisches Gerät und/oder als ein Programm für einen Computer. Dieser kann, wenn die Regeln einen Automaten beschreiben, der Dinge in der physischen Welt wahrnehmen oder physisch handeln soll, mit einem mechanischen Körper ausgestattet sein. Natürlich ist ein Computer selbst ein Automat im Rahmen der formellen Definition, wenn auch einer, der nur Ein- und Ausgaben in Form von Information verwerten kann. Für die Turing-Maschine gilt dasselbe. Wie wir bald sehen werden, ist ein Computerprogramm tatsächlich ein Bestand an Regeln, die einen Automaten definieren – den Computer, der dieses Programm enthält. Es wird aber nützlich sein, den Überblick über die Automatentheorie damit zu beginnen, daß wir einen ganz alltäglichen Automaten rein mechanischer Art untersuchen, nämlich den Zigarettenverkaufsautomaten.

Raucher werden wissen, daß Zigarettenautomaten (in Amerika A.d.Ü.) in zwei Grundformen auftreten. Beim ersten, einfachsten Fall gibt es einen eigenen Schlitz für jedes Päckchen Zigaretten, in den man eine Münze steckt. Wird die Münze in den Schlitz für Marlboro gesteckt, läßt sich nur die Marlboro-Lade öffnen. Die Maschine ist im Grunde eine Anordnung verschiedener Maschinen, von denen jede eine einzige Zigarettenmarke verkauft. Ein Theoretiker würde einen Automaten dieser Art, und zwar mit einigem Recht, »trivial« nennen. Sie kann nur eine einzige Eingabe annehmen und liefert nur eine einzige Ausgabe. Sie besitzt überhaupt nur einen Arbeitszustand, nämlich jenen, in dem sie eine Ausgabe liefert, wenn sie eine Eingabe erhält; sie trifft keine Auswahl unter Alternativen, weil sie nur eine einzige Leistung erbringen kann. Ihre Befehle können in einem einzigen Satz zusammengefaßt werden: »Wenn eine Münze eingesteckt wird, dann gib ein Päckchen Zigaretten heraus.« Im Vorbeigehen darf bemerkt werden, daß die Trivialität dieser Art von Mechanismus nicht die Aufstellung weithin anerkannter behaviouristischer Theorien verhindert hat, die menschliches Verhalten im Grunde auf eine Reihe getrennter Mechanismen zurückführt, von denen jeder als Antwort auf eine bestimmte Eingabe eine feststehende Ausgabe liefert.

Sogar Zigarettenautomaten können aber in viel stärkerem Maß verfeinert sein. Befassen wir uns nun mit der komplizierteren Maschine, wo der Kunde zuerst eine Münze einsteckt und dann erst die gewünschte Marke wählt, indem er auf einen Knopf drückt. Der Einfachheit halber unterstellen wir eine Maschine, die nur zwei Sorten Zigaretten enthält, Marke A und Marke B. Eine solche Maschine hat eindeutig zwei mögliche Zustände: Der Zustand, in dem sie sich befindet, bevor eine Münze eingesteckt wird (Zustand 1), wobei

ZUSTÄNDE \ EINGABEN	Münze eingeben	Knopf A drücken	Knopf B drücken
Zustand 1 (keine Münze eingesteckt)	Nichts tun Zu Zustand 2 wechseln	Nichts tun In Zustand 1 bleiben	Nichts tun In Zustand 1 bleiben
Zustand 2 (Münze eingesteckt)		Ein Päckchen Marke A freigeben Zu Zustand 2 wechseln	Ein Päckchen Marke B freigeben Zu Zustand 1 wechseln

Wahrheitstabelle für einen Zigarettenautomaten

noch so viel Drücken auf Knöpfe sie nicht bewegen kann, ein Päckchen Zigaretten herauszugeben, und den Zustand, nachdem eine Münze eingesteckt ist, so daß Druck auf einen bestimmten Knopf ein Päckchen der gewünschten Marke zutagefördert (Zustand 2). Das Programm, das seine Bauart darstellt, muß drei mögliche Eingaben bewältigen (Münze eingesteckt, Knopf A gedrückt und Knopf B gedrückt) und zwei mögliche Ausgaben liefern (ein Päckchen der Marke A oder ein Päckchen der Marke B herausgeben). Das Programm muß außerdem die Tatsache berücksichtigen, daß die Maschine keine Zigaretten auswerfen darf, bis sie Bezahlung erhalten hat, und daß sie nicht mehr als ein Päckchen auf einmal ausgeben darf.

Man kann die Regeln, an die sich die Maschine hält, mit einer Wahrheitstafel darstellen, wo die Horizontalachse die Eingaben und die Vertikalachse die Zustände der Maschine zeigt. In beiden Fällen wird uns das »Aufsuchen« des entsprechenden Quadrats im Gitter zwei Dinge über die Maschine verraten, nämlich, was sie, falls überhaupt etwas, als nächstes tun und wie ihr nächster Zustand sein wird.

Eine unmittelbare Konsequenz davon, daß die Regeln in dieser Form aufgestellt werden, ist die: Aus dem Vorhandensein des leeren Quadrats links unten ergibt sich, daß die Befehle die Möglichkeit nicht berücksichtigt haben, es könnten zwei Münzen hintereinander eingesteckt worden sein. Dieses Problem könnte auf zweierlei Art bewältigt werden. Entweder könnte sein Eintreten durch eine solche Konstruktion des Mechanismus verhindert werden, daß er keine zweite Münze anzunehmen vermag, bis er das erste Päckchen Zigaretten »verkauft« hat, oder das Quadrat könnte mit dem Befehl belegt werden: »Tu nichts/-Bleib in Zustand 2«. In diesem Fall würde die Maschine, nachdem ein Knopf gedrückt und ein Päckchen freigegeben worden ist, die Befehle ausführen und zu Zustand 1 zurückkehren. In diesem Zustand würde sie die zweite Münze entdecken und zu Zustand 2 umschalten, bereit, ein zweites Päckchen auszuliefern.

Das Verhalten dieses Zigarettenautomaten kann graphisch dargestellt werden durch ein sogenanntes »Zustandsdiagramm«, das die »Zustandsstruktur« des Automaten zeigt. Jeder Zustand wird dargestellt durch einen Kreis, die Übergänge zwischen Zuständen geben Pfeile an, bezeichnet mit den Eingaben, die sie herbeiführen, und den Ausgaben, die sie begleiten. Das Zustandsdiagramm für den Zigarettenautomaten sähe so aus:

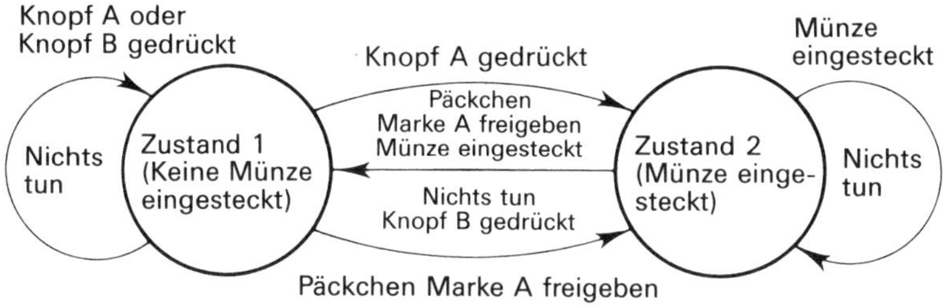

Zustandsdiagrammm für einen Zigarettenautomaten

Man beachte vor allem die Pfeile, die von jedem Zustand austreten und im Kreis dorthin zurückkehren. Sie zeigen die Umstände, unter denen die Maschine trotz einer Eingabe in ihrem jetzigen Zustand verbleiben soll. Das veranschaulicht den Grundsatz, daß »irgendeine Eingabe« (und »keine Eingabe«) gültige Eingaben sind, die eine Zustandsveränderung herbeiführen können, so wie »keine Ausgabe« ebenfalls eine gültige Ausgabe ist, die eine Zustandsveränderung begleiten kann.

Es lassen sich relativ leicht Methoden erkennen, mit denen rein mechanische Bauteile so angeordnet werden können, daß sie sogar den zweiten, komplizierteren Zigarettenautomaten ergeben. Man braucht es nur folgendermaßen einzurichten: Die Eingabe einer Münze »spannt« auf irgendeine Weise die beiden Knöpfe so, daß sie auf Druck ein Päckchen Zigaretten freigeben. Ebenso leicht kann man aber auch erkennen, wie Befehle für eine solche Maschine in eine Form gebracht werden könnten, die ein einfacher Computer zu bewältigen vermag. Eine der wesentlichen Eigenschaften des Computers (ohne die er überhaupt kein Computer wäre), ist nämlich die Fähigkeit, logische Operationen in der Form »Wenn ... dann ...« zu leisten. Wie man sich erinnern wird, hatte Claude Shannon nachgewiesen, daß jede Anordnung seiner logischen Gatter, die Rückkopplung beinhalten (das heißt, jedes System, in dem das Resultat einer logischen Operation ein Faktor für die nächste wird), diese Eigenschaft besaß. Betrachtet man sowohl die Wahrheitstafel als auch das Zustandsdiagramm für den Zigarettenautomaten, so wird deutlich, daß sein Verhalten als eine Folge von »Wenn ... dann ...«-Befehlen oder, um es deutlicher auszudrücken, als ein Computerprogramm aufgestellt werden kann. Die erforderlichen Befehle lauten:

> Wenn in Zustand 1 und Knopf A oder Knopf B gedrückt, dann tu nichts und bleib in Zustand 1.
>
> Wenn in Zustand 1 und Münze eingesteckt, dann tu nichts und wechsle zu Zustand 2.
>
> Wenn in Zustand 2 und Knopf A gedrückt, dann gib Päckchen der Marke A frei und wechsle zu Zustand 1.
>
> Wenn in Zustand 2 und Knopf B gedrückt, dann gib Päckchen der Marke B frei und wechsle zu Zustand 1.
>
> Wenn in Zustand 2 und Münze eingesteckt, dann tu nichts und bleib in Zustand 2.

Jede Anweisung entspricht ganz deutlich der Antwort in einem Quadrat der Wahrheitstafel oder einem Pfeil des Zustandsdiagramms. In der Praxis wird es empfehlenswert sein, alle Befehle, die sich auf Zustand 1, und alle Befehle, die sich auf Zustand 2 beziehen, in einem einzigen Befehl zu vereinigen. Jede numerierte Anweisung im Computerprogramm kann dann als ein Mittel betrachtet werden, den Computer zu befähigen, daß er alles »erinnert«, was er an diesem Punkt oder in diesem Zustand wissen muß. Da die Maschine der Definition nach jeweils nur eine Anweisung liest, braucht ihr nicht mitgeteilt zu werden, in welchem Zustand sie sich befindet, und das Programm besteht aus einer Folge von Befehlen in der Art: »Wenn (Eingabe) dann (Ausgabe) und (nächste Anweisung)«. Da überdies das Wort »wenn«, in einem Programm verwendet, grundsätzlich die Bedeutung hat »und *nur* wenn«, ist es oft überflüssig, der Maschine zu sagen, was sie tun soll, falls keine Eingabe erfolgt. (In der Praxis kann man oft auch die Notwendigkeit unbeachtet lassen, den nächsten Zustand anzugeben, weil ein Computer allgemein angewiesen ist, in einer numerierten Folge von einem Befehl zum nächsten zu gehen, solange ihm nichts anderes befohlen wird.)

Das mag als eine recht komplizierte Methode erscheinen, das Verhalten eines Zigarettenautomaten zu beschreiben, zumal man das Gefühl nicht vermeiden kann, die Freigabe eines Päckchens Zigaretten beruhe nicht darauf, daß die Maschine sich »erinnert«, in einem bestimmten Zustand zu sein, sondern sei eine Folge allein der körperlichen Handlung, einen Knopf zu drücken. Wir wenden uns nun einer Maschine zu, bei der eine Zustandsstruktur deutlicher dem Zweck dient, sie etwas »erinnern« zu lassen, was sie wissen muß. Das ausgewählte Beispiel ist ein ziemlich einfältiger Roboter.

Nehmen wir an, ein Roboter sei am Ende eines Transportbandes installiert und solle Schrauben sortieren, die in zwei »Kategorien« angeliefert werden, den »tauglichen«, die er in einem Behälter stapeln muß, und den »untauglichen«, die er auf den Boden werfen soll. Der Roboter wird offensichtlich mit einem Sensor ausgestattet sein müssen, der ihm gestattet, zwischen tauglichen und untauglichen Schrauben bei ihrem Erscheinen am Ende des Transportbands zu unterscheiden. In der Praxis spricht einiges dafür, daß dieses Sensorgerät, wenn es eine visuelle Untersuchung vornimmt, selbst ein Automat sein wird, der viel komplizierter ist als der eigentliche Roboter, aber für den Augenblick können wir unterstellen, daß der Roboter, sobald eine Schraube so erscheint, daß er sie ergreifen kann, eine elektronische Mitteilung darüber erhält, ob die Schraube »tauglich« oder »untauglich« ist, und daß die eine oder andere dieser Mitteilungen ebenso wie »keine Eingabe« seine Eingabe darstellen, und daß seine Ausgaben »ergreife«, »staple«, »sondere aus« oder »tu nichts« lauten. Im Gegensatz zum Zigarettenautomaten benötigt dieser Roboter drei innere Zustände, weil, sobald die Schraube ergriffen ist, keine weitere Eingabe (in der Art des am Zigarettenautomaten gedrückten Knopfs) erfolgt, um ihm mitzuteilen, welche Ausgabe verlangt wird; er muß sich erinnern können, ob er es mit einer tauglichen oder untauglichen Schraube zu tun hat, und seine Ausgabe danach selbst bestimmen.

Im Vorbeigehen: Es könnte der Anschein entstehen, dem Problem ließe sich dadurch ausweichen, daß man den Roboter mit zwei Programmen versorgt, von denen eines als Reaktion auf eine Eingabe »tauglich« und das andere auf die Eingabe »untauglich« läuft. Dann hätten wir praktisch zwei »triviale« Automaten, die je nach Bedarf eingesetzt werden könnten. Schon kurze Überlegung zeigt aber, daß das nicht die Lösung sein kann, weil dann ein dritter Automat erforderlich wird, der jedesmal, wenn ein Teil eintrifft, auszuwählen hat, welcher der beiden anderen Automaten in Aktion treten soll.

Die drei vom Roboter verlangten Zustände könnte man wie folgt bezeichnen:

Zustand 1	Auf eine Schraube warten
Zustand 2	Eine taugliche Schraube ergreifen
Zustand 3	Eine untaugliche Schraube ergreifen

Die Wahrheitstafel, die sämtliche Befehle umfaßt, sähe so aus:

ZUSTÄNDE \ EINGABEN	Keine Eingabe	Tauglich	Untauglich
Zustand 1 (Warten)	Tu nichts / Bleib in Zustand 1	Ergreif / Wechsle zu Zustand 2	Ergreif / Wechsle zu Zustand 3
Zustand 2 (tauglicher Bolzen ergriffen)	Staple / Wechsle zu Zustand 1		
Zustand 3 (untauglicher Bolzen ergriffen)	Sondere aus / Wechsle zu Zustand 1		

Wahrheitstafel für einen schraubensortierenden Roboter

Wieder tritt das Problem auf, daß der Automat weitere Eingaben erhält, während er (buchstäblich ebenso wie theoretisch) nicht in der Lage ist, darauf einzugehen. Vorausgesetzt, der Sensor übermittelt weiterhin die angemessene Nachricht, bis der Roboter zu Zustand 1 zurückgekehrt ist, wird diese Möglichkeit mühelos dadurch bewältigt, daß man die leeren Stellen mit der Anweisung ausfüllt, die ergriffene Schraube auf die angemessene Weise wegzulegen und zu Zustand 1 zurückzukehren. Das Zustandsdiagramm für den Roboter sieht folgendermaßen aus, und man kann vergleichsweise leicht erkennen, wie es sich in ein Programm von »Wenn ... dann ...«-Befehlen übertragen ließe:

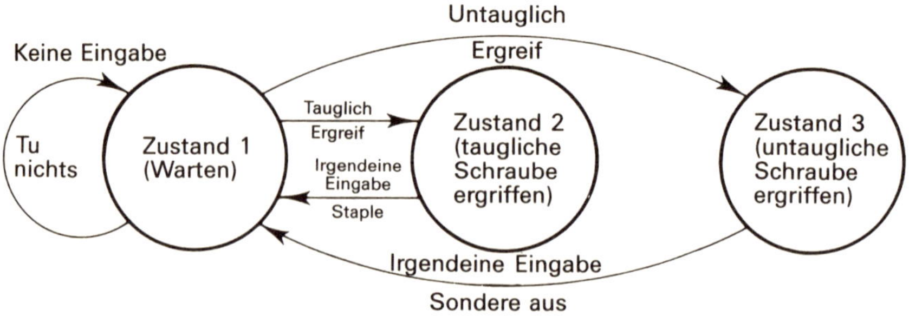

Zustandsdiagramm für einen schraubensortierenden Roboter

Man stelle sich nun Folgendes vor: Der Eigentümer des Roboters stellt fest, daß die Geschäfte schlecht sind und stark zu verbessern wären, wenn es nur gelänge, seinen Roboter dazu zu bewegen, daß er jede zweite untaugliche Schraube wie eine taugliche behandelt und sie nicht auf den Boden wirft, sondern in den Behälter legt. Mit ein wenig Scharfsinn ist es möglich, ein Zustandsdiagramm zu entwerfen, das einen Roboter definiert, der genau das tun würde.

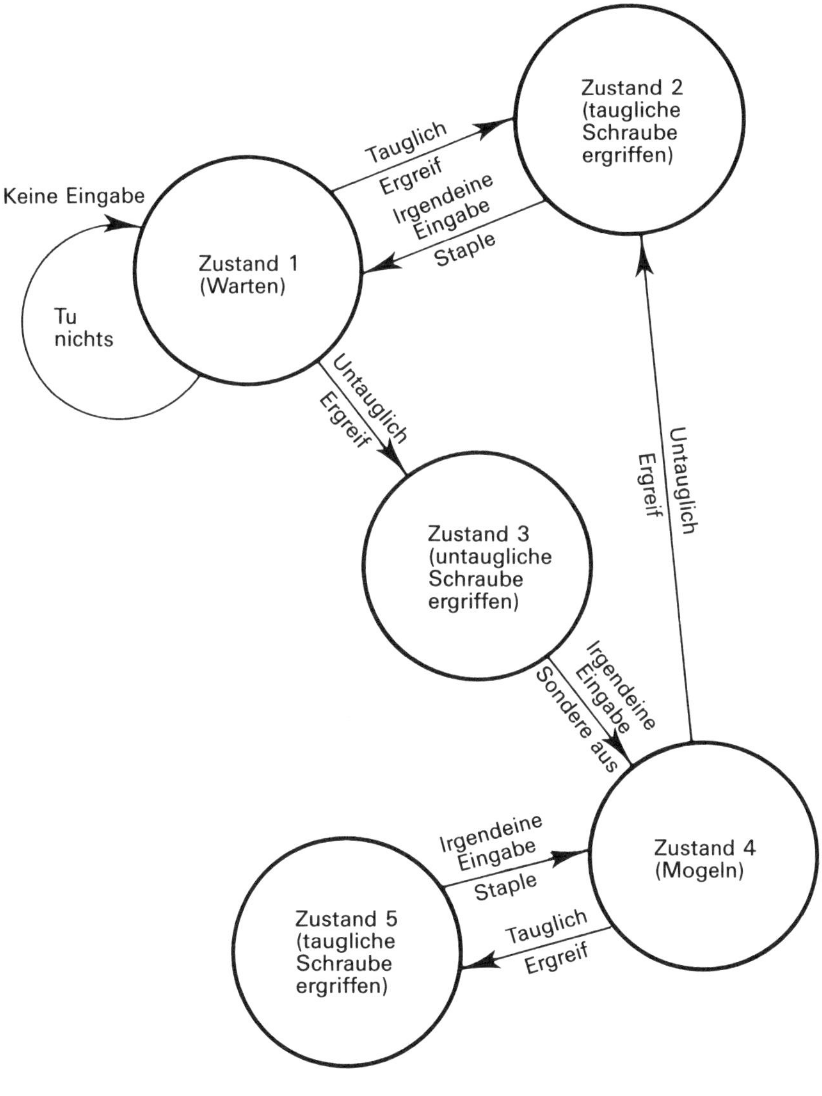

Zustandsdiagramm für einen mogelnden Roboter

Mit dieser Zustandsstruktur wird der Roboter die erste untaugliche Schraube wie zuvor behandeln und wegwerfen, wechselt aber dann in einen »mogelnden« Zustand, Zustand 4, der ihn veranlaßt, die nächste untaugliche Schraube, auf die er stößt, wie eine taugliche zu behandeln; das Vorhandensein von Zustand 5 sorgt dafür, daß, sollten taugliche Schrauben auftauchen, während der Roboter im Prozeß des »Mogelns« ist, diese genauso behandelt werden, als befände sich der Roboter in Zustand 1. Diese Zustandsstruktur beschreibt einen Automaten, der zählen kann, und das Zustandsdiagramm könnte erweitert werden, um einen Roboter zu definieren, der nur jede dritte, vierte oder fünfte untaugliche Schraube aussondert.

Wäre der Eigentümer des Roboters noch verschlagener, könnte er fast genau dasselbe Ergebnis erzielen, sich aber in eine Lage versetzen, alles auf den Roboter zu schieben, indem er behauptet, es sei der Roboter, der »zu mogeln beschlossen« habe. Um zu sehen, wie dieser scheinbar wenig überzeugende Einwand gerechtfertigt werden könnte, muß man begreifen, daß jeder Zustand eines Automaten eine Zeitdauer haben muß, und sei sie noch so kurz. Diese Annahme spiegelt die Wirklichkeit insoweit wieder, als, obwohl ein kleiner Computer seinen Zustand in einer Sekunde vielleicht 200mal ändern kann, jeder Zustand doch für eine meßbare Zeit besteht –

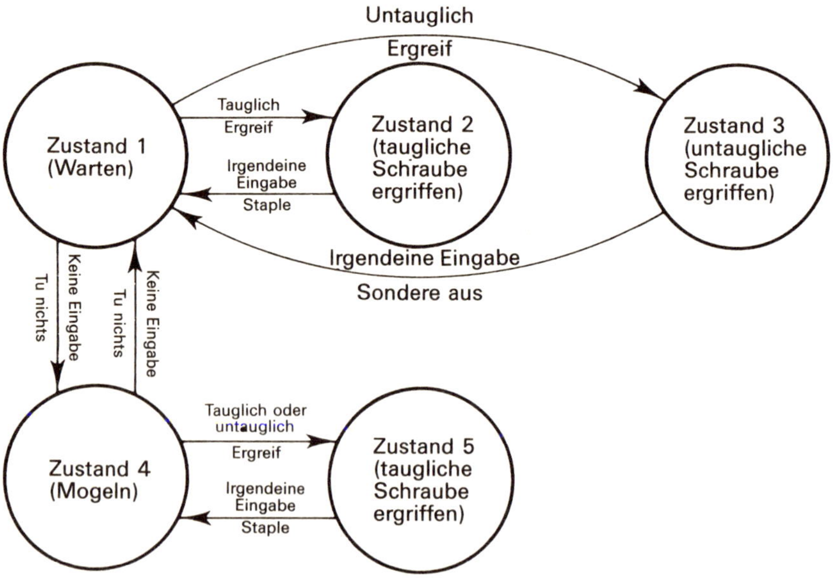

Zustandsdiagramm für einen unberechenbaren Roboter

wenn das nicht zuträfe, wären die Zustände ja nicht diskret, und der Computer könnte nicht arbeiten. Angesichts dieser Erkenntnis können wir für unseren schraubensortierenden Roboter eine neue Zustandsstruktur untersuchen.

Beim Fehlen irgendeiner Eingabe, die dem Roboter mitteilt, daß eine Schraube eingetroffen ist, wechselt er zwischen Zustand 1 und 4 tausendmal in der Sekunde. Sobald eine Schraube erscheint, ist es deshalb eine Frage des Zufalls, ob der Roboter sich in Zustand 1 oder Zustand 4 befindet. Ist er in Zustand 1, wird er sich verhalten wie vorher und die tauglichen Schrauben von den untauglichen trennen, aber in Zustand 4 wird er alle Schrauben als tauglich behandeln. Im Prinzip ist sein Verhalten vollkommen determiniert, aber in der Praxis könnte man durchaus zu der Behauptung versucht sein, er entscheide selbst, ob er mogeln oder ehrlich sein wolle. Statistisch Denkende könnten, nachdem sie sein Verhalten eine Weile beobachtet haben, feststellen, daß Mogeln mit einer Wahrscheinlichkeit von 50 Prozent auftritt, aber wenn sie das Geheimnis seiner Zustandsstruktur nicht kennen, besäßen sie keine Grundlage, das von ihm angewandte »System« zu enträtseln. Wäre der Computer ein Mensch, müßten wir sogar behaupten, er mogle, »wann er Lust dazu verspüre«, und zu dem Schluß kommen, diese Zustandsstruktur beschreibe einen Roboter, dessen Verhalten beunruhigend »unmechanisch« ist, wenn eine Maschine als eine Vorrichtung definiert wird, die sich auf völlig berechenbare Art verhält.

Diese scheinbar willkürliche Verhalten des Roboters kann natürlich sehr leicht durch Aufnahme von zwei »Wenn ... dann ...«-Befehlen in sein Programm bewirkt werden: »Wenn in Zustand 1 und keine Eingabe, dann tu nichts und wechsle zu Zustand 4« und »Wenn in Zustand 4 und keine Eingabe, dann tu nichts und wechsle zu Zustand 1«. Auf dieses Beispiel mechanischen »freien Willens« könnte man durchaus die Antwort geben: »Na und?« Schließlich verwenden Home-Computer ein Programm dieser Art dazu, Zufallszahlen zu generieren, und der freie Wille des Menschen besteht aus weit mehr als der Fähigkeit, eine Münze zu werfen. Überdies ist es der Programmierer, der bestimmt, wie der Roboter sich verhalten wird – in der Praxis kann er vielleicht nicht vorhersagen, was er jedesmal tun wird, aber er hat über die Wahrscheinlichkeit entschieden, daß er statt einer Sache die andere tun wird.

Im Rahmen der Automatentheorie läuft aber ein »Wissen« über irgendetwas, beispielsweise darüber, welche Folge von Handlungen auf eine bestimmte Eingabe stattfinden soll, darauf hinaus, ob die erforderliche Zustandsstruktur vorhanden ist. In den Fällen, mit denen wir uns befaßt haben, wissen die Roboter, was sie zu tun haben, weil sie mit Programmen ausgestattet sind, die es ihnen mitteilen; ihre Zustandsstrukturen sind von einem Programmierer festgelegt. Um zu lernen, was er zu tun hat, müßte ein Automat eindeutig in der Lage sein, für sich neue Zustandsstrukturen selbst aufzubauen, oder, im Sinn einer Programmierung, seine Programme selbst zu schreiben. Die Frage, ob Automaten prinzipiell diese Leistung erbringen können, ist für die Robotik von großer Bedeutung. Falls Roboter niemals lernen können, wird ihre Nützlichkeit durch den Einfallsreichtum der Programmierer begrenzt sein, und jede Hoffnung, sie könnten uns etwas über uns selbst lehren, müßte aufgegeben werden, denn ob wir nun Automaten sind oder nicht, unbestreitbar scheint zu sein, daß wir Lernfähigkeit besitzen.

Diese letzte Behauptung, nämlich, daß menschliche Wesen die Fähigkeit besitzen, neue Zustandsstrukturen zu lernen, wird auf einer fundamentalen Ebene nicht allgemein akzeptiert; die Frage nach ihrer Gültigkeit liegt vielmehr einer philosophischen Auseinandersetzung zugrunde, die seit etwa einem Jahrzehnt im Gange ist. Es geht dabei um den Rang jener Lernleistung, die nach vorherrschender Ansicht die Menschheit vom Rest des Tierreichs unterscheidet, unsere Beherrschung der Sprache.

Die Debatte dreht sich hauptsächlich um die Frage, ob menschliche Wesen als Sprachbenutzer »konstruierte« Automaten sind, geboren mit einer Zustandsstruktur, die das Verständnis von Sprache fördert, oder »Lern«-Automaten, die ein Verständnis für Sprache erwerben.

Die erste Meinung wird vertreten von Anhängern des amerikanischen Mathematikes Noam Chomsky, dessen Werk die Frage erstmals aufgeworfen hat. Kurz zusammengefaßt: Chomsky philologische Forschung ergab, daß man in allen Sprachen »tiefreichende« grammatikalische Strukturen erkennen kann, die einander sehr ähnlich sind. Chomsky zog aus diesen Erkenntnissen den Schluß, allen Sprachbenutzern müsse eine Zustandsstruktur eingeprägt sein, die sie befähigt, Sätze zu »generieren«, die der Tiefenstruktur der die Sprache beherrschenden Regeln folgen. Wenn diese Zustandsstruktur existiert, ist sie allen gemeinsam und gleichzeitig hochkompliziert. Nach Chomskys Meinung und der seiner Schüler ist das nicht erlernt, sondern angeboren.

Wenn Chomsky recht hat, sind die Folgerungen für Roboter sehr ernsthafter Art. Das würde nämlich Folgendes bedeuten: Wenn wir wollen, daß Roboter irgendeine Art von Sprache verstehen, müssen wir sie von Anfang an mit sehr komplizierten Zustandsstrukturen ausstatten, und ihre Sprachnutzungsfähigkeit könnte nur dadurch erweitert werden, daß man ihre Programme und damit ihre Zustandsstrukturen vergrößert.

Chomskys Ansicht wird allerdings von einer anderen Denkweise, entwickelt von dem verstorbenen Schweizer Psychologen Jean Piaget, leidenschaftlich widersprochen. Piaget behauptete, Sprache sei eine Fähigkeit, die Kinder im Wachstum erwerben, so, wie sie lernen, Bauklötze zu gebrauchen oder allein mit dem Löffel zu essen. Durch peinlich genaue Beobachtung konnte Piaget die Stufen in der Entwicklung eines Kindes nachverfolgen, die das Wachstum sprachlicher Fähigkeiten bezeichneten, und zeigen, daß diese den Stufen entsprachen, auf denen andere Arten von Fähigkeiten erworben wurden, von denen nur wenige behaupten würden, sie seien angeboren. Wenn Piaget recht hat, folgt daraus, daß der spracherlernende Roboter im Prinzip ein erreichbares Ziel sein kann.

Die Debatte Chomsky-Piaget ist ein Beispiel für ein grundsätzlich philosophisches Problem, zu dem die Robotik eines Tages vielleicht einen ernsthaften Beitrag zu leisten vermag, obwohl es den Anschein haben kann, bei der Untersuchung der Ursprünge von Sprache irre sie von ihrem Ausgangspunkt in der Technik sehr weit ab. Wie wir in Kapitel 9 sehen werden, sind bereits Bemühungen im Gange, Computer so zu programmieren, daß sie fähig sein werden, natürliche Sprache sowohl zu verwenden als auch zu verstehen; bis jetzt sind, wie man zugeben muß, die Ergebnisse bestenfalls von umstrittenem Wert, und es könnte durchaus sein, daß die Programmiermethode einer auf unprogrammierte Automaten gestützten Platz machen wird. Der Versuch, herauszufinden, wie man einem Roboter am besten die Gabe der Sprache verleiht, könnte jedoch die Streitfrage zu Gunsten der einen oder anderen Seite mit einer Gewißheit entscheiden, die durch andere Mittel nicht zu erreichen ist. Da sich beide Seiten fest verschanzt und mit reichlich Munition versehen haben, könnte die Auseinandersetzung noch auf Jahre hinaus ohne Entscheidung fortgesetzt werden, falls nicht neues Beweismaterial gefunden wird. Der Ausgang eines Zusammentreffens zwischen den beiden Hauptvertretern, unterstützt von Anhängern beider Seiten, das 1976 in Frankreich stattfand, deutet eher darauf hin, daß auf abstrakter Ebene die Frage so oder so nicht entschieden werden kann. Nachdem man mehrere Tage lang ausführlich diskutiert hatte, trennten sich nämlich die Parteien weiterhin in der festen Überzeugung, die Wahrheit sei nur im eigenen Lager zu finden.

Um auf viel einfachere Lernprobleme zurückzukommen: Wenn das Problem, einen Lernautomaten zu konstruieren, darin besteht, Zustandsstrukturen aufzubauen, die fähig sind, weitere Zustandsstrukturen hervorzubringen, oder, in Computerbegriffen, Programme zu erstellen, die weitere Programme hervorbringen, könnte es den Anschein haben, als wäre ein möglicher Ansatzpunkt der, sich den

Prozeß im Sinne von zwei Automaten vorzustellen, von denen der eine Zustandsstrukturen für den anderen konstruiert. In praktischen Begriffen ist das durchaus vorstellbar, weil, wie in Kapitel 4 dargelegt, der Gedanke, ein Programm in einem anderen zu »verschachteln«, ein Grundprinzip der Computerprogrammierung ist. Die Schwierigkeit liegt allerdings darin, daß diese Lösung das Problem nur um eine Stufe verschiebt. Wie soll nämlich der neue Automat eine Zustandsstruktur »erlernen«, die ihn befähigt, den ersten Automaten etwas zu lehren? Diese Frage kann nur bewältigt werden durch Einführung eines dritten Automaten, der den zweiten Automaten unterrichtet, und so weiter bis ins Unendliche. Kapitel 8 und 9, die sich mit den Fortschritten auf dem Gebiet der künstlichen Intelligenz befassen, werden den Erfolg jener Leute unter die Lupe nehmen, die Möglichkeiten, Computer auf diese Weise zu programmieren, erforscht haben. Für den Augenblick genügt der Hinweis, daß vom Standpunkt der Automatentheorie aus keine solche Hierarchie von Automaten oder Programmen, gleichgültig, wie stark erweitert, auf ein ursprüngliches »konstruiertes« Programm oder eine solche Zustandsstruktur verzichten kann.

Zum Glück gibt es einen Weg, der einen Automaten befähigt, aus Erfahrung zu lernen und die schlimmsten Folgen dieser endlosen Reihe vermeidet. Wir können damit beginnen, ihn darzulegen, indem wir das Beispiel des schraubensortierenden Roboters benutzen. Es ist wichtig, hier gleich auf eine Einschränkung hinzuweisen, damit Mißverständnisse vermieden werden. Erstens bestünde die weitaus schwierigste Aufgabe im Rahmen praktischer Robotik darin, dem Sensorautomaten beizubringen, daß er zwischen tauglichen und untauglichen Schrauben unterscheidet. Bei den Ingenieuren dauerte es fünfzehn Jahre, bis sie eine Maschine entwickelt hatten, die dergleichen durch Bilderkennung bewältigen kann. Wir werden uns ein solches Gerät in Kapitel 10 ansehen. Ebenso ist es eine Frage für sich, den Roboter zu schulen, wie er Gegenstände ergreifen und wohin er sie tun soll; in der Praxis wäre es die Sache von Nebenautomaten oder bei Programmen die von Unterprogrammen, die Tätigkeiten von Arm und Greifzangen zu steuern. Die Folge ist aber die: Wenn der Roboter den zentralen Prozeß »erlernen« kann, sich zu merken, welche Art von Schraube er ergriffen hat und was er damit tun soll, dann kann er auch die Nebenprozesse »erlernen«.

Die Art von Lernen, über die wir hier sprechen, ist sehr grundlegend, jene Art von Lernen, die ein Kind bewältigt, wenn ihm beigebracht wird, daß die Buchstaben RATTE »Ratte« und MATTE »Matte« bedeuten, und nicht die viel fortgeschrittenere Angelegenheit, den Unterschied zwischen Katzen und anderen Tieren zu lernen, geschweige denn die Art von Komplexität bei dem Vorgang, für sich etwas selbst herauszufinden. Wir gehen deshalb davon aus, daß Eingaben dem Roboter so »gezeigt« werden, wie ein Lehrer RATTE auf eine Wandtafel schreibt, und daß Ausgaben so »vorgeführt« werden, wie ein Lehrer sagt, »das heißt Ratte.« Ein wenig Überlegung wird aber zeigen, daß Unterscheidungen zwischen dieser Art von Lernen und fortgeschritteneren Arten gradueller Art sind; wenn einem Automaten der einfache Prozeß beigebracht werden kann, um den es uns geht, sollte es zumindest theoretisch möglich sein, auf diesem Fundament aufzubauen. Wie wir sehen werden, kann sogar ein sehr einfacher Lernprozeß zum Lernen einer anderen Art führen, das sich nicht unmittelbar aufdrängt.

Das Zustandsdiagramm für den »trainierten« oder vorprogrammierten Roboter, der den Sortierprozeß geradlinig und ohne »Mogeln« ausführen konnte, sah so aus:

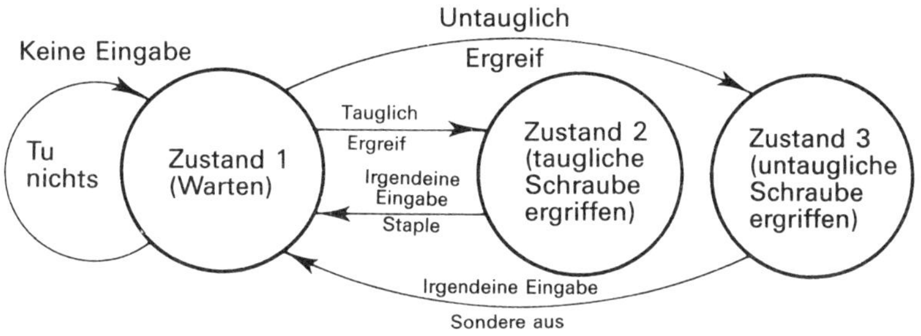

Zustandsdiagramm für den vorprogrammierten Roboter

Der untrainierte, unprogrammierte Roboter hat nur einen Zustand, einen untätigen, neutralen, nennen wir ihn Zustand 0, in dem er keine Eingaben erkennt und keine Ausgaben liefert:

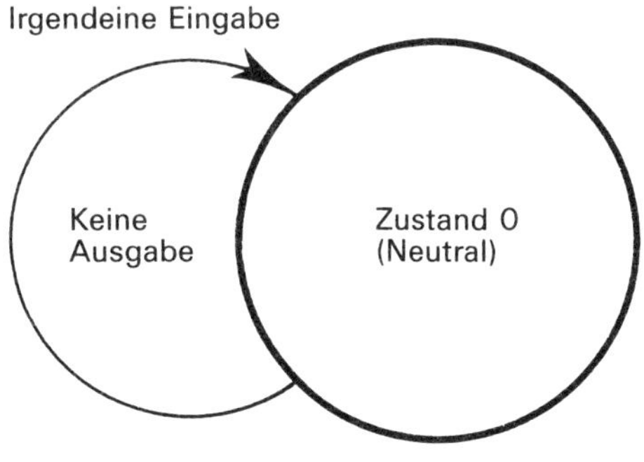

Zustandsdiagramm für den unprogrammierten Roboter

Um ihn in einen Lernautomaten zu verwandeln, müssen wir ihn mit einem Mechanismus, wenn man so will, einem Nebenautomaten, ausstatten, der eine einzige Funktion erfüllt. Er etikettiert die Zustände, die der Hauptautomat annehmen kann (und erkennt auch, wann zwei Zustände identisch sind, die er unter einer gemeinsamen Bezeichnung zusammenfaßt). Technisch wird dieser sekundäre Automat ein »X-Y«-Automat genannt, weil sein Zweck darin besteht, für jedes eintretende X (Zustand) ein neues Y (Etikett) zu finden. Wir gehen davon aus, daß er eine Reihe von Etiketten in der Form »Zustand 1«, »Zustand 2«, »Zustand 3« etc., zur Verfügung hat und vom Lehrer nach Bedarf ein- und ausgeschaltet werden kann. Das »X«, das der Mechanismus mit einem »Y« etikettiert, wird definiert durch die Kombination von Ein- und Ausgabe, die es herbeiführt. Jedes »Y« oder Etikett ist in Wahrheit einem Befehl angefügt, den der Automat selbst erstellt, wenn er die Lücken eines »Wenn ... dann ...«-Befehls dieser Art ausfüllt: »Wenn? (Eingabe) dann? (Ausgabe) und X (neuer Zustand)«. Der Mechanismus braucht in der Formel nicht den Ausgangszustand zu enthalten, weil der Definition nach der neue Zustand nur über den vorangehenden hinweg erreicht werden kann, der bereits etikettiert ist. Sowohl Ein- als auch Ausgabe werden, wie dargestellt, vom Lehrer geliefert.

Der Roboter beginnt in seinem neutralen Zustand. Wenn der »Lehr«-Knopf betätigt wird, greift der X-Y-Automat ein und versieht jenen Zustand mit seinem ersten Etikett, in dem keine Eingabe vorhanden ist und keine Ausgabe gezeigt wird. Praktisch etikettiert er den Befehl: »Wenn keine Eingabe, dann keine Ausgabe und Zustand 1«. Wird der Knopf unter denselben Umständen erneut gedrückt, erkennt der X-Y-Automat und schließt daraus, daß die bei-

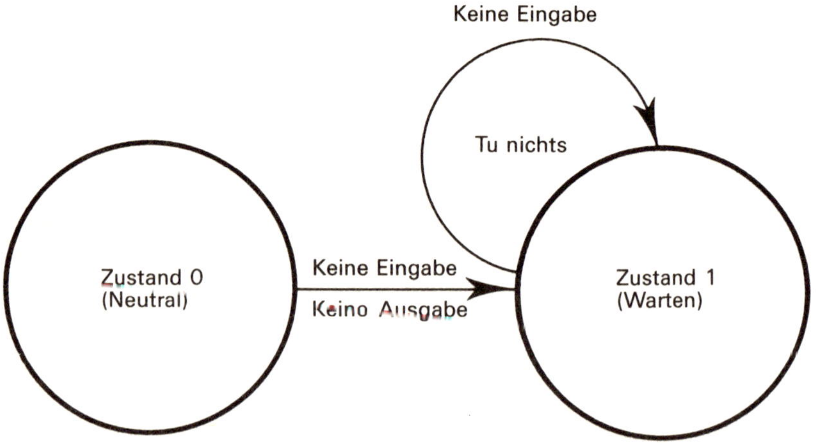

Zustandsdiagramm nach der ersten Lernstufe

den Zustände identisch sind. Das entspricht der Formulierung: »Wenn keine Eingabe, dann tu nichts und bleib in Zustand 1«, oder dem Aufbau dieser Zustandsstruktur.

Wird dem Roboter nun eine Eingabe »Tauglich« gezeigt und die Aufgabe vorgeführt, eine Schraube zu ergreifen, befindet er sich in einem neuen Zustand, den der X-Y-Automat als Zustand 2 etikettieren kann, was zu dieser Zustandsstruktur führt:

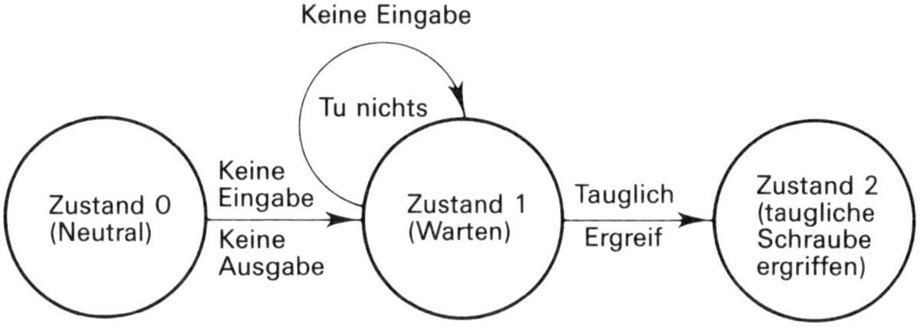

Zustandsdiagramm nach der zweiten Lernstufe

Der Roboter kann nun »geschult« werden, während man ihm zeigt (keine Eingabe), daß das Teil gestapelt werden soll, und der X-Y-Automat etikettiert den neuen Zustand als Zustand 3; schließlich wird der Automat »geschult«, während man ihm keine Eingabe zeigt und keine Ausgabe geliefert wird. Der X-Y-Automat erkennt diesen Zustand als Zustand 1, und der erste Teil des Zustandsprogramms ist abgeschlossen:

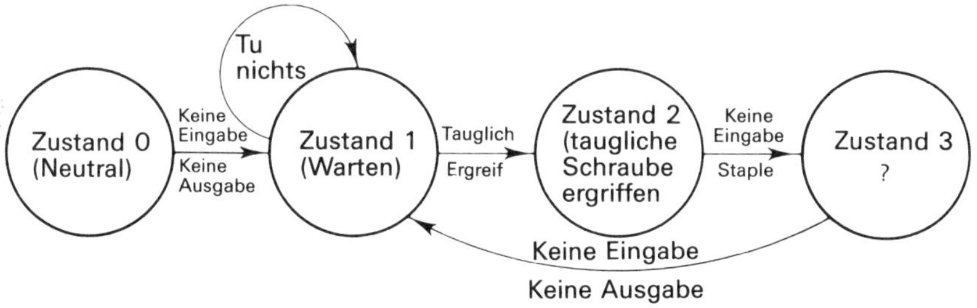

Zustandsdiagramm nach der dritten Lernstufe

An diesem Punkt zwei Anmerkungen. Erstens: Die erstellten »Wenn . . . dann . . .«-Befehle werden nicht in Wörtern formuliert; sie sind einfach Sequenzen logischer Operationen im Robotercomputer, die Eingaben, Ausgaben und Zustände zueinander in Beziehung setzen; der X-Y-Automat (selbst Teil des Computers) versieht diese Befehle mit Adressen im Computerspeicher. Der aufmerksame Leser wird den zweiten Punkt schon bemerkt haben: Der Lernroboter besitzt eine Zustandsstruktur für die Ausführung des Teils »Tauglich« seiner Aufgabe, die sich von der des vorprogrammierten Roboters unterscheidet. Es gibt einen zusätzlichen Zustand, Zustand 3. Der zusätzliche Zustand entsteht, weil der X-Y-Automat Zustand 3, der durch den Befehle definiert wird: »Wenn keine Eingabe, dann staple und wechsle zu Zustand X« nicht als denselben Zustand 1 erkennt, der definiert wurde durch: »Wenn keine Eingabe, dann tu nichts und bleib in Zustand X.« (Der Einfachheit halber haben wir übrigens im Zustandsdiagramm auch unberücksichtigt gelassen, daß der Roboter als Antwort auf »irgendeine Eingabe« statt auf »keine Eingabe« von Zustand 2 zu Zustand 3 und von Zustand 3 zu Zustand 1 wechseln soll, weil zusätzliche Zustände geschaffen werden müssen, um das zu bewältigen.) Nur mit einem Programmierer, der im voraus weiß, welche Zustandsstruktur der Automat benötigen wird, kann die Abkürzung von Zustand 2 zu Zustand 1 erreicht werden. Das ist ein Fall allgemeiner Gültigkeit: Die Struktur eines Lernautomaten wird stets einige »Redundanz«-Zustände enthalten, die unnötig wären, wenn man ihn nur programmiert hätte. Programmierern, die gewohnheitsmäßig auf der Suche nach dem wirtschaftlichsten und elegantesten Algorithmus sind, bereitet das Sorgen, aber es hat den Anschein, daß das eine Bedingung für den Besitz sogar ganz einfacher Lernfähigkeit ist.

Kehren wir zu unseren Schulungsbemühungen zurück. Es sieht so aus, als brauchten wir den ganzen Prozeß lediglich zu wiederholen, um dem Roboter beizubringen, was er mit untauglichen Schrauben tun soll, und das ist in der Tat möglich. Ein Versuch hingegen, dem Roboter beizubringen, daß er auf dieselbe Weise mogeln soll wie die vorher beschriebene programmierte Maschine, würde dann auf Schwierigkeiten stoßen, wenn sie höher zählen muß als bis zwei. Man wird sich erinnern, daß der Roboter im Prinzip angewiesen werden kann, nur jede dritte, vierte, fünfte oder zwanzigste Schraube auszusondern, eine Leistung, die durch Erweiterung seiner Zustandsstruktur relativ leicht erzielbar war. Beim Lernautomaten dagegen würde der X-Y-Mechanismus den zweiten und nachfolgende Mogelzustände als genau dieselben wie den ersten wahrnehmen, weil sie durch identische »Wenn ... dann ...«-Befehle definiert wären. Diese Schwierigkeit kann nur überwunden werden, wenn man dem Lernautomaten in einer getrennten Operation zuerst das Zählen beibringt. Er wird dann praktisch einen Neben-»Zählautomaten« besitzen, dessen er sich nach Bedarf bedienen kann. Die Notwendigkeit, Zählen als eigene getrennte Fähigkeit zu lehren, trägt zur Bestätigung des von Kinderpsychologen gefundenen Beweismaterials mit der Folgerung bei, daß Zählen bei Kindern eine sehr grundlegende Fähigkeit ist, deren Elemente gemeistert werden müssen, bevor ein

Kind irgendeine Vorstellung von Pluralität erhält, nämlich davon, daß mehrere Dinge sich von nur einem einzigen unterscheiden.

An diesem Punkt erhebt sich aber eine interessante Frage. Wenn der Lernende ein menschliches Wesen wäre, brauchten wir den ganzen Lehrprozeß nicht zu wiederholen, denn sobald man ihm beigebracht hätte, wie er eine taugliche Schraube zu ergreifen hat, könnte man ihm einfach beibringen, mit untauglichen dasselbe zu tun, und ihm dann zeigen, daß er sie nicht in den Behälter legen, sondern auf den Boden werfen soll. Unterstellt, der menschliche Schüler sei erschreckend einfältig, besäße aber ein aufnahmefähiges Gedächtnis, könnte die Ausführung dieses Befehls von ihm verlangen, daß er die Schritte, die er ausführte, um das erstemal eine Schraube zu ergreifen, innerlich noch einmal durchgeht. Es ist eine interessante Frage, ob der Lernautomat die Bedingungen für den Übergang von Zustand 1 zu Zustand 2, um die es geht, innerlich ebenfalls rekapitulieren könnte. Besäße er nämlich diese Fähigkeit, in seinem Kopf etwas »einzuüben«, wären wir zu dem Eingeständnis gezwungen, daß in ihm eine Art Denkprozeß abläuft.

Wir wollen nicht im einzelnen schildern, wie ein Roboter in der Praxis konkret auf diese Weise geschult werden würde. Das hieße, auf technische Einzelheiten einzugehen, denen, obwohl sie leicht bewerkstelligt werden können, schwer zu folgen ist. Außerdem ist das im Vergleich zu der Frage, ob man von einem Automaten sagen kann, er rekapituliere, »übe etwas in seinem Kopf ein« oder »denke«, eine nebensächliche Überlegung. Wir konzentrieren uns deshalb auf diesen zweiten Punkt. Der Schlüssel zu der Frage: Jeder Prozeß des Rekapitulierens beinhaltet, daß man ein Bild von der Welt besitzt, also ebenso von dem, was mit einem selbst geschieht, wie davon, was man selbst tut, und von der Beziehung zwischen den beiden. Um es ein wenig anders auszudrücken: Rekapitulieren beinhaltet den Erwerb von »Erfahrung«, das Wissen, daß bestimmte Handlungen voraussehbare Folgen haben – zu wissen, daß, wenn du etwas Bestimmtes tust, die Welt auf eine bestimmte Weise reagieren wird. Es ist diese Art von Erfahrung, die ein Kind erwirbt, wenn es begreift, daß das Umstoßen einer Tasse zu verschütteter Milch – und vermutlich zu einem zornigen Elternteil führt. Erfahrung erwerben oder die Welt kennen lernen, ist für unser Heranwachsen ein zentraler Prozeß. Die Frage lautet: Hat unser Roboter als Folge dessen, daß man ihm beibrachte, eine taugliche Schraube zu ergreifen und damit etwas zu tun, etwas über seine Welt gelernt?

Die Welt, über die der schraubensortierende Roboter bisher etwas gelernt hat, ist eine sehr kleine. Sie besteht aus den zwei möglichen Eingaben »nichts« und »tauglich«, und philosophisch gesehen, ist es eine strittige Frage, ob die Welt eines menschlichen Wesens, die natürlich viel größer ist, aus einer endlichen oder einer unendlichen Zahl solcher »Eingaben« oder ihrer Entsprechungen besteht. Trotzdem kann der Roboter befähigt werden, sogar aus diesem dürftigen Material ein Weltbild zu konstruieren. Der Kniff besteht darin, ihm einen Mechanismus zu geben, der durch einen ähnlichen Prozeß des Aufbaus und der Etikettierung von »Wenn ... dann ...«-Formeln (die jetzt nicht mehr »Befehle«, sondern »Aussagen« sind) ein Bild der Welt als eines zweiten Automaten, des »Weltautomaten«, aufbaut. Mit anderen Worten, dieser Mechanismus befähigt den Roboter, aus seiner eigenen Erfahrung das »Programm« zu rekonstruieren, das die Welt ausführt.

Gehen wir zu dem zurück, was dem Roboter beigebracht wurde, als man ihm zeigte, wie er mit tauglichen Schrauben umgehen sollte. Dies kann als eine Folge von Ein- und Ausgaben dargestellt werden, beginnend ganz am Anfang, als der Roboter sich im neutralen Zustand 0 befand:

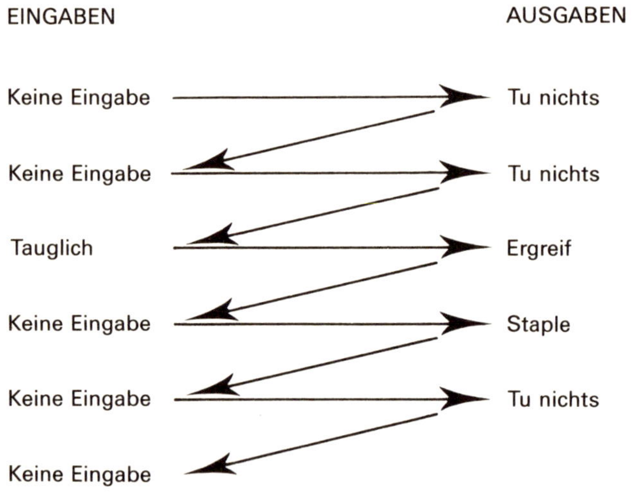

Die Erfahrung des Roboters in der Zusammenfassung

Durch die Verwendung seiner logischen Einrichtung für die Konstruktion von »Wenn ...- dann ...«-Formeln, kann der Roboter diese Folge in ein Programm übersetzen, das von seinem Standpunkt aus den Weltautomaten definiert. Die Handlungen oder Ausgaben des Roboters stellen natürlich die Eingaben für den Weltautomaten dar, Eingaben für den Roboter Ausgaben des Weltautomaten. In der Praxis ist es einfacher, sich die Ausgaben des Weltautomaten als Ausgaben *und* Zustände vorzustellen. (Das Erscheinen einer tauglichen Schraube entspricht beispielsweise sowohl einer Ausgabe des Weltautomaten als auch einer Veränderung seines Zustands.) Die Liste der Aussagen, die den Weltautomaten definiert, sieht damit so aus (wo Zustand [und Ausgabe] A des Weltautomaten bedeutet, daß der Roboterautomat keine Eingabe erhält und Zustand [und Ausgabe] B des Weltautomaten besagt, daß der Weltautomat dem Roboter eine Eingabe »Tauglich« liefert:

Wenn Zustand A und kein Handeln des Roboters,
dann Zustand A
ODER
Wenn Zustand A und kein Handeln des Roboters,
dann Zustand B
Wenn Zustand B und Roboter Schraube ergreift,
dann Zustand A
Wenn Zustand A und Roboter Schraube in Behälter stapelt,
dann Zustand A

Diese Formeln sind natürlich keine Befehle, sondern »Wenn ... dann ...«-Aussagen, weil keine Befehle im Inneren des Roboters der Welt *befehlen* können, was sie tun soll. Sie können aber beschreiben, was er in der Vergangenheit getan hat und demnach vermutlich in der Zukunft tun wird. Wenn wir diese Aussagen in eine Zustandsstruktur für den Weltautomaten übersetzen, sieht das Ergebnis so aus:

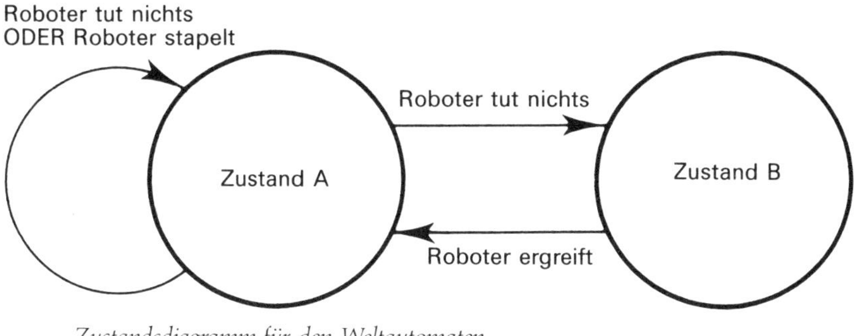

Zustandsdiagramm für den Weltautomaten

Das auffallendste Merkmal sowohl der Aussagen als auch des Zustandsdiagramm ist, daß man nicht vorhersagen kann, ob, wenn der Roboter nichts tut, die Welt so bleibt, wie sie ist, oder dem Roboter eine taugliche Schraube liefert. Das spiegelt die Tatsache wider, wonach es in der realen Welt stets möglich ist, daß das eine oder nichts statt dem anderen geschieht, oder, in der Miniaturwelt des Roboters, daß er nie vorhersagen kann, wann eine Schraube erscheinen wird. Dafür beginnt sich herauszuschälen, daß der Prozeß der Rekapitulation die Form eines Wechselspiels zwischen dem Roboterautomaten und dem Weltautomaten annehmen kann, die beide als Programme im Inneren des Robotercomputers existieren. Insgesamt kann die Beziehung zwischen den beiden so dargestellt werden:

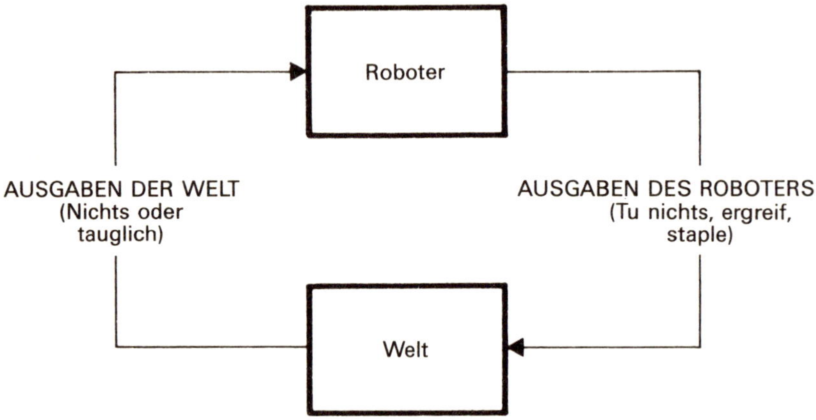

Die Beziehung zwischen dem Roboter und der Welt

Nun sind wir vorbereitet auf das Zauberkunststück, durch das die beiden Automaten zu einem einzigen vereinigt werden; der Automat definiert für Vergangenheit und Zukunft die Beziehung zwischen dem Roboter und der Welt. Der erste Schritt besteht darin, alle »Wenn ... dann ...«-Formeln zusammenzufassen, die beide Automaten definieren:

Befehle für den Roboterautomaten

Wenn Zustand 0 und keine Eingabe,
dann keine Ausgabe und Zustand 1
Wenn Zustand 1 und keine Eingabe,
dann keine Ausgabe und bleib in Zustand 1
Wenn Zustand 1 und Eingabe Tauglich,
dann ergreif und wechsle zu Zustand 2
Wenn Zustand 2 und irgendeine Eingabe,
dann leg Schraube in Behälter und wechsle zu Zustand 3
Wenn Zustand 3 und irgendeine Eingabe,
dann tu nichts und wechsle zu Zustand 1

Aussagen über den Weltautomaten

Wenn Zustand A (keine Schraube vorhanden) und keine Eingabe von Roboter, dann bleib in Zustand A *oder* wechsle zu Zustand B (Schraube trifft ein)
Wenn Zustand B und Roboter Schraube ergreift, dann wechsle zu Zustand A
Wenn Zustand A und Roboter Schraube stapelt, dann bleib in Zustand A

Alle möglichen Zustände des kombinierten Automaten Roboter plus Welt können jetzt mit drei Variablen definiert werden – dem Zustand des Roboterautomaten, dem Zustand (oder der Ausgabe) des Weltautomaten, gleichzeitig Eingabe für den Roboterautomaten, und der Ausgabe des Roboterautomaten, gleichzeitig Eingabe für den Weltautomaten. Der kombinierte Automat besitzt damit eine Zustandsstruktur, die nicht nur alle seine möglichen Zustandsveränderungen definiert, sondern auch alle Reihenfolgen, in denen sie auftreten können. So kann, ausgehend von dem Punkt, an dem der Roboter im neutralen Zustand 0 ist, eine von zwei Folgen eintreten, sobald er dem »Wenn ... dann ...«-Befehl gehorcht hat, der ihn in Zustand 1 versetzt: Entweder wird der Weltautomat weiterhin keine Eingabe liefern und der Roboter weiterhin nichts tun, oder der Weltautomat wird eine taugliche Eingabe liefern und der Roboterautomat die Schraube ergreifen. Diese beiden Möglichkeiten sind mit einem Zustandsdiagramm für den kombinierten Automaten darstellbar, und der Prozeß kann fortgesetzt werden, um alle möglichen Ereignisketten zu erfassen. Das Diagramm dafür siehe Seite 152.

Obwohl das Diagramm auf den ersten Blick ziemlich kompliziert ist, befähigt die Tatsache, daß das Robotergehirn alle erforderlichen Informationen enthält, um dieses Zustandsdiagramm für einen kombinierten Automaten aufzubauen, es nun, jede Möglichkeit, die eintreten kann, und die Folgen jeder Roboterhandlung unter beliebigen Umständen »in seinem Kopf« zu rekapitulieren. Die Tatsache, daß in manchen Fällen der Wechsel von einem Zustand zum anderen nicht vorherbestimmt ist, sondern einer »ODER«-Überlegung unterliegt, kann mit technischen Mitteln bewältigt werden, die relativ uninteressant sind – wenn man ein wenig nachdenkt, kommt man dahinter, daß menschliche Wesen rasch Mittel finden, um derartige Unbestimmtheiten entweder systematisch oder willkürlich zu bewältigen. Der entscheidende Punkt: Eine Zustandsstruktur dieser Art unterscheidet sich grundsätzlich von der Befehlsfolge, die ein Computerprogramm ausmacht, weil sie sich ebenso auf »Wenn ... dann ...«-*Aussagen* über die Welt stützt wie auf »Wenn ... dann ...«

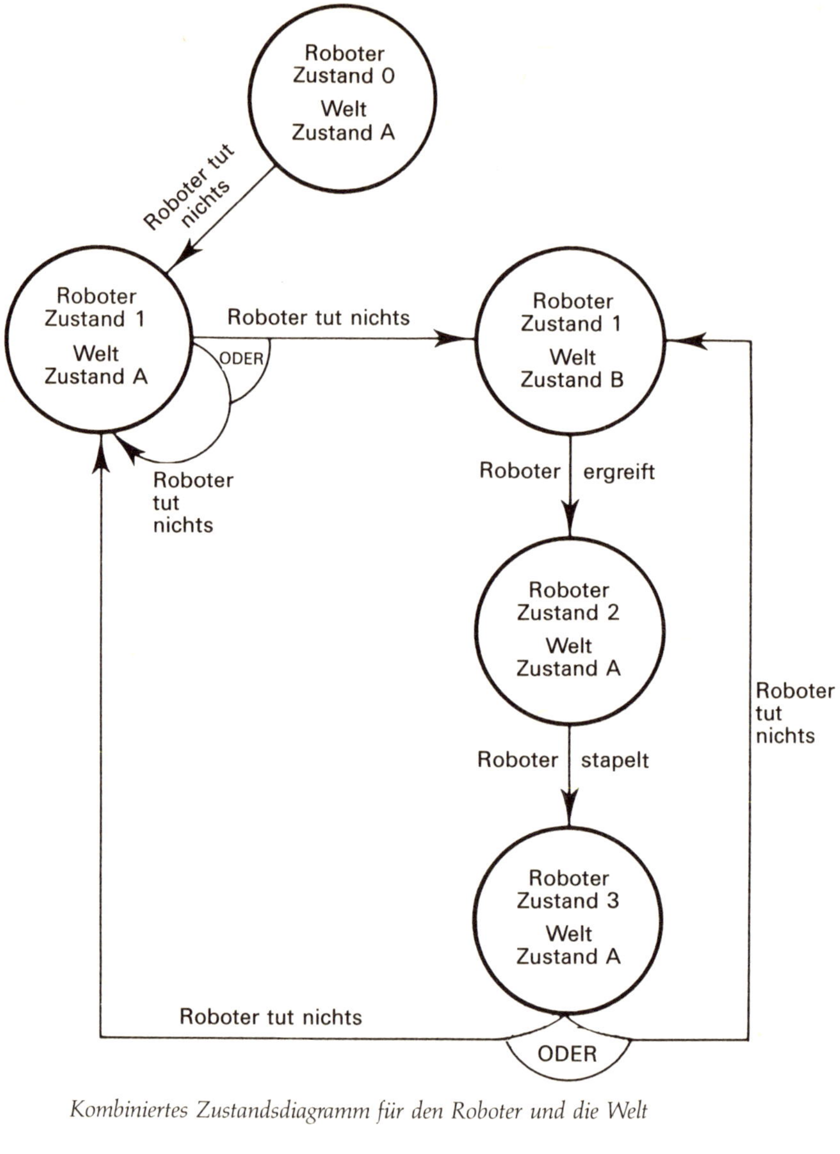

Kombiniertes Zustandsdiagramm für den Roboter und die Welt

-*Befehle* für den Roboter selbst. Durch sie kann der Automat ebenso wissen, was mit ihm geschehen, wie das, was er selbst tun wird. Deshalb ist sie als etwas zu erkennen, das einer »Denk« -Struktur sehr nahe kommt. Überdies können Automaten eine Zustandsstruktur dieser Art ebenso fließend und mühelos bewältigen, wie menschliche Wesen denken.

Wenn man das Zustandsdiagramm betrachtet, wird auch klar, wie die Zustandsstruktur des kombinierten Automaten im Prinzip vergrößert werden kann, um den Fall zu erfassen, daß statt tauglicher untaugliche, auszusondernde Schrauben auftauchen, weil klar ist, an welchen Punkten »ODER«-Verzweigungen hinzugefügt werden müssen und welche Arten von »Wenn ... dann ...«-Formeln sowohl für den Roboter- als auch den Weltautomaten zur Verfügung gestellt werden müssen, damit die kombinierte Zustandsstruktur den größeren Möglichkeitsbereich mit umfaßt.

Um einmal selbst ein wenig zu rekapitulieren: Es ist nachgewiesen worden, daß einem Automaten ohne »vorgegebene« oder programmierte Zustandsstruktur, die ihm sagt, wie er sich verhalten soll, eine solche beigebracht werden kann, und daß er dabei eine Zustandsstruktur für die Welt, mit der er sich in Wechselbeziehung befindet, erlernt. Das verwendete Beispiel war natürlich notwendigerweise außerordentlich primitiv, liefert aber trotzdem ein glaubhaftes Modell für die Art von Lernprozeß, den ein sehr kleines Kind durchläuft, und, wenn wir davon ausgehen, daß man den ein wenig komplizierteren Prozeß ausführen kann, eine neue Ausgabe in den Begriffen einer durch Lernen vermittelten alten Ausgabe zu beschreiben, bietet es auch ein solches Modell für das viel fortgeschrittenere Lernen, das daraus entsteht, daß man Dinge gesagt statt einfach gezeigt bekommt.

Ganz gewiß könnte man behaupten, daß der Lernautomat, den wir beschrieben haben, nach Beendigung des Lernprozesses ein gewisses Maß an Verstand aufwies. Die Speicherschaltungen seines Computers enthalten nun Information, die vorher nicht vorhanden war und die in allen wesentlichen Punkten die Maschine für sich selbst erstellt hat. Mehr noch: Ein Teil der Information besteht aus »Erfahrung« oder Erwartung, und die Maschine wird jetzt von einem »Bedürfnis« dazu getrieben, die erlernten Aufgaben zu erfüllen, das nicht vorprogrammiert, sondern eingeprägt worden ist.

Ist es uns gelungen, den Verstand in dieser einen Maschine zu finden oder den Geist zur Ruhe zu bringen? Und wenn der Katalog von »Wenn ... dann ...«-Formeln im Gedächtnis eines Automaten wirklich eine Art Verstand darstellt, ist es der vorgefertigte Verstand des programmierten Roboters oder der selbstkonstruierte des Lernroboters, der unserem eigenen Verstand am nächsten kommt?

An dieser Stelle muß ein wichtiger Vorbehalt ausgesprochen werden. Der schraubensortierende Roboter, dessen Denkprozesse wir im Detail genauer nachgegangen sind, ist kein Phantasiegebilde, sondern eine leichte Erweiterung der Art von »Playback-Roboter« in Kapitel 5, von denen derzeit viele Tausende im Gebrauch sind. Bevor wir aber die voreilige Schlußfolgerung ziehen, unsere Fabriken seien voller Maschinen mit Verstand, auch wenn dieser sehr schlicht sein mag, müssen wir uns die Art von Gehirnen ins Gedächtnis rufen, die diesen Verstand, wenn es denn einer ist, enthalten. Es sind natürlich Digitalcomputer oder Mikroprozessoren, und damit sie Lernautomaten werden können, müssen sie mit Programmen ausgestattet sein, die ihnen sagen, wie sie Lernautomaten werden. Sie können nur deshalb lernen, weil sie Programme enthalten, die die Regeln für den Aufbau der »Wenn ... dann ...«-Formeln festlegen, von denen der Roboterautomat ebenso definiert wird wie der Weltautomat, und die auch die Abläufe des X-Y-Mechanismus steuern, der die »Wenn ... dann ...«-Formeln etikettiert und in den Speicherschaltungen ablegt. Die vom Lernautomaten verwendeten Methoden mögen die endlose Folge von Automaten abgekürzt haben, aber, wie es scheint, nur um den Preis, daß die Unausweichlichkeit irgendeiner endlichen Zahl von Ursprungsprogrammen hingenommen wird.

Man könnte behaupten, daß, wenn unser Roboter eine Art Verstand erworben hat, dieser Chomskys Vorstellung vom Verstand nähersteht als dem Begriff, den Piaget sich davon machte. Er hat nämlich zwar seine eigene Zustandsstruktur aufgebaut, dies aber unter der Anleitung eines programmierten Automaten getan.

Das ist eine philosophische Debatte, der wir uns glücklicherweise entziehen können, weil es, wie in den Kapiteln 10 und 11 erläutert wird, möglich geworden ist, eine völlig andere Art von Informationsmaschine zu konstruieren, in der die Lernfähigkeit unausweichlich aus der Struktur der beteiligten Hardware entsteht. Diese Art von Maschine erwirbt, sobald sie einmal vorhanden ist, als unausweichliche Konsequenz ihrer Konstruktion einen »Geist«, der im Rahmen der Automatentheorie analysiert werden kann. Im letzten Kapitel untersuchen wir die reizvolle Möglichkeit, daß das in der Tat jene Art von Maschine sein könnte, die der Mensch darstellt.

8 Fertige Intelligenz

Merk dir eins, nämlich:
Zu klug ist dämlich.
Odgen Nash, »Reflection on Ingenuity«

Ob dem Automaten nun ein »Verstand« zugesprochen wird oder nicht, seine Fähigkeit, eine Ausgabe dadurch zu bestimmen, daß er sich auf gespeicherte »Wenn... dann...«Befehle bezieht, läuft eindeutig auf eine gewisse Art von Intelligenz hinaus. Die gebotene Stufe des »Denkens« mag sehr niedrig und, wenn lediglich die Folge von Vorausprogrammierung, nicht mehr sein als ein außerordentlich durchsichtiger Reiz-Reaktion-Mechanismus; nichtsdestoweniger fällt es schwer, der Schlußfolgerung zu widersprechen, daß wir bei einem Menschen oder sogar einem Tier, die sich genauso verhielten, dieses Verhalten als intelligent bezeichnen würden.

Daraus scheint sich Folgendes zu ergeben: Unterstellen wir, ein Automat mit einer Zustandsstruktur, die ihm erlaubt, zwischen verschiedenen Handlungsweisen zu wählen, sei auf die eine oder andere Weise intelligent, dann ist ein Lernautomat mit seiner Fähigkeit, geschult zu werden, intelligenter als ein komplett vorprogrammierter. Diese Behauptung wird gestärkt durch das Prinzip der Konstruktion eines Weltautomaten, durch den er ebenso wissen kann, was mit ihm geschehen, wie das, was er selbst tun wird, und sie scheint sich gut mit unseren eigenen Beobachtungen darüber zu vertragen, wie Kleinstkinder ihr Wissen um und Verständnis für die Welt durch einen Prozeß der Erfahrungserweiterung vergrößern. Obwohl aber Robotiker die im letzten Kapitel beschriebene Art von Lernmechanismen als ein außerordentlich wirtschaftliches Mittel erkannt haben, Roboter einfache Wiederholungsvorgänge zu lehren, wobei es viel schneller geht, der Maschine »zu zeigen«, was von ihr verlangt wird, als das auf Papier programmieren zu wollen, hat der unprogrammierte Automat bis vor ganz kurzer Zeit bei den Computerwissenschaftlern, die auf dem Gebiet der »künstlichen Intelligenz« tätig sind, keinen Gefallen gefunden.

Der Ausdruck, den John McCarthy von der Stanfort-Universität 1958 prägte, hat sogar einen ganz bestimmten Sinn angenommen und ist ausschließlich mit Vorprogrammierungsmethoden in

Zusammenhang gebracht worden. Im Rückblick ist das leicht zu verstehen. In den fünfziger Jahren begann der Digitalcomputer gerade sein staunenerregendes Potential zu offenbaren. Sein Erfolg auf den Gebieten Mathematik und Logik beruhte ausschließlich auf Vorausprogrammierung, und es schien offenkundig zu sein, daß, wenn er schließlich andere Aspekte der Intelligenz meistern sollte, der nützlichste Ansatz der des innovativen Programmierers war. Wieners Vorschlag, Alternativen zum von Neumann-Computer zu erforschen, war damals völlig in Vergessenheit geraten, denn angesichts der Schnelligkeit, mit der die von Neumann-Maschine die Arten von Intelligenz gemeistert hatte, für die bereits formelle Algorithmen vorlagen, war die Annahme vernünftig, alle anderen Intelligenzprozesse würden seiner Macht erliegen, sobald sie durch die Entdeckung passender Algorithmen in eine »berechenbare« Form gebracht werden konnten. Künstliche Intelligenz (artificial intelligence, kurz AI, manchmal auch deutsch KI), erwarb damit den Sinn, der Prozeß zu sein, mit dem Programme für Digitalcomputer aufgebaut oder diese mit Zustandsstrukturen versehen werden, durch die sie befähigt wurden, intelligentes Verhalten zu beherrschen oder nachzuahmen.

Die Frage, ob hier Beherrschung oder Nachahmung vorliegt, ist für die Bedeutung des ganzen Gebietes entscheidend; sie dreht sich um die Erkenntnis, was wirklich geschieht, wenn ein Computer auf intelligentes Verhalten programmiert wird. Das Wesen des Problems kann veranschaulicht werden, wenn wir uns andere Anwendungen der Computerstärke ansehen. Nehmen wir einmal an, ein Linienflugzeug stürzt unter Umständen ab, die genau aufgeklärt werden können, sobald sein Flugschreiber geborgen wird. Man könnte durchaus zu dem Schluß kommen, der einfachste Weg, genau zu ermitteln, was und warum es geschehen ist, bestehe darin, die gesamte verfügbare Information über den Absturz in ein Computerprogramm aufzunehmen, das den Ermittlern erlauben würde, das Unglück zu »rekonstruieren«. Damit das Programm von Nutzen sein kann, muß es nicht nur sämtliche Daten enthalten (Windgeschwindigkeiten, Geschwindigkeit und Flughöhe des Jets, Stand der Steuerung, usw.), sondern auch das richtige »Modell« anwenden, das heißt, die Beziehung zwischen aerodynamischer Ursache und Wirkung muß zutreffend rekonstruiert werden.

Wenn das Programm nun gefahren wird, ist das, was im Computer stattfindet, ein Ereignis, das zum eigentlichen Absturz in Beziehung steht, aber eines von völlig anderer Ordnung. Der Absturz selbst ist ein Ereignis erster Ordnung, ein Geschehnis in der realen Welt; im Computerinneren findet ein Ereignis zweiter Ordnung statt, ein Modell des ersten.

Offenkundig erhebt sich die Frage, ob wir, wenn wir Zeugen eines Computers sind, der ein Programm künstlicher Intelligenz fährt, ein Ereignis der ersten oder eines der zweiten Ordnung beobachten. Die Dinge, um die es dabei geht, sind von fundamentaler Bedeutung, weil Ereignisse erster Ordnung der Definition solche sind, die in der Gegenwart geschehen und erst beschrieben werden können, sobald sie geschehen sind; wir können nicht wissen, was wir denken werden, bis wir es gedacht haben – es sei denn freilich, unser eigenes Denken wäre nicht ein Ereignis erster, sondern ein solches zweiter Ordnung. Ereignisse zweiter Ordnung werden aber im voraus festgelegt; mit vollständiger und zutreffender Information kann der Computer nur zu einer Schlußfolgerung über den Flugzeugabsturz kommen. Demnach wäre man, auch wenn ein Computer seine Intelligenz durch Bestehen eines Turing-Tests (siehe Kapitel 1) »bewiese«, zu der Frage berechtigt, ob das, was stattgefunden hat, ein reales Ereignis oder ein Modell der Realität gewesen ist; so, wie wir, wenn wir einen Flugzeugabsturz im Fernsehen verfolgen, fragen könnten, ob wir einen echten Flugzeugabsturz oder spektakuläre Trickaufnahmen mit Hilfe eines Modellflugzeuges beobachten.

Es gibt eine, von Turing selbst mit Entschiedenheit vorgebrachte Behauptung, daß im Fall des Denkens die Unterscheidung zwischen Ereignissen verschiedener Ordnung sinnlos sei; es komme lediglich darauf an, daß sie gleich erscheinen. Sobald ein Computer intelligent erscheint, *ist* er in jeder Hinsicht intelligent. Aber selbst wenn wir diese Behauptung vorübergehend als richtig unterstellen, treten zwei weitere Fragen auf. Erstens: Ist ein Digitalcomputer nach dem von Neumannschen Modell eine Maschine, die kraft ihrer Natur den ganzen Bereich des Verhaltens nachvollziehen kann, den wir als intelligent bezeichnen? Wir verschieben die Diskussion dieser Frage bis zum nächsten Kapitel, einfach deshalb, weil sie bei der Untersuchung der für die Interpretation visueller Information und des Verständnisses für Sprache erforderlichen Arten von Intelligenz am bedeutsamsten wird, und wenden uns stattdessen der zweiten Frage zu. Sind die Intelligenzmodelle, die AI übernommen hat, gültig?

Diese Frage ist für die ganze Bestrebung offenkundig entscheidend, denn ebenso, wie die Absturzexperten nichts über den wirklichen Absturz erfahren hätten, wenn das verwendete Modell unzureichend wäre, kann uns die AI-Forschung nichts über »wirkliche« Intelligenz sagen, falls das angewendete Modell ungeeignet ist. Natürlich wäre es unrealistisch, von Programmierern zu erwarten, sie hätten sich daran machen sollen, einen Befehlsvorrat zu produzieren, der Intelligenz in all ihrer Vielfalt umfaßt; Wissenschaftler, die sich mit AI befassen, haben in der Tat eine ganze Reihe verschiedener Ansätze genutzt, von denen jeder versucht, ein Modell eines bestimmten Aspekts der Intelligenz aufzubauen. Eines der interessantesten davon und das mit der längsten Vorgeschichte ist das des »Spielens«.

Die Fähigkeit, Schach auf annehmbarer Stufe zu spielen, gehörte zu den beliebtesten Zielen, die sich die frühen Computerfachleute für ihre primitiven Maschinen setzten, und das ist relativ leicht zu begreifen. Schach ist ein Spiel, das vom Spieler unbestreitbar Intelligenz verlangt, aber seine Regeln, die Welt, in der die Intelligenz angewendet werden muß, sind klar und genau definiert; es ist ein »Spiel perfekter Information« (das heißt, es gibt kein Element von Glück oder Bluff wie beim Poker), und die Information über das Spiel ist leicht in digitale Form zu übertragen – sogar menschliche Spieler sind an die Kürzel der Art »a2–a4; Tb6–b8« gewöhnt. Schach oder andere Brettspiele können außerdem den Vorteil im Grundvermögen des Computers nutzen, »Wenn ... dann ...«-Fragen zu bewältigen. Eine der Grundfertigkeiten beim Schachspiel ist nämlich die Fähigkeit, die Auswirkungen eines bestimmten Zugs für die Zukunft zu berechnen; solche Berechnungen sind offensichtlich von der Art »Wenn ... dann ...«. Der tatsächlich genutzte Mechanismus nimmt die Form eines »Entscheidungsbaums« an, wo jeder Hauptzweig einen der Züge darstellt, die einem Spieler offenstehen, und sich in eine Anzahl weiterer Verzweigungen für die Antwortzüge aufteilt, die sein Gegner machen kann, und so weiter. Der Spieler, der an den meisten Zweigen am weitesten vorausblicken kann, ist natürlicherweise stark im Vorteil.

Die Vielschichtigkeit des Schachspiels führt zu einem Entscheidungsbaum, der rasch nicht mehr beherrschbare Dimensionen erreicht, aber wir können ein viel einfacheres Spiel nehmen, Tic-Tac-Toe, ein Spiel, bei dem ein Spieler in Kästchen einer kreuzförmigen Figur drei Kreuze in einer Linie einzeichnen muß, was der Gegenspieler durch das Einzeichnen von Nullen zu verhindern versucht. Damit kann man die Prinzipien, um die es hier geht, ebenso vorführen wie einige der Methoden, die für kompliziertere Spiele entwikkelt wurden. Wie wohl allgemein bekannt, ist Tic-Tac-Toe ein Spiel, in dem, vorausgesetzt, man hält sich an bestimmte Regeln, der Spieler, der als erster am Zug ist, stets ein Unentschieden erreichen kann. Kurz ausgedrückt: Der Spieler kann nach seinem zweiten Zug stets eine Situation wie die auf Seite 159 oben dargestellte erreichen, wo es fünf Achsen gibt, auf der eine Reihe von X-Zeichen innerhalb von zwei X-Zügen vervollständigt werden kann.

Damit empfiehlt sich für »X« ein »Gewinnsystem«, das er bei jedem Schritt zur Bewertung seiner Wahlmöglichkeiten nutzen kann. Er rechnet für jede verbleibende offene Achse, auf der er mit zwei

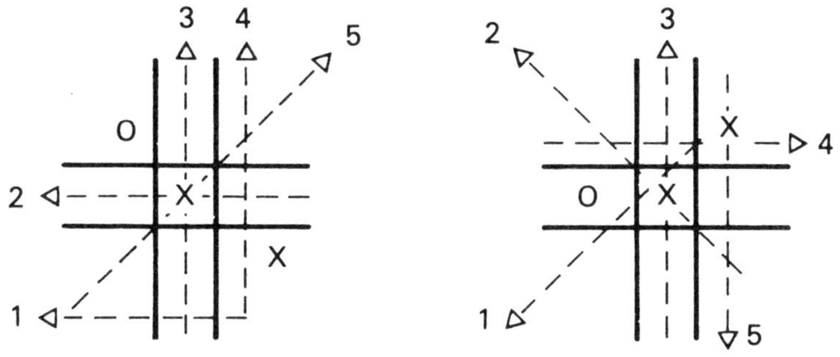

Stellungen nach zwei Zügen von X mit den fünf Achsen, auf denen innerhalb von zwei Zügen eine Reihe von X-Zeichen komplettiert werden kann.

Zügen eine Reihe von X-Zeichen komplettieren kann, einen Punkt. Auf diese Grundlage würde, wie der Leser selbst nachprüfen kann, das Mittelquadrat eines leeren Gitters 4 Punkte zählen, die Eckquadrate wären jeweils 3 Punkte wert, die zentralen Quadrate an den Seiten je 2. Wenn wir die Tatsache nutzen, daß für die beiden Eröffnungszüge die Orientierung des Gitters belanglos bleibt, könnten wir einen Entscheidungsbaum (folgende Seite) aufstellen, der die ersten drei Züge oder Stufen des Spiels erfaßt. Man beachte, daß nur die Züge des ersten Spielers (Stufe 1 und Stufe 3) bewertet sind. Zur Identifizierung sind die neun Quadrate des Gitters mit Buchstaben bezeichnet.

Zufällig ist bei diesem Spiel die Tatsache, daß das Mittelquadrat beim ersten Zug die meisten Punkte erzielt, ein zutreffender Hinweis, aber bei komplizierteren Spielen muß das nicht immer der Fall sein. Benötigt wird eine Methode, die Auswirkungen eines Zugs bei Stufe 1 auf den Wahlbereich abzuschätzen, der bei Stufe 3 verfügbar sein wird (oder, wenn man den Baum erweitert, auf Stufe 5 oder 7). Dabei muß offenkundig berücksichtigt werden, daß der Gegenspieler auf Stufe 2 den für ihn günstigsten Zug machen wird. Die angewendete Grundmethode, genannt »Minimax-Theorem«, wurde von der in diesem Bericht überall auftauchenden Figur Claude Shannon 1950 für ein Schachspielprogramm entwickelt. Um sie auf unseren Entscheidungsbaum anzuwenden, nehmen wir jede Gruppe sieben möglicher Bewertungszahlen auf Stufe 3, die sich aus einer Entscheidung des Gegenspielers bei Stufe 2 ergeben, also, anders ausgedrückt, die Bewertungsgruppen, die an einem einzelnen »Knoten« gezeigt werden (dem Linienfächer, der aus einer Entscheidung in der Stufe darüber entstanden ist). Es gibt 12 solche Gruppen, für jeden Knoten des Baumes auf Stufe 3 einen, und die *höchste* Zahl in jeder Gruppe wird »Optimierungszahl« genannt; wenn man sie zu Stufe 2 zurückverfolgt, zeigt sie die Entscheidung, vor welcher der

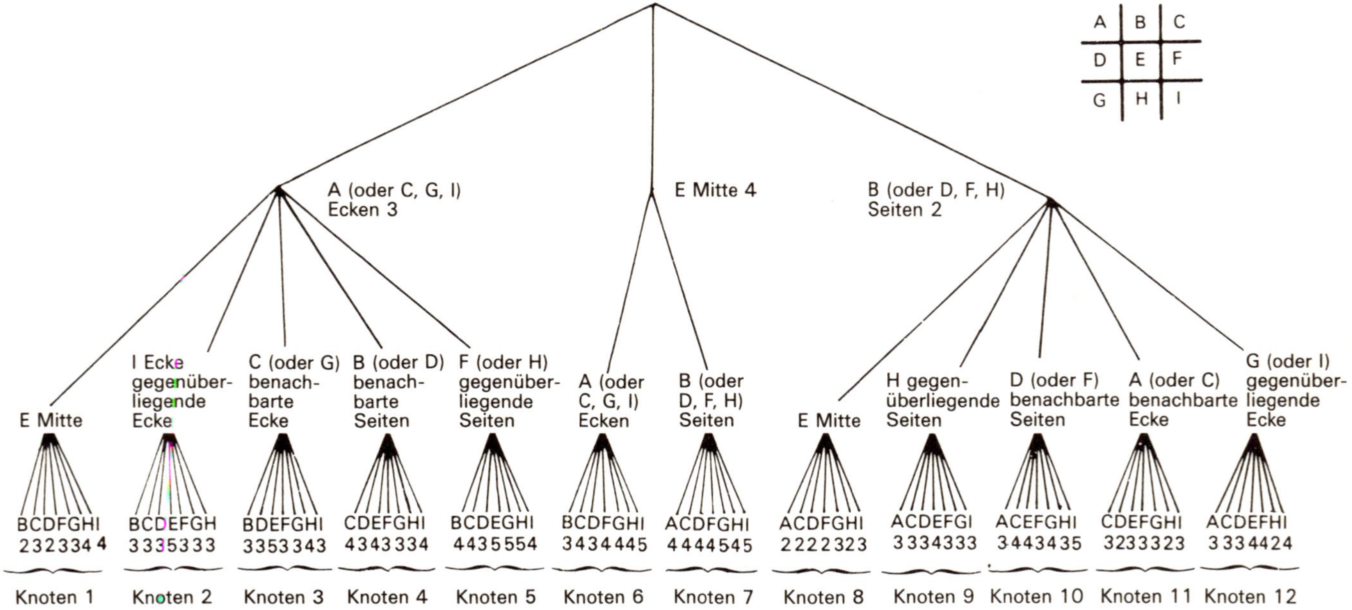

Der Tic-Tac-Toe-Entscheidungsbaum

Gegenspieler steht, wenn er die auf Stufe 3 erreichbare Gewinnzahl möglichst gering halten will. Die Optimierung an unserem Baum lautet, von links nach rechts gelesen und entsprechend den Entscheidungen auf Stufe 1 gruppiert:

Knoten 1:4	Eckquadrat, auf Stufe 1 gewählt
Knoten 2:5	
Knoten 3:5	
Knoten 4:4	
Knoten 5:5	
Knoten 6:5	Mittelquadrat, auf Stufe 1 gewählt
Knoten 7:5	
Knoten 8:3	Seitliches Quadrat, auf Stufe 1 gewählt
Knoten 9:4	
Knoten 10:5	
Knoten 11:3	
Knoten 12:4	

Die Schlußfolgerung ist leicht zu ziehen: Wenn der erste Spieler zu Beginn sein Zeichen in das Mittelquadrat setzt, kann ihn sein Gegner auf keine Weise daran hindern, auf Stufe 3 eine Optimierung 5 zu erreichen; setzt der Eröffnungszug dagegen ein Zeichen in ein Eck- oder Seitenquadrat, kann der Gegner eine Optimierung auf Stufe 3 stets dadurch verhindern, daß er auf Stufe 2 die richtige Entscheidung trifft.

Bei der Minimax-Methode werden alle Gewinnzahlen auf Zwischenstufen ignoriert. Sie beginnt mit der Optimierung auf der letzten Stufe und verfolgt sie den ganzen Baum hinauf zurück, mißt die maximale Gewinnzahl auf den Stufen, wo, wie unterstellt wird, das Programm die Entscheidung für die höchste Gewinnzahl trifft, und die niedrigsten Gewinnzahlen auf den Zwischenstufen, wo, wie unterstellt wird, ein Gegner die Entscheidung trifft, die für das Programm am ungünstigsten ist. Das umseitige Diagramm zeigt, wie sich die Minimax-Methode bei einem sehr vereinfachten Baum von der fünften Stufe zurück auswirken würde.

Leider liefert sogar das einfachste Spiel einen erheblich größeren Entscheidungsbaum als diesen – sogar ein Tic-Tac-Toe-Baum auf der Grundlage der drei oben untersuchten Stufen würde sich über mehr als 60 000 Zweige erstrecken (jeder der 72 Zweige auf Stufe 3 bringt auf Stufe 4 sechs weitere Zweige hervor, von denen sich seinerseits auf Stufe 5 jeder in weitere fünf Zweige aufspaltet, etc.)! Wenn schon ein Spiel, das mit ein wenig Übung die meisten Sechsjährigen beherrschen, einen derart großen Entscheidungsbereich erzeugt, kann man sich vorstellen, wie rasch ein Schachbaum zu unhandlicher Größe wächst. Sogar für einen Computer, der in jeder Sekunde Tausende von Möglichkeiten durchgeht, kann die Aufgabe,

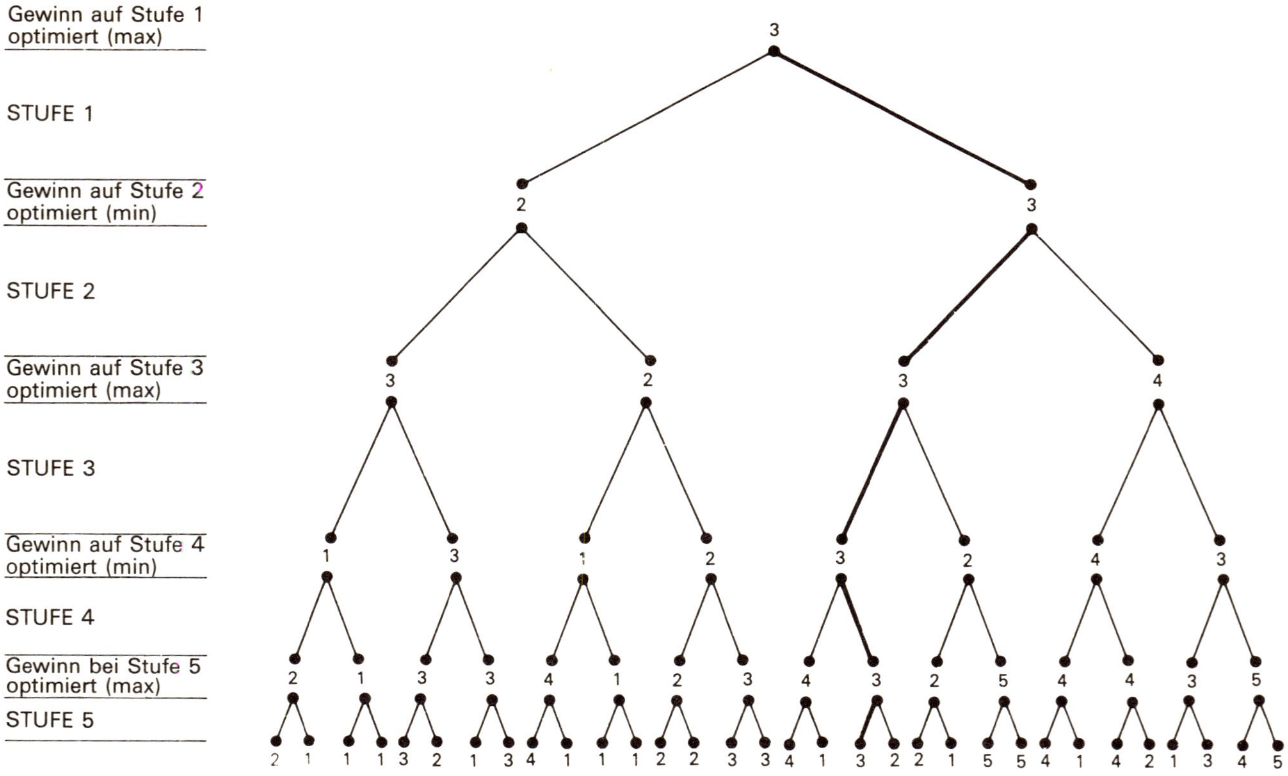

Minimay-Methode

eine Schachpartie mehrere Züge im voraus zu bewerten, rasch zeitraubend werden. Lesern, die gegen Maschinen mit unterschiedlich einstellbarer Spielstärke gespielt haben, wird aufgefallen sein, daß die Maschine umso länger für einen Zug braucht, je höher die von der Maschine verlangte Spielstärke ist; das liegt daran, daß sie Entscheidungsbäume absucht, die sich immer weiter verzweigen, und daß mit jeder Erhöhung der Zahl abgesuchter Stufen der zu erforschende Folgerungsbereich sich um mehrere Größenordnungen erhöht.

Die Minimax-Methode setzte sich rasch als die grundlegende Spieltechnik durch, und die spätere Forschung befaßt sich größtenteils damit, Methoden zur Vereinfachung der Entscheidungsbäume zu entwickeln und den Prozeß für Schätzung und Optimierung der Gewinne abzukürzen. Shannon persönlich erfand einen Prozeß namens »Alpha-Beta-Methode«, der teilweise dazu führt, daß die für Zahlenoptimierung erforderliche Arbeit begrenzt wird. Obwohl die mathematischen Regeln ein wenig technisch-trocken sind, ist das Prinzip als solches klar: Die Suche an einem bestimmten Knoten wird aufgegeben, wenn deutlich wird, daß die »maximierten« und »minimierten« Werte, die er hervorbringen wird, weniger günstig sind als jene bei schon untersuchten Knoten. Ein offenkundiger Nachteil des Alpha-Beta-Verfahrens besteht darin, daß seine Wirksamkeit in erster Linie eine Frage des Zufalls ist. Geht beispielsweise auf der letzten Stufe die Suche bei den Gewinnzahlen von links nach rechts, so werden, falls die optimale Wahl zufällig im Knoten links außen liegt, die Suchaktionen bei anderen Knoten relativ rasch aufgegeben, aber wenn der Knoten rechts außen die optimale Wahl enthält, muß vielleicht der ganze Baum abgesucht werden, um sie zu finden.

Schachprogramme wurden als Folge der Bemühungen von A. L. Samuel bei IBM 1959 weiter verfeinert. Die erste Verbesserung, die Samuel herbeiführte, beruhte darauf, daß man das Ausmaß des aus jedem beliebigen Zug entspringenden Entscheidungsbaums begrenzte. Ein menschlicher Spieler sogar von Turnierstärke kann die genauen Folgen eines Bauernzugs auf der äußersten linken Seite des Schachbretts für den Fortgang des Spiels auf der äußersten rechten Seite nicht berechnen und versucht es auch nicht, weil diese eindeutig nicht erkennbar werden, solange man nicht zehn bis zwölf Züge vorausblickt. Samuel entwickelte Regeln dafür, die Folgen eines Zuges im Rahmen der unmittelbaren Umgebung der Figur, mit der gezogen werden soll, zu prüfen, etwa die acht oder vierundzwanzig Felder rundherum. Das erfordert, sich den »Zustand« des Spiels in diesem und nur diesem Bereich anzusehen und den Zustand des Spiels als Ganzes nicht zu beachten.

Die Vorteile drängen sich auf, aber der Nachteil ist der, daß »Denken« dieser Art das Programm veranlaßt, sich statt auf Taktik auf Strategie zu konzentrieren. Dieses Handikap vermutlich war es, das Schachprogramme hinderte, auf eine Stufe vorzudringen, wo sie auf Großmeisterstufe beständig erfolgreich sein können. Obwohl nämlich menschliche Spieler von Weltklasse fast mit Gewißheit soweit vorausblicken können wie ein hochstehendes Computerprogramm, scheinen sie doch eine instinktive Fähigkeit zu besitzen, Gewinnmuster im Spiel als Ganzes zu erinnern und zu erkennen, ohne einen umständlichen Berechnungsprozeß anstellen zu müssen. Nichtsdestoweniger scheint festzustehen, daß man eines Tages Programme aufstellen wird, die in der Lage sind, Großmeister regelmäßig zu schlagen. Wenn das eintritt, dann deshalb, weil die reine Zunahme der Computerleistung es dem Programm ermöglicht hat, in Tiefe und Ausmaß so weit vorauszublicken, wie ein menschliches Gehirn das nicht kann. In einem bestimmten Sinn wird der Computer deshalb ein Spiel betreiben, das sich von dem der Menschen unterscheidet.

Das zweite Gebiet, mit dem Samuel sich befaßte, war das entscheidend wichtige der Gewinnsysteme. Bei der Konstruktion des Tic-Tac-Toe-Programms konnten wir die Tatsache nutzen, daß das Spiel ein determiniertes ist und ein Gewinnsystem für Stufe 3 relativ leicht aufzustellen ist. Bei Schach oder auch einfacheren Spielen wie Dame ist das eindeutig nicht der Fall. Auf Stufe 3 oder Stufe 30 mag eine Schachpartie noch keineswegs entschieden sein, und es ist unmöglich, Entscheidungsbäume für die ganze Dauer einer Partie in die Grenzen sogar des größten vorstellbaren Computers einzufügen. Aus diesem Grund müssen Faustregeln aufgestellt werden, mit denen man die Folgen eines bestimmten Zuges bewerten oder einstufen kann. Bei Dame könnte man, zum Beispiel, entscheiden, ein Zug vorwärts um ein Feld sei einen »Punkt« wert, ein geschlagener Stein des Gegners drei Punkte, der Verlust eines eigenen Steins drei »Minuspunkte«. Bei Schach wird, wie man oben sehen konnte, der Wert eines Zuges weit eher im Rahmen des Zustands der Brettstellung beurteilt, die sich daraus ergibt.

Willkürliche Regeln dieser Art, die in vielen Zweigen der künstlichen Intelligenz verwendet werden müssen, nennt man »heuristisch«. Im Zusammenhang mit AI wird das Wort in einem etwas anderen Sinn gebraucht, als die Wörterbuchdefinition voraussetzt, wonach heuristisch ein Wissensbestandteil ist, der auf Erfahrung beruht. Beispielsweise wäre es nach dem Wörterbuch für eine Fahrt von London nach Edingburgh heuristisch, zu sagen: »Nimm den Weg, den du vorher schon gefahren bist«, bei AI könnte es die Form haben: »Befahr jedesmal, wenn du zu einer Kreuzung kommst, die

Straße, die möglichst direkt nach Norden führt.« Samuels Bemühungen zielten darauf ab, die für das Schachspiel geltende Heuristik derjenigen im Wörterbuchsinn dadurch ähnlicher zu machen, daß man Methoden fand, nach denen Programme aus Erfahrung lernen konnten.

Der sich daraus ergebende Nutzen ist offensichtlich. In einem so komplexen Spiel wie Schach ist es praktisch unmöglich, heuristische Begriffe zu erfinden, die in jeder denkbaren Situation gültig wären; je nach den Umständen könnte beispielsweise der Verlust eines Bauern eine »gute« oder »schlechte« Sache sein. Man benötigt eine Methode, durch die ein Programm Erfahrung erwerben und lernen kann, die Bedeutung eines Spielzustandes oder eines bestimmten Teils der Partie zu erkennen. Die Technik der Bewertung ist im Rahmen einer Programmierung relativ leicht zu erreichen. Jede Stellung der Figuren kann auf eine logische Formel zurückgeführt und dem Programm kann beigebracht werden, Stellungen, die »Gewinn«-Stellungen sind, hohe, und »Verlust«-Stellungen niedrige Werte zuteilen, oder, um einen Schritt weiterzugehen, Stellungen, die zu Gewinnstellungen führen, hoch zu bewerten, und so weiter. Was den Lehrprozeß selbst angeht, ergibt sich allerdings eine interessante Schwierigkeit. Ein Programm kann sein Wissen nur dadurch erweitern, daß es einen menschlichen Spieler beobachtet oder gegen ihn antritt (allerdings kann durch ein Programm erzieltes Wissen anschließend natürlich in Kopien eingebracht werden).

Das Problem tritt auf, weil der einzige »reale« Wert eines Zuges oder einer Spielstellung der ist, daß er zu Sieg oder Schachmatt führt, aber falls das Endspiel nicht erreicht wird, liegt das Schachmatt an den äußersten Enden des Entscheidungsbaums, die sich über die Reichweite des Programms hinauserstrecken. Das Programm kann somit nur dadurch lernen, daß es alle Stellungen, die im Verlauf eines Spiels vorkommen, festhält und, sobald ein Resultat erzielt ist, denjenigen einen positiven Wert zuteilt, die sich als gewinnbringend erwiesen haben, den verlustbringenden dagegen einen negativen.

Falls das Programm mit seinen Figuren nicht nach einem Zufallsprozeß auf dem Brett ziehen soll, muß es zu Beginn mit mindestens einigen heuristischen Begriffen ausgestattet sein, bevor es zu lernen beginnen kann, und wenn man zwei Programme gegeneinander antreten läßt, erzeugt der Prozeß in keinem von ihnen neues Wissen. Beide werden ihre Züge nach den zugeteilten heuristischen Begriffen bewerten; keines weiß, was Gewinnen *bedeutet,* denn wenn die Partie nicht zufällig in die Nähe eines Schachmatts gerät, liegt ein Sieg außerhalb der Reichweite ihrer Entscheidungsbäume. Zwei solche »untrainierten« Programme werden sich ganz wie die Generale des Ersten Weltkrieges verhalten. Sie waren von ihren selbst aufgestellten heuristischen Begriffen, die Sieg oder Niederlage im Rahmen einiger hundert Meter eroberten oder verlorenen Geländes definierten, so in Anspruch genommen, daß sie oft ihr eigentliches Ziel, nämlich den Krieg zu gewinnen, aus den Augen zu verlieren schienen.

Kehren wir kurz zur Darstellung eines unprogrammierten Lernautomaten im vorigen Kapitel zurück. Wichtig ist die Erkenntnis, daß die Art von Lernprozeß, den ein Schachprogramm durchläuft, viel trivialer und oberflächlicher ist als der, eine ganze Zustandsstruktur für Roboter und Weltautomat zugleich zu erlernen (Seite 150/151, die der Lernautomat beim Lernen selbst aufgebaut hat). Es sollte klar sein, daß einem Schachcomputer eine Zustandsstruktur in Form seines Programms »vorgegeben« wird. Da sie die Spielregeln (die das Verhalten sowohl der Maschine als auch ihres Gegners bestimmen) und die Anlage des Bretts beschreibt, schließt sie alle »Wenn ... dann ...«-Formeln für die Maschine und die Welt, mit der sie eine Wechselbeziehung unterhält, ein. Man wird sich aber auch erinnern, daß die Zustandsstruktur für den kombinierten Automaten Fälle enthielt, wo er zu dem einen ODER anderen Zustand wechseln konnte. Die heuristischen Begriffe, die ein Schachprogramm erlernt, sind im Grunde Regeln dafür, welchen Zweig die Maschine bevorzugen soll, wenn sie vor einer solchen ODER-Frage steht. Anders ausgedrückt: Ein Entscheidungsbaum ist schlicht die andere Form eines kombinierten Zustandsdiagramms, und die Ergänzung um eine Lernfähigkeit befähigt die Maschine, das Bewertungssystem, das es angesichts einer ODER-Entscheidung auf das Diagramm anwendet, zu verfeinern.

Insoweit, als die Hoffnungen der Wegbereiter erfüllt, ja, übertroffen wurden (Anfang der fünfziger Jahre sahen nämlich nur wenige den Tag voraus, an dem es möglich sein würde, einen Schachcomputer zu kaufen, der für den Bruchteil der Kosten eines neuen Autos auf Turnierebene mehr als seine Stellung behaupten kann), muß das Spiels als ein Erfolg für die künstliche Intelligenz betrachtet werden. Nachzuweisen bleibt aber noch, daß das Intelligenzmodell, auf dem das Spiel gründet, irgendeinen Nutzen besitzt, wenn es auf eine weniger enge und streng geregelte Welt als die des Schachbretts angewendet wird. Wir werden in Kürze auf diese Frage zurückkommen, sobald wir uns mit einem anderen, verwandten Zweig der AI-Forschung befaßt haben.

So anregend und herausfordernd die Möglichkeiten, Computern das Spielen beizubringen, auch sein mögen, so bleibt doch klar, daß das erforderliche »Denken« ein sehr begrenztes Beispiel für eine allgemeinere Art von Intelligenz ist – was man als die Fähigkeit zur Lösung von Problemen bezeichnen könnte. Die Möglichkeit, daß Computer zur Problemlösung von erweiterter, weniger spezifischer Art fähig sein könnten, ist für die Zukunft der Robotik von großer Bedeutung. Sollten etwa Roboter im Montagebereich für Aufgaben eingesetzt werden, die heute Menschen verrichten, wäre es außerordentlich nutzbringend, wenn man die Teile nicht in übereinstimmender Ausrichtung anliefern müßte, sondern die Roboter die Intelligenz besäßen, sie aus einem Haufen wegzunehmen und richtig hinzulegen, bevor sie montiert werden. Zwei typische Beispiele zeigen die Art von Problemen, die gelöst werden müssen. Wenn eine Mutter auf der Vorderfläche liegt und die Schraube, auf der sie angebracht werden soll, horizontal hinausragt, worin besteht dann die wirtschaftlichste Methode, die Mutter so zu bewegen, daß die beiden Gewinde korrekt ausgerichtet sind? Wie sollte eine Welle bewegt werden, damit ihr Endstück in ein Lager eingeführt werden kann?

Eben wegen der praktischen Auswirkung solcher Fragen hat sich der größte Teil der Arbeit zur Problemlösung auf dem Gebiet künstlicher Intelligenz auf das konzentriert, was man »Roboteraufgaben«-Probleme nennt. Was die Kompliziertheit angeht, bleibt aber die Art der angepackten Probleme weit zurück hinter den erwähnten von Mutter und Schraube, Welle und Lager, obwohl schon diese dem durchschnittlichen Hilfsarbeiter harmlos erscheinen mögen. Die »Objekte«, mit denen die meisten Computer in AI-Labors umgehen, sind Darstellungen einfacher, oft eindimensionaler Formen, die Roboterarme selbst sind hypothetisch. Das vielleicht am besten bekannte Programm dieser Art ist SHRDLU, die Erfindung von Terry Winowgrad, damals am Massachusetts Institute of Technology, das einen Computer befähigte, einem menschlichen »Fragesteller« zu schildern, was es in einer winzigen, aus Würfeln und Pyramiden bestehenden Welt, sah und wie es sie umstellen würde, um ein vorgeschriebenes Resultat zu erreichen.

Einige der von Programmen wie SHRDLU in Angriff genommenen Probleme und die Art, wie sie bewältigt werden, können mit Hilfe eines sehr einfachen Beispiels anschaulich gemacht werden. Nehmen wir an, einem Roboter wird ein Tisch mit einem Stapel von drei farbigen Würfeln »gezeigt«, in der Reihenfolge Rot, Weiß, Schwarz von oben aufeinandergelegt. Er soll die kürzeste Folge von Bewegungen erarbeiten, um sie in der Folge Rot, Schwarz, Weiß aufeinanderzulegen. Für Zwecke der Problemlösung, wo es den Roboterarm und seine Bewegungen nur theoretisch gibt, muß der Computer lediglich drei Grundeingaben kennen: Ergreif einen (benannten) Würfel, setz den ergriffenen Würfel auf einen anderen

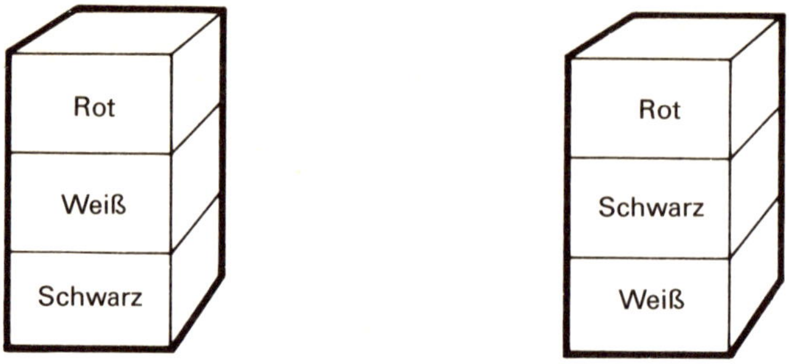

Ein Roboteraufgaben-Problem: Wie läßt sich die Situation links am raschesten in die von rechts verwandeln?

(benannten) Würfel oder leg ihn auf den Tisch. Außerdem wird der Computer einige einfache Regeln erhalten: Beispielsweise wird ihm mitgeteilt, daß nur Würfel, auf denen keine anderen Würfel liegen, ergriffen und nur auf sie andere Würfel gelegt werden können.

Eine Möglichkeit, dieses Problem zu bewältigen, ist die, wie beim Spiel Entscheidungsbäume zu verwenden. In diesem Fall ist nur ein einziger Eröffnungszug möglich, aber auf Stufe 4 müssen sieben mögliche Aktionen berücksichtigt werden:

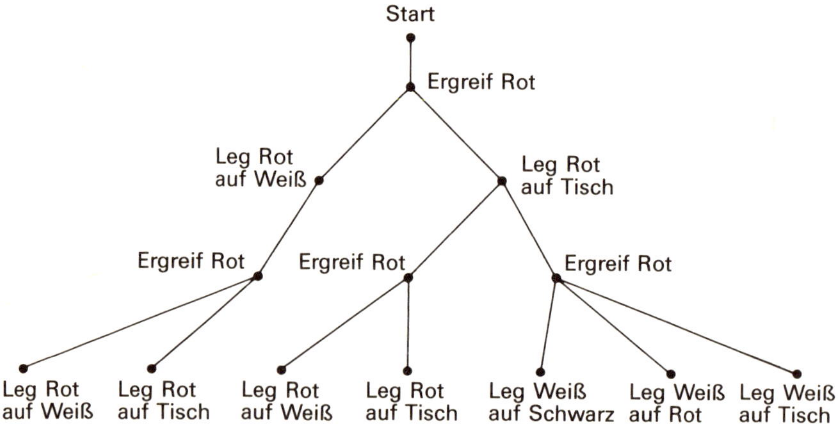

Die ersten vier Stufen des vorausblickenden Entscheidungsbaums

Zwischen diesem Problem und jenen, die beim Spielen auftreten, besteht aber ein Unterschied: Es gibt nur einen einzigen befriedigenden Schluß. Dieser Faktor ermöglicht es, einen umgekehrten Entscheidungsbaum aufzubauen, ausgehend von der Situation, die erreicht werden soll. Die ersten drei Stufen dieses Baums sehen so aus:

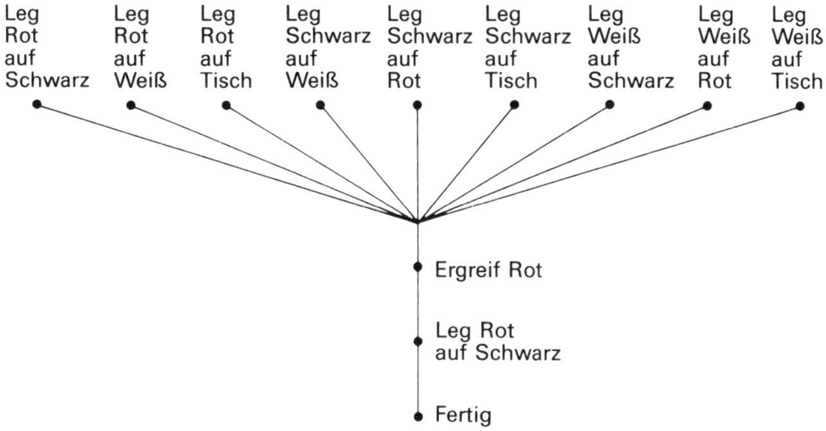

Rückwärtsblickender Entscheidungsbaum: Die ersten drei Stufen

Wenn das Programm nun ein Mittel besitzt, diese »Rückwärtszüge« im Rahmen ihrer Nähe zum Ziel zu bewerten, wird es erkennen, daß die vierte Wahl von links auf Stufe 3 »Leg Schwarz auf Weiß« diejenige ist, die es braucht; es kann diesem Ast des Baums folgen und die anderen vernachlässigen. Fortgesetzt bis zu einer fünften Stufe, wird der Rückwärtsbaum dann so aussehen:

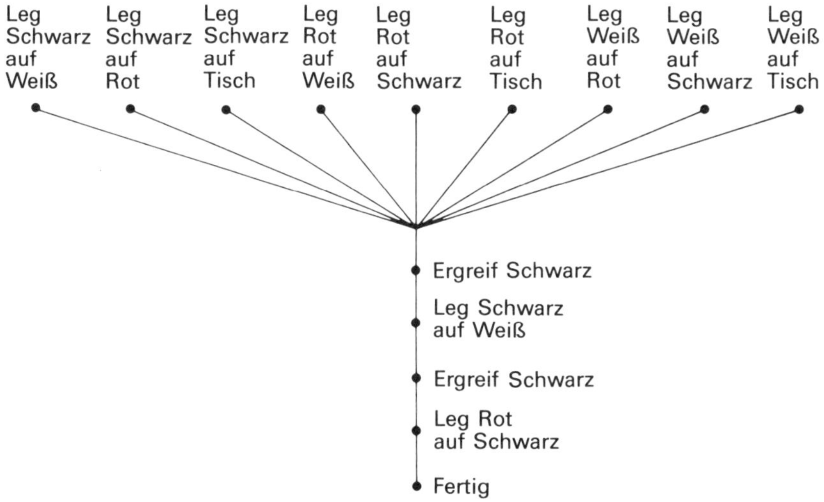

Rückwärtsblickender Entscheidungsbaum weitergeführt bis Stufe 5

An diesem Punkt wird das Programm, wenn es sich auf Stufe 4 des vorwärtsblickenden Baums zurückbezieht, erkennen, daß die äußerst rechten Zweige der beiden Bäume sich miteinander verbunden haben und das Problem gelöst werden kann durch die Sequenz: Ergreif Rot, leg Rot auf Tisch, ergreif Weiß, leg Weiß auf Tisch, ergreif Schwarz, leg Schwarz auf Weiß, ergreif Rot, leg Rot auf Schwarz. Die Art von Mechanismus, die erforderlich ist, um Probleme auf diese Weise zu lösen, kann auch in Begriffen eines spezialisierten Zweigs der Logik, des Prädikatorkalküls, formuliert werden. Wir haben sogar ein sehr einfaches Beispiel der Art von Überlegungen genutzt, mit denen das Kalkül beim Aufbau des umgekehrten Entscheidungsbaums umgeht, weil wir von der logischen Annahme ausgegangen sind, die Handlung, einen bestimmten Würfel hinzulegen, den vorangegangenen Zug, nämlich, eben diesen Würfel zu ergreifen, voraussetzt. Eine andere grundlegende Anwendung des Kalküls hätte unser Programm dazu geführt, die linken Knoten aufzugeben, die auf Stufe 2 und 3 vom vorwärtsblickenden Baum abzweigen, weil sie zu Alternativen zwischen zwei möglichen Zügepaaren führen und nur führen können: Ergreif Rot – Leg Rot auf Weiß und Ergreif Rot – Leg Rot auf den Tisch.

Für die Verwendung bei Robotern sind mehrere Programme entwickelt worden, um Probleme mit der gleichzeitigen Verwendung von rückwärts- und vorwärtsblickenden Entscheidungsbäumen anzugehen. Das am besten bekannte ist vielleicht das Anfang der siebziger Jahre von R. E. Fikes und Nils Nielsson entwickelte, das den Namen STRIPS trägt. Eine der Hauptschwierigkeiten bei Programmen dieser Art ist das Auffinden von heuristischen Begriffen, die das Ausmaß, in dem ein bestimmter Zug ein Problem der Lösung näherrückt, richtig bewerten. Ein großer Teil der Forschung auf diesem Gebiet kann zurückgeführt werden auf eine grundlegende Abhandlung, die 1960 von Alan Newell, Herbert Simon und J. C. Shaw veröffentlicht wurde. Sie befaßte sich mit dem sogenannten General Problem Solver oder GPS (Allgemeine Problemlösung).

Das wichtigste Merkmal bei GPS war die Methode, die Entfernung zwischen möglichen Zuständen eines Problems und seiner Lösung zu messen. Der Gedanke läßt sich am leichtesten veranschaulichen durch die Analogie des Lesens von Landkarten. Wenn ein Fahrer eine lange Fahrt mit dem Auto von einer Großstadt zur anderen erwägt, kann er mit dem Straßenatlas dadurch einen Fahrtweg festlegen, daß er eine Folge dazwischenliegender Orte, etwa Kleinstädte oder wichtige Kreuzungen heraussucht. Er arbeitet sich von seinem Ausgangspunkt zu seinem Ziel vor, so daß das Erreichen jedes Zwischenziels die Entfernung zum Endziel verringert.

GPS nutzte ähnliche Methoden, um Zwischenziele auszumachen, die ein Problem seiner Lösung im meßbaren Ausmaß näherbrachten. Es gibt Problemklassen, bei denen diese Methode gut funktioniert. Ist es beispielsweise erforderlich, einen Stapel genau gleicher

Ziegelsteine von der linken Seite eines Tischs auf die rechte zu legen, kommt das Problem jedesmal dann, wenn ein Ziegelstein bewegt wird, seiner Lösung um ein Zehntel näher. Andere Probleme sind mit diesem Ansatz aber nicht zu bewältigen. So wäre es nutzlos, einen Weg durch ein Labyrinth dadurch finden zu wollen, daß man vom Eingang zum Ausgang eine imaginäre Linie zieht und an ihr Zwischenziele anmerkt. Ebensowenig kann man Erfolg beim Zusammensetzen eines Puzzles dadurch messen, daß man die Zahl der verbliebenen Einzelstücke zählt, weil allein die Ordnung, in der sie zusammengesetzt werden, von Bedeutung ist.

Einer der auffallenden Punkte in der Geschichte der Bestrebungen, funktionierende AI-Programme zu entwickeln, ist der, daß der Großteil der grundlegenden Arbeit sehr früh, in den fünfziger und sechziger Jahren, von Wegbereitern wie McCarthy, Shannon, Samuel, Winowgrad, Nielsson, Donald Michie von der Universität Edinburgh und Marvin Minsky am MIT geleistet wurde und nachfolgende Fortschritte zum größten Teil darin bestanden, daß man die von ihnen erfundenen Methoden besser ordnete und verfeinerte. Die bedeutsamste Folge war, daß der Optimismus angesichts des Potentials von AI, der in den sechziger Jahren weithin und vielleicht in törichter Weise Ausdruck fand, Vorsicht und sogar Pessimismus Platz gemacht hat. Die Tatsache, daß die erwartungsvollen Meinungen, die in den sechziger Jahren vorherrschten, sich als voreilig erwiesen haben, rührt in der Hauptsache davon her, daß die AI-Forscher die Probleme unterschätzten, Methoden der künstlichen Intelligenz, die sich in den »Modellwelten« aus Schachfiguren oder farbigen Bauklötzen als erfolgreich erwiesen hatten, »maßstäblich zu vergrößern«, um mit den Problemen fertigzuwerden, die sich in der »wirklichen« Welt ergaben. Der Punkt, an dem der Ballon des Optimismus platzte, kann mit ziemlicher Genauigkeit angegeben werden. Es geschah 1973, und der Mann, der mit der Nadel hineinstach, war ein britischer Mathematiker, Sir James Lighthill.

Lighthill erhielt vom Science Research Council (Rat für wissenschaftliche Forschung), der Körperschaft, die in Großbritannien den größten Teil der Universitätsforschung finanziert, den Auftrag, einen Bericht über die Aussichten der AI-Forschung in der Gegenwart zu verfassen. Die Schwäche, die er aufdeckte und mit beträchtlicher Lebhaftigkeit angriff, war das nach seiner Ansicht unbehebbare Versagen, Methoden zu finden, die in der realen Welt einen Wert besaßen. Die Ursache des Scheiterns und das, wie er behauptete, unlösbare Problem nannte er die »kombinatorische Explosion«.

Die kombinatorische Explosion ist eine Folge der Tatsache, daß, obschon wir gewohnheitsmäßig glauben, Dinge wie Schachprobleme oder kompliziertere Denksportaufgaben verlangten mehr

Intelligenz als das Geschäft des Alltagslebens, in Wahrheit das Gegenteil richtig ist. So trifft es zwar zu, daß die Kombinationen möglicher Stellungen und Züge auf dem Schachbrett in praktischer Hinsicht unendlich sind, die jeweils offenstehenden Wahlmöglichkeiten aber durch die Spielregeln begrenzt werden. Wenden wir uns einer vertrauten Haushaltsarbeit wie dem Schneidern zu, stellen wir fest, daß die »kombinatorischen« Probleme fast genauso groß sind, die Regeln, nach denen sie gelöst werden können, aber bei weitem nicht so genau definiert.

Ein Dutzend Stoffteile, die ein Kleidmuster ergeben, jedes mit, sagen wir, vier Rändern, können auf mehr als 16 Millionen verschiedene Arten zusammengenäht werden, und dabei ist noch nicht berücksichtigt, daß es Hunderttausende unterschiedlicher Kleiderschnitte gibt, jeder ebenso erhältlich in einer großen Spanne von Größen wie von Abwandlungen in Stoff, Farbe und Muster. Und die Regeln darüber, welche Form ein Ärmel haben oder wie ein Rock am Bund gerafft werden soll, sind viel dehnbarer und ungenauer definiert als jene, die über die Bewegungen von Schachfiguren bestimmen. Die Welt der Schneiderei ist deshalb keine geordnete, eng begrenzte wie das Schachbrett, sondern schließt diese zahllosen und oft ganz feinen Unterscheidungen ein.

Es wäre natürlich vergleichsweise leicht, einen Roboterschneider so zu programmieren, daß er ein begrenztes Sortiment von Kleidungsstücken mechanisch produziert. Das könnte aber kaum als intelligente Aufgabe eingestuft werden – ein intelligenter Roboter müßte in der Lage sein, vom selben Ausgangspunkt auszugehen wie ein menschlicher Schneider. Das heißt, er müßte jedes Stück Stoff durch Vergleich mit dem Muster identifizieren können und in der Lage sein, allgemeine Befehle wie »fälteln« oder »säumen« auf eine Weise zu befolgen, die ein akzeptables Ergebnis liefert. All dies würde voraussetzen, daß er ein Maß an Verständnis für die beteiligten Prinzipien, beispielsweise darüber besitzt, was ein Ärmel oder ein Gürtel ist und wie sie in die Gesamtvorstellung von einem Kleid passen. So grundlegend den meisten von uns diese Vorstellungen auch erscheinen mögen, liegen sie doch weit außerhalb der Reichweite aller bis heute entwickelten AI-Programme. So wie ein Schachprogramm sich die Möglichkeit eines Schachmatts nicht vorstellen kann, falls es nicht mit relativ wenigen Zügen erreicht wird, läßt sich auch die allgemeine Vorstellung von einem Kleid als dem gemeinsamen Produkt vieler verschiedener Kombinationen von Stoffstücken nicht als das Ziel irgendeines Entscheidungsbaums von auch nur annähernd beherrschbaren Ausmaßen darstellen.

Die Auswirkungen der kombinatorischen Explosion sind am katastrophalsten für das problemlösende Intelligenzmodell, weil die reale Welt der Fabrik in der Regel unendlich komplizierter ist als die schlichte Welt von Kegeln und Klötzen, mit der AI sich beschäftigt hat. Die Schwierigkeiten werden noch erhöht durch die (im nächsten Kapitel besprochenen) Probleme, Programme aufzubauen, die Bilder tatsächlich erkennen und identifizieren können, etwa solche von den einzelnen Bestandteilen, aus denen ein Produkt besteht. In der Konstruktionstechnik oder in der Elektronik sind beispielsweise die Bauteile gewöhnlich nicht einfache Würfel oder Pyramiden und erscheinen zumeist auch nicht in säuberlich geordneten Reihen, alle gleich ausgerichtet – es sei denn, man hätte Automationsmethoden angewendet, um eben dies zu bewirken.

Die Kombination von Sehen und Intelligenz wäre ganz gewiß unentbehrlich für einen Roboter, der eine Fähigkeit beherrschen sollte, die dem menschlichen Arbeiter leichtfällt, nämlich die, aus einem wirren Haufen ein bestimmtes Teil herauszunehmen. Dieses Problem, das sogenannte »bin-picking problem« (dt. etwa »Auslese« -Problem) ist aber so schwer, daß seine Lösung eine Art *ultima Thule* der Robotik geworden ist, ein verlockendes, aber immer wieder dem Zugriff entschwindendes Ziel. Die Schwierigkeit ist keine der physischen Geschicklichkeit oder der Manipulationsfähigkeit. Bis jetzt hat es sich einfach als schwierig erwiesen, ein Intelligenzmodell zu finden, das unsere Fähigkeit erklärt, ein dreidimensionales Objekt ohne Rücksicht auf seine Lage zu erkennen, es unfehlbar von seiner Umgebung zu unterscheiden und rasch die beste Methode zu berechnen, wie eine Hand bewegt werden muß, um es zu ergreifen.

Die Folgen der Erkenntnis, daß die kombinatorische Explosion die Spiel- oder Problemlösungsmethoden der künstlichen Intelligenz auf eine Welt der Spiele und einfachen Manipulationen beschränken könnte, reichen weit über das Nutzdenken hinaus. Die Tatsache, daß menschliche Schneider oder Hilfsarbeiter mühelos mit den Schwierigkeiten zurechtkommen, die für AI unüberwindlich sind, deutet darauf hin, daß AI-Techniken bestenfalls nur ein partielles und begrenztes Modell für die Art darstellen, wie unsere eigene Intelligenz funktioniert. Es sieht ganz so aus, als wären Entscheidungsbäume, Prädikatorkalkül und dergleichen nur rationale Erklärungen für Leistungen der Informationsverarbeitung, die in Wahrheit durch ganz andere Mittel erzielt werden – eine Art Tünche, die das Gehirn produziert, um sein eigenes Verhalten zu erklären.

Warum, so könnte man fragen, läßt die kombinatorische Explosion menschliche Wesen relativ ungeschoren? Dem Anschein nach sind drei verschiedene, aber häufig miteinander verbundene Faktoren beteiligt. Erstens vermögen wir wegen der Tatsache, daß wir langsam und stufenweise durch Erfahrung lernen, oder, im Sinn der Automatentheorie, daß wir einen Weltautomaten Schritt für Schritt aufbauen und gleichzeitig unsere eigene Zustandsstruktur formen und verfeinern, um sie ihm anzupassen, Intelligenz von einer Flexibilität und Verfeinerung anzusammeln, die durch schlichtes »Buchlernen« niemals erworben werden könnte. Um zu erkennen, wie stark dieses Argument ist, braucht man nur die Unwahrscheinlichkeit zu betrachten, daß ein menschliches Wesen ganz einfache Tätigkeiten wie etwa Mauerbau oder Leitungsinstallation allein aus einem Buch erlernt, ohne den Nutzen irgendeiner praktischen Erfahrung zu haben – die Aussichten, daß seine erste Ziegelmauer oder Zentralheizung ein kompletter Erfolg werden, sind offenkundig sehr gering. Aber genau das erwarten wir von einem vorprogrammierten Roboter, und wir sorgen nicht dafür, daß er aus seinen Fehlern lernen kann, wenn er versucht, sein Wissen praktisch anzuwenden.

Plausibler erscheint die Vermutung, daß die Fertigkeiten, die ein menschliches Wesen erst nach vielen Versuchen oder einer langen Lehrzeit beherrscht, nur einer Maschine leichtfielen, die sie durch irgendeinen vergleichbaren Prozeß erlernt – mit anderen Worten, ein Automat mit Fertigkeiten wird wahrscheinlich ein Lernautomat sein. Sogar im Fall der ganz banalen Fähigkeiten, mit denen AI sich zur Zeit beschäftigt, darf man erwarten, daß dieselbe Überlegung gilt. Kleinstkinder springen ja auch nicht eines Morgens aus dem Bett und beherrschen eine Folge von Befehlen, um mit Messer und Gabel zu essen oder mit ihren Bauklötzen Wolkenkratzermodelle zu bauen. Im Gegenteil, sie müssen sich einem relativ langen und schmerzhaften Lernprozeß unterwerfen, in dessen Verlauf ihr Essen so oft auf ihrem Gesicht wie in ihrem Mund landet, und der Tag, an dem sie mehr als drei Klötze aufeinandergestapelt haben, wird im Kalender rot angestrichen.

Der zweite Vorteil, den wir im Zusammenhang mit dem Erwerb von Erfahrung genießen, ist unsere Fähigkeit zur Verallgemeinerung. Wir scheinen unsere eigenen »Programme« für das Leben, die Bestände allgemeiner Regeln darüber, wie die Welt ist, durch einen Induktionsprozeß zu vergrößern und zu verfeinern; das heißt, erst nachdem wir eine Anzahl spezifischer Beispiele oder Fälle gesehen haben, ziehen wir den Schluß, daß sie einen allgemeinen Punkt betreffen. Die Art, wie wir kleine Kinder erziehen, berücksichtigt das. Wir zeigen einem Kind nicht ein einziges Bild einer Katze und erwarten, es wüßte für immer, daß Katzen so aussehen; vielmehr gehen wir davon aus, daß die Vorstellung von einer Katze sich dem Verstand des Kindes erst dann fest einprägt, wenn es mehrere Bilder von Katzen oder, noch besser, mehrere lebende Katzen gesehen hat.

Im Fall einer programmierten Maschine dagegen unterstellen

wir genau das Gegenteil. Der ganze Sinn eines Programms ist ja der, daß es ein kompletter Bestand an allgemeinen Regeln sein soll, worauf die Maschine sich beziehen kann, sobald sie einem bestimmten Fall begegnet. Das ist natürlich die einzige Wahl, die uns innerhalb des programmierten Intelligenzmodells offensteht, weil ein Prozeß induktiven Lernens auf Erfahrung gegründet sein müßte. Die Probleme, die sich aus der Anwendung ausschließlich deduktiver Methoden ergeben, treten besonders auffällig in Erscheinung im Fall des Sehens, das im Einzelnen im nächsten Kapitel besprochen wird. Die kombinatorischen Auswirkungen des Versuchs, in einem einzigen, funktionsfähigen Programm einen Bestand an Regeln unterzubringen, der einer Maschine gestattet, jedes Bild, das es von einer sogar vergleichsweise beschränkten Welt erhält, zu interpretieren, sind außerordentlich groß.

Der letzte Faktor ist das Fehlen jeder Absichtlichkeit, jeder Vorstellung von *Zweckbestimmung* bei vorprogrammierten Maschinen. Die Tatsache, daß es, wie wir gesehen haben, unmöglich ist, den Gedanken des Gewinnens in ein Schachprogramm einzubringen, ist nur ein Beispiel dafür. Sie wird zu einem noch schwerer wiegenden Nachteil im Fall von Sprachnutzungsprogrammen, weil der Zweck der Sprache darin besteht, Sinn zu vermitteln. Obwohl es sich als möglich erwiesen hat, Programme zu schreiben, die Wörter genau nach den grammatikalischen Regeln verarbeiten, hat es sich als viel weniger leicht dargestellt, ihnen eine Vorstellung von dem zu vermitteln, was die Wörter bedeuten. Zum Teil ist diese Schwierigkeit eine Folge der beiden anderen, oben diskutierten Faktoren. Der Sinn ist offenkundig etwas, das sich außer durch Erfahrung sehr schwer begreifen läßt, und das durch Erfahrung gewonnene Sinnwissen muß, wenn es in der Sprache genutzt werden soll, verallgemeinert werden. Auf dieses Thema kommen wir im folgenden Kapitel zurück.

Es gibt allerdings Umstände, unter denen auch wir selbst die Art von logischem Modell des deduktiven Denkens nutzen, mit dem die AI am besten zurechtkommt. Fächer wie Medizin und Naturwissenschaften haben Fortschritte erzielt als Folge unserer wachsenden Fähigkeit, das scheinbar willkürliche und zufällige Verhalten der Natur auf eine systematische und geordnete Reihe von Regeln und Gesetzen zurückzuführen. Dieser Prozeß könnte betrachtet werden als einer, in dem ein Modell der Natur hergestellt wird, das grundlegende Allgemeinbegriffe herausholt und jene kombinatorischen Alpträume vermeidet, die sich ergeben würden, wenn beispielsweise ein Arzt jeden Fall von Grippe als eine einzigartige Erscheinung behandeln oder ein Chemiker jede Reaktion erneut im Rahmen der Grundprinzipien erklären müßte.

Wissenschaftliche Daten, die auf diese Weise in feste Regeln gebracht und organisiert wurden, passen sehr leicht in künstliche Intelligenzmodelle, weil der Prozeß, eine wissenschaftliche Hypothese aufzustellen und zu beweisen, praktisch darin besteht, heuristische Begriffe in feste Prinzipien zu verwandeln oder den riesigen Entscheidungsbaum, der mögliche Ursachen mit erkennbaren Wirkungen verknüpft, auf das Wesentliche zurückzustutzen, das die Probe wiederholbarer Experimente zu bestehen vermag. Um einen Vergleich zu ziehen: Man könnte die Wissenschaft als einen Versuch beschreiben, die Regeln zu entdecken, an die sich die Natur hält, wenn sie ihre Schachfiguren auf dem Brett bewegt. Sobald diese Regeln einmal aufgestellt sind, können sie ziemlich leicht in ein Spielmodell der Intelligenz eingefügt werden.

Wird Wissen dieser Art durch eine kombinatorische Explosion bedroht, dann als eine Konsequenz gerade des Erfolgs der Wissenschaft; während die Spezialisierung nämlich immer mehr überhandnimmt und sich verzweigt, rufen die Zahl der genutzten Spielbretter, die Vielfältigkeit der Figuren oder Fakten, die im Spiel sind, und die Systeme von geltenden Regeln oder Naturgesetzen die Gefahr hervor, daß die menschliche Kapazität, Information aufzunehmen und zu behalten, weit überfordert wird.

Hier nun hat künstliche Intelligenz etwas anzubieten, und zwar in Form des »Expertensystems«. Die Fähigkeit des Computers, Information aufzunehmen, zu speichern und richtig wiederzugewinnen, übertraf unsere eigene schon in einem sehr frühen Stadium, nämlich, als man zuverlässige Reservespeicher erfunden hatte. Das Expertensystem ist eine Methode, diese gewaltige Speicherkapazität zu nutzen, um das Wissen einer Anzahl menschlicher Experten auf einem bestimmten Gebiet zu sammeln und zu vergleichen und damit eine elektronische Sachkenntnis zu schaffen, die auf Anforderung eine Spanne von Wissen und Erfahrung liefern kann, größer als jene, die irgendein Einzelner mit der Erfahrung eines ganzen Lebens sammeln oder in seinem Gedächtnis aufbewahren könnte.

Eines der Gebiete, auf dem Expertensysteme sich als besonders nützlich erwiesen haben, ist die Medizin. Für einen Arzt ist es allerdings von großem Wert, augenblicklich eine zweite Spezialistenmeinung zu erlangen, die auf der maßgeblichsten und aktuellsten Information beruht. Sie werden aber auch bei so unterschiedlichen Themen wie Geologie und Recht verwendet; es befinden sich Versionen in der Entwicklung, die als Software zur Anwendung bei Mini- und sogar Mikrocomputern zu Hause verkauft werden können.

Die Art von Intelligenz, die Expertensysteme nutzen, steht in sehr engem Zusammenhang mit der traditionellen Lehrbuchlogik jener Sorte, die sich mit Behauptungen und ihren Auswirkungen befaßt. Ein Beispiel: Die erforderliche Logik, um von Symptomen zu Diagnosen zu gelangen, ist genau dieselbe, wie sie bei vertrauten Beispielen folgender Art genutzt wird: Alle Hunde haben vier Beine. Alle Hunde bellen. Fido hat vier Beine und bellt. Ist Fido ein Hund? Vor kurzem hat die Erfindung einer Computersprache namens PROLOG, mit der die gesamte für ein Expertensystem gelieferte Information als implizierende Aussagen formuliert werden kann, die das Programm nach den Regeln des Prädikatorkalküls zu verarbeiten vermag, nach der Behauptung ihrer Befürworter einen Rahmen geschaffen, in dem jeder kodifizierte, nach genauen Regeln geordnete Wissensbestand in ein Expertensystem aufgenommen und rasch und auf vielseitige Weise zugänglich gemacht werden kann.

Beispielsweise wird ein gutes medizinisches System, wenn es eine Liste der Symptome erhält, die ein Patient aufweist, nicht nur mit einer Liste jener Krankheiten oder Zustände antworten, die zu den Symptomen geführt haben könnten, sondern auch mit Hinweisen auf weitere Symptome, nach denen man suchen sollte, um eine bestimmte Diagnose zu bestätigen. Eine weitere Verfeinerung, dann von großer Wichtigkeit, wenn Expertensysteme auf Gebieten wie der Medizin eingesetzt werden, wo ein Fehler katastrophale Folgen haben könnte, ist die, daß das Programm beauftragt werden kann, seine Schlußfolgerungen zu erläutern. Der Anwender kann somit überprüfen, ob die vom Programm angewendete Logik unangreifbar ist, und daß es keinen Fehler gemacht hat, der auf einem Versehen in der eigenen Datenbank beruht oder Folge unzureichender Information durch den Anwender ist. Einem Arzt mag klar sein, daß ein Patient, der über Übelkeit und eine Gier nach den unterschiedlichsten Speisen klagt, weiblich und im gebärfähigen Alter sein muß, aber ein Expertensystem kann das nicht wissen; wenn es ihm nicht mitgeteilt wird, könnte es leicht zu dem Schluß kommen, die Symptome deuteten auf eine akute Blinddarmentzündung.

Ob man von Expertensystemen behaupten kann, sie seien wirklich »intelligent«, ist eine völlig offene Frage. Die Verfechter der These behaupten, man könne Programme schreiben, die, sobald sie ausreichend verfeinerte Eingaben von menschlichen Experten erhalten, Gedanken unterscheiden und erklären, die von den betroffenen Personen vielleicht als bloße Vermutungen oder »Ahnungen« betrachtet werden. Strittig muß allerdings bleiben, ob es wirklich wünschenswert ist, allein auf der Grundlage einer computerisierten Vermutung einen großen chirurgischen Eingriff zu unternehmen oder nach einer Ölquelle zu bohren. Andererseits scheint klar zu sein, daß die eigentliche Intelligenz, um die es hier geht, jene der Experten ist, die für das System die Rohinformation liefern; nur wenn ein

Expertensystem in die Welt hinausträte und sich seine Informationen selbst beschaffen würde, wäre es in der Lage, ein vergleichbares Maß an Intelligenz zu beanspruchen. Jeder Versuch hingegen, ein Expertensystem zu schaffen, das eigene Forschung unternehmen könnte, würde natürlich unmittelbar auf die Probleme der kombinatorischen Explosion stoßen.

Unsere eigene Schlußfolgerung: Das Expertensystem ist, so nützlich es als Mittel sein mag, den ständig wachsenden Bestand an wissenschaftlicher Information zu registrieren und zu erschließen, im Grunde nicht mehr als ein weiterer Beweis für die wohlbekannte Fähigkeit des Computers, Symbole nach logischen Regeln zu speichern und zu verarbeiten. Als solcher bietet er uns kein Intelligenzmodell, das sonderlich erhellend wäre. Immerhin akzeptieren wir nicht einmal für unsere eigenen Zwecke Information als echte Sachkenntnis und damit als geeignetes Material für ein Expertensystem, wenn sie einerseits nicht formell nach denselben logischen Systemen geordnet ist wie jene, die Expertensysteme nutzen, und andererseits nicht in einem klar definierten und eindeutigen Entscheidungsbaum Platz findet. Ein Expertensystem »denkt« nur auf die formelle, klar formulierte, rationale Art, die wir selbst anwenden, wenn wir ein Buch schreiben oder eine wissenschaftliche Abhandlung vorbereiten. Wenn es wirklich ein Intelligenzmodell ist, dann eines von jener Art Intelligenz, die wir schon ziemlich gut begreifen.

Man kann einwenden, Expertensysteme und die Spiel- und Problemlösungsmodelle seien in Wahrheit eben nur Modelle; falls wir ihnen Gültigkeit beimäßen, mißverstünden wir die Natur unserer eigenen Intelligenz. Im Grunde geht es um eine philosophische Frage. Was meinen wir, wenn wir sagen, daß wir etwas verstehen? Verstehen ist ja etwas, das auf verschiedenen Ebenen stattfinden kann: Ein Kleinkind versteht schlicht als Sache der gewöhnlichen Erfahrung, daß Gegenstände, die man losläßt, zu Boden fallen; später mag dieses Kind mit der Zeit erfahren, daß diese Erscheinung nur eine Äußerung der Gravitationskraft ist, die in einer Reihe mathematischer Gleichungen ausgedrückt werden kann; noch später, wenn der Heranwachsende wissenschaftliche Neigungen besitzt, wird er entdecken, daß in Begriffen der Fundamentalphysik überhaupt kein Mensch versteht, was Gravitation ist! Die wichtigste Unterscheidung findet aber zwischen solchen Dingen statt, die wir als Folge unserer eigenen Erfahrung sozusagen aus erster Hand gelernt haben, und jenen, die wir verstehen, weil man sie uns abstrakt gelehrt oder erklärt hat. Die Zunahme menschlicher Erkenntnis kann als der Prozeß betrachtet werden, durch den wir die erste Art von Erkenntnis in die zweite überführen. So konnte Newton aus den Beobachtungen, daß Gegenstände herabfallen und die Planeten in ihren Bahnen bleiben, den Gedanken formulieren, daß Objekte einander anziehen.

Das Problem der künstlichen Intelligenz liegt, wie Kritiker meinen, darin, daß sie sich ganz auf Erkenntnis der zweiten Art stützt. So kann man ein Schachprogramm verfassen, das beträchtliches Verständnis für die Beziehung zwischen Schachfiguren, besitzt, die nach formellen, abstrakten, in Symbolen ausdrückbaren Regeln bewegt werden. Bis jetzt war es aber nicht möglich, ein Programm zu schaffen, das dieselbe Menge Schachfiguren verstehen kann, wenn sie bunt durcheinander in einer Schachtel liegen, wo jeder Versuch, ihre relative Stellung zueinander in symbolischen, algorithmischen Begriffen auszudrücken, wegen der kombinatorischen Explosion scheitert.

Menschliche Wesen glauben natürlich aus Gewohnheit, die Situation auf dem Schachbrett verlange unendlich mehr Intelligenz als jene in der Schachtel, aber zu dieser Meinung konnte es nur kommen, weil wir die Intelligenz, die wir durch Erfahrung erworben haben, fast ganz für selbstverständlich halten, obwohl sie im Sinne der Informationsverarbeitung weit anspruchsvoller sein kann als das erforderliche Können, um ordentlich Schach zu spielen. Ein Kind lernt rasch, daß eine auf den Kopf gestellte Pyramide nicht lange aufrecht bleibt, und entwickelt die so gewonnene Erfahrung zu einer alltäglichen Erkenntnis fort: Schwere Gegenstände kippen rasch in die eine oder andere Richtung, wenn man versucht, sie in labilen Stellungen im Gleichgewicht zu halten. Ein Programm wie SHRDLU, das mit Formen umgeht, »weiß« ebenfalls, daß eine Pyramide nicht auf ihre Spitze »gestellt« werden kann, aber nur deshalb, weil es einen Satz an Regeln erhalten hat, darunter die, daß Pyramiden auf die Grundfläche gestellt werden müssen. Das Programm enthält keine »Intelligenz«, die etwas grundsätzlich Absurdes darin erblikken würde, die Cheopspyramide auf die Spitze gestellt zu errichten.

Die Frage nach der Erkenntnisebene, die AI-Programmen erreichen, wird noch deutlicher bei Programmen, die sich mit Sehen und Sprache befassen; sie sind Thema des nächsten Kapitels. Sogar im Spiel- oder Problemlösungsbereich ist aber klar, daß die Schwierigkeiten im Prinzip von der Art der verwendeten Modelle herrühren. Die gesamte AI-Forschung geht vom sogenannten »Top-down« -Ansatz aus (»Vorgehen von oben nach unten«); sie versucht, Maschinen mit Programmen zu beliefern, die relativ hochstehende Intelligenzarten umfassen. Dieses Bestreben, fertige Programme zu liefern, die alles an »Intelligenz« enthalten, was eine Maschine benötigt, um Schach zu spielen oder eine Krankheit zu diagnostizieren, ist unter den Beschuß derer geraten, die einwenden, echte Intelligenz sei nur zu erzielen, wenn man völlig andere Mittel einsetzt und von unten nach oben (»bottom-up«) vorgeht. Die Mißerfolge der künstlichen Intelligenz rührten, wie man behauptet, im Grunde von dem Versuch her, Maschinen zum schnellen Laufen zu bewegen, bevor sie gehen können.

Es geht bei der Debatte nicht allein darum, welche Art von Aufgaben man in Angriff nehmen sollte, sondern auch um die Grundfrage, welche Ebene der Informationsverarbeitung als Fundament für Intelligenz gelten soll. Wie wir gesehen haben, hat der klassische Top-down-Ansatz der künstlichen Intelligenz sich mit den »höheren Gaben« von Vernunftschlüssen, Deduktion und abstraktem Denken befaßt und den Versuch unternommen aus ihnen programmierbare Modelle zu gewinnen. Das Scheitern dieser Bemühung, ein Intelligenzmodell hervorzubringen, das auf die reale Welt angewendet werden kann, führte zu der Ansicht, die einzige mögliche Alternative beginne mit dem, was wir über die grundlegenden Komponenten für die Informationsverarbeitung durch das Gehirn, also das Neuronennetz, wirklich wissen, Intelligenz müsse demnach von unten herauf aufgebaut werden. Erst dann, so wendet man ein, werden wir davon ausgehen dürfen, daß die künstliche Intelligenz, mit der wir uns befassen, wirklich dasselbe ist wie natürliche Intelligenz und nicht bloß ein oberflächliches Modell, das ihr unter manchen Umständen täuschend ähnlich sieht.

Wie viele Diskussionen zwischen zwei Seiten, die von unvereinbaren Standpunkten ausgehen, kann die Kontroverse zwischen »Top-down«- und »Bottom-up«-Verfechtern rasch in Fruchtlosigkeit enden. Gegen den Erfolg der Top-down-Methode auf Gebieten wie Spiel und Expertensystemen können die Bottom-up-Enthusiasten ihre Leistung in die Waagschale werfen, die Bereiche des menschlichen Gehirns ausgemacht zu haben, die an anderen Arten intelligenten Verhaltens beteiligt sind. So konnte der britische Physiologe David Marr nachweisen, daß ein ganz bestimmter Teil des Gehirns, das Cerebellum (Kleinhirn), eine augenblickliche Entscheidung in Muskelaktion umsetzt, etwa, um zu bestimmen, die Reaktion auf eine nachlässige Rückgabe beim Tennis solle darin bestehen, daß man ans Netz stürmt und einen Vorhandvolleyball hinüberjagt. Unter solchen Umständen verhält sich das Gehirn nicht wie ein AI-Programm, das aus Grundprinzipien eine Folge von Gliedmaßenbewegungen plant. Die Entscheidung, nach vorn zu laufen und Vorhand zu spielen, wird vielmehr durch Bezug auf eine aus einer ganzen Reihe von Reaktionen bewirkt, die für sofortigen Gebrauch gespeichert sind. Aus Marrs Erkenntnissen könnte man deshalb den Schluß ziehen, das Kleinhirn sei der Ort, wo man mit der Suche beginnen müsse, wenn wir mehr darüber erfahren wollen, auf welche Weise das Gehirn die Bewegung von Gliedmaßen organisiert.

Jene, die den Top-down-Ansatz befürworten, können aber, sobald seine Schwächen kritisiert werden, damit zurückschlagen, daß sie die Vorstellung als lächerlich bezeichnen, es wäre möglich, den Unterschied zwischen einem guten Tennis- (oder Schach-)spieler und einem schlechten dadurch zu erklären, daß man die Eigenschaften von Hunderttausenden Neuronen sorgfältig untersucht.

Die Auseinandersetzung ist für die Robotik natürlich von enormer Bedeutung. Die Ingenieure müssen bei der Konstruktion mechanischer Intelligenz für künftige Roboter die Wahl treffen einerseits zwischen der Bottom-up-Denkweise, wobei sie zu betonen haben, daß ein festes Fundament nur dann geschaffen werden kann, wenn man von Anatomen und Neurophysiologen jene Hinweise übernimmt, die sie über das natürliche Gehirn bieten können, und andererseits der Top-down-Methode, die den Digitalcomputer als feste Größe unterstellt und die Meinung vertritt, am Ende würden alle Schwierigkeiten der Geschicklichkeit von Programmierern zum Opfer fallen.

Unsere eigene Überzeugung ist die, daß man Erfolg haben wird durch die Kombination von Erkenntnissen beider Denkweisen. Wie wir in den Kapiteln 10 und 11 zeigen wollen, kann Maschinen, die nach dem Prinzip eines Neuralnetzes gebaut sind, sehr viel Intelligenz mit innerer, unprogrammierte Lernfähigkeit vermittelt werden. Diese Intelligenz läßt sich aber durch Nutzung von Ideen aus dem Top-down-Ansatz verfeinern und erweitern. Es scheint allerdings wenig Zweifel zu geben, daß die AI dadurch, daß sie so entschieden auf die hohen Gipfel menschlicher Intelligenz zielte, ganze Ketten von Vorbergen übersehen hat, die zuerst erklommen werden müssen. Vor allem werden Spiel- und Problemlösungsmodelle in der realen Welt niemals von Wert sein, solange nicht vorher die Grundprobleme der Wahrnehmung und der Interpretation von Sinnesdaten und Sprache gelöst sind. Gleichzeitig wird die Behebung dieser und anderer Schwierigkeiten aber ganz gewiß durch Ideen und Methoden der Top-down-Methode gefördert werden.

9
Augen, zu sehen, und Ohren, zu hören

Der Ring, wo Nam' und Bild sich treffen
W. H. Auden, »Prologue«

Auf der Liste der Herausforderungen, die von der Robotik bewältigt werden müssen, wenn Roboter wirklich anpassungsfähig und vielseitig werden sollen, steht die Beherrschung von Sehen und Sprache ganz oben. Industrieroboter werden in der Lage sein müssen, zu sehen, was sie tun, wenn sie jemals aus der blinden Welt der vorprogrammierten Wiederholung ausbrechen wollen, in der sie jetzt hausen; und wenn sie neben menschlichen Wesen arbeiten wollen, werden die Möglichkeiten der Zusammenarbeit eng begrenzt bleiben, bis mit Alltagsprache und ohne die Verwendung von Tastaturen und Spezialvokabularen Kommunikation erreicht werden kann. Etwas weniger augenscheinlich ist vielleicht die Bedeutung von Sehvermögen und Sprache für das grundsätzlichere Problem, eine bedeutsame Stufe mechanischer Intelligenz zu erreichen.

AI ist nicht allein durch die kombinatorische Explosion auf die Welt von Spielbrett und Kinderlaufstall eingeschränkt worden; das liegt auch daran, daß, da die Fähigkeit mangelt, die Welt ringsum zu sehen oder natürliche Sprache zu verstehen, Maschinen nur über einen begrenzten Bereich an Themen verfügen, auf die ihre Intelligenz angewendet werden kann. In der Praxis gehen Sehvermögen und Sprache Hand in Hand, denn zu verstehen, was man sieht, bedeutet automatisch, es mit Etiketten oder Beschreibungen zu versehen, und solange eine Maschine nicht selbst sehen kann, wird sie mit Sprache wenig anfangen können – worüber sollte sie reden? Die wechselseitige Abhängigkeit der beiden Fähigkeiten ist besonders auffällig bei Gesprächen zwischen zwei menschlichen Wesen. Wenn Menschen miteinander reden, müssen sie entweder über etwas sprechen, das beide gesehen, oder ein Thema diskutieren, über das beide durch Lektüre oder Zuhören Information erworben haben. Die einzige Ausnahme von dieser Regel ist der Lehrprozeß, bei dem eine Person der anderen Information vermittelt, die für diese neu ist; in der Praxis hängt aber sogar das von einer gemeinsamen Erfahrungsgrundlage ab – wie kann man jemandem, der von Geburt an blind ist, einen Sonnenuntergang oder eine Landschaft schildern?

Der erste, der die Probleme, Sehvermögen und Sprache miteinander in Beziehung zu setzen, ernsthaft anging, war Terry Winowgrad, dessen Anfang der siebziger Jahre entwickeltes SHRDLU-Programm einen Computer befähigen sollte, eine winzige Welt von Würfeln und Pyramiden zu sehen und zu verstehen und überdies einem menschlichen Fragesteller zu beschreiben, was er sah und wie er es anstellen wollte, mit den Gegenständen umzugehen, damit vorgeschriebene Ziele erreicht werden konnten. Wie wir im vorigen Kapitel gesehen haben, stützt sich SHRDLU auf einen klassischen »Top-down«-Ansatz künstlicher Intelligenz für den Umgang mit seiner Welt; das Programm »versteht« nicht, daß Würfel dreidimensional sind oder Pyramiden fest auf ihren Grundflächen stehen können, handelt aber innerhalb der Regeln, die es erhalten hat, genauso wie ein Schachspieler innerhalb der Spielregeln. Die Methoden, die Winowgrad und andere nutzten, um die Probleme des Sehvermögens anzupacken, beginnen ebenfalls mit dem traditionellen »Top-down«-Paradigma. Die Aufgabe, die sie sich stellten, wird allgemein als »Szenenanalyse« bezeichnet. Ihre Methoden beruhen auf der Annahme, es sollte möglich sein, Regelwerke oder Algorithmen zu schaffen, die einen Computer befähigen, ein Bild dadurch zu interpretieren, daß er es in ein geometrisches Muster zerlegt, das durch Bezug auf einen Vorrat an Beispielmustern in seinem Speicher identifiziert werden kann.

An dieser Stelle muß betont werden, daß Szenenanalyse nicht der einzig mögliche Weg ist, das Problem anzugehen. Wir werden uns in nachfolgenden Kapiteln mit den ganz anderen Methoden befassen, die allgemein den Namen »Mustererkennung« tragen und keine Vorausprogrammierung oder die Formulierung von Algorithmen voraussetzen, sondern sich stattdessen auf die Fähigkeit von Lernautomaten stützen, als Antwort auf Eingaben ihre eigenen Zustandsstrukturen aufzubauen. In diesem Kapitel dagegen gehen wir auf den Fortschritt ein, den der Programmieransatz erzielt hat, zuerst bei Bilderkennungssystemen und dann bei natürlicher Sprache.

Die Möglichkeit künstlichen oder Robotersehvermögens wurde erstmals Ende der fünfziger Jahre erörtert, als die amerikanische Raumfahrtbehörde NASA die Aussichten erwog, Roboterfahrzeuge auf dem Mond und den inneren Planeten zu landen, um deren Oberflächen zu erforschen. Solche Roboter mußten offenkundig viel nützlicher sein, wenn sie sehen konnten, wo sie hinfuhren, und das Gesehene zu interpretieren vermochten, um Hindernissen auszuweichen, Bodenproben zu sammeln und, nicht zuletzt, wieder zum

Stützpunkt zurückzufinden. Die Tatsache, daß die unbemannten Fahrzeuge, die in den siebziger Jahren dann wirklich auf anderen Planeten landeten, Bilder zur Erde zurücksenden mußten, um Anweisungen zu erhalten, oder sonst einfach blind vorgingen, zeigt die enormen Schwierigkeiten, die das Sehvermögen für künstliche Intelligenz aufwirft.

Als die NASA erstmals Interesse für das Thema bekundete, wußten Wissenschaftler in den Hauptzentren der AI-Forschung am MIT und an den Universitäten Stanford und Edinburgh in der Tat kaum, wo sie anfangen sollten. Die Größenordnung des Problems läßt sich erkennen, wenn wir die schiere Menge an Information betrachten, die verarbeitet werden muß, bevor irgendein Maß an Intelligenz, wie wir sie definieren würden, erzielt werden kann. Das eigentliche »Einfangen« eines Bildes bereitet wenig Schwierigkeiten; eine Fernsehkamera sammelt nicht nur alle notwendigen Informationen über eine Szene, die sich der Kamera darbietet, sondern kann auch in geeigneter digitaler Form kommunizieren. Wie fast allgemein bekannt, besteht das Bild eines Fernsehschirms aus Reihen von Punkten oder »Pixeln«; die Elektronenschleuder in der Kathodenstrahlröhre tastet die Pixelreihen in der Sekunde 25mal horizontal ab. Die Intensität jedes Pixels wird dadurch der Reihe nach verstärkt oder verändert. Ein Bild mit der Qualität des normalen häuslichen Fernsehgeräts enthält etwa 250 000 Pixel, und die Lichtintensität jedes Pixels kann generell auf einer Skala von 0 bis 255 verändert werden, um Farbabstufungen zwischen reinem Schwarz und reinem Weiß zu erzeugen. Jedes Pixel läßt sich deshalb durch eine achtstellige Zahl im Binärcode darstellen (zwischen 00000000 und 11111111). Die Verarbeitung des vollständigen Bildes umfaßt eine Viertelmillion solcher Zahlen oder insgesamt zwei Millionen Informationsbits. Erst vor vergleichsweise kurzer Zeit ist es durch die Erfindung der sogenannten »intelligenten Rahmenspeicherung« möglich geworden, diese Leistung in »Echtzeit« auszuführen – das heißt, 25 einzelne Bilder so schnell zu verarbeiten, wie die Kamera sie erzeugt. Der eigentliche Ablauf der intelligenten Rahmenspeicherung braucht uns nicht weiter zu bekümmern; ihre Funktion besteht darin, vorübergehend ein ganzes Bild zu speichern und intelligent daran zu arbeiten, um seine bedeutsamen Merkmale zu identifizieren und herauszuheben.

Die wichtige Frage lautet natürlich: Welche Merkmale eines Bildes sind bedeutsam? Um diese Frage zu klären, mußten die Wegbereiter des Fachs als erstes die zu analysierenden Szenen vereinfachen. Die Oberflächen von Mond, Mars oder Venus mochten Bilder liefern, die schon für ein menschliches Auge, geschweige denn für das einer ziemlich primitiven Maschine rätselhaft waren, und es ist natürlich eine Voraussetzung der AI-Methode im Hinblick auf das Sehvermögen, daß der Programmierer jedes mögliche Objekt vorausbedenkt, das gesehen werden kann, weil er vorher einen Algorithmus dafür schaffen muß, daß es erkannt wird. Fachleute auf dem Gebiet der Bilderkennungssysteme waren deshalb ebenso wie jene auf dem der Problemlösung dazu gezwungen, den Inhalt der Welten, in denen ihre Maschinen operierten, auf einfache Objekte wie Kinderbauklötze zu reduzieren. Auf dieser Ebene wurde ein möglicher Ansatzpunkt sichtbar.

Wenn man eine Szene, die eine Anzahl einfacher, rechtwinkliger Formen enthielt, richtig beleuchtete, so daß Verwirrung stiftende Schatten beseitigt und die Ecken zwischen Oberflächen auf verschiedenen Ebenen hervorgehoben wurden, konnte man aus ihr eine »Strichzeichnung« gewinnen, etwa so, wie man ein Blatt durchsichtiges Papier auf eine Aufnahme der Skyline von New York legt und die Umrisse der höchsten Gebäude nachzeichnet. In einem solchen Bild sind die bedeutsamen Merkmale offenkundig jene Linien, mit denen die Kanten von Objekten dargestellt werden, und die Ecken, wo zwei oder mehrere Kanten zusammentreffen. Schon die Aufgabe, vereinfachte Strichzeichnungen dieser Art zu gewinnen, ist überaus schwer und erforderte bis zum Aufkommen der intelligenten Rahmenspeicherung ein hohes Maß an verfeinerter Programmierung.

Diese Leistung, aus einem Bild bedeutsame Merkmale zu gewinnen, ist allerdings eine, die wir auf irgendeiner Stufe selbst erzielt haben müssen. Vieles deutet nämlich darauf hin, daß die Rolle der Sehrinde, jenes Gehirnteils, der als erster die von den Stäbchen und Zapfen in der Netzhaut des Auges übermittelte Information empfängt, darin besteht, sich auf Stellen eines Bildes zu konzentrieren, wo plötzliche Veränderungen von Intensität oder Farbstufe Winkel und Kanten bezeichnen. Mit anderen Worten: Die Sehrinde sucht sich die entscheidende Information heraus und speichert sie. Diese Information besteht aus einigen Linien, die eine Art blitzschneller Skizze dessen darstellt, was das Auge sieht. Der Rest des Gehirns kann diese Skizze dann dazu verwenden, sich nach einem bestimmten Bild »zu orientieren«. Wahrhscheinlich liegt das daran, daß wir die vom Auge gelieferten Daten auf diese Weise gewohnheitsmäßig »vorverarbeiten« und rasch ihre Hauptmerkmale identifizieren, so daß wir mühelos ein Bild erkennen, in dem eine komplexe Abbildung auf einige wesentliche Linien reduziert worden ist. Anders wäre es schwer, die Leichtigkeit zu begreifen, mit der wir augenblicklich die Karikatur eines Politikers erkennen oder ein vertrautes Gesicht aus den wenigen, raschen Strichen zusammensetzen, die ein Porträtist hinwirft, um Haaransatz, Nasenform und Gesichtsumriß anzudeuten.

Bei künstlichen Systemen muß eine gewisse Flexibilität zugelassen werden, damit fehlende Teile einer Linie, die vielleicht durch Lichtreflexe oder Kamera-»Rauschen« ausgefallen sind, ergänzt werden können, um ein »vernünftiges« Bild zu liefern. Die eigentlichen Schwierigkeiten beginnen aber erst, wenn die Strichzeichnung vorliegt – wie soll der Computer es anstellen, die Sammlung von Ziffern, in die das Bild nun verwandelt worden ist, in eine Erkenntnis zu übertragen, daß das Gesehene in der Tat aus zwei Würfeln und einer Pyramide besteht oder woraus auch immer. Wie bei jedem vorprogrammierten System ist ein Algorithmus erforderlich.

Den ersten echten Fortschritt zu dem Ziel, eine angemessene Methode dafür zu finden, daß das Problem »berechenbar« wurde, erzielte R. B. Roberts am MIT. Er stützte sich in starkem Maß auf die Regeln der projektiven Geometrie, jene Art von Gesetzen, die wir alle beherrschen, wenn wir zum erstenmal erkennen, daß ein Würfel nicht in bloß zwei, sondern in drei Dimensionen dargestellt werden kann. Die Elemente von Roberts' Methoden werden anschaulich, wenn wir ein einfaches Beispiel der Art von Szene nehmen, die AI erfolgreich analysiert hat. Unterstellen wir, daß zwei Gegenstände sichtbar sind, ein Würfel und ein Keil. Sobald die Linien für die Kanten der verschiedenen Ebenen gefunden sind, können die Ecken, wo sie sich treffen, identifiziert und numeriert werden, und zwar so:

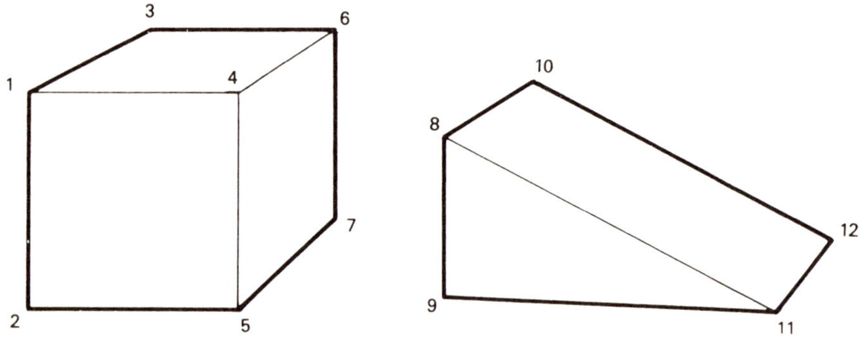

Die Szene mit Würfel und Keil

Die Beziehung zwischen den Ecken, das heißt, ihre Lage innerhalb des Bildrahmens, und die Art, in der sie durch die Kanten der Gegenstände verbunden werden, lassen sich nun in eine Matrix einbringen. Um der besseren Deutlichkeit willen zeigen wir das in Diagrammform, obwohl sie in den elektronischen Schaltungen eines Computers offenkundig die Form einer Folge von Ziffern annimmt. Wenn wir die Ecken entlang der beiden Achsen aufführen und jeweils dort, wo zwei Ecken durch eine Kante verbunden werden, eine 1 in das Gitter setzen, sieht die Matrix so aus:

	1	2	3	4	5	6	7	8	9	10	11	12
1	0	1	1	1	0	0	0	0	0	0	0	0
2	1	0	0	0	1	0	0	0	0	0	0	0
3	1	0	0	0	0	1	0	0	0	0	0	0
4	1	0	0	0	1	1	0	0	0	0	0	0
5	0	1	0	1	0	0	1	0	0	0	0	0
6	0	0	1	1	0	0	1	0	0	0	0	0
7	0	0	0	0	1	1	0	0	0	0	0	0
8	0	0	0	0	0	0	0	0	1	1	1	0
9	0	0	0	0	0	0	0	1	0	0	1	0
10	0	0	0	0	0	0	0	1	0	0	0	1
11	0	0	0	0	0	0	0	1	1	0	0	1
12	0	0	0	0	0	0	0	0	0	1	1	0

Matrix für Würfel und Keil

Es ergibt sich sofort, daß die beiden Gruppen von Ecken, 1–7 und 8–12, da sie keine Kanten gemeinsam haben, zwei verschiedene Objekte darstellen. Überdies sollte deutlich sein, daß, den unwahrscheinlichen Umstand beiseitegelassen, wo ein Gegenstand genau von vorn gesehen wird, jede sechsseitige Figur wie der Würfel sieben Ecken besitzt und eine Matrix 7 × 7 bildet, und daß eine Keilform vier Ecken besitzt, es sei denn, drei ihrer Oberflächen wären sichtbar, so daß die Zahl der Ecken um ebensoviel größer ist wie die Matrix.

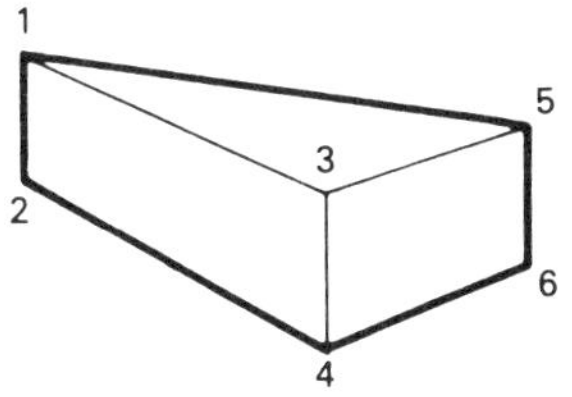

	1	2	3	4	5	6
1	0	1	1	0	1	0
2	1	0	0	1	0	0
3	1	0	0	1	1	0
4	0	1	1	0	0	1
5	1	0	1	0	0	1
6	0	0	0	1	1	0

Ein Keil mit drei sichtbaren Seiten und der entsprechenden Matrix

Man erkennt verhältnismäßig leicht, daß ein Programm verfaßt werden könnte, das eine Vielzahl von Matrizen speichert, bei denen jede einem Gegenstand bestimmter Form entspräche, und auch die Orientierung eines Gegenstands zu einer Matrix bestimmter Form in Beziehung zu setzen vermag. Fügt man noch einige weitere Regeln hinzu, kann das Programm auch kompliziertere Szenen bewältigen. Nehmen wir, zum Beispiel, an, der Keil werde so bewegt, daß er vom Aufnahmewinkel der Kamera aus gesehen den Würfel überlappt. Die Ecken in der Szene würden nun wie folgt numeriert werden:

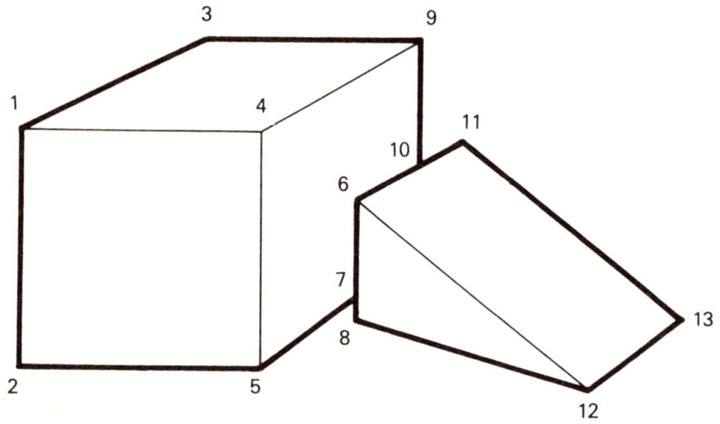

Szene mit überlappenden Gegenständen

Vorausgesetzt, das Programm beinhaltet eine Regel, wonach »T-Verbindungen« wie bei den Ecken 10 und 7, die nur auftreten, wenn zwei Gegenstände sich überlappen, unbeachtet bleiben sollen, würde es trotzdem eine Matrix liefern, die zwei verschiedene Gegenstände zeigt; obwohl die hintere rechte Ecke unten des Würfels jetzt verdeckt ist, wäre die Matrix für den Würfel als solche immer noch erkennbar, falls dem Programm ein wenig Spielraum gegeben wird, diese Art von Erscheinung zu bewältigen. Durch den Zusatz weiterer Regeln, vielleicht jener über die Interpretation paralleler Linien, würde dem Programm erlauben, zwischen Gegenständen verschiedener Form zu unterscheiden, auch wenn Zahl und Verhältnis der Ecken gleich blieben. Beispielsweise würden in der Szene unten die schrägen Linien, mit denen die Ecken 4 und 5 und 6 und 7 verbunden werden, die Tatsache verraten, daß der Gegenstand kein Würfel ist, weil sie nicht zu jenen parallel verlaufen, die die Ecken 1 und 2 miteinander verbinden.

Man kann aber leicht erkennen, daß Roberts' Methoden selbst dann, wenn sie auf eine Welt beschränkt sind, die nur die regelmäßigen Vierecke enthält (das heißt, die Formen der klassischen Geometrie, die vielleicht im Klassenzimmer häufiger vorkommen als in der Fabrik, geschweige denn auf der Mondoberfläche), rasch zu Berechnungsprozessen von alptraumartigem Umfang führen. Aus diesem

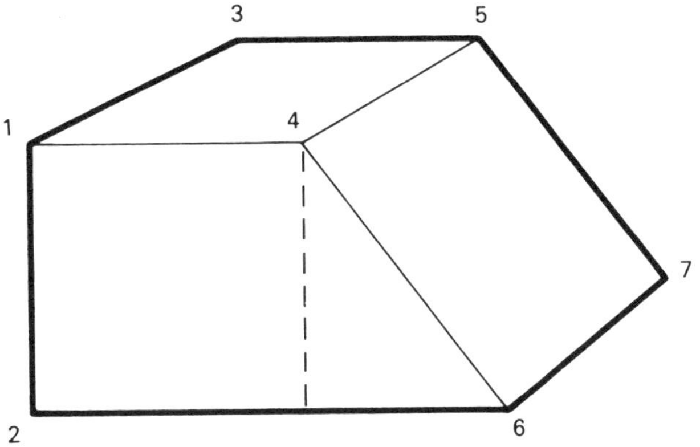

Ein assymetrischer Gegenstand

Grund begann man nach Algorithmen zu suchen, die einfacher anzuwenden waren. Der Ansatz, der sich am bedeutsamsten und wertvollsten erwiesen hat, war der, für den Adolfo Guzman am MIT bahnbrechende Arbeit geleistet hatte. Später wurde er erweitert von Max Clowes an der Universität Sussex. Auch hier ist Ausgangspunkt die vereinfachte Strichzeichnung der Szene, aber nachdem die von Guzman und Clowes erfundenen Programme die Kanten und Ecken gefunden haben, verwenden sie diese als Hinweise auf die Beziehungen zwischen den Oberflächen, die sie einschließen. Wenn wir also zur ersten untersuchten Szene zurückkehren und die Ecken auf dieselbe Weise numerieren, können wir durch Buchstaben fünf Oberflächen bezeichnen.

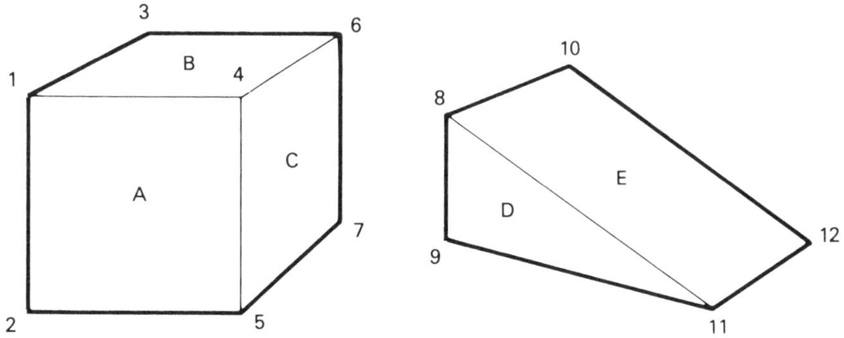

Die Szene mit Würfel und Keil und den fünf bezeichneten Oberflächen

Läßt man vorübergehend die geometrische Bedeutung der Ecken außer acht, kann eine mathematische Beschreibung der Beziehung zwischen Oberflächen und Ecken formuliert werden, die wie im folgenden Diagramm darzustellen ist:

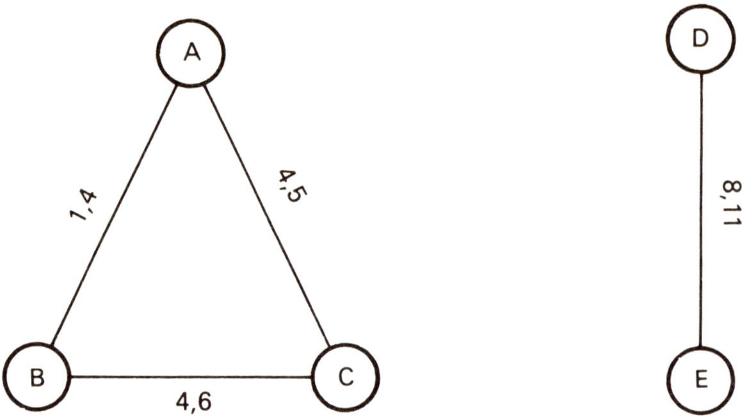

Diagramm für die Beziehung zwischen Oberflächen und Ecken

Hier stellen die Kreise oder Knoten die Oberflächen dar. Die Verbindungslinien sind numeriert, um anzuzeigen, welche Ecken sie gemeinsam haben. Erneut kann die Schlußfolgerung gezogen werden, daß zwei getrennte Gegenstände vorhanden sind, und klar ist ebenfalls, daß Gegenstände mit verschiedenen Formen Diagramme oder, innerhalb des Computers, Formeln verschiedener Art hervorrufen werden.

Die Guzman-Clowes-Methoden werden auch viel komplizierteren Ideen zu den Beziehungen zwischen verschiedenen Gegenständen gerecht. Kehren wir nun zu der Szene zurück, in der sich Würfel und Keil überlappen. Versorgen wir den Computer, statt ihn anzuweisen, die T-Verbindungsecke einfach nicht zu beachten, mit einigen einfachen Regeln über verschiedene Arten von Ecken und ihre Bedeutung, kann die Szene einigermaßen genau interpretiert werden. Nur zwei Beispiele: Dem Programm kann einverleibt werden, daß T-Verbindungen eine Überlappung von Gegenständen bezeichnen und sternförmige Verbindungen wie bei Ecke 4 eine Ecke anzeigen, die der Kamera näher ist als die pfeilförmigen Verbindungen an den Ecken 1, 5 und 6. Die mathematische Formel, die aus der Szene gewonnen wird, macht dann klar, daß der Keil die Oberfläche C des Würfels überlappt und die Kamera den Würfel von schräg oben rechts betrachtet. Es hat sich als möglich erwiesen, Algorithmen dieser Art so zu erweitern, daß sie gekrümmte und im Schatten liegende Oberflächen sowie komplexere Formen bewältigen können. Es wäre aber, selbst wenn es im Prinzip möglich sein sollte, einfach unpraktisch, einen Computer mit der Erinnerung an die Formel auszustatten, die sich aus jedem möglichen Gegenstand ergibt, der sogar in einer relativ begrenzten Welt auftauchen könnte. Die meisten Gegenstände im realen Leben bestehen ja aus zusammengesetzten Formen. Aufgefordert, so einfache Dinge wie Schraube und Mutter nach ihren geometrischen Formen zu beschreiben, würden wir sagen müssen, die erste sei ein Stab mit einer Scheibe an einem Ende, die zweite eine dicke Scheibe mit einem Loch in der Mitte. Tatsächlich spricht viel für die Ansicht, wir selbst stellten uns komplexe Objekte auf diese Weise als Kombinationen einfacherer Formen vor, zumindest dann, wenn wir im Kindesalter das erstemal von ihnen erfahren. So zeichnen kleine Kinder Bäume in der Regel als aufrechte Säulen mit ziemlich gleichförmigen, bauschigen Blättern daran oder Menschen als runde Köpfe und Körper mit einfachen Strichgliedmaßen.

Der entscheidende Schritt, der die AI von einfachen zu zusammengesetzten Formen voranbrachte, ergab sich aus der Forschung von P. W. Winston am MIT Mitte der siebziger Jahre. Davon ausgehend, daß die von Guzman und Clowes gefundenen Methoden inzwischen ein gewisses Maß an Zuverlässigkeit bei der Identifizierung eines Bereichs einfacher Objekte erlangt hatten, wies Winston nach, wie ein Programm diese Elemente, sobald sie identifiziert waren, in, wie er sie nannte, »semantischen Netzen« anordnen konnte, um kompliziertere Objekte darzustellen. Wenn wir uns das philosophische Lieblingsobjekt, den Tisch ansehen, können wir erkennen, wie seine Bestandteile sich zu einem von Winstons Netzen verbinden. Der Prototyp eines Tischs könnte beschrieben werden als vier Säulen, die eine Platte tragen, zeichnerisch so dargestellt:

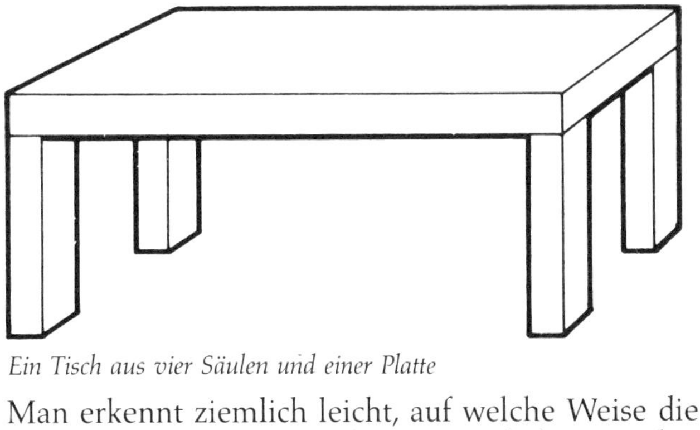

Ein Tisch aus vier Säulen und einer Platte

Man erkennt ziemlich leicht, auf welche Weise die Guzman-Clowes-Methode es einer Maschine ermöglichen würde, vier (oder, bei leicht veränderter Perspektive, drei) Säulen und eine Platte zu erkennen. Die Regeln über die Interpretation von T-Verbindungen würden auch die Information erbringen, daß im Fall der drei Säulen, die in ihrer Gesamtheit sichtbar sind, die Ecken der Platte die Oberseite der Säulen überlappen, was für die Platte die Mitteilung »Eckträger« (ET) vermitteln würde. Ein auf Winstons Programm beruhendes Programm wäre dann in der Lage, für das Bild ein semantisches Netz aufzubauen, das in Diagrammform so aussähe:

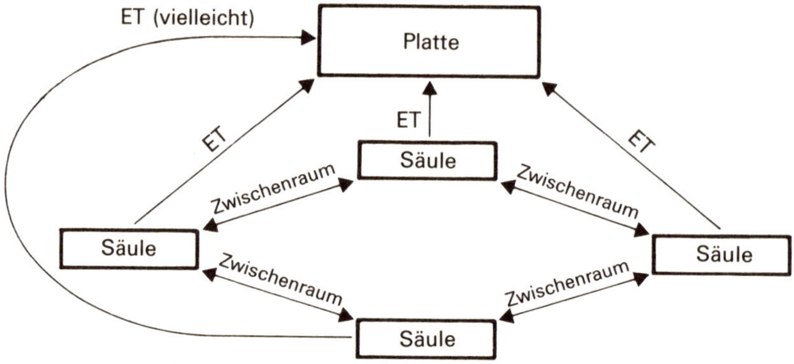

Ein semantisches Netz für einen Tisch

Ein Programm, das semantische Netze dieser Art zu konstruieren vermag, kann durch einen Schulungsprozeß lernen, was sie bedeuten oder darstellen. Beispielsweise wäre es möglich, eine ganze Reihe von Szenen zu zeigen, die sehr einfache Tische dieser Art in einer Vielzahl von Positionen enthalten, und dem Computer in jedem einzelnen Fall zu mitzuteilen, ob die Bezeichnung »Tisch« für das von ihm konstruierte Netz angemessen ist, so daß Wissen darüber, was einen Tisch darstellt und was nicht, stufenweise erlangt werden kann. Diese Art von Schulung würde etwa in das normale »Tischnetz« die »Vielleicht«-Verbindung zwischen der vierten Säule und der Platte einbauen, um die Möglichkeit zu berücksichtigen, daß von unten her gesehen alle vier Ecken getragen werden, von oben gesehen das vierte Bein aber völlig unsichtbar ist. Winston betonte auch, wie wichtig es ist, der Maschine so viele der Objekte wie möglich vorzuführen, die beinahe, aber nicht ganz »Tische« sind – etwa ein Gebilde dieser Art.

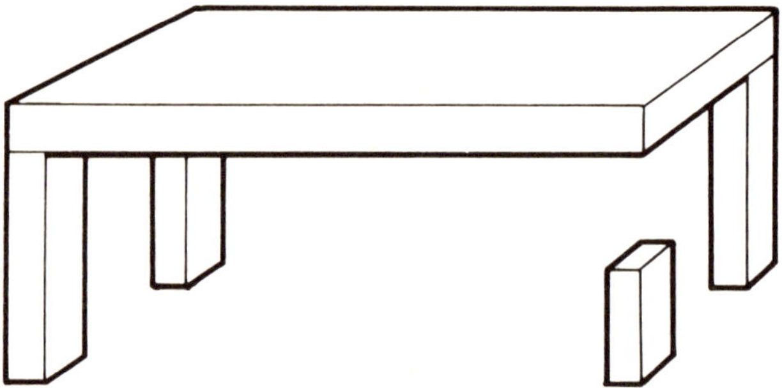

Ein »Nicht-Tisch«

Ein Computer, der Programme vom Typ Guzman-Clowes und Winston nutzt, ist somit bis zu einem gewissen Grad fähig, durch Erfahrung zu lernen, und vermag ein gewisses Maß an Verallgemeinerung zu liefern. Beispielsweise könnte er sehr wohl einen Tisch von solcher Art richtig erkennen, den er vorher noch nie gesehen hat. Bedauerlicherweise wird seine Nützlichkeit durch die Tatsache begrenzt, daß die meisten Probleme im Zusammenhang mit dem Sehen nicht in der Form auftreten, einen Tisch etwa von einem Stuhl zu unterscheiden, sondern daß sie fordern, einen Tisch von einem anderen zu unterscheiden. Obwohl semantische Netze induktiv lernen, können sie nicht ebenso leicht die gleichermaßen wichtige Aufgabe erlernen, bestimmte Fälle eines Bildes anstelle seiner verallgemeinerten Idee zu erkennen. Diese Schwierigkeit kann, wie wir im nächsten Kapitel sehen werden, durch unprogrammierte Mustererkennungssysteme überwunden werden, die fähig sind, Verallgemeinerung zu erzielen, ohne dazu Algorithmen zu erhalten oder selbst aufzustellen. Dadurch kann ein Mustererkennungsgerät Bilder speichern und erkennen, die von seinem Konstrukteur nicht vorausgesehen worden sind. Eine vorprogrammierte Maschine, die semantische Netze verwendet, kann dagegen die reale Welt oder auch nur kleine, sorgfältig geplante Teile davon wie eine Werkbank oder ein Montageband, lediglich dann bewältigen, wenn der Programmierer die Bestandteile jeder Art von Bild, das auftreten kann, voraussieht und Algorithmen liefert, mit der die Maschine sie richtig interpretieren kann. Das Programm mag zwar in der Lage sein, für ein neues zusammengesetztes Objekt ein semantisches Netz zu knüpfen, kann das aber nur dann tun, wenn es darauf programmiert worden ist, alle Teile zu identifizieren, aus denen das Objekt besteht. Solche Systeme geraten offenkundig sehr rasch an die kombinatorische Explosion, und auch hier führt ihre Unfähigkeit, das Anpassungsvermögen zu bieten, das in das menschliche System eingebaut zu sein scheint, zu der Frage, ob sie auf einem zutreffenden Modell für dessen Abläufe beruhen.

Auf jeden Fall wirkt der Gedanke semantischer Netze plausibel, sobald wir unsere eigenen Wahrnehmungsprozesse betrachten. Wenn wir einem unbekannten Objekt begegnen, neigen wir in der Tat dazu, es im Sinn seiner Bestandteile zu analysieren und beschreiben zu wollen, obwohl unsere Bezüge aus einer viel größeren Auswahl entnommen werden, als irgendein Computerprogramm sie verwendet. Ein Beispiel: Vor die Aufgabe gestellt, Neues in der Architektur zu beschreiben, beziehen wir uns vielleicht auf bekannte Formen – wir sprechen von einem »Schirm«-Dach oder einer »pilzförmigen« Kuppel. Es ist aber so, daß wir in unserem Alltagsleben relativ wenigen Bildern begegnen, die neuartig sind. Der größte Teil unserer Bildverarbeitung befaßt sich mit Szenen und Objekten, die bekannt sind oder sich zu bekannten Bildern leicht in Beziehung setzen lassen. Die Methoden, mit denen wir diese erkennen und identifizieren, scheinen keine nähere Beziehung zu den beschriebenen AI-Prozessen zu besitzen. Vor einen Tisch auch unbekannter Art gestellt, messen wir ihn nicht (jedenfalls nicht bewußt) an einem semantischen Netz, um sein Maß an »Tischhaftigkeit« festzulegen, sondern erkennen ihn sofort als die Abwandlung eines vertrauten Themas. Nur wenn der Tisch vielleicht ein so ausgefallenes Avantgarde-Produkt ist, daß man ihn mit einer Plastik oder einem Blumenübertopf verwechseln könnte, greifen wir tatsächlich zurück auf eine algorithmische Beschreibung dessen, was ein Tisch ist, um entscheiden zu können, ob wir ihn zulässigerweise als Abstellfläche für eine Tasse Kaffee verwenden dürfen.

Die Wahrscheinlichkeit, daß der vorprogrammierte, algorithmische Ansatz unzulänglich ist, muß sich noch vergrößern durch die Tatsache, daß er in der Praxis völlig unfähig war, aus der vereinfachten Welt stilisierter Objekte in die reale Welt der bildlichen Vielfältigkeit vorzustoßen. Wo vorprogrammierte Bilderkennungssysteme in Automation oder Robotik Anwendung gefunden haben, sind sie auf Nutzungsmöglichkeiten beschränkt gewesen, in der die Welt, die sie bewältigen sollen, eine garantierte, elementare ist – eben jene, wo die Automation in vielen Fällen schon billigere und weniger anspruchsvolle Techniken gefunden hatte.

Der andere Weg, jener der adaptiven Mustererkennung, bietet für die Zukunft vielleicht bessere Aussichten, und sei es nur deshalb, weil die Fähigkeit, Muster, und sogar sehr komplexe und amorphe Muster zu erkennen, beim Menschen wie bei den Tieren die grundlegende visuelle Fertigkeit zu sein scheint. Mustererkennung ist top-down-bedingten, vorprogrammierten Methoden allerdings noch weniger zugänglich als Szenenanalyse. Sie unterwirft sich aber erstaunlich leicht mechanischen Methoden, sobald wir den Gedanken eines intelligenten Programs aus menschlicher Hand durch den einer Maschine mit der Fähigkeit ersetzen, als Folge eines Lernprozesses intelligent zu *werden*.

In den beiden nächsten Kapiteln versuchen wir zu zeigen, daß die von AI entwickelten Programmierungsmethoden bei Bilderkennungssystemen zwar eine wichtige Rolle zu spielen haben, ihre vollen Möglichkeiten vermutlich aber erst genutzt werden können, wenn sie mit den ganz andersartigen Methoden adaptiver Mustererkennungssysteme zusammenwirken.

Wenden wir uns vom Sehen der Sprache zu, dann stellen wir fest, daß auch hier praktisch alles, was bis heute geleistet wurde, auf Vorausprogrammierung beruht. Auf den ersten Blick möchte man meinen, Sprache sei ein Gebiet, auf dem Computer gewissermaßen einen automatischen Vorsprung hatten. Von Anfang an war nämlich klar, daß der Digitalcomputer, sollte er ein praktisch nutzbares Instrument werden, irgendeine Sprache verwenden mußte; die Aussicht, alle Programme und Daten auf den Strom von Binärziffern zu reduzieren, der die »Muttersprache« des Computers darstellt, war gleichermaßen mühselig wie unpraktisch. Darüber hinaus ist die Übersetzung einfacher Sprache in den Binärcode und umgekehrt eine mechanische Aufgabe, die voll und ganz von der Maschine selbst bewältigt werden kann.

Allerdings liefert keine der vorhandenen Computersprachen eine Grundlage, auf der Maschinen ein Verständnis für natürliche Sprache aufbauen könnten, wie wir sie verwenden. Von einem Computer kann man nur in einem sehr begrenzten Sinn sagen, er verstehe die Sprache, die er gebraucht. Beispielsweise kann man eine Maschine, die BASIC benutzt, mit »PRINT« oder »LIST« ein Resultat anzeigen oder ein Programm auflisten lassen, aber sie reagiert auf den Befehl wie ein Hund auf die Worte »sitz« oder »Platz«. Maschine wie Tier sind darauf programmiert, beim Hören eines bestimmten Wortes auf eine bestimmte Weise zu reagieren, aber der Computer versteht den Sinn des Wortes »Print« so wenig wie der Hund das Wort »sitz« versteht. Man könnte den Computer ebenso leicht darauf programmieren, etwas anzuzeigen, wenn man ihm »sitz« befiehlt, wie man einem Hund beibringen könnte, sich hinzusetzen, sobald man »Print« ruft.

Die Schwierigkeit bei der natürlichen Sprache ist die, daß sie, soll sie irgendeinen Sinn haben, *von* etwas handeln muß, und angesichts der Tatsache, daß ein Computer über die in seinen Programmen enthaltene Information hinaus kein Wissen besitzt, gibt es keinen Ausgangspunkt dafür, ihm beizubringen, was Wörter bedeuten. Dieses Problem wird vielleicht deutlicher, wenn wir uns die Schwierigkeiten vorstellen, einem menschlichen Schüler eine Sprache unter Umständen beizubringen, bei denen es dem Lehrer verboten ist, vom Wortschatz irgend etwas zu übersetzen oder Sinn durch Geste oder Beispiel zu vermitteln. In einem solchen Fall könnte ein fleißiger Schüler mit makellosem Gedächtnis sehr wohl einen großen Wortschatz erwerben und auch die grammatikalischen Regeln, die Konjugation von Verben, die Anwendung von Großbuchstaben und mehr beherrschen, aber sogar wenn er danach Sätze ausspricht, die in Stil und Syntax unangreifbar sind, bliebe doch die Tatsache bestehen, daß es für ihn keine Möglichkeit gibt, dem, was er spricht oder hört, irgendeinen Sinn zu verleihen.

Die Sinnlosigkeit, eine Sprache auf diese Weise zu lernen, wird besonders klar im Fall der Computerübersetzung von einer

Sprache in eine andere. Auf den ersten Blick sollte Übersetzung eine Aufgabe sein, die ein Computer ohne Schwierigkeiten bewältigen müßte; es ist ja verhältnismäßig leicht, den Inhalt eines zweisprachigen Wörterbuchs in einen Computerspeicher einzugeben und zu programmieren, daß Übersetzungen nachgeschlagen, die Wortreihenfolgen organisiert werden, und so weiter. Ein Computer mit einem Programm dieser Art befindet sich aber in der Lage eines Schülers, der *zwei* bislang unbekannte Sprachen und die Regeln für die Übersetzung der einen in die andere, aber nicht gelernt hat, beide in seine Muttersprache zu übertragen. Wird er etwa beauftragt, drei französische Ausdrücke wie »le film bleu«, »le biftek bleu« und »le ciel bleu« zu übersetzen, kann es nur Zufall sein, ob Film, Steak oder Himmel bei der Übersetzung als »pornographisch«, »nicht durchgebraten« oder »azurfarben« herauskommen – sie könnten ebensogut alle drei als »melancholisch« erscheinen. Gerade weil Sinn ohne Verankerung in solcher Erfahrung so schwer greifbar ist, führen Versuche, Computer Sätze in natürlichen Sprachen hervorbringen zu lassen, sehr leicht zu grammatikalisch fehlerloser, aber lachhaft unsinniger »Computersprache« wie »Hohe rosarote Theorien gehen dankbar in der Küche.« Dieser Art von Einfältigkeit kann natürlich dadurch eine Grenze gesetzt werden, daß man weitere Regeln liefert, beispielsweise dahingehend, daß abstrakten Hauptwörtern keine physischen Eigenschaften zugeteilt werden können. Das mag zwar dafür sorgen, daß Computer verständnisreicher erscheinen, aber es löst die Grundschwierigkeit nicht auf, sie zu befähigen, daß sie wissen oder lernen, wovon sie reden.

Die einzige mögliche Lösung scheint die zu sein, den Erwerb einer Sprache mit einem Programm zu koppeln, das die Welt, von der gesprochen werden soll, auch wahrnimmt oder auf sie einwirken kann. Das war natürlich eine Bestrebung von Winowgrads SHRDLU-Programm, und seine bahnbrechende Arbeit hat Nachfolger gefunden. Um zu sehen, wie AI die Aufgabe anging, Computer mit auch nur elementaren Formen natürlicher Sprache auszustatten, können wir uns eine kleine, streng eingegrenzte Welt jener Art vornehmen, die von den im vorigen Kapitel besprochenen Roboteraufgabenprogrammen genutzt werden. Unterstellen wir beispielsweise, daß ein mit einem Programm für Szenenanalyse ausgerüsteter Roboter gelernt hat, die verschiedenen Szenen zu interpretieren, die aus einer Auswahl von Muttern und Schrauben zusammengestellt werden können. Zum fraglichen Zeitpunkt sind sechs solche Gegenstände sichtbar, und jede Art Gegenstand kann in zwei Formen auftreten, groß und klein. Die Muttern und Schrauben nehmen jeweils eine der acht festen Lagen innerhalb des Bildes ein, numeriert von 1 bis 8, jeder Gegenstand ist mit einem Buchstaben von A bis F bezeichnet.

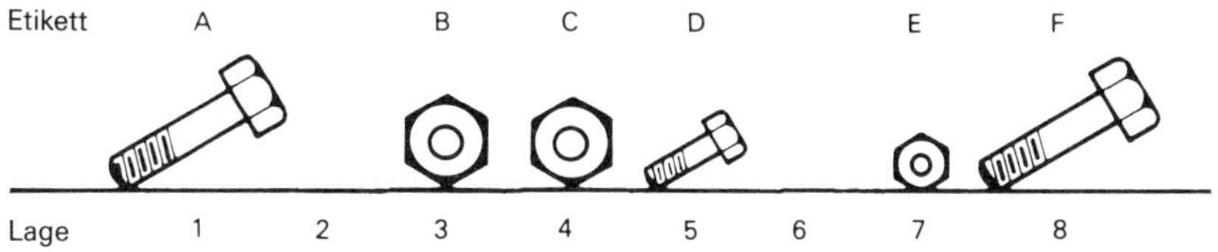

Eine Roboteraufgaben-Szene

Die Szene setzt sich zusammen aus zwei großen Schrauben A und F, zwei großen Muttern B und C, einer kleinen Schraube D und einer kleinen Mutter E. Der Wortschatz besteht aus den bestimmten und unbestimmten *Artikeln,* zwei *Hauptwörtern,* »Mutter« und »Schraube«, zwei *Adjektiven,* »groß« und »klein«, drei *Verben;* »ist«, »ergreif« und »leg«, und zwei *Relativausdrücken,* »links von« und »rechts von«.

Die Grammatik, die das Herzstück des Programms ist, schreibt vor, daß eine Hauptwortverbindung aus einem Artikel, einem Adjektiv und einem Hauptwort besteht, und daß sie den Computer bedienende Person drei Arten von Sätzen verwenden wird: Fragen, Behauptungen und Befehle. Auch die Form, die jeder von ihnen annimmt, ist vorgegeben, und zwar so:

Frage	=	Ist (Hauptwortverbindung) (Relation) (Hauptwortverbindung)
Behauptung	=	Hauptwortverbindung) ist (Relation) (Hauptwortverbindung)
Befehl	=	Ergreif (Hauptwortverbindung) *oder* Ergreif (Hauptwortverbindung) (Relation) (Hauptwortverbindung) *oder* Leg (Hauptwortverbindung) (Relation) (Hauptwortverbindung)

Mit dieser Grammatik kann das Programm jeden eingegebenen Satz zerlegen (das heißt, in seine grammatikalischen Bestandteile aufspalten), um festzustellen, in welche Kategorie er gehört und ob er sich innerhalb der Regeln befindet, also für das Programm verständlich ist. Beispielsweise wird es den Satz »Ist links von der großen Mutter eine kleine Schraube?« grammatisch zerlegen und feststellen, daß er aus »ist« besteht, gefolgt von einer Hauptwortverbindung, einer Relativphrase und einer weiteren Hauptwortphrase, und daß es sich deshalb um eine Frage, statt um einen Befehl oder eine Behauptung handeln muß und daß sie die richtige Form aufweist. Der Zerlegungsprozeß stützt sich darauf, daß das Programm eine Datenbank aufbaut, das heißt, einen Katalog der gesamten

Information, die es über das vorgelegte Bild besitzt, und die Information dann nach logischen Regeln verarbeitet.

Gehen wir davon aus, daß das Szenenanalyseprogramm die Gegenstände und ihre Lage in einem bestimmten Bild identifiziert hat; das Sprachenprogramm kann dann sein Wissen in vier Rubriken zusammenfassen. Im Fall der oben gezeigten Szene sähe die Zusammenfassung so aus:

Etikett	Name	Größe	Lage
A	Schraube	Groß	1
B	Mutter	Groß	3
C	Mutter	Groß	4
D	Schraube	Klein	5
E	Mutter	Klein	7
F	Schraube	Groß	8

Das Programm kann dann jede Etikett im Rahmen seines Wortschatzes einstufen, nämlich:

Die Substantive sind: (ABCDEF).
Die Etiketten, die Muttern bezeichnen, sind: (BCE).
Die Etiketten, die Schrauben bezeichnen, sind: (ADF).
Die Etiketten, die kleine Objekte bezeichnen, sind: (DE).
Die Etiketten, die große Objekte bezeichnen, sind: (ABCF).

Jede dieser Gruppen ist eine mathematische Gruppe, die Gruppe aller Substantive, die Gruppe aller Schrauben, etc., und die Beziehungen zwischen ihren Lagen können ebenfalls als Gruppen ausgedrückt werden: So ist die Gruppe aller Objekte rechts von (C) (DEF). Wenn alle Teile des Bilds auf diese Weise nach Kategorien geordnet sind, kann das Programm durch Anwendung elementarer Logik das Etikett für jedes Objekt finden, das vom Wortschatz beschrieben wird. Beispiel: »Kleine Schraube« ist D, das Etikett, das die Gruppe von Schrauben (ADF) und die Gruppe kleiner Objekte (DE) gemeinsam haben. Die große Schraube rechts von der kleinen Mutter ist F, das Etikett, das der Gruppe von Schrauben (ADF), der Gruppe großer Objekte (ABCF) und der Gruppe von Objekten rechts von der kleinen Schraube (EF) gemeinsam ist.

Der Wortschatz, den der Computer benutzt, um sich mit der Bedienungsperson zu verständigen, ist ganz unzweideutig. Unterstellt, daß die Grammatik der Eingabesätze richtig ist, wird er Fragen mit einem »Nein« oder einem »Ja« und einem Etikett (A, B, C, etc.) beantworten, Aussagen mit einem »Wahr« oder »Falsch«, und, wenn möglich, einen Befehl befolgen. Nehmen wir an, es wird die Frage gestellt: »Ist rechts von der kleinen Schraube eine kleine Mutter?« Das Programm würde dies so in Etiketten übersetzen:

> Ist eine (DE) (die Gruppe kleiner Objekte (BCE) (die Gruppe aller Muttern) rechts von der (DE) (erneut die Gruppe aller kleinen Objekte) (ADF) (die Gruppe aller Schrauben)?

Scheidet man die Etiketten aus, die in jeder Substantivphrase für Substantive und Adjektive nicht gemeinsam sind, vereinfacht sich das zu:
Ist (D) rechts von (E)?

Das Programm kann nun (durch Bezug auf die Liste numerierter Lagen) die Gruppe der Objekte rechts von D als (EF) erkennen, und die Frage lautet:

> Ist (E) (DE) – das heißt: Ist die Gruppe (E) in der Gruppe (DE) enthalten?
> Noch weiter vereinfacht, lautet die Frage:
> Ist (E)?

An diesem Punkt erkennt das Programm: Folgt auf »ist« eine Gruppe, dann ist die richtige Antwort »Ja, E«. Auf die gleiche Weise würde ein Befehl »Ergreif die große Schraube links von der großen Mutter« stufenweise so vereinfacht werden:

> Ergreif die (ABCF) (ADF) links von der (ABCF) (BCE).
>
> Ergreif die (AF) links von (BC).
>
> Ergreif die (AF) (A).
>
> Ergreif die (A).

Obwohl Programme dieser Art offenkundig natürliche Sprache, wenn auch von stark vereinfachter Form, verstehen, ist keineswegs eindeutig, daß man behaupten kann, sie verstünden sie in unserem Sinn des Wortes. Nehmen wir etwa an, der Muttern/-Schrauben-Roboter müsse zu dem Bereich von Objekten, die er erkennen und mit denen er umgehen kann, noch Beilagscheiben hinzufügen. Gäbe es große Beilagscheiben ebenso wie kleine, würde die Maschine darauf programmiert werden müssen, zwischen ihnen als zwei verschiedenen Objekten zu unterscheiden; mit dem Wissen darüber, was eine kleine Mutter oder eine kleine Schraube darstellt, kann die Maschine aber auf keine Weise dazu befähigt werden, eine kleine Beilagscheibe zu erkennen – das Programm versteht das Wort »klein« gar nicht; es ist nur ein Symbol.

Obwohl dieses Beispiel einer Szene, die Muttern und Schrauben verschiedener Größen enthält, ein relativ einfaches ist, verdeutlicht es das Prinzip, auf das alle Sprachbenutzungsprogramme sich stützen, um eine Eingabe in natürlicher Sprache für eine Maschine verständlich zu machen. Die Zerlegungstechnik ist eine Methode oder ein Algorithmus zur Reduzierung jeder Form von Wörtern durch die aufeinanderfolgende Anwendung grammatikalischer Regeln, bis ein Punkt erreicht ist, an dem der Computer es als eine logische Formel »erkennt«, auf die er reagieren kann. Um den umgekehrten Prozeß auszuführen, nämlich den, einen Satz in natürlicher Sprache aus einer der logischen Aussagen zu erzeugen, die der Computer versteht, benötigt das Programm erneut eine Datenbank, mit der die intern verwendeten Symbole zu den Wörtern seines Vokabulars in Beziehung gebracht werden, sowie eine Gruppe von Regeln, um eines in das andere zu verwandeln. Es ist sehr von Belang für den in Kapitel 7 geschilderten Disput zwischen jenen, die mit Chomsky glauben, der Mensch sei ein vorprogrammierter Sprachbenutzer, und den Anhängern Piagets, die Sprache für eine erlernte Fertigkeit halten, daß viele Sprachbenutzungsprogramme heute Regeln verwenden, die auf Chomskys generativer Grammatik beruhen. Zumindest in der Theorie sollten solche Regeln, wenn sie vollständig und genau formuliert wären, in ein Programm aufgenommen, einen Computer der natürlichen Sprache gegenüber in genau dieselbe Lage versetzen wie ein menschliches Wesen. Obwohl die Programme den Computern ermöglichen, fehlerlose grammatikalische Sätze zu formulieren, tragen sie aber bedauerlicherweise nichts zu seinem Verständnis dafür bei, was diese Sätze bedeuten – sie gleichen dem Politiker, von dem es hieß: »Er hat zwar nichts zu sagen, drückt es aber sehr gut aus.«

Der vielleicht wirksamste Angriff auf den Top-down-Ansatz der Sprache gegenüber zu dieser Frage der erzielten Erkenntnisstufe erfolgte durch den britischen Philosophen John Searle in einer Abhandlung mit dem Titel »Minds, Brains and Programs« (dt. etwa »Verstand, Gehirn und Programm«). Der Modus künstlicher Intelligenz, den Searle herausgriff und kritisierte, war der in den »Drehbuch«-Programmen von Roger Schank und R. P. Abelson in den USA verwendete. Obwohl diese Modell insoweit, als sie sich mit dem Gebrauch natürlicher Sprache außerhalb des Sehens oder anderer Wahrnehmungsfähigkeiten befassen, wenig direkten Bezug auf Roboter haben, können sie doch dazu dienen, die Frage, was bei künstlicher Intelligenz mit »Verstehen« gemeint sei, besonders hell zu beleuchten. In kurzen Worten: Eine der Grundgedanken der Programme ist der, daß durch die Lieferung von Regeln ganz ähnlich dem Zerlegungsprogramm, das wir untersucht haben, Computer dazu befähigt werden können, eine Aussage dadurch in eine andere zu »verwandeln«, daß die im Original enthaltenen Wörter umgestellt werden. Mit dieser Methode kann ein Computer Gespräche führen oder Fragen über eine einfache Geschichte beantworten, die ihm vorgelegt worden ist.

Nehmen wir einmal an, ein Programm dieser Art sei mit dem Märchen von Hans und Grete gefüttert, die den Hügel hinaufstiegen, um einen Eimer Wasser zu holen. Mit einer Grammatik, die ein paar relativ einfache Regeln enthält, etwa, daß richtige Namen mit Großbuchstaben beginnen, daß Substantiven der bestimmte oder unbestimmte Artikel vorangeht und sie durch Konjunktionen zu Hauptwortverbindungen zusammengefügt werden, kann man jederzeit ein Programm verfassen, das auf Fragen wie »Was gingen Hans und Grete holen?« oder »Was hat Hans sich gebrochen?« Antworten liefern wie »einen Eimer Wasser« oder »den Hals«. Das wird dadurch erreicht, daß man die Wortbestandteile nach feststehenden Formeln umstellt. Es läge freilich außerhalb der Möglichkeiten eines Programms, die erste Frage wie ein menschlicher Zuhörer mit »*etwas* Wasser«, oder im zweiten Fall mit »das *Genick*« zu beantworten, falles es nicht mit zusätzlicher Information beliefert wird, etwa mit der Tatsache, daß der Zweck des Eimers nur darin besteht, Wasser aufzunehmen, oder daß das Wort »Hals« ein Synonym für »Genick« sein kann.

In seiner Abhandlung unterstellte Searle eine Gruppe von Menschen. Niemand davon konnte ein Wort Chinesisch sprechen oder lesen. Man sperrte sie in ein Zimmer ein und gab ihnen eine Kurzgeschichte, abgefaßt in chinesischen Schriftzeichen, und eine vollständige und detaillierte Reihe von Regeln, mit denen Antworten auf Fragen über die Geschichte von den Schriftzeichen abgeleitet werden konnten. Keine der Regeln hatte die Form von Übersetzungen bestimmter Schriftzeichen. Sie sollten Faustregeln für ihre Umstellung und Neuanordnung sein. Die Antworten der Gruppe nahmen damit die Form von Schriftzeichen des Textes an und wurden entsprechend den Regeln verarbeitet. Nun ist klar, daß keiner der Teilnehmer am Ende die chinesische Sprache besser verstanden hätte als am Anfang, auch wenn eine solche Übung erfolgreich bestanden worden wäre; klar ist auch, daß ihr Verhalten dem der Drehbuchprogramme stark ähnelte. Daraus ergibt sich: Wenn wir sagen, daß ein solches Programm die Aussagen, die es hervorbringt,

»versteht«, meinen wir ein ganz anderes Verständnis als das eines Menschen.

Man könnte behaupten, Searles Menschengruppe oder ein Drehbuchprogramm verstünden Sprache nur in dem Sinn, wie ein Expertensystem Medizin versteht. Das heißt, sie besitzen eine Sammlung von Daten in Form von Symbolen und einen Bestand an Regeln für den Umgang mit diesen Symbolen, aber dazu aufgefordert, in einem kantonesischen Restaurant eine Mahlzeit mit fünf Gängen zu bestellen oder mit einem Mandarinkenner die Feinheiten von Mah-Jongg zu besprechen, wären die betroffenen Einzelpersonen genauso hilflos wie ein Expertensystem, das die neusten Informationen über Gynäkologie enthält, bei einem Patienten mit einer gewöhnlichen Erkältung. Das Wesentliche dabei: Obwohl Sprache ebenso wie Medizin in Informationsstrukturen organisiert werden kann, die sich für Programmierungsmethoden eignen, führen diese Strukturen selbst nicht zu einem Verständnis der zugrundeliegenden Realitäten; die Abstraktionen wurden nämlich zunächst durch einen Induktionsprozeß erzielt, der aus bestimmten Fällen allgemeine Prinzipien ableitete, und werden in der realen Welt erst dann nützlich, wenn man Erfahrung mit der konkreten Erscheinung hat, die sie erklären. Menschliche Wesen haben ganz ähnliche Probleme, wenn man sie auffordert, über Dinge nachzudenken, die außerhalb ihrer Erfahrung liegen; beispielsweise ist es schwer, einem Thai, der nie eine Schneeflocke gesehen hat, das Skifahren verständlich zu machen; und viele von uns stutzen bei der Vorstellung einer subatomaren Welt, wo es unendlich viele Dimensionen und Partikel gibt, die manchmal Teilchen und manchmal Wellen sind. Physiker dagegen, die mit der Vorstellung vertraut sind, können vergleichsweise leicht damit leben.

Searle gibt zu, daß ein Programm, das eine Sprache durch einen Induktionsprozeß lernen könnte, in eine andere Kategorie gehören würde als eines, das wie seine das Chinesische nicht beherrschende Gruppe einfach nach deduktiven Grundsätzen Symbole anordnet. Ein solches Programm könnte ein Lernautomat von der in Kapitel 7 beschriebenen Art sein, weil das ganze Verfahren, einen Weltautomaten zu bauen, ein induktives ist. Und man könnte davon ausgehen, daß ein solcher Automat in der Lage wäre, seinen Wortschatz zu erweitern und seinen Sprachgebrauch vielseitiger anzuwenden, während sein Weltautomat (der die Wörter, die er »wußte« oder zu seiner Erfahrung in Beziehung setzen konnte, ebenso darstellte wie die Möglichkeiten sie in zulässiger Weise zu kombinieren) weiterwuchs. Ein Lernprozeß dieser Art ist für alle Sprachbenutzungssysteme, die wir besprochen haben, einfach deshalb schwierig, weil es in der Natur einer vorprogrammierten Maschine liegt, daß ihr Weltautomat vom Programm »vorgegeben« werden muß, und das Ausmaß, in dem sie verallgemeinern kann, streng begrenzt ist.

Der Hinweis auf die Verallgemeinerung ist entscheidend, weil die Beherrschung der Sprache von unserer Fähigkeit abhängt, Wörtern, denen wir in der Praxis nur in einer begrenzten Zahl spezifischer Fälle begegnen, verallgemeinerten Sinn zu verleihen und den Sprachgebrauch von einem Zusammenhang in einen anderen zu übernehmen. So würde die Fähigkeit, zu verallgemeinern, einer Maschine, die den Satz gelernt hat, »die Ratte saß auf der Matte« erlauben, neue Sätze zu bilden wie »Ratten sitzen auf Matten« oder »der Hund saß auf der Matte«, wohingegen die Erfahrung in Form eines verfeinerten Weltautomaten dazu führen würde, daß sie die Möglichkeit besäße, »die Matte saß auf der Ratte« zurückzuweisen.

Das ganze Problem, mechanische Intelligenz zu befähigen, daß sie aus Erfahrung lernt und verallgemeinert, steht in sehr enger Beziehung zum philosophischen Problem der Natur von »Allgemeinbegriffen«. In der Philosophie ist ein Allgemeinbegriff die allgemeine Vorstellung, die, wie man annimmt, im Denken vorhanden sein muß, bevor ein Wort in einem bestimmten Zusammenhang verwendet werden kann. So meint der Ausdruck »Tischmanieren« einen allgemein anerkannten Sinn des Wortes Tisch, der uns erlaubt, es sowohl spezifisch als auch allgemein zu gebrauchen. Zu einem Kind, das sich schlecht benimmt, können wir demnach sagen: »Verlaß den Tisch«, wobei wir einen bestimmten Tisch meinen, können vom selben Kind aber auch behaupten »es benimmt sich schlecht bei Tisch«, also an jedem Tisch, wo eine Mahlzeit serviert wird. Die philosophische Debatte, die schon seit klassischen Zeiten im Gange ist, betrifft den wahren Rang von Allgemeinbegriffen. Sind sie unabhängig von den Einzelbegriffen vorhanden und realer als sie? Oder ist ein Allgemeinbegriff einfach das Mittel oder der Durchschnitt aller Einzelbegriffe, denen wir begegnet sind? Künstliche Intelligenz ist ganz deutlich sehr stark der ersteren Ansicht verbunden, weil ihre Erfolgsaussichten davon abhängen, daß Programmierer die Maschine mit fertigen Allgemeinbegriffen in Form von Algorithmen werden versorgen können.

Soll beispielsweise ein AI-Programm einer Maschine die Möglichkeit geben, über die Lage einer Pyramide zu sprechen oder sie zu beschreiben, muß der Programmierer in seine Befehle eine komplette Folge von Regeln für die Erkennung von Pyramiden aufnehmen oder, anders ausgedrückt, einen Algorithmus für den Allgemeinbegriff der Pyramide finden. Winstons semantisches Netz eröffnet eine gewisse Hoffnung, daß die kombinatorischen Probleme umgangen werden können, einen Roboter mit einem vorgefertigten Allgemeinbegriff für jedes Objekt auszustatten, dem er begegnen wird, aber wie wir gesehen haben, stehen sie rasch vor der Schwierigkeit, daß ein Netz, das weit genug ist, um alle Tische von allen Blickwinkel aus zu erfassen, unweigerlich viele Objekte als Tische durchgehen lassen wird, die in Wahrheit keine Tisch sind; ein viel enger geflochtenes Netz dagegen wird viele völlig echte Tisch zurückweisen. Was in der Maschine mangelt, ist jenes zusätzliche Element, das die menschliche Intelligenz in der Form einer Vorstellung davon beinhaltet, *wofür* Tische da sind.

Dieses Unvermögen, den Sinn von Wörtern oder Objekten im Rahmen ihres Zwecks zu erkennen, ist es, der nach Ansicht Searles die entscheidende Schwäche des Ansatzes von AI darstellt. Die Nutzlosigkeit der Manipulationen, die seine Gruppe nicht chinesischsprechender Personen anstellte, rührte daher, daß ihnen ohne Rücksicht darauf, wie vollständig das von ihnen befolgten Regelwerk sein mochte, die, wie er das nannte, »Absichtlichkeit« fehlte. Das heißt, sie hatten keine Ahnung von Sinn oder Zweck ihrer Manipulationen außer als Ausdruck der vorgelegten Regeln. Man könnte einwenden, daß alle AI-Programme von dieser Art sind. Die Maschinen, mit denen sie ausgeführt werden, befinden sich der Lage des menschlichen Schülers, der in einem Simulator am Boden »fliegen« lernt, aber nie ein Flugzeug gesehen hat und vom Vorhandensein eines solchen Dings gar nichts weiß. Eine solche Person kann im Lauf der Zeit ein sehr kenntnisreicher »Pilot« werden, aber wenn sie nie erfahren darf, daß es echte Flugzeuge gibt, ist das ganze Unternehmen sinnlos.

Die Drehbuchprogramme von Schank und Abelson, unmittelbare Zielscheibe für Searles Angriff, waren in Wahrheit ein Versuch, mit einem Symptom dieses Mangels an Absichtlichkeit fertigzuwerden, nämlich mit jenem, der sich aus der Mehrdeutigkeit von Wörtern ergibt, die in unterschiedlichen Zusammenhängen unterschiedlich gebraucht werden – eine Schwierigkeit, die mit den vorher gestreiften Problemen der Computerübersetzung eng zusammenhängt. Ein Programm wie SHRDLU ist natürlich ein Drehbuch, aber es gibt nur dieses eine. Sein Wortschatz ist auf das beschränkt, was es benötigt, um die Szenen zu beschreiben, mit denen es zu tun hat – es muß Bescheid wissen über Würfel und Tischplatten und über Ergreifen und Hinlegen, aber nicht über Kugeln und Tischbeine oder Graben und Werfen.

Nach Schanks und Abelsons Ansicht würde ein Programm, das mit mehreren verschiedenen Drehbüchern ausgestattet ist, jedes mit einem anderen Vokabular, in der Lage sein, über mehrere verschiedene Themen zu »sprechen«, ohne in Verwirrung zu geraten. Ein Drehbuchprogramm, das ein »Kinobesuch«-Drehbuch und ein »Landschafts«-Drehbuch erhielte, wüßte demnach, daß in einem Gespräch, in dem die zum Kino-Drehbuch gehörenden Worte »Kino« und »Hollywood« bereits gefallen sind, der Ausdruck »blue film« sich nicht auf die Farbe Blau, sondern auf Pornographisches bezieht; hätte man dagegen über Täler und Flüsse gesprochen, würde es im Ausdruck »blauer Himmel« den farbenbezogenen Sinn erkennen.

Schank und Abelson behaupten, der Drehbuchmechanismus spiegele eine grundlegende Realität dazu wider, wie Menschen Sprache verwenden; ihrer Meinung nach entscheiden wir über den Sinn von Wörtern in bestimmten Zusammenhängen dadurch, daß wir uns auf eine Reihe von Drehbüchern in unserem Gehirn beziehen und das jeweils gültige auswählen. Diesen Gedankengang setzte Mark Colby an der Yale-Universität fort. Er entwickelte Programme zur Nachahmung des Verhaltens von Menschen mit Symptomen, die als Verfolgungswahn eingestuft wurden. Ein solches Verhalten wird nach seiner Ansicht hervorgerufen durch einen Defekt im menschlichen Drehbuchmechanismus, der die Patienten veranlaßt, starr bei einem ganz bestimmten Drehbuch zu bleiben, auch wenn es den Umständen keineswegs entspricht. So lenkt Colbys Paranoiaprogramm PARRY jedes Gespräch unweigerlich zum Thema Mafia, von der es sich verfolgt fühlt.

Man muß aber sagen, daß die Drehbuchmethode für viele Menschen überzeugend ist, weil sie dem Problem des Sinns auszuweichen scheint, statt sich ihm offen zu stellen. Nach Schanks und Abelsons Meinung werden Drehbuch-Maschinen, wenn man ihnen genug Drehbücher von angemessener Verfeinerung und die zugegebenermaßen sehr große Rechenkapazität liefert, um damit umzugehen, ein Verhalten zeigen, das überzeugend »menschlich« ist. Für viele scheint das aber der Behauptung zu entsprechen, daß, weil man Bären zum Radfahren dressieren kann, ein Bär auf dem Fahrrad sich genauso verhält wie ein menschlicher Fahrer. Erneut steht man vor dem Problem von Sinn und Absichtlichkeit. Vielleicht ist die Art, wie Bären Rad fahren und Drehbuchprogramme ihre Drehbücher verwirklichen, ein einfallsreicher Trick, der nach mühsamen menschlichen Anstrengungen zustandekommt, aber Menschen fahren Rad oder gebrauchen Sprache, weil sie an irgendein Ziel gelangen oder irgend etwas mitteilen wollen.

Die Tatsache, daß man Bären zum Radfahren bewegen *kann*, führt aber zu einer anderen Frage, die für künstliche Intelligenz vielleicht nocht bedeutsamer ist als für Roboter. Nehmen wir an, man wolle einem Computer das Radfahren beibringen. (Das ist kein ganz so unwahrscheinliches Vorhaben, wie sich das anhört, weil das Problem im Prinzip als ein Modell angegangen werden würde, bei dem es nicht erforderlich ist, ein elektronisches Gerät auf den Sattel zu setzen und es mit Armen auszustatten; es wäre viel einfacher, ein Modell vom Verhalten eines Fahrrads aufzustellen, als etwa die Modelle von Flugzeugverhalten, die in Flugsimulatoren verwendet werden.) Damit der Computer das »Fahrrad« im Gleichgewicht halten kann, müßte er mit Algorithmen programmiert werden, die ihm befehlen, in welche Richtung er »das Gewicht verlagern«, wie stark er »treten« und wie er die »Lenkstange« bewegen muß, was natürlich der Schlüssel dafür ist, ein echtes Fahrrad im Gleichgewicht zu halten.

Es dürfte aber unwahrscheinlich sein, daß selbst menschliche Kinder, geschweige denn Bären, das Radfahren durch Erlernen einer komplexen Folge von Algorithmen bewältigen. Fragte man einen Sechsjährigen, dem eben seine erste wackelige Fahrt über den Rasen gelungen ist, was er gelernt hat, würde er vermutlich sagen, er hätte jetzt den Bogen raus. In der Tat spricht vieles dafür, daß er gar nichts davon ahnt, daß er deshalb aufrecht geblieben ist, weil er gelernt hatte, sein Gewicht zentral zu halten und leichtes Abweichen nach links oder rechts durch Lenkstangenbewegungen auszugleichen, um die Basis des Fahrrads unter seinem Schwerpunkt zu verlagern. Dieser Mechanismus wird erst erkennbar, wenn man versucht, mit einem Rad ganz langsam zu fahren, und die Lenkstange immer stärker hin- und herbewegen muß, um aufrecht zu bleiben.

Es gibt eine ganz ähnliche Leistung, die in unterschiedlicher Form Menschen ebenso wie Computer erzielen können. Kinder und sogar dressierte Tiere können lernen, einen Stock auf dem Finger oder einen Ball auf der Nase zu balancieren. Das ist deutlich vergleichbar mit der Aufgabe, die Schubdüsen einer Rakete während des Startvorgangs zu drehen, damit sie nicht seitlich umkippt. Das Kind hat aber auch hier einen »Bogen raus« (vielleicht einen, bei dem die angewendete Methode ein bißchen leichter erkennbar ist als beim Radfahren), wohingegen die Notwendigkeit, eine Rakete auf Cape Kennedy senkrecht zu halten, die Aufmerksamkeit riesiger Computeranlagen in Houston erfordert, die unaufhörlich die über die Stabilität der Rakete entscheidende komplexe Serie von Gleichungen aufstellen und berechnen.

Der Sinn dieses Vergleichs ist der: Wenn ein Kind – oder ein Bär – eine körperliche Fertigkeit beherrscht, ist das Erlernte keine Folge von Algorithmen, sondern ein Muster. Das erkennt man noch deutlicher, wenn wir wieder zum Sehen zurückkehren. Soweit wir selbst verstehen, wie wir interpretieren, was wir sehen, ist der Gedanke, wir täten das allein dadurch, daß wir jedes Bild mit einem Speicher algorithmischer Schablonen vergleichen, einfach nicht überzeugend – wir könnten das auf hunderterlei verschiedene Art veranschaulichen, aber ein einfaches Beispiel mag genügen, um den Punkt zu verdeutlichen. Jeder von uns hat wohl ein Kleidungsstück, ein Kleid, ein Hemd oder einen Mantel mit einem vertrauten und eindeutigen Muster, das wir sofort erkennen, wenn wir eine andere Person ein ähnliches Kleidungsstück aus demselben Stoff tragen sehen – es ist eine ganz alltägliche Erfahrung, einen Fremden mit einem Freund oder sogar einem Familienmitglied zu verwechseln und kurz danach zu erkennen, daß die Täuschung durch die vertraute Kleidung hervorgerufen wurde.

Wäre nun das Muster des Kleidungsstücks deshalb erkannt worden, weil das Gehirn einen Algorithmus in der Art einer Matrix oder eines semantischen Netzes konstruiert, die das Muster definieren, würde man erwarten, daß es möglich sei, sich in Einzelheiten an das Muster zu erinnern, auf jeden Fall in dem Ausmaß, daß man beispielsweise sagen könnte, ein Tweedstoff besäße kein Karo-, sondern ein Fischgrätmuster, oder die Streifen eines Rockstoffs hätten die Reihenfolge Rot, Blau und Gelb. In den meisten Fällen kann das Gedächtnis aber bestenfalls ein recht vages und unbestimmtes Bild liefern, das rasch »verschwimmt«, wenn man auf Einzelheiten eingehen möchte.

Auf irgendeiner Ebene ist das Gedächtnis aber offenkundig trotzdem seiner Sache sehr sicher, weil es selten vorkommt, daß wir ein solches Muster nicht erkennen, wenn wir es sehen, oder es nicht von relativ geringen Abwandlungen unterscheiden können. Die Unterscheidungen etwa zwischen »kleinen Schwarzen« oder blauen Nadelstreifenanzügen sind ausreichend subtiler Art, um einer genauen Beschreibung zu trotzen, aber jemand, der ein solches Kleidungsstück besitzt, trifft nur selten auf eine Person, die nach seiner Wahrnehmung genau das Gleiche trägt.

Beispiele dieser Art, und dem Leser werden sicherlich viele ähnliche einfallen, deuten darauf hin, daß die Speicherung und Erkennung von Mustern der einen oder anderen Art eine viel fundamentalere Seite der Intelligenz sein könnte als der Umgang mit Algorithmen. Das soll nicht heißen, das Top-down-Modell von Intelligenz, von dem die AI ausgeht, sei wertlos oder ohne Bezug zu unserem eigenen Verhalten; es gibt viele Umstände, bei denen ganz klar ist, daß wir in unserem eigenen Denken Algorithmen verwenden. So könnte beim Sehen kein Prozeß der »Mustererkennung« die Notwendigkeit von »Szenenanalyse« irgendeiner Art sinnvoll beseitigen. Es scheint aber doch vieles für die Ansicht zu sprechen, daß es sich bei der logischen, vorprogrammierten Denkweise um eine Verfeinerung handelt, die einen fundamentaleren Mustererkennungsmechanismus überlagert. Es könnte sogar sein, daß wir diese letztgenannte Methode mit einem Großteil der Tierwelt gemeinsam haben und unsere ausgeprägte »menschliche« Art von Intelligenz auf dem Besitz einer Fähigkeit beruht, mit Algorithmen umgehen oder Symbole verarbeiten zu können, die anderen Lebewesen mangelt.

Im Fortgang dieser Überlegung könnte man zu dem Schluß kommen, das Scheitern oder zumindest das beunruhigend enttäuschende Fortschreiten des vorprogrammierten Top-down-Ansatzes, von dem die AI ausgeht, könnte davon herrühren, daß er sein Potential nicht voll auszuschöpfen vermag, bis er von einem fundamentaleren, wenngleich möglicherweise formell weniger »intelligenten« System zur Mustererkennung getragen wird. Diese Notwendigkeit ist im Fall des Sehens auffälliger, aber keineswegs auf ihn beschränkt. Beim Fahrradbeispiel haben wir gesehen, daß man sich Muskelkoordination als einen Prozeß rekapitulierter Muster vorstellen kann, und wenn wir zum Schachspiel zurückblicken, wird man sich entsinnen, einer der Unterschiede zwischen einer Maschine und einem guten menschlichen Spieler sei der gewesen, daß letzterer eine Fähigkeit zu besitzen schien, die Folgen bestimmter Zustände des Spielbretts oder des Figurenmusters zu erkennen, ohne ihre Konsequenzen durch eine logische Anwendung von Algorithmen durchzurechnen, die ein Entscheidungsbaum erfordern würde.

Sogar beim Gebrauch der Sprache kann Mustererkennung menschliche Leistung und Erfahrung auf eine Weise erklären, die der Programmierung versagt ist. Wir kennen alle den nicht zu Ende gesprochenen Satz von der Art: »Na, ich glaube, es ist Zeit, daß ich ...« oder »Ich glaube, ich gehe und ...«. Je nach Zusammenhang wird er leicht erkannt als ein Signal, daß der Sprecher vor hat, zu Bett zu gehen, ein Bad zu nehmen, Abendessen zu kochen, oder sonst irgend etwas zu tun. In solchen Fällen hält sich nicht nur die Form der Worte an ein vertrautes Muster, sondern auch die Umstände tun es, unter denen sie gesprochen werden. Die Bedeutung von Mustern für die Sprachbenutzung läßt sich erkennen bei Schnell-Lesemethoden. Sie beruhen darauf, daß, sobald man es einmal beherrscht, das Lesen ein Prozeß der Aufnahme eines Musters aus Wörtern ist und nicht die algorithmische Auflösung des Sinns von Sätzen, wie das bei einem Zerlegungsprogramm der Fall wäre. Schnell-Lesekurse trainieren den Leser darauf, in einem Durchgang immer größere Muster aufzunehmen, und es fällt schwer, den erzielten Erfolg mit den Methoden zu vereinbaren, die AI anwendet.

Am interessantesten werden die Möglichkeiten alternativer elektronischer Architekturen zum von Neumann-Computer, sobald wir nach einem Mittel suchen, die Erkennung von Mustern ohne Zuhilfenahme von Algorithmen zu bewältigen. Der Computer selbst ist als leistungsfähiges Mustererkennungsgerät disqualifiziert, wenn auch nicht aus dem Grund, der nahezuliegen scheint. Auf Anhieb mag es so aussehen, als sei seine völlige Abhängigkeit von einem gegebenen Programm der entscheidende Nachteil. Wie soll nämlich eine Maschine, die praktisch von der Lieferung von Algorithmen in Form eines Programms abhängig ist, als unprogrammiertes Gerät fungieren? Wie wir aber in Kapitel 8 gesehen haben, als wir über die Fähigkeit des Computers sprachen, sich wie ein Lernautomat zu verhalten, ist es, einige Grundprogramme zur Steuerung seiner Tätigkeit unterstellt, absolut möglich, daß ein Computer sich wie ein unprogrammierter Lernautomat verhält. Die Schwierigkeit bei der Mustererkennung ist ein wenig diffiziler.

In den Begriffen der Automatentheorie kann jedes intelligente Verhalten einer Maschine (oder einer Person) im Prinzip als die Manifestation einer inneren Zustandsstruktur betrachtet werden. Beim Sehen wird ein System verlangt, durch das ein Automat als Antwort darauf, einem bestimmten Muster ausgesetzt zu sein, in einen bestimmten Zustand wechselt, sich diesen Zustand einprägt und zu ihm zurückkehrt, sobald dasselbe Muster wiederholt wird. Methoden der Vorausprogrammierung sollen natürlich eben dieses Ergebnis erzielen. Wenn eine Maschine, die semantische Netze verwendet, das von einem bestimmten Tisch hervorgerufene Netz mit ihrer gespeicherten Beschreibung eines Tischs »an sich« vergleicht, wird sie, wenn beide übereinstimmen, zu einem »Tisch«-Zustand umschalten, in dem sie praktisch sagt: »Was ich sehe, ist ein Tisch.« Anders ausgedrückt: Ein Muster zu erlernen, erfordert, daß ein Automat innerlich ein anderes Muster in Form von »Wenn ... dann ...«-Aussagen erzeugt, die einen neuen Zustand definieren, und, sobald das Muster wiederholt wird, in diesen Zustand zurückkehrt.

Wenn wir den Fall eines anderen Zustandswechsels nehmen, nämlich den, der stattfindet, wenn ein Muster auf ein Blatt Papier übertragen wird, so gibt es zwei Wege, das zu erreichen. Das Muster kann freihändig oder durch Nachfahren der Konturen gezeichnet werden. Dadurch verändert sich im Fortgang der Arbeit der »Zustand« des Papiers, und die Aufgabe, festzulegen, wo jeder Strich seinen Platz finden soll, ist im Grunde eine algorithmische – der Zeichner muß das Original als Vorlage nehmen und vielleicht Ausrichtung und Länge jeder Linie messen. Dieser Prozeß entspricht der Leistung eines vorprogrammierten Automaten, freilich mit dem Unterschied, daß der Zustand des Papiers kein innerer, sondern ein äußerer ist. Die Alternative dagegen, das Muster von einer Druckplatte auf das Papier zu übertragen, ruft eine augenblickliche Zustandsveränderung hervor – in diesem Augenblick ist das Papier leer, im nächsten das Muster vorhanden. Ein Psychologe könnte das mit einer Veränderung der *Gestalt* vergleichen, wenn die gesamte Perspektive eines Patienten oder seine Gefühle zu einem Problem sich mit einem Schlag verändern.

Ein Weg, die Aufgabe der Mustererkennung anzugehen, ist der, nach einem Mittel zu suchen, mit dem ein Muster, das für eine Maschine Eingabe ist, durch einen solchen einzelnen *Gestalt*prozeß in eine Veränderung des inneren Zustands zu übertragen. Das kann ein Computer physisch aber einfach nicht leisten, weil er, wie wir in Kapitel 4 gesehen haben, seinen inneren Zustand nur Bit für Bit (oder genauer, Byte für Byte) ändern kann. Wo eine Zustandsveränderung physische Bewegung darstellt oder hervorruft, die über einen Zeitraum hinweg stattfindet und deshalb linear und sequentiell ist, wirkt sich diese Einschränkung auf die Leistung des Computers nicht besonders aus. Sobald Intelligenz aber darauf angewendet werden muß, ein Bild zu erkennen, wirkt sich das Handikap viel stärker aus. Sogar einfache Muster enthalten nämlich, wie wir im nächsten Kapitel sehen werden, ungeheure Informationsmengen, und selbst wenn die Bestandteile zu Zehntausenden in der Sekunde verarbeitet werden, kann der Computer die Erkennungsleistung nicht in »Echtzeit« bewältigen, das heißt, so schnell, wie ihm die Bilder dargeboten werden können.

Andererseits scheint klar zu sein, daß das Gehirn doch plötzliche »katastrophenhafte« Zustandsveränderungen dieser Art erlebt. Diese Ansicht kann man in zweifacher Weise begründen. Erstens scheinen, soweit wir ihnen folgen können, unsere eigenen Vorgänge von Denken und Wahrnehmung nicht immer auf graduelle, lineare Weise abzulaufen; es ist, um nur ein einziges Beispiel zu nennen, eine ziemlich alltägliche Erfahrung, daß die Lösung für ein Problem oder das Erfassen einer Frage, die sich jemandem lange entzogen hat, plötzlich wie durch Zauberei auftaucht; in diesem Augenblick ist noch alles dunkel und wirr, im nächsten steht es klar und deutlich vor Augen. Zweitens: Was wir von der Struktur des Gehirns wissen, deutet sehr stark darauf hin, daß das ein Mechanismus ist, von dem man erwarten sollte, daß er die Zustände nicht in kurzen Einzelschritten verändert, sondern plötzlich und in großen Sprüngen. Die Art, wie die Neuronen im Gehirn miteinander durch komplexe Nervengeflechte vermascht sind, welche Impulse von einer Zelle zur anderen übertragen und sie als Rückkopplung wieder zurücksenden, deutet darauf hin, daß ein Gedanke eher einer Flutwelle gleicht, die durch die Struktur rauscht, als der Art geordneten Fließens, die in einem Computer stattfindet.

Da ein Computer eine Universalmaschine ist, kann man ihn natürlich so programmieren, daß er sich wie ein Neuronennetz verhält, aber obwohl das Ergebnis interessant und informativ sein mag, wird es in der realen Welt, in der Roboter existieren, nicht von Nutzen sein, weil die Aufgabe, jene Art von Veränderung zu simulieren, die in einem Neuralnetz augenblicklich stattfindet, einen Computer sehr wohl für Minuten oder sogar Stunden beschäftigen kann. Wenn wir verstehen wollen, wie das Gehirn funktioniert, *und* das Wissen praktisch nutzbar machen möchten, besteht die einzige Lösungsmöglichkeit in dem Versuch, Maschinen zu bauen, die, was ihre Eigenschaften als Informationsverarbeiter betrifft, tatsächlich einem Gehirn ähneln.

Der Rest des Buches ist deshalb vor allem Maschinen gewidmet, die diesen Kniff, ihren Zustand augenblicklich und »katastrophenhaft« zu verändern, beherrschen. Wir hoffen, außerdem zeigen zu können, daß Maschinen dieser Art, nach Wieners Vorschlag für künstliche Neuralnetze von unten nach oben konstruiert, viel dazu beitragen können, das Vermögen, aus Erfahrung zu lernen, die Fähigkeit, durch Induktion zu verallgemeinern, und die Absichtlichkeit zu liefern, die wir als die vom Top-down-Ansatz für künstliche Intelligenz noch ungelösten Hauptprobleme benannt haben.

10
Das Siliziumneuron

Natur ist gänzlich Kunst, was du nicht ahnst;
Der Zufall Weg, den du nicht sehen kannst;
Mißklang ist harmonisch in jedem Tanze;
Alles ein wenig böse, gut das Ganze.
Alexander Pope, »Essay on Man«

Der Hauptgrund dafür, warum ein Vierteljahrhundert lang nach dem Erscheinen von »Kybernetik« Wieners Vorschlag, mechanische Intelligenz könnte nach »Bottom-up«-Prinzipien untersucht werden, unbeachtet blieb, war die scheinbare Undurchführbarkeit des Unternehmens. So anregend der Gedanke eines direkten Vergleichs zwischen natürlichen und künstlichen Neutralnetzen auch sein mochte, eine Verwirklichung schien weder technisch noch wirtschaftlich möglich zu sein.

Das entscheidende Problem wurde vom Vater der vorprogrammierten Maschine, John von Neumann, in einer Reihe von Vorträgen 1956 an der Yale-Universität klar und deutlich ausgesprochen. Von Neumann ging es in der Hauptsache um einen etwas anderen Punkt; er legte Wert auf die Feststellung, daß der Maßstabsunterschiede wegen jeder Vergleich zwischen damaligen Computern und dem Gehirn bis zur Absurdität verfrüht sei. Das Argument, das er vorbrachte, galt aber noch viel stärker für »alternative Architekturen«. Die größten damals genutzten Computer besaßen eine Speicherfähigkeit von rund 10^6 Bits, das heißt, ihre Elektronikspeicher enthielten rund eine Million Schalter, von denen jeder ein Informationsbit aufnahm. Im Gegensatz dazu liegt nach der neuesten Schätzung die Zahl der Neuronen im Gehirn bei rund 10^{10} oder zehn Milliarden. Man nimmt an, daß jedes Neuron eine Kapazität besitzt, die nach Zehnereinheiten von Bits gemessen wird, also der Fähigkeit entspricht, mehrere tausend verschiedene Nachrichten zu speichern. Bei der damaligen Technologie hätte der Bau eines Computers mit vergleichbarer Speicherkapazität unfaßbar viel Geld gekostet. Zu den damaligen Preisen hätte der Betrag für den Kauf von zehn Milliarden Automobilen ausgereicht.

Der Gedanke, ein Neuralnetz, gleichgültig welcher Größe, zu bauen, wurde noch ferner ins Reich der Phantasie gerückt durch die Tatsache, daß die Elemente zu einem Netz hätten vermascht werden müssen, statt alle ihre Ein- und Ausgabeschaltungen wie in einem orthodoxen Computersystem durch Steuereinheit und Zentralprozessor zu schleusen. Was Neumann nicht voraussehen konnte und infolge seines tragisch frühen Todes 1958 auch nie erfuhr, war, daß der phänomenale Erfolg seines Geistesprodukts eine Revolution auslösen sollte, die das gesamte Fundament seiner Berechnungen veränderte. Mit dem Erscheinen der ersten Siliziumchips Mitte der sechziger Jahre verloren die wirtschaftlichen Faktoren immer mehr an Bedeutung. Gehen Kosten und Größe elektronischer Festkörperbauteil weiter in dem Tempo zurück, das in den vergangenen drei Jahrzehnten angeschlagen wurde, wird man im Jahr 2000 eine Anordnung von Chips, die der Gehirnleistung entsprechen, zum Preis eines einzigen Autos kaufen können, und ihre Größe dürfte die eines Schuhkartons kaum übersteigen. Man experimentiert bereits mit Einzelchips, die 256000 Bits speichern, eine Kapazität, die sich mit der eines wesentlichen Teils des Gehirns vergleichen läßt.

Die ersten Fragen, die jedes auf ein künstliches Neuralnetz abzielende Projekt aufwirft, betreffen die Art der erforderlichen Schaltkreise und der »Architektur«, die ihre Anordnung bestimmen sollte. Der naheliegende Ausgangspunkt für eine Bottom-up-Konstruktion muß eine ins Einzelne gehende Untersuchung des Neurons sein, dem wesentlichen Informationsverarbeitungselement im Gehirn, gefolgt von einem Versuch, ein künstliches Gegenstück dafür zu finden. Natürlich ist es nicht erforderlich, den konkreten physischen Aufbau oder die chemischen Bestandteile einer Nervenzelle nachzuahmen. Worauf es ankommt, ist die Art, wie sie mit den digitalen elektrischen Impulsen verfährt, die den Binärziffern des Computers entsprechen.

Bisher haben wir uns damit begnügt, Neuronen als die natürliche Entsprechung zu den elektronischen Schaltern zu beschreiben, die in einem Computerspeicher die binären Einsen und Nullen ablegen. Obwohl das zunächst durchaus zutrifft, sagt es nicht viel über die Funktion einer Einzelzelle als Informationsverarbeiterin im Gegensatz zum bloßen Aufbewahrungsplatz aus. Vor allem offenbart es nichts über die Umstände, unter denen eine Zelle eine Ziffer in den Speicher aufnimmt und eine andere durch »Zündung« oder Erzeugung eines elektrischen Impulses übermittelt. Wenn wir uns die gewonnenen Erkenntnisse der Neurophysiologie zum konkreten Verhalten individueller Neuronen ansehen, wird deutlich, daß die Vorgänge in der Zelle viel subtiler und komplexer sind als die in einem einfachen Schalter.

Durch die Verwendung elektrischer Sonden, die inzwischen auf eine Größe geschrumpft sind, bei der man die elektrische Ausgangsleistung eines einzelnen Neurons messen kann, können die Wissenschaftler bestimmen, wann eine Zelle zündet. Hochleistungsmikroskope erlauben uns überdies, die Vermaschungen zwischen Neuronen zu verfolgen. Man kann erkennen, daß aus jeder Zelle ein deutlich dominierender Nerv hinausführt, ihr »Axon«. Wenn das Neuron zündet, geht durch das Axon ein Stoß von Impulsen hinaus. Praktisch kann dieser Stoß als einziger Impuls betrachtet werden, der nach übereinstimmender Meinung der Physiologen einem Informationsbit entspricht. Manche Axone spalten sich in eine Vielzahl anderer Nerven auf, von denen jeder zu einem anderen Neuron führt (auch wenn jeder Nebennerv zur selben Zeit die Nachricht in Form von Vorhandensein oder Abwesenheit eines Impulses überträgt), während die Impulse von anderen Axonen über die efferenten Nerven direkt zu den Muskeln gehen.

Ferner weiß man, daß ein Neuron durch das Muster von Impulsen gezündet wird, die es von anderen Neuronen erhält. Jede Zelle kann gleichzeitig Impulse von den Axonen Tausender anderer Zellen erhalten, und die Art, wie sie ihre Nachricht interpretiert, ist nicht offenkundig. Um zu verstehen, was im Neuron zu der Entscheidung geschieht, ob es zündet, ist es hilfreich, sich den Entscheidungsprozeß in zwei Stufen zerlegt zu denken. Auf der ersten Stufe kann man sich das Neuron als eine Wahlurne vorstellen, in die jeder seiner Neuralnachbarn entweder einen Stimmzettel (in Form eines Impulses) oder eine Stimmenthaltung (kein Impuls) einwirft. Das Neuron reagiert aber nicht auf eine einzelne Stimmabgabe und akzeptiert nicht einmal eine Mehrheitsentscheidung, weil jeder Impuls an einem Punkt der Zellperipherie aufgenommen wird, der Synapse heißt; diese besitzt dann praktisch die Macht, die Abstimmung zu »beeinflussen«. Auf dieser zweiten Stufe bestimmt eine Synapse, wenn sie einen Impuls empfängt, was die Stimme bedeutet oder wieviel Gewicht sie für die Entscheidung, ob gezündet werden soll oder nicht, besitzt. Eine Synapse kann beispielsweise einem eingehenden Impuls einen Wert 0, +1, −1 oder sogar +2 oder −2 zuteilen. Diese Werte sind es, die in der Kombination entscheiden, ob das Neuron zündet.

Um das zu verdeutlichen, stelle man sich das vereinfachte Bild eines Neuron vor, das mit nur drei anderen Neuronen A, B und C verbunden ist und dann zündet, wenn die »Dafür-Stimmen« 2 erreichen. Nehmen wir zunächst an, daß die Synapsen, die mit A und B verbunden sind, einem Impuls den Wert +1 geben, die mit C verbundene dagegen einen Impuls mit −1 bewertet. Das Verhalten des Neurons kann dann durch eine Tabelle dieser Art beschrieben werden:

Eingehaltene Impulse (*)			Durch Synapse bestimmter Wert			Ergebnis
A	B	C	A	B	C	
–	–	–	0	0	0	0
–	–	*	0	0	- 1	- 1
–	*	–	0	+ 1	0	1
–	*	*	0	+ 1	- 1	0
*	–	–	+ 1	0	0	1
*	–	*	+ 1	0	- 1	0
*	*	–	+ 1	+ 1	0	2 (zünden!)
*	*	*	+ 1	+ 1	- 1	1

In diesem Fall kann man sehen, daß von den acht möglichen Kombinationen vorhandener und fehlender Impulsen nur einer das Neuron zur Zündung veranlaßt. Würden die Synapsen aber ihre Eigenschaften verändern, so daß ein Puls von A −1 gilt, einer von B +2 und einer von C 0, und das Neuron zwei Dafür-Stimmen braucht, um zu zünden, würde die Tabelle zeigen, daß die Zündung in zwei von acht Fällen erfolgt, nämlich:

Eingehaltene Impulse (*)			Durch Synapse bestimmter Wert			Ergebnis
A	B	C	A	B	C	
–	–	–	0	0	0	0
–	–	*	0	0	0	0
–	*	–	0	+ 2	0	2 (zünden!)
–	*	*	0	+ 2	0	2 (zünden!)
*	–	–	- 1	0	0	- 1
*	–	*	- 1	0	0	- 1
*	*	–	- 1	+ 2	0	+ 1
*	*	*	- 1	+ 2	0	+ 1

Es ist behauptet worden, solche Veränderungen des »synaptischen Gewichts«, die Veränderungen in den Funktionen eines Neurons hervorrufen, fänden wirklich statt, und die Höchstzahl an Veränderungen trete ein, wenn der Besitzer des Gehirns jung sei. Man sollte daraus aber nicht den Schluß ziehen, daß der Verlust an Flexibilität bei Abnahme der Zahl veränderungsfähiger Neuronen einen Verlust an geistigen Kräften bedeute; vielmehr stellt die Zunahme des Anteils an Neuronen, deren Funktionen festgelegt und »erstarrt« sind, die Zunahme der im Gedächtnis gespeicherten Informationsmenge dar.

Ein Neuron mit Synapsen, die das Impulsen zugeteilte Gewicht willkürlich oder zufällig verändern, würde offensichtlich nicht sinnvoll sein. Damit das System etwas »bedeuten« kann, müssen Veränderungen auf eine organisierte Weise zustandekommen.

Kann man die Eigenschaft des Neurons, nur unter bestimmten Bedingungen zu zünden, als eine Fähigkeit betrachten, sich an seine Funktion zu erinnern, dann stellt das Vermögen, diese Bedingungen zu verändern, die Fähigkeit dar, etwas Neues zu »lernen«. Das beschriebene Neuron kann sogar als ein winziger Automat gesehen werden, der den Befehl enthält »Wenn ein Muster (oder mehrere Muster) eben dieser Art eintrifft, dann zünde«; eine Veränderung des synaptischen Gewichts entspricht demnach einer Veränderung im Zustand des Neurons. Eine Veränderung des synaptischen Gewichts darf offenkundig nur dann stattfinden, wenn das System als Ganzes »beschließt«, eine neue Funktion zu erlernen. Man kann sich vorstellen, daß hier einige Mechanismen ähnlich den vom Lernautomaten genutzten am Werk sind. Stellt man sich nämlich den Teil des Gehirns, der »lernt«, als einen einzigen Automaten vor, dann spricht manches dafür, daß die Entscheidung, in einem bestimmten Augenblick zu lernen, von einem sekundären Automaten getroffen wird.

Für unsere jetzige Absicht genügt aber die Erkenntnis, daß Veränderungen in synaptischem Gewicht Folge der Tatsache sind, daß bestimmte Synapsen »dominieren«. Wird von einer dominierenden Synapse ein Impuls empfangen, hat dieser die Wirkung, erstens das Neuron zu zünden, gleichgültig, was seine derzeitige Funktion bestimmt, und zweitens Veränderungen im Gewicht der anderen Synapsen hervorzurufen, so daß das nun vorhandene Impulsmuster ohne Rücksicht auf seine Art in Zukunft ein »Zündungs« -Muster darstellen wird. Die dominierende Synapse gleicht praktisch einem Ausbilder beim Militär, der die Silhouette eines feindlichen Flugzeugs vorführt und seinen Schülern erklärt: »Wenn ihr diese Form noch einmal seht, dann schießt.« Betrachten wir das Neuron als einen Automaten, dann hat die dominierende Synapse eine Rolle in der Art des Lehrknopfs für den Lernroboter in Kapitel 7. Sie sagt dem Neuron nämlich, wann es lernen und sich einen neuen Zustand merken soll.

Trotz der durch von Neumann aufgezeigten Schwierigkeiten unternahm man in den sechziger Jahren mehrere Versuche, das Verhalten vergleichsweise einfacher Neuronennetze im Modell nachzuahmen. Zwei der bemerkenswertesten davon, das »Adaline«-Gerät von Bernard Widrow in den Vereinigten Staaten, und eine am University College, London, von W. K. Taylor gebaute Maschine verwendeten komplizierte Anlage, um Veränderungen synaptischer Gewichte zu simulieren. Bei Adaline wurde das Zündungsverhalten der »Neuronen« durch elektrochemische Mittel verändert; Taylors Maschine erzielte dieselbe Wirkung durch Einsatz variabler Widerstände, im Prinzip Abblendreglern ähnlich, die von Elektromotoren angetrieben wurden. Beide Unternehmungen litten daran, daß sie Säle voll komplizierter Geräte einsetzen mußten, um auch nur kleine Neuronennetze zu simulieren, und es war offenkundig, daß solche Maschinen, realistisch betrachtet, nie zu einer Größe erweitert werden konnten, bei der sie nutzbar geworden wären, geschweige denn jemals an die Dimensionen eines Gehirns heranreichen würden. Bei Adaline bestand ein zusätzliches Handikap darin, daß das elektrochemische System in der Praxis langsam und sehr unzuverlässig war.

Die einzige mögliche Alternative zur Verwendung solcher Anlagen schien darin zu bestehen, das Verhalten eines Netzes mit Hilfe von Computerprogrammen nachzuahmen. Das war die Grundlage für das »Perceptron« (dt. etwa Wahrnehmungsmaschine), die Frank Rosenblatt an der Cornell-Universität Ende der sechziger Jahre entwickelte. Obwohl die Universalität des Computers es durchaus ermöglicht, ihn so zu programmieren, daß er das Verhalten eines Neuronennetzwerks simuliert, geht das doch langsam und mühevoll vor sich. Im Neuralnetz, wo jede Zelle nach den beschriebenen Regeln zündet und ihre Impulse an Dutzende anderer Neuronen weitergibt, die ihrerseits durch Rückkopplung weitere Impulse liefern, was zur Zündung anderer Neuronen führt, können die Folgen des Vorgangs, nur einen einzigen Impuls in das System einzugeben, drastisch und völlig unvorhersehbar sein; überdies findet der Prozeß, den Zustand des gesamten Systems zu verändern, in Wirklichkeit schlagartig statt. Das Verhalten eines Netzes durch sequentielle Berechnung der Rolle jedes einzelnen Neurons bestimmen zu wollen, ist ganz so, als wolle man die Wirkung eines Wolkenbruchs schätzen, indem man das Verhalten jedes einzelnen Regentropfens berechnet. Die praktischen Probleme, Neuralnetze als Modelle aufzustellen oder zu simulieren, wurden noch vergrößert durch eine sehr überzeugende Kritik an Rosenblatts Methoden von Marvin Minsky und Seymour Papert 1969 am MIT. Das setzte der Arbeit in dieser Richtung praktisch ein Ende.

Glücklicherweise und ganz zufällig lieferte die Siliziumchiprevolution in der zweiten Hälfte der sechziger Jahre eine Vorrichtung, die sich als ideales künstliches Neuron erwies. Obwohl die Wegbereiter der Siliziumtechnologie vor allem daran interessiert waren, die Größe von Computerlogikschaltungen zu verringern und ihre Herstellung zu vereinfachen, war die Technologie bis 1969 so weit fortgeschritten, daß die Aufmerksamkeit sich dem Bau von Speicherchips zuwandte, die zum großen Teil die schwerfälligen Magnet-Reservespeicher ersetzen sollten, auf die alle Computer jeder Größenordnung für den größten Teil ihrer Speicherkapazität angewiesen waren. Die Folge waren die ersten RAM-Chips (Random Access Memory = Speicher mit wahlfreiem Zugriff), die heute ein vertrauter Bestandteil jedes Heimcomputers sind.

Der Zweck des RAM im Zusammenhang mit einem Computer ist der, Speicherelemente zur Verfügung zu stellen, die digitale Information speichern, entweder Daten oder Programme. Es ist normalerweise in Abschnitte aufgeteilt, von denen jeder acht oder mehr Bits speichert. Um beispielsweise acht Bits zu speichern, sind acht elektronische Schalter erforderlich. In Wirklichkeit ist jeder Schalter ein bistabiles Kippglied oder Flipflop genannte Vorrichtung, die aus zwei Transistoren besteht und zwei mögliche Zustände kennt, die entweder eine 0 oder eine 1 darstellen. In den bistabilen Kippgliedern werden Ziffern durch ein »Dateneingabe«-Terminal gespeichert und, sobald vom Programm verlangt, durch ein »Ausgabe«-Terminal abgelesen.

Damit der Speicher einen nützlichen Zweck erfüllen kann, darf er Informationen natürlich nur in einen bestimmten Teil seines Speichers aufnehmen oder die an diesem Ort gespeicherte Information nach Aufforderung ausgeben. Diese Steuerung wird mit Hilfe der »Adreß«-Stationen bewirkt. Ein 8 Bit-RAM ist so konstruiert, daß je eine der acht möglichen Kombinationen von drei Ziffern, von 000 bis 111, an ihren drei Adreßstationen eines der acht Flipflops »adressiert«. Ist zur selben Zeit an der Dateneingabestation eine 0 oder eine 1 vorhanden, wird das Flipflop so »gesetzt«, daß es diese Ziffer speichert; wird ein Flipflop aber ohne Eingabe irgendwelcher Daten adressiert, hat das die Folge, daß die Schaltung die Ziffer, die sie enthält, ausgibt (ohne sie aber im Speicher zu löschen).

Wir nehmen nun den Fall von zwei 8 Bit-RAM, die auf verschiedene Weise gesetzt sind. Beim ersten sind alle Kippglieder so gesetzt, daß sie eine 0 speichern. Ausnahme: Die Adresse 101. Im zweiten RAM sind sechs Flipflops auf 0 gesetzt, zwei andere, die Adressen 010 und 011, auf 1. Wir können nun eine Tabelle aufstellen, mit der die Ausgabe angezeigt wird, die bei Adressierung jedes Kippglieds in den beiden RAM stattfindet (Seite 219 oben).

Vergleicht man diese Tabelle mit der auf Seite 215 für die Zündungsleistung von Neuronen mit verschiedenen synaptischen Gewichten, kann man sehen, daß die Eingaben von 1 oder 0 an den Adreßstationen der RAM dem Vorhandensein oder Fehlen eines Impulses an den Neuralsynapsen entspricht, die Ausgabe einer 0 durch ein RAM einer ausbleibenden Zündung, die einer 1 einer

Adresse	RAM 1	RAM 2
000	0	0
001	0	0
010	0	1
011	0	1
100	0	0
101	1	0
110	0	0
111	0	0

stattfindenden Zündung. Man erkennt noch mehr: die Eingabe einer neuen Ziffer über die »Dateneingabe«-Station bei Adressierung des Kippglieds, das man setzen möchte, entspricht der Veränderung des Synapsengewichts im Neuron durch Lieferung eines Impulses an die dominierende Synapse, wenn an den anderen Synapsen ein bestimmtes Impulsmuster vorhanden ist. So erreichen Neuron und RAM durch ganz verschiedene Mittel sehr ähnliche Zündungseigenschaften. Daraus folgt, daß ein auf dieselbe Weise wie ein Neuronennetz vermaschtes RAM-Netz Information auf ähnliche Weise verarbeiten wird.

Obwohl es verlockend wäre, an dieser Stelle vorauszueilen und die durch die Aussicht, künstliche Netze vermaschter Neuronen zu konstruieren, eröffneten Möglichkeiten zu untersuchen, hieße das, die eindrucksvollen Eigenschaften der relativ übersichtlichen Ansammlung von Siliziumneuronen unbeachtet zu lassen, die man »Einfachschichtnetze« nennt. In einem Einfachschichtnetz sind die RAM nicht miteinander verbunden; stattdessen erhält jedes RAM eine getrennte Informationseingabe, und die Ausgabe des Netzwerks wird nach der Zahl der RAM gemessen, die »zünden«. Der Zusammenhang, in dem das Potential von Einfachschichtnetzen am gründlichsten untersucht wurde, ist der von Bildmustererkennungssystemen, und wir wollen uns deshalb hier auf diese Anwendung konzentrieren.

Um den Mechanismus ganz deutlich zu machen, beginnen wir damit, die sehr einfachen Muster zu betrachten, die man in eine Reihe von drei Quadraten setzen kann. Das entspricht einem kraß vereinfachten Fernsehbild, das nur drei Pixel oder Bildpunkte umfaßt, von denen jedes entweder ganz schwarz oder ganz weiß sein muß. Es gibt acht mögliche Anordnungen von schwarzen und weißen Quadraten:

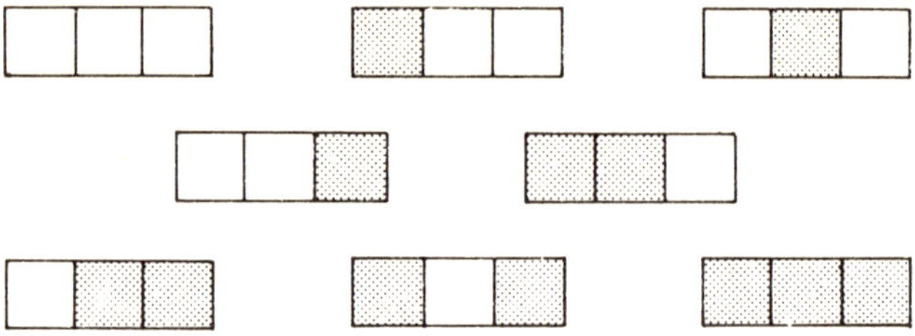

Muster, die von einem binären Bild aus drei Pixeln gebildet werden

Wird jedes der Quadrate an eine der drei Adreßstationen eines 8 Bit-RAM der dargestellten Art angeschlossen, wobei das linke Quadrat die erste Ziffer der Adresse liefert, ein schwarzes Quadrat als eine 1 und ein weißes als eine 0 gilt, kann jede der acht Adressen im RAM dazu benützt werden, eines der Muster darzustellen. Wollte man beispielsweise dem RAM beibringen, sich das dritte Muster von links zu merken und es zu erkennen, wo das mittlere Quadrat schwarz ist, die beiden anderen weiß erscheinen, brauchte man nur die Adreßstationen anzusprechen, die das Muster 010 enthalten, während man gleichzeitig die Dateneingabestation des RAM aktiviert. Die Folge: Das RAM wäre nun so gesetzt, daß es eine 1 ausgibt oder zündet, sobald an den Adreßstationen dasselbe Muster vorhanden ist. Natürlich könnte man den Vorgang bei jedem einzelnen Muster oder allen wiederholen, so daß das RAM zündet, sobald es eines davon »sieht«; ebenso wäre es durch Aus- und neuerliches Einschalten des Systems möglich, das RAM zurückzusetzen, damit es auf ein anderes Muster oder eine Folge von Mustern reagiert.

Die einfachste Art von Netz wäre offenkundig ein solches, das aus nur einem RAM besteht. Man kann auch sehr große Systeme dieser Art bauen, weil RAM-Elemente nicht auf die einfache 8 Bit-Kapazität beschränkt sind, die wir als Beispiel verwendet haben. Man kann durchaus RAM mit einer Speicherkapazität von 16 Bits, also mit vier Adreßstationen und sechzehn möglichen Zündungsmustern nehmen; ein 32 Bit-RAM besitzt dann fünf Adreßstationen und 32 Zündungsmuster, und so fort bis hin zu RAM mit einer Kapazität von vielen tausend Bits. Die auffälligste Schwäche eines einzigen Riesen-»Neurons« ist die, daß es nur zwei mögliche Antworten auf jede Eingabe kennt – entweder es zündet und gibt eine 1 aus oder nicht. Praktisch kann es auf jede gestellte Frage nur mit »Ja« oder »Nein« antworten. Selbst wenn ihm drei verschiedene Muster beigebracht worden sind, kann es also nicht sagen, ein neues Bild entspreche Nummer 1, aber nicht Nummer 2 oder drei, sondern nur, daß es einem der drei Muster entspricht. Dem Einzel-RAM fehlt sehr deutlich auch jede Fähigkeit zur Verallgemeinerung. Beispielsweise wird es nicht unterscheiden können, ob ein neues Muster dem gelieferten ähnlich, aber nicht mit ihm identisch ist. Und wie wir im vorigen Kapitel gesehen haben, ist Verallgemeinerung eine der Eigenschaften, die man in einem Mustererkennungssystem im Gegensatz zu einem algorithmischen anzutreffen hofft.

Um die von einer einfachen Ja- oder Nein-Reaktion auferlegten Grenzen zu überwinden, scheint es sinnvoll zu sein, eine Reihe getrennter RAM zu verwenden. Wie sollten sie angeordnet sein, um die größtmögliche Kapazität und Vielseitigkeit zu bieten? Eine anscheinend elegante Lösung wäre die, jedem RAM eine andere Gruppe von Mustern beizubringen. Besitzen wir beispielsweise drei RAM, von denen jedes aus insgesamt sieben Mustern vier gelernt hat, so daß das erste RAM etwa die Muster 4, 5, 6 und 7 erkennt, das zweite die Muster 2, 3, 6 und 7 und das dritte die Muster 1, 3, 5 und 7, könnte man dadurch feststellen, welches Muster erkannt wird, daß man die Ausgabe der RAM als Binärcode behandelt (in dem gewählten Beispiel würde 1 kodiert werden als 001, Muster 2 als 010, und so weiter). Obwohl dieses Hilfsmittel den Fähigkeitsbereich des Systems erweitern und es ihm ermöglichen würde, ein Muster aus einer ganzen Serie von Mustern zu erkennen, die es gelernt hat, kann es noch immer nicht mit Verallgemeinerung dienen. Dieses Verfahren hat auch den Nachteil, daß bei Nutzung großen Maßstabs ihre Ausgabe die Form eines weiteren komplexen Musters binärer Ziffern annimmt – ein bedauerlicher Zug an einer Maschine, die Muster *erkennen* und nicht *hervorbringen* soll. Schließlich entspricht sie nicht dem, was wir von der Organisation des Gehirns wissen, bei Bottom-up-Kriterien eine wichtige Überlegung.

Unser Wissen über die Methoden des Gehirns zur Bewältigung dieser Situation beruht auf dem Werk von zwei Nobelpreisträgern, D.H. Hubel und T.N. Wiesel, die (durch mühsame Experimente mit Katzen und Affen) nachwiesen, daß verschiedene Teile eines natürlichen Neuralnetzes auf verschiedene Arten von Mustern reagieren. Nimmt beispielsweise das Auge ein Bild wahr, das aus einem vertikalen Balken besteht, finden Zündungsvorgänge an einem bestimmten Ort des Gehirns statt; wird das Bild zu einem horizontalen Balken verändert, reagiert eine ganz andere Gruppe von Neuronen. Die Folge: Löst ein vertikaler Balken Zündung an Punkt A, ein horizontaler an Punkt B aus, kann das Gehirn erkennen (oder vielleicht sogar »verstehen«), daß es ein Kreuz sieht. Erkennung scheint aber nicht von Information darüber abzuhängen, daß kodiert wird, wo Zündung stattfindet; stattdessen bringt das Gehirn Aktivität in einem bestimmten Bereich direkt mit einer bestimmten Art von Bild in Verbindung. Der Unterschied kann durch einen Vergleich veranschaulicht werden. Die RAM im obigen Beispiel gleichen einer Kodiermaschine, die beim Drücken einer Taste ein Muster von Punkten und Strichen als Darstellung eines Buchstabens erzeugt. Das Gehirn dagegen gleicht eher einer Schreibmaschine, die auf den Druck einer Taste mit der Wiedergabe des entsprechenden Zeichens reagiert.

Beachtet der Ingenieur diese Hinweise zu den Abläufen des natürlichen Systems, wird er offenkundig gut beraten sein, wenn er den Versuch unternimmt, seine RAM ähnlich organisieren zu wollen. Vielleicht lehrt er eines, vertikale Balken zu erkennen, ein zweites, auf horizontale Balken zu reagieren, und teilt anderen RAM Muster mit diagonalen Balken zu. Obwohl dieses Hilfsmittel uns dem natürlichen Modell zwar näherbringt, bietet es noch immer keine Aussicht auf Verallgemeinerung. Jedes der RAM wird nur auf genau das Muster reagieren, das zu erkennen es gelernt hat.

Um zu begreifen, auf welche Weise Verallgemeinerung und eine Reaktion erreicht werden können, die verfeinerter ist als ein einfaches »Ja« oder »Nein«, wollen wir uns vorstellen, daß wir aufgefordert worden sind, ein System zu entwerfen, das zwischen zwei einfachen Mustern unterscheiden kann, die auf einer Matrix 8x8 mit 64 Pixeln vorkommen, von denen jedes nach wie vor nur zwei mögliche Intensitätsgrade hat, weiß oder schwarz. Um einen Fall aus der Praxis zu nehmen, wollen wir unterstellen, daß ein Bild das Rad eines Spielzeugautos darstellt, das andere eine Tür. Wenn ein System dieser Art zu verwirklichen wäre, könnte es einem Roboter zugehören, der Teile in verschiedenen Kategorien sortiert. Der Einfachheit halber wollen wir weiter annehmen, daß beide Bilder in einer vorbestimmten Lage und Ausrichtung erscheinen, so daß sie auf dem Bildschirm stets dieselben Flächen bedecken. Die beiden Muster könnten etwa so aussehen:

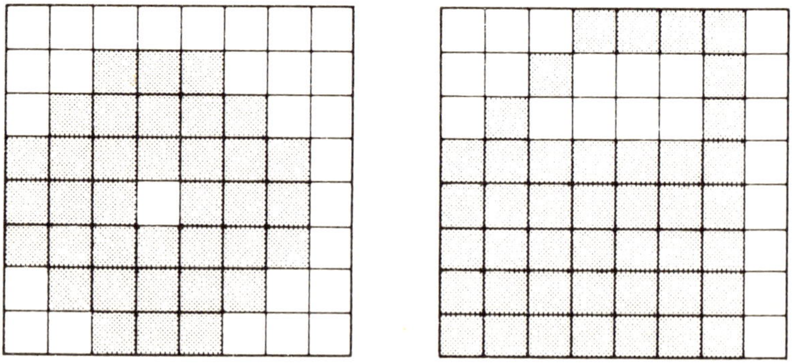

Das Radbild (links) und das Türbild (rechts) auf einer Matrix aus 64 Pixeln

Die einfachste Vermutung wäre die, daß diese Aufgabe zwei RAM erfordert, von denen eines gelernt hat, das Rad, und das andere, die Tür, zu erkennen. Natürlich ist es wichtig, festzulegen, wie groß die RAM sein müssen. Das kann dadurch geschehen, daß man sich an die Grundformel hält, mit der die Zahl verschiedener Nachrichten bestimmt wird, die von einer Binärzahl bestimmter Länge aufgenommen werden kann. Die Formel legt fest, daß für »n« Ziffern die maximale Zahl möglicher Nachrichten zwei hoch »n« oder 2^n sein wird. So können zwei Binärziffern jede von vier (2^2) Botschaften übermitteln (00, 01, 10 und 11), drei Ziffern acht (2^4) Botschaften (000, 001, 010, 011, 100, 101, 110 und 111).

Da jede der 8x8-Matrizen, die diese Bilder enthalten, 64 Pixel umfaßt, von denen jedes eine Informationsziffer erzeugt (eine 0, wenn das Pixel weiß, eine 1, wenn es schwarz ist), benötigt jedes RAM 64 Adreßstationen und die Kapazität, 2^{64} Bits Information zu speichern. Das ist eine spektakulär große Speichermenge, noch dazu für ein System, das eine derart einfache Aufgabe erfüllen soll, weil 2^{64} eine Zahl mit 64 Nullen ist. Außerdem bleibt bestehen, daß von dieser riesigen Zahl möglicher Muster nur ein einziges bei unserem Riesenneuron die Zündung auslöst.

Das führt zu einer sehr praktischen Frage. Selbst wenn man im Prinzip mit einer Maschine zufrieden wäre, die vom Speicher her solche Ansprüche stellt und trotzdem zu keinerlei Verallgemeinerung fähig ist, würde sie einfach nicht funktionieren. Unvermeidlich tritt bei dem Prozeß, die Pixel in Ziffern zu übertragen, ein Maß an »Rauschen« auf, das zu Verzerrungen führt und Einsen in Nullen verwandelt und umgekehrt. Wenn wir annehmen, daß 10 von den 64 Informationsbits, die das Radbild definierten, vom Rauschen verzerrt werden, was zugegebenermaßen eine unwahrscheinlich hohe Störungsstufe darstellt, könnte das Radbild vielleicht ganz ähnlich ausfallen wie das Bild auf Seite 224. Sogar für das menschliche Auge ist es fast unerkennbar. Für die RAM wäre freilich schon eine einzige falsche Ziffer das Aus.

Man könnte meinen, das Problem ließe sich dadurch überwinden, daß die RAM auf eine ganze Spanne typischer Verzerrungen trainiert werden, so daß jedes RAM, statt nur auf eines der möglichen Muster hin zu zünden, auch dann zündet, wenn ihm die Muster präsentiert werden, die dem perfekten Bild nahekommen, aber nicht damit identisch sind. Das würde erfordern, jedem RAM das unverzerrte Originalmuster beizubringen und es dann in getrennten Vorgängen jedes mögliche Muster zu lehren, das sich ergeben könnte, wenn Rauschen eine bestimmte Verzerrungsstufe hervorruft. Könnte man mit Sicherheit annehmen, daß zu jedem Zeitpunkt nie mehr als eine von 64 Ziffern verzerrt wird, würde man 65 ver-

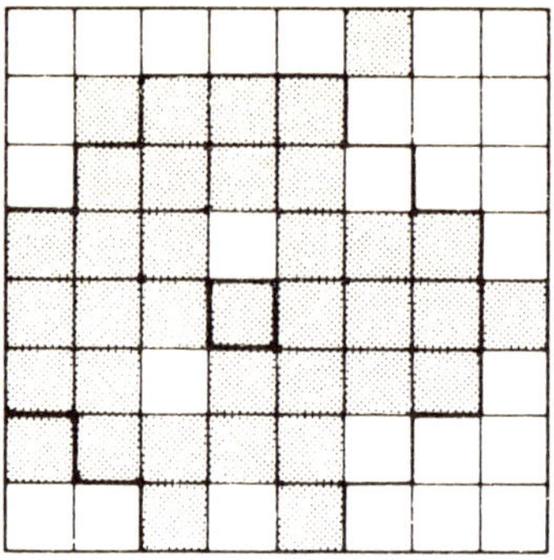

Das Radbild mit zehn verzerrten Pixeln von 64

schiedene Lehrprozesses brauchen. Das Ganze gerät aber sofort in den Bereich des Unmöglichen, wenn stärkerer Verzerrung vorgebeugt werden muß. Um sich beispielsweise gegen die Möglichkeit abzusichern, daß von 64 Pixeln vier verzerrt sind, wäre es notwendig, 679140 verschiedene Lehrprozesse auszuführen. Nicht einmal der eifrigste Verfechter der Automation könnte das einem Spielzeugfabrikanten empfehlen!

Außerdem muß man berücksichtigen, daß ein System, das in Anwendungsbereichen des realen Lebens von Nutzen sein soll, mit Bildern von viel höherer Definition umzugehen hätte, als ein Matrix mit 64 Pixeln sie vorlegt. Ein typischer Robotereinsatz würde die Verwendung eines Bildes aus 512×512, also mehr als einer Viertelmillion Pixeln und damit eine astronomisch hohe Zahl möglicher Verzerrungen betreffen.

Der Weg, den man gefunden hat, dieses offenbar ungeheure Problem zu umgehen, besitzt mehrere Vorteile, die nicht auf den ersten Blick auffallen, bis man die Folgen genauer untersucht. Im Grunde besteht der Kniff darin, mehr, aber kleinere RAM zu verwenden. Statt ein Riesen-RAM zu nehmen, um jedes Muster zu erkennen, werden kleinere Einheiten zu sogenannten »Diskriminatoren« zusammengebaut. Jedem RAM wird ein Abschnitt des Bildes zugeteilt. Nehmen wir nun an, wir teilten das 64 Pixel-Bild in vier Quadranten auf, von denen jeder nur 16 Pixel enthält. Jeder dieser Unterbereiche erfordert nun ein RAM mit nur noch 16 Eingabestationen und damit einer Speicherkapazität von 2^{16} oder rund 256000 Bits, ungefähr ein Viertel der RAM-Kapazität eines mittelgroßen Heimcomputers wie APPLE oder PET. Sogar wenn wir berücksichtigen, daß nun vier solcher RAM erforderlich sind, um jedes Bild zu speichern, also acht im Ganzen, schneidet die Gesamtzahl von knapp über zwei Millionen Bits im Vergleich zu der ungeheuerlich größeren Zahl, mit der wir es vorher zu tun hatten, überaus günstig ab.

Die Speichererfordernisse würden aber rasch ansteigen, wenn wir das Bild in eine größere Zahl von Pixeln zerlegen wollten. Wir könnten also sehr wohl beschließen, den Vorgang der Aufteilung zu wiederholen und die Zahl der RAM in jedem Diskriminator auf 16 zu erhöhen, von jeden jedes nur vier Pixel erfaßt. Die Zahl der Bits, die jedes RAM nun speichern muß, wird auf 2^4 oder 16 reduziert, insgesamt für jeden Diskriminator also auf 16×16 oder gesamt 256, nach modernen Computerbegriffen ein lächerlich geringes Volumen.

Die naheliegende Frage lautet: Wie hat diese drastische Verringerung des Bedarfs an Hardware die Leistung des Systems beeinflußt? Die Antwort ist eher überraschend. Um den Punkt zu veranschaulichen, kehren wir zur Zwischenversion der Maschine zurück, also zu jener, wo die 64 Pixel in vier Quadranten zu je 16 Pixeln aufgeteilt waren und pro Diskriminator vier RAM genutzt werden. Wir wollen nun davon ausgehen, daß diese Maschine gelernt hat, nicht nur das »perfekte« Radbild zu erkennen, sondern auch die 64 Variationen davon, die sich daraus ergeben können, daß ein Pixel verzerrt ist. Jedes RAM wird als Folge davon eine Zündungsreaktion zeigen, wenn ihm eines von 17 Mustern gezeigt wird – die perfekte Ausgabe seines Bildquadranten sowie die 16 Verzerrungen durch Falschablesung eines der 16 Pixel in diesem Quadranten.

Der erste wichtige Punkt: Die von der Maschine als Ganzer gegebene Antwort ist kein einfaches »Ja« oder »Nein« mehr, sondern stattdessen eine Art Abstimmung, zu der jedes RAM eine Stimme liefert. Jedes der 65 Muster, auf die jeder Diskriminator geschult ist, wird eine einstimmige Reaktion erhalten, vier von vier Stimmen, aber nun besteht eine hohe Wahrscheinlichkeit dafür, daß sogar ein noch stärker verzerrtes Bild eine Stimmmenmehrheit zu seinen Gunsten findet. Man stelle sich kurz vor, das Bild des Rads sei durch fünf Bildpunkte verzerrt, eines in jedem der drei Quadranten, und zusätzlich weitere drei im unteren rechten Quadranten, mit dem Ergebnis, daß dieser Quadrant nun genau dem Bild der Tür statt dem des Rades entspricht.

Als Reaktion auf dieses Bild zünden drei RAM von vieren im Raddiskriminator sowie einer von vier RAM im Türdiskriminator. Die Maschine sagt praktisch: »Dieses Bild sieht zu drei Vierteln wie ein Rad und zu einem Viertel wie eine Tür aus.« Obwohl diese Methode der Entscheidung, als »Maximalreaktion« bekannt, offensichtlich ziemlich ungenaue Antworten liefern wird, wenn das Bild aus nur 64 Pixeln besteht und von Diskriminatoren aus nur vier RAM verarbeitet wird, fällt es nicht schwer, sich vorzustellen, daß das bei einem in eine halbe Million aufgelösten Bild und Diskriminatoren, die Dutzende von RAM enthalten, ein höchst wirksamer

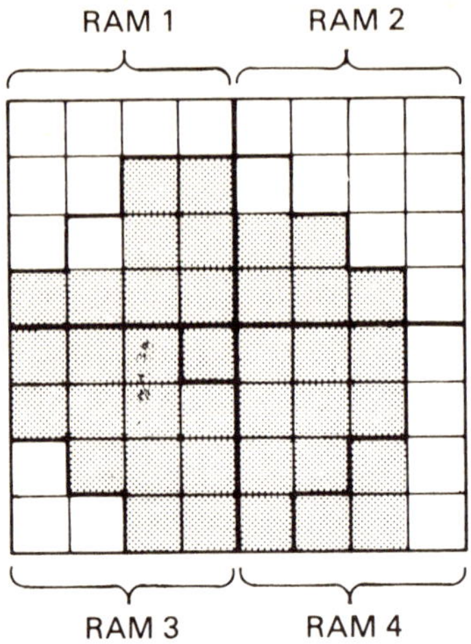

Das Radbild, verzerrt durch sechs Bildpunkte, je einer in den RAM 1, 2 und 3 zugeteilten Quadranten, und drei in dem Quadranten für RAM 4, jetzt identisch mit dem Türbild.

Weg ist, zu Schlußfolgerungen zu gelangen, die in 99 Prozent der Fälle selbst dann zutreffend sein werden, wenn hohe Rauschstufen vorhanden sind. Die Gefahr, Rauschen könnte so vorherrschend und gleichmäßig verteilt sein, daß es in mehr als der Hälfte der RAM falsche Reaktionen auslöst, ist in der Tat sehr gering.

Eine noch interessantere Konsequenz ist aber die, daß ein System dieser Art eine außerordentlich eindrucksvolle Fähigkeit zur Verallgemeinerung erworben hat. Eine Möglichkeit, diese Fähigkeit auszudrücken, bestünde darin, zu messen, wie weit ein System Muster erkennt, die ihm während der Schulung nicht vorgelegt worden sind. In einem gewissen Sinn läuft eine solche Fähigkeit auf das Vermögen hinaus, Allgemeinbegriffe hervorzubringen. Der springende Punkt bei unserer eigenen Fähigkeit, etwa das Muster einer Jacke als Plaid einzustufen, ist nämlich der, daß wir das sogar dann tun können, wenn wir das konkrete Muster vorher noch nie gesehen haben. Der Vorgang der Erkennung läuft auf einen Vergleich zwischen dem Muster, das wir sehen, und einem in unserem Gedächtnis gespeicherten »Universalplaid« hinaus, und dadurch können wir sagen, daß dieses Muster eben ein Plaid ist und kein gewöhnliches Karo oder gestreift.

Um die Zahl der »ungeschulten« Muster zu berechnen, auf welche die Maschine mit einem einstimmigen Ergebnis von vier aus vier Stimmen reagiert, kehren wir zu dem Ausbildungsprozeß zurück, bei dem es, wie man sich erinnern wird, darum ging, jedem RAM beizubringen, daß es das »perfekte« Bild in seinem Quadranten sowie die 16 anderen Muster erkennt, die durch die Verzerrung eines Pixels entstehen können. Jedes RAM zündet somit als Antwort auf 17 verschiedene Muster, und daraus ergibt sich, daß es 17 × 17 × 17 × 17 oder 83251 Muster des ganzen Bildes gibt, durch die alle vier Diskriminatoren gleichzeitig zünden. Dem System als Ganzem ist aber nur beigebracht worden, 65 Muster zu erkennen, das fehlerlose 64 Pixel-Bild sowie die 64 Einzelbit-Verzerrungen davon. Die Diskriminatoren zu unterteilen, hat demnach jedem die Fähigkeit verliehen, mit totaler Gewißheit 83456 Muster zu erkennen, die sie vorher noch nie gesehen haben.

Zugegeben, es gibt insgesamt 679140 Muster, die aus nicht mehr als vier Verzerrungen des Gesamtbildes entstehen können, und ihr Rest wird mindestens ein RAM nicht zur Zündung veranlassen, weil sie nur auftreten, wenn ein Quadrant des Bildes fehlerlos bleibt und ein anderer zwei Verzerrungen enthält. Nehmen wir aber ein Stimmverhalten Drei zu Eins als Bestätigung dafür, daß ein Bild erkannt worden ist, werden viele dieser zusätzlichen Muster abgedeckt sein. Man kann interessehalber berechnen, daß das System entweder mit vier von vier oder drei von vier Stimmen zu Gunsten von 84 Prozent oder 569840 von den 679140 möglichen Mustern entscheiden wird, die durch die Verzerrung von vier Pixeln entstehen können. Wie wir gesehen haben, liefert die Maschine auch ein Urteil mit drei von vier Stimmen für die vielen anderen Muster, die sich aus einer höheren Verzerrungsstufe in einem einzigen Quadranten ergeben.

Angesichts des Erfolges, der durch Aufteilung des Bildes und Vermehrung der RAM erzielt wurde, könnte man es für vorteilhaft halten, das Verfahren weiter auszubauen. Die Probleme, die sich aus einem solchen Optimismus ergeben, werden aber augenfällig, wenn wir den Gedanken zu seiner logischen Schlußfolgerung fortführen. Das kleinste mögliche RAM besitzt nur eine einzige Adreßstation und eine Speicherkapazität für nur zwei Bits. Man würde 64 solcher Zwei-Bit-RAM brauchen, um die 64 Pixel der besprochenen Bilder zu erfassen, so daß die Gesamtspeicherkapazität jedes Diskriminators höchst sparsame 128 Bits ausmachen würde. An einem idealen, unverzerrten Rad geschult, würde der Raddiskriminator mit 64 Zündungen von 64 auf das Rad und mit 50 von 64 auf die Tür reagieren (in beiden Bildern sind 50 von 64 Bildpunkten identisch). Das Problem dabei: Wenn das System dann auf die 64 möglichen Einzelbit-Verzerrungen geschult ist, würden beide Diskriminatoren auf *jedes* Bild mit 64 von 64 Reaktionen antworten – nun speichert jedes Flip-Flop in jedem RAM eine 1. Diesen Zustand nennt man »Sättigung«. Eine der Aufgaben des Ingenieurs besteht darin, den richtigen Kompromiß zwischen einerseits einer kleinen Zahl von RAM, demzufolge hohem Speicherbedarf und einer niedrigen Verallgemeinerungsstufe, und andererseits einer großen Zahl von RAM mit geringem Speicherbedarf, aber einer Tendenz zur Sättigung zu finden.

Es läßt sich zeigen, daß die richtige Antwort für das untersuchte 64 Pixel-Bild pro Diskriminator 16 RAM sind, von denen jedes 16 Bit Speicherplatz enthält. Nach der Schulung mit den Originalmustern sowie den 64 Einzelbitverzerrungen wird der Raddiskriminator nun mit 16 aus 16 Zündungen auf das Rad reagieren, dasselbe Bild löst beim Türdiskriminator aber nur noch 10 von 16 Zündungen aus. Das ist kein so hohes Maß an Gewißheit wie bei den vier größeren RAM, aber in der Praxis wäre das durchaus ausreichend, und bei allen Bildern mit bis zu vier Verzerrungen ist die Verallgemeinerung fast vollständig.

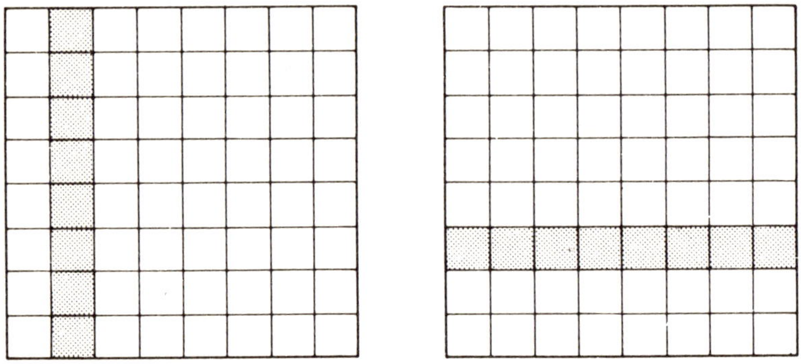

Ein-Pixel-Balken auf einer Matrix aus 64 Pixeln

Obwohl die Bemühung, gegen die Wirkung des Rauschens zu schützen, zu einer eindrucksvollen Stufe der Verallgemeinerung geführt hat, ist das nicht der einzige Faktor, der in einem Einfachschichtnetz dieser Art die Verallgemeinerung verbessert. Nehmen wir jetzt eine andere Art von Muster, die aus einem einzelnen Balken von einem Pixel Breite quer oder senkrecht auf dem 64 Pixel-Bild besteht.

Es gibt deutlich erkennbar nur acht vertikale und acht horizontale Balken, auf die man das System einschulen müßte. Sobald jeder Art von Balken eigene Diskriminatoren zugeteilt sind, hätte das System als Ganzes eine allgemeine Vorstellung von »Vertikalheit« und »Horizontalheit«, die dazu benützt werden könnte, diese Eigenschaften in einer Vielzahl anderer Bilder zu unterscheiden. Bestünden beispielsweise die Diskriminatoren jeweils aus 16 16-Bit-

RAM, so kann man berechnen, welche Antwort jeder von ihnen auf ein Bild wie dieses liefern würde:

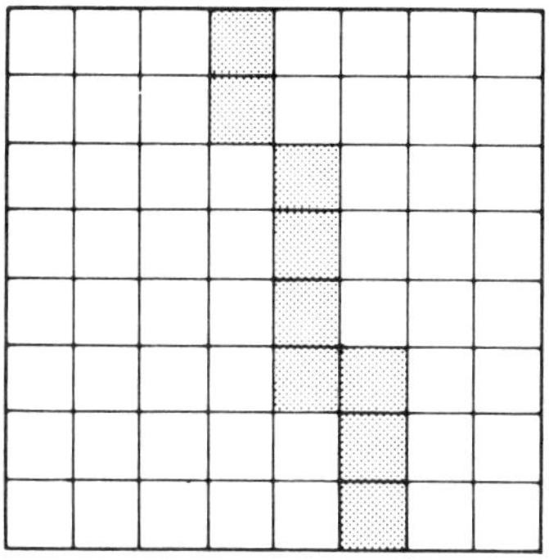

Die auf vertikale Balken geschulten RAM würden eine Reaktion von 15 aus 16 liefern, die auf horizontale Balken geschulten 12 von 16. (Die meisten Zündungen würden übrigens als Antwort auf leere Quadrate statt auf die Balken selbst erfolgen, was die Berechnungen ein wenig kompliziert.) Die Antwort beider Diskriminatoren ist beinahe dieselbe wie jene, die sie auf einen einfachen vertikalen Balken geben würden. Der Vertikaldiskriminator würde somit eine perfekte Reaktion von 16 aus 16 zeigen, der für horizontale Balken aber nach wie vor 12 aus 16. Obwohl dieser Mangel an klarer Entschiedenheit des Horizontaldiskriminators unerfreulich erscheinen mag, können wir ihn nutzen, um Fragen wie diese zu beantworten: »Wie weit von einer perfekten Vertikalen (oder Horizontalen) ist eine bestimmte Linie entfernt?« Da der Horizontaldiskriminator für einen vertikalen Balken ein Ergebnis von 12 aus 16 liefert (der Vertikaldiskriminator tut dasselbe beim Horizontalbalken), können wir die Dinge dadurch vereinfachen, daß wir von beiden »Ergebnissen« 12 abziehen. Wir können dann sagen, daß die Antwort der beiden Diskriminatoren auf eine perfekte Vertikale oder eine perfekte Horizontale Vier zu Null beträgt und im Fall des fast ganz vertikalen, aber um ein Bit horizontal verschobenen Musters oben, das Ergebnis 15 zu 12, das ein wenig nach Unentschlossenheit aussieht, zu einem Drei zu Null wird. Mit diesem neuen Bewertungssystem wird ein Muster wie das untenstehende, das fast genau die Mitte zwischen Vertikale und Horizontale hält, eine Antwort von Eins zu minus Eins hervorrufen (11 vom Vertikal- und 13 vom Horizontaldiskriminator).

In diesem Fall sagt das System: »Ich bin mir so oder so nicht ganz sicher (eine Tatsache, die sich in den niedrigen Werten beider Diskriminatoren widerspiegelt), aber wenn ich wetten müßte, würde

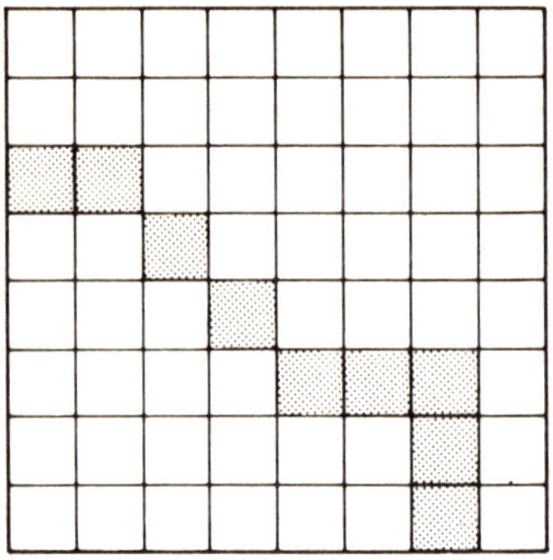

ich sagen, mehr horizontal als vertikal«. Zeigte man diesem System das Radbild, das wir vorhin verwendet haben, würde das eine Bewertung von minus Acht zu minus Acht ergeben, was auf die Schlußfolgerung hinausläuft: »Das hat überhaupt keine Ähnlichkeit mit einem vertikalen oder einem horizontalen Balken«.

Diese Eigenschaft, durch die zwei (im Rahmen der heutigen Elektronik) sehr einfache Maschinen kombiniert werden können, um die Gesamtausrichtung eines Bildes festzustellen, erinnert den Kybernetiker auf erfreuliche Weise an den Mechanismus, den Hubel und Wiesel in den Augen von Tieren entdeckt haben. Niemand käme auf den Gedanken, das sei ein Ersatz für ein verfeinertes, vorprogrammiertes Szenenanalysegerät, aber es könnte sehr sinnvoll als eine Vorbedingung für den Erfolg eines solchen gehalten werden.

Nun zu einem Problem mit einer hochinteressanten Lösung. Nehmen wir an, zwei 16-Bit-RAM-Diskriminatoren sind auf vertikale beziehungsweise horizontale Balken von je *zwei* Pixel Dicke in der folgenden Art geschult:

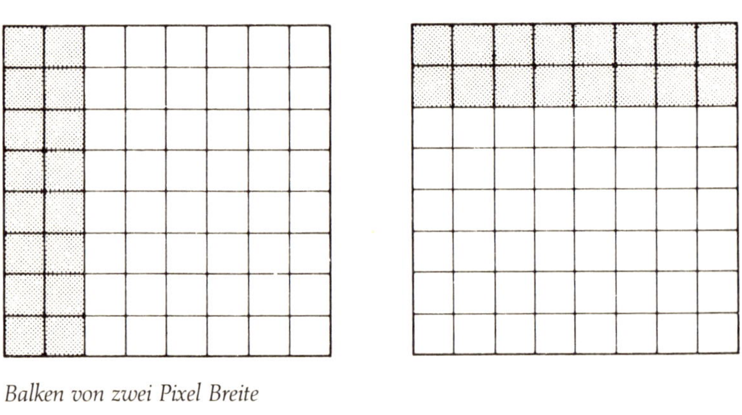

Balken von zwei Pixel Breite

Der Schulungsprozeß bestünde darin, jedem Diskriminator vier Balken zu zeigen, die nirgends überlappen. Berücksichtigt man jedoch, daß jedes einzelne RAM nur ein einziges Quadrat von vier Pixeln »betrachtet«, ist klar, daß das Ergebnis des Schulungsprozesses darin bestanden haben wird, jedem RAM in den Diskriminatoren nur zwei Muster zu zeigen. In einem davon sind alle vier Pixel weiß, im anderen alle schwarz. Sobald eines der gelernten Muster auftaucht, werden demnach *beide* Diskriminatoren ihm ohne Rücksicht auf seine Ausrichtung ein Ergebnis von 16 aus 16 zusprechen. Die Ursache dieses Problems liegt darin begründet, daß die Art, wie die Pixel, aus denen das Gitter besteht, mit den RAM verbunden sind, den Mustern ähnelt, die sie kollektiv erkennen sollen.

RAM 1	RAM 2	RAM 3	RAM 4
RAM 5	RAM 6	RAM 7	RAM 8
RAM 9	RAM 10	RAM 11	RAM 12
RAM 13	RAM 14	RAM 15	RAM 16

RAM-Anordnung und Bildmuster decken sich

Um dieser Fallgrube auszuweichen, ist es bei den Konstrukteuren üblich, die Pixel in zufälliger Weise mit den RAM zu verbinden. Eine typische solche Anordnung wird unten gezeigt. Das Diagramm ist wie eine Buchseite von links nach rechts und von oben nach

1	2	3	4	5	6	7	8
9	10	11	8	12	10	6	4
11	13	6	10	14	9	15	13
2	8	1	5	2	12	16	7
3	9	6	10	7	13	12	1
11	7	15	5	9	3	15	4
16	14	2	8	1	16	14	16
13	3	15	12	5	11	4	14

Zufällig mit Matrix verbundene RAM-Speicher

RAM-Nummer	Horizontaler Diskriminator Balken 1	Balken 2	Balken 3	Balken 4	Vertikaler Diskriminator Balken 1	Balken 2	Balken 3	Balken 4
1	1000	0100	0001	0010	1000	0100	0010	0001
2	1100	0001	0010	0000	1000	0110	0000	0001
3	0101	1000	0010	0000	1000	0000	0110	0001
4	0000	1000	0000	0111	1100	0000	0010	0001
5	0000	0110	1001	0000	1000	0100	0010	0001
6	0000	0011	1000	0100	1100	0010	0001	0000
7	0001	0000	0010	1100	1000	0100	0011	0000
8	0010	0101	0000	1000	1100	0010	0000	0001
9	1010	0000	0101	0000	1000	0100	0011	0000
10	1000	0011	0100	0000	1100	0010	0001	0000
11	0110	1000	0001	0000	1000	0100	0010	0001
12	0000	0001	1100	0010	1000	0110	0010	0001
13	1001	0000	0010	0100	0000	1100	0010	0001
14	0100	0000	1000	0011	0000	1000	0000	0111
15	0000	0011	1000	1100	0000	1000	0110	0001
16	0100	0000	0010	1001	0000	1000	0000	0111

unten zu lesen. So wird beispielsweise ein Balken von zwei Pixel Breite an der linken Gitterseite Adresse 1000 in RAM Eins und 1100 in RAM Zwei setzen, ein horizontaler Balken quer an der Unterseite Adresse 0001 in RAM Eins und RAM Zwei. Mit Beharrlichkeit ist es möglich, eine Tabelle für die Adressen aufzustellen, die in zwei Diskriminatoren auf diese Weise gesetzt worden sind, einer von ihnen auf die vier vertikalen Zwei-Pixel-Balken, der andere auf die horizontalen geschult.

Sehen wir uns nun die Antwort dieser beiden Diskriminatoren auf einen vertikalen Balken an der linken Gitterseite an, kann man erkennen, daß er im Vertikaldiskriminator 16 von 16 erzielt, im horizontalen 1 von 16. Dieser Prozeß kann für jeden der acht Balken wiederholt werden und führt zu einer weiteren Tabelle. Sie zeigt die Reaktion der beiden Diskriminatoren auf jedes der acht gelernten Muster.

	Vertikaler Diskriminator	Horizontaler Diskriminator
Vertikal Balken 1	16	5
Balken 2	16	10
Balken 3	16	7
Balken 4	16	6
Horizontal Balken 1	7	16
Balken 2	4	16
Balken 3	5	16
Balken 4	7	16

Inzwischen ist klar, daß die Methode, die Adreßstationen der RAM-Speicher auf zufällige Weise anzuschließen, das System befähigt hat, zwischen Mustern zu unterscheiden, die es bisher nicht bewältigte. Das führt gleichzeitig einen konkreten Punkt und ein allgemeines Prinzip vor. Erstens, im Hinblick auf Bilderkennungssysteme: Wenn unser Einfachschichtnetz eine zutreffende, freilich stark vereinfachte Ausgabe der Mechanismen zur Informationsverarbeitung ist, die das Gehirn nutzt, hat sich deutlich herausgestellt, daß die Art und Weise, die Stäbchen und Zapfen im Auge (die Entsprechungen zu den Pixeln der Matrix) mit den Synapsen an den Neuronen verbunden sind, die vom Auge gelieferte Information verarbeiten, vollkommen unwichtig ist; es spielt keine Rolle, welches Stäbchen an welche Synapse angeschlossen ist, solange die Verbindungen als Ganzes *keinerlei* Muster bilden. Zufälligkeit ist kein Symptom eines ungeordneten Systems, sondern Voraussetzung für ein leistungsfähiges. Man sollte auch noch hervorheben, was daraus folgt: Sogar die Beobachtung von zwei Netzen, die mit gleicher Leistungsfähigkeit arbeiten, würden nicht die Schlußfolgerung erlauben, ihr Aufbau sei genau derselbe.

Und das allgemeine Prinzip, das dieser besondere Fall veranschaulicht: Es darf nicht unterstellt werden, Zufälligkeit oder Mangel an Organisation in natürlichen Strukturen sei gewissermaßen eine »zweitbeste« Lösung, die durch die Art geordneter Architektur, die wir infolge unserer erlernten Einstellung von vornherein für überlegen halten, verbessert werden würde. Im Gegenteil scheint die Lehre zu lauten, daß Zufälligkeit etwas ist, das die Natur ohne Mühe bewältigt und sehr überlegt einsetzt. Der Ingenieur, der auf die Nachahmung von Natursystemen abzielt, wird gut beraten sein, wenn er die Anwendungsarten von Zufälligkeiten studiert und sie zu seinem Vorteil nutzt.

Übrigens verdeutlichen die sehr mühsamen Berechnungen, die man zur Aufstellung von Tabellen wie den obigen benötigt, die umständlichen Prozesse, die ein Computer durchlaufen muß, um das Verhalten eines Netzes zu simulieren. Stellt man sich die Größe der Tabellen vor, die erforderlich wären, die Reaktionen eines Netzes für ein Bild mit Tausenden von Pixeln zu erfassen, erkennt man augenblicklich, warum die Aufgabe, sie aufzustellen, die Kapazität eines Computers, sie in Echtzeit zu bewältigen, übersteigt.

Zum Glück kann durch die leichte Verfügbarkeit von RAM-Speichern mit einer Kapazität bis zu 64000 Bits das Verhalten von Netzen einer Größe und Kompliziertheit untersucht werden, die sich jedem Prozeß einer Computersimulation entziehen würden. Da, wie erläutert wurde, die RAM sich garantiert genauso verhalten wie die Nervenzellen des Gehirns, kann ein Netz, sogar ein Einfachschichtnetz, das eine beträchtliche Anzahl von ihnen enthält, zu recht ein (wenn auch offenkundig vereinfachtes) Faksimile eines kleinen Teils des Gehirns genannt werden, und man könnte ernsthaft erwarten, daß es einige der Dinge erreicht, die das Gehirn leistet.

Man muß betonen, daß der Gebrauch eines Netzes nicht die Verwendung irgendeines Top-down-Modells der Intelligenz voraussetzt. Die Maschine muß nicht mit einem Programm oder Algorithmus ausgestattet werden; sie wird einfach an eine Informationsquelle angeschlossen, in unserem Fall an ein Bild.

Als Folge der Bemühungen eines der Verfasser und seiner Kollegen an der Brunel-Universität gibt es seit 1981 ein großes Einfachschichtnetz, und die erzielten Erfolge tragen erheblich zur Bestätigung der Ansicht bei, Maschinen dieser Art könnten Dinge leisten, die einem gewöhnlichen Computer schwerfallen. Das soll nicht heißen, daß ein Neuralnetz »besser« sei als ein Computer oder ein Ersatz für ihn, aber es kann durchaus als Beweis dafür dienen, daß Bottom-up-Methoden zur Konstruktion von »Elektronikgehirnen« einen ebenso großen Beitrag leisten können wie Top-down-Verfahren.

Die genannte Maschine ist WISARD (für Wilkie, Stoneham und Aleksander's Recognition Device = dt. etwa Wilkies, Stonehams und Aleksanders Erkennungsgerät) getauft worden. Eine kurze Geschichte ihrer Entstehung ist in Anhang 1 am Ende des Bandes zu finden. Dieser Bericht ist von Interesse, und sei es nur deshalb, weil er ganz deutlich zeigt, wie unentbehrlich die vom Siliziumchip herbeigeführte Umwälzung für das ganze Projekt gewesen ist. WISARD ist um vieles größer als die bisher besprochenen Systeme. Es behandelt Bilder mit einer Matrix von 512 × 512 oder 262144 Bildpunkten, und jeder seiner Diskriminatoren besteht aus 32768 RAM-Speichern mit je acht Adreßstationen und damit einer Gesamtkapazität von acht Millionen Bits.

Einer von WISARDs direkten Vorfahren, eine viel kleinere Maschine namens MINERVA, die 1972 fertiggestellt wurde, hatte bereits bemerkenswerte Erfolge bei der Erkennung handschriftlicher Zeichen erzielt und die Leistung von Computern mit unendlich größerer Kapazität weit übertroffen, die auf die bekannten »maschinenlesbaren« Codes von Kreditkarten und Schecks beschränkt waren. Als WISARD 1981 fertig war, wurde es einem Test unterzogen, der sicherlich einer der strengsten für jedes Mustererkennungssystem ist – die Erkennung menschlicher Gesichter. Es erzielte hundertprozentigen Erfolg, unterschied beständig zwischen 15 verschiedenen Personen (hier ist die Anmerkung wichtig, daß die Maschine mit lebendigen Bildern geschult und erprobt wird, nicht mit Fotografien oder anderen statischen Bildern) und übertraf sogar die Erwartungen der Erbauer insoweit, als das Gerät für den Ausdruck auf einem Gesicht ebenso empfindlich ist wie für seine Identität. Es kann darauf geschult werden, verschiedene Ausdrücke auf demselben Gesicht ebenso zu unterscheiden wie verschiedene Personen. Es wird auch durch veränderte Beleuchtung, durch zusätzliche Komplikationen wie übertriebene Grimassen und sogar einfache »Maskierungen«

wie Brillen oder falsche Schnurrbärte nicht irregemacht. Das ist natürlich eine Folge der Fähigkeit des Systems, zu verallgemeinern.

Um seinen Wert als Experimentiermaschine auf das Höchstmaß zu steigern und es für den größtmöglichen Bereich von Funktionen einzusetzen, ist WISARD so konstruiert, daß seine Gesamtkapazität auf verschiedene Weise genutzt werden kann. Beispielsweise kann es, statt daß die Pixel der gesamten 512 × 512-Matrix auf stark kontrastierendes Schwarz und Weiß reduziert werden, durch einfaches Umschalten neu darauf eingestellt werden, sich auf eine kleinere Fläche zu konzentrieren und die feineren Farbabstufungen zu unterscheiden. Oder: Wird intelligente Rahmenspeicherung verwendet (siehe Seite xx), um die bedeutsamen Merkmale eines Bildes auszuwählen, konzentriert WISARD sich auf sie und läßt den Rest des Bildes unbeachtet.

WISARD ist jetzt als Mustererkennungsgerät für Roboter und andere Anwendungen im Handel erhältlich. Offenkundig wird es aber notwendig sein, weit über die Komplexitätsstufe eines noch so großen Einfachschichtnetzes hinauszugehen, bevor wir erwarten dürfen, mit dieser Art von Maschine irgendwelche echten intelligenten Eigenschaften zu gewinnen. Um zu erkennen, in welcher Richtung weitergearbeitet werden muß und wie die nächsten Ziele aussehen sollen, können wir nutzbringend einige der Nachteile und Grenzen eines Einfachschichtnetzes aus Siliziumneuronen wie WISARD untersuchen.

Die auffallendste Tatsache an einem Einfachschichtnetz dieser Art ist die, daß es trotz seiner eindrucksvollen Fähigkeit, komplexe und gering unterschiedliche Muster zu erkennen, keinen »Verstand« in dem Sinn besitzt, wie wir das Wort in Kapitel 7 ausgelegt haben. Trotz seiner ganzen »Schlauheit« besitzt WISARD keine Zustandsstruktur und kann in Wahrheit auch gar nicht als Automat bezeichnet werden. Die einzige Stufe, auf der sein Verhalten im Rahmen der Automatentheorie beschrieben werden kann, ist die der einzelnen RAM-Speicher, und jeder von diesen ist lediglich ein schlichter Automat mit einer Eingabe (einem erlernten Muster) und einer Ausgabe (einer Zündung). Die RAM-Speicher verändern ihre Zustände nicht als Antwort auf eine Eingabe, sondern als Folge einer Schulung. Und der Schulungsprozeß, den WISARD durchläuft, ist ganz verschieden von dem, der auf die Lernautomaten von Kapitel 7 angewendet wurde. Im ersteren Fall ist Schulung ein Mittel, den Zustand einiger der einfachen Automaten zu verändern, aus denen die Maschine besteht. Im zweiten Fall befähigt die Schulung den Automaten, nicht nur neue Zustände zu erlernen, sondern auch Regeln, die für den Übergang von einem Zustand zum anderen gegolten haben, ein Übergang, den er nachfolgend als Antwort auf eine Eingabe allein leisten konnte.

Eines der Ziele, die wir uns vernünftigerweise stecken können, besteht deshalb darin, eine Maschine vom Typ WISARD mit einer Zustandsstruktur auszustatten, vorzugsweise mit einer erlernten statt einer fertigen, vorprogrammierten, weil letztere erfordern würde, ein Modell einer besonderen Art von Intelligenz zu konstruieren, etwas, das wir natürlich vermeiden möchten, wenn wir beim Botton-up-Ansatz bleiben wollen.

War die Bestrebung, ein Einfachschichtnetz in einen Automaten mit einer Kapazität zur Erlernung neuer Zustandsstrukturen zu verwandeln, erfolgreich, so konnte man vernünftigerweise erwarten, daß die Kombination eines Lernautomaten mit der Fähigkeit, durch Bezugnahme auf seine Erfahrung induktiv zu »denken«, mit der inneren Gabe des Netzes, zwischen außerordentlich komplexen Erscheinungen in Form ausgeklügelter Muster zu unterscheiden und bei ihnen zu verallgemeinern, sich als sehr leistungsfähig erweisen würde. Die daraus entstehende Maschine sollte, zumindest im Prinzip, das Potential besitzen, zwei der drei Haupthindernisse zu umgehen, die den vorprogrammierten Top-down-Ansatz für künstliche Intelligenz zum Stillstand gebracht haben.

Wenden wir uns vom Zweck dem Mittel zu, so ist der auffälligste Unterschied zwischen der Organisation eines Einfachschichtnetzes aus Siliziumneuronen und den natürlichen Netzwerken im Gehirn der, daß dem ersteren jede Voraussetzung für Rückkopplung fehlt, eine Erscheinung, die, wie wir gesehen haben, das natürliche System in verwirrender Vielfalt zeigt und anwendet, um alle Neuronen über das Verhalten ihrer Nachbarn auf dem Laufenden zu halten. Ein natürliches Netz ist somit ein System mit gemeinsamem Handeln und nicht eine Anordnung getrennter Vorrichtungen, deren jede isoliert auf Eingaben reagiert. Wenn ein Einfachschichtnetz in der Tat ein erster Schritt zu einem wahren künstlichen Gehirn ist, könnte man annehmen, der nächste Schritt sei die Ausstattung mit Regelkreisen der einen oder anderen Art, um es in ein vermaschtes Netz zu verwandeln.

Zum Abschluß: Man mag durchaus der Meinung sein, der bei einer Maschine vom Typ WISARD erforderliche »Schulungs«-Mechanismus sei im Grunde »unnatürlich« und damit in einem Gerät, das nach Bottom-up-Grundsätzen konstruiert wurde, nicht wünschenswert. Könnte man darauf verzichten, dürfte beinahe instinktiv das Gefühl auftauchen, daß das ganze künstliche System näher an das natürliche herangerückt sei.

11
Das intuitive Gehirn

Gedanke zu Gedanken sprang, sich zu vereinen,
eh der Gedanke zu der Sprache kam
Alfred, Lord Tennyson, »In Memoriam«

Wenn wir darüber sprechen, wie ein Einfachschichtnetz durch Zusatz von Rückkopplung in ein vermaschtes Netz verwandelt werden kann, halten wir uns in Wahrheit Stufe für Stufe an ein Programm, das schon begonnen hat. Das Hauptziel dieses Projekts zur Verfeinerung und Weiterentwicklung von WISARDs Fähigkeiten besteht darin, die »emergenten Eigenschaften« von Maschinen wachsender Kompliziertheit und Verfeinerung zu entdecken und zu erproben. Da die Tatsache, daß sie emergente Eigenschaften besitzen, der wichtigste und bedeutsamste Faktor ist, durch den sich neurale Netzstrukturen und von Neumannsche Computer unterscheiden, kann man ebensogut mit der Frage beginnen, was wir mit dem Ausdruck meinen.

Die drei eindeutigsten Eigenschaften von WISARD sind seine Fähigkeit, Bilder zu erkennen und ihren Benennungen ein variables Maß an Gewißheit zuzuteilen; seine Fähigkeit zur Verallgemeinerung; und seine Empfindlichkeit für kleine Unterschiede zwischen verschiedenen Bildern, gekoppelt mit einer Fähigkeit, diese bei einem einzigen Durchgang zu erkennen (im Gegensatz zu einem Computersystem, das, wenn es solche Abweichungen unterscheiden könnte, die empfangenen Muster mit einer ganzen Spanne gespeicherter Schablonen vergleichen müßte, um sie einzustufen). Alle diese Eigenschaften sind eine Folge der Struktur dieser Maschine – jede nach dem gleichen Grundplan gebaute Maschine wird die gleichen Eigenschaften besitzen.

Ein Computer besitzt an sich überhaupt keine emergenten Eigenschaften. Die Eigenschaften, über die er verfügt, sobald er programmiert ist, sind sehr umfangreich, aber sie entstehen aus dem Programm, sind also Folge davon und stammen nicht von der Maschine. Die Top-down-Denkweise geht dabei natürlich davon aus, daß es möglich sei, wertvollere und nützlichere Eigenschaften für eine Universalmaschine durch Aufstellung eines Regelbestands oder eines Programms als durch den Bau einer bestimmten Art von Maschine zu erzielen. Dagegen kann ein Befürworter des Bottom-up-

Ansatzes zwei Argumente vorbringen. Erstens: Wie vorgeführt wurde, besitzt eine Maschine wie WISARD emergente Eigenschaften, die in Programmform zu fassen ganz unpraktisch wäre, aber einigen der Eigenschaften des Gehirns zu ähneln scheinen. Der zweite Punkt folgt daraus. Wenn wir die emergenten Eigenschaften unserer eigenen Gehirne verstehen wollen und das nicht dadurch gelingt, daß wir Programme konstruieren, die dieselben Eigenschaften besitzen, bleibt uns nur noch der Weg, Maschinen zu konstruieren, die über diese Eigenschaften verfügen. Der Stärke dieses Arguments kann man sich nur entziehen, wenn man annimmt, das Gehirn besitze wie der Computer keine emergenten Eigenschaften, die seiner Struktur zuzuschreiben sind und aus seiner Erfahrung entstehen; die Beweise dafür, daß dem nicht so ist, scheinen mehr als ausreichend zu sein.

Sollen die nicht angeschlossenen RAM-Neuronen in WISARD durch Regelkreise vermascht werden, scheint der naheliegende, vielleicht sogar der einzige Weg dazu der zu sein, die Ausgaben mancher RAM-Speicher an die Eingaben anderer anzuschließen. Die Folge eines solchen Vorgehens wäre eine Maschine mit Verhaltensweisen, die nicht nur kompliziert sind, sondern auch außerordentlich schwer zu verfolgen. Zum Glück gibt es eine einfallsreiche Zwischenlösung, die uns erlaubt, den Vorgängen auf der Spur zu bleiben. Die Ausgabe jedes Diskriminators besteht, wie man sich erinnern wird, aus einer einfachen Zahl, der Gesamtzahl von RAM-Speichern, die als Antwort auf das gezeigte Bild zünden. So könnte es vorkommen, daß von den rund 32 000 RAM-Speichern in einem Diskriminator 20 000 zünden, in einem anderen nur 10 000.

Die Reaktionen lassen sich sehr leicht in die Form eines Balkendiagramms bringen, wie man sie für statistische Darstellungen aller Art verwendet. Dieses Diagramm kann dann in Form eines Fernsehbilds angezeigt werden, das sich mit den Reaktionen in den Diskriminatoren verändert. In dem von uns gewählten Fall sähe der Bildschirm so aus:

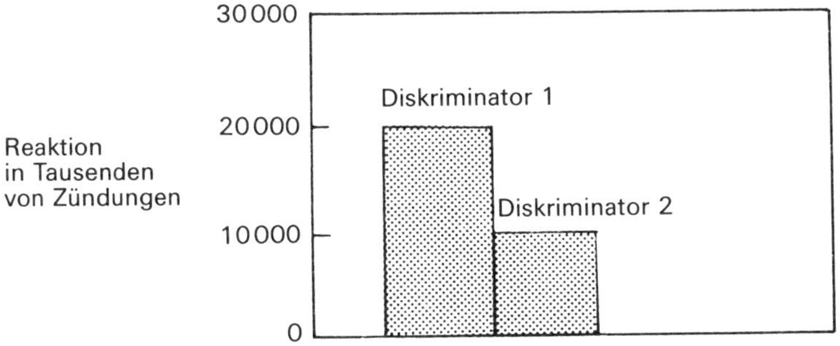

Reaktionen angezeigt, um Rückkopplung zu liefern

Die Folge: sämtliche Reaktionen aller Diskriminatoren auf ein Bild werden in Graphikform als Muster dargestellt. Die Rückkopplung wird dadurch erzielt, daß man eine zweite Kamera einsetzt, die dieses Muster in digitale Information überträgt. Das Muster der Reaktionen wird mit dem vom Bild selbst erzeugten gemischt und ins Netz zurückgespeist. In die Anordnung ist sogar eine Verzögerung eingebaut, damit das Rückkopplungsbild, das aus einer Abtastung der Graphik entsteht, mit dem gemischt wird, das durch die zweite Abtastung des Bildes hervorgerufen wird. Die Anordnung sieht in Diagrammform so aus:

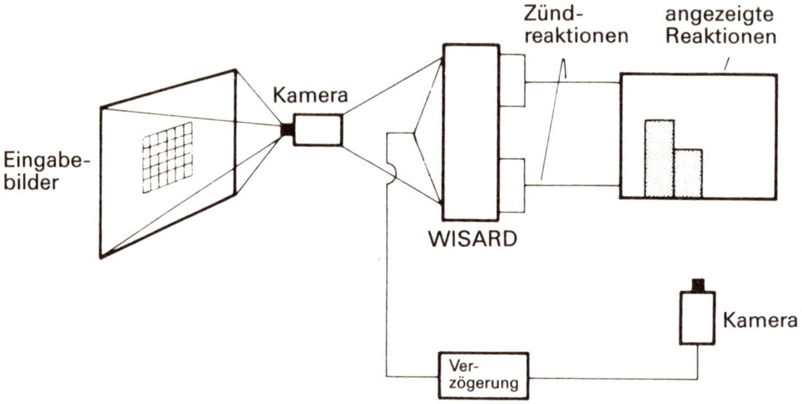

WISARD mit Regelkreis

Was findet statt, wenn dieses neue System in Betrieb genommen wird? Nehmen wir an, es erhielte den Auftrag, zwischen zwei Mustern zu unterscheiden. Jedes besteht aus einem fast leeren Bildschirm, das einen einzigen schwarzen Fleck enthält. Im ersten Bild befindet sich der Fleck auf der linken Schirmseite, im zweiten auf der rechten. In seiner Originalform wird das Netz zwischen diesen beiden Bildern mit einer sehr niedrigen Stufe der Gewißheit unterscheiden. Der Grund dafür: Es gibt so wenige schwarze Pixel, daß die meisten RAM-Speicher während der Schulung auf die Adresse gesetzt werden, die ausschließlich aus Nullen besteht, die alle weißen Pixel darstellen. Das hat zur Folge, daß beide Diskriminatoren auf beide Muster eine sehr starke Reaktion zeigen und die Ergebnisse sehr ungewiß ausfallen. Versuche haben sogar gezeigt, daß WISARD solche Muster mit einer Gewißheit von nur 30 Prozent unterscheidet. Man wünscht sich natürlich, daß die Maschine eine Entscheidung, die wir selbst sehr mühelos treffen, mit einem viel höheren Maß an Gewißheit fällen könnte.

Wird die neue Maschine mit der geschilderten Regelkreiseinrichtung auf diese beiden Bilder geschult, fällt das Ergebnis verblüffend aus. Um zu verstehen, was vorgeht, wollen wir den Prozeß der Schulung eines der Diskriminatoren, damit es eines der Bilder erkennt, verfolgen (die anderen Diskriminatoren sind natürlich abgeschaltet oder nicht »aktiviert«, um zu verhindern, daß sie dasselbe Bild erlernen). Bei der ersten Abtastung des Bildes werden praktisch alle RAM-Speicher so gesetzt sein, daß sie an allen Nulladressen eine 1 speichern, außer den wenigen, welche die schwarzen Pixel, aus denen der Fleck besteht, »sehen«. Bei der nächsten Abtastung werden die gesetzten RAM-Speicher weiter adressiert und geben deshalb die gespeicherten Einsen aus. Diese Ausgabe erscheint auf dem Schirm, der die Reaktionen verfolgt, als Bild. Da das System das Bild mit fast absoluter Gewißheit erkennt, schießt die Reaktionsgraphik am Bildschirm nach oben. Das dritte vom Netz empfangene Informationsmuster besteht nun aus einem Gemisch einerseits des vom Fleck hervorgerufenen Bildes und andererseits des von der Ausgabe zurückgekoppelten Musters – der Diskriminator »sieht« praktisch das Originalmuster *und* das von seiner eigenen Reaktion darauf erzeugte Muster. Das Ergebnis ist ein größeres und vielfältigeres kombiniertes Muster, das viele der RAM-Speicher in einem viel deutlicheren Muster zurücksetzt.

Wenn der Schulungsprozeß für beide Diskriminatoren abgeschlossen ist und das System aufgefordert wird, einen der beiden Flecken zu erkennen und anzugeben, mit welcher Gewißheit das geschieht, wird die Wirkung der eingeführten Rückkopplung deutlich. Erneut sieht nach den beiden ersten Abtastungen jeder Diskriminator das Bild und bei dieser Gelegenheit auch das von den Reaktionen erzeugte Muster, aber als Folge des Schulungsprozesses wird jeder Diskriminator so gesetzt, daß er nur seine eigene Reaktion und nicht die des Nachbarn erkennt. Das Ergebnis: Sobald ein Zyklus Eingabe-Ausgabe-Rückkopplung abgeschlossen ist, »stimmt« der Diskriminator, der das Bild erkennt, mit einer höheren Zahl von Zündungen dafür, während der Diskriminator, der das andere Bild erlernt hat, weniger Stimmen abgibt.

Der Mechanismus, der hier wirkt, ist nicht schwer zu verstehen. Nehmen wir den Diskriminator, der geschult wurde, um das gezeigte Bild zu verstehen. Zuerst sieht er nur den Fleck und reagiert mit einigen Zündungen (der Fleck als solcher ähnelt dem Mischmuster, das nur nebenbei erlernt wurde), aber beim nächstenmal sieht er den Fleck und zugleich seine eigene, eher zögernde Reaktion darauf. Aus diesem Grund zünden viel mehr seiner RAM-Speicher. Das ruft seinerseits eine Reaktion hervor, die eine Übereinstimmung mit dem gelernten Gemisch der beiden Muster erhöht und damit eine bessere Reaktion liefert, was wiederum ein besseres Rückkopplungsbild erzeugt, und so weiter. Genau das Gegenteil findet im anderen Diskriminator statt, für den immer ungewisser wird, daß er *diesen* Fleck vorher schon einmal gesehen hat. Die Verstärkung der Gewißheit geht sehr schnell vor sich; innerhalb von drei oder vier Zyklen unterscheidet WISARD das Fleckmuster nun mit 90 Prozent Gewißheit.

Der ganze Prozeß entspricht dem Mechanismus, der die Startquoten für Rennpferde bestimmt. Führt die bisherige Form dazu, daß eine größere Zahl von Wettern auf ein bestimmtes Pferd setzt, reagieren die Buchmacher, um das auszugleichen, damit, daß sie die Quoten für dieses Pferd herabsetzen. Es wird Favorit und lockt damit mehr Wetter an, während die Quoten für andere Pferde sich erhöhen, weil nur wenige Leute auf sie setzen. Das ist natürlich die Folge eines deutlich vergleichbaren Rückkopplungssystems; der Totalisator dagegen (wo dem Wetter keine Quoten genannt werden, er aber, falls er gewinnt, einfach seinen Anteil an den Gesamteinnahmen des fraglichen Rennens kassiert) ist ein System, in dem das Rückkopplungselement beseitigt wurde.

Das Verhalten der Maschine, die mit Rückkopplung dieser Art ausgestattet wurde, erinnert stark an das eines Menschen, der vor einem Bild, das er zu erkennen glaubt, ein zweitesmal hinblickt, um sich zu vergewissern. Nehmen wir jemand, der ein Buch durchblättert und ein Bild sieht, das ihm bekannt vorkommt. Seine Aufmerksamkeit, die bisher darauf gerichtet war, neue Bilder aufzunehmen, konzentriert sich nun auf die Aufgabe, sich zu vergewissern, ob das Bild, das er betrachtet, wirklich dasjenige ist, das er kennt, oder diesem nur sehr ähnlich. Nachdem er also eine Hypothese aufgestellt hat, versucht er sie jetzt zu bestätigen oder zu widerlegen. Bei einem Menschen besteht die Rückkopplung natürlich in der inneren Vorstellung des erinnerten Bilds und nicht in einer Grobmessung der erhaltenen Reaktion, und wir werden gleich genauer sehen, wie dieser Mechanismus nachvollzogen werden kann. Inzwischen sollte aber klar sein, daß wir sogar schon an dieser Stelle einen Mechanismus für die Aufstellung und anschließende Prüfung von Hypothesen geschaffen haben, der unserem eigenen Verhalten sehr ähnlich, wenn nicht gar mit ihm identisch ist.

Die Art, wie für Rückkopplung gesorgt wird, nämlich durch die Verwendung eines Bildanzeigegeräts und einer Fernsehkamera, mag für Versuchszwecke zwar außerordentlich wertvoll sein, ähnelt aber kaum dem Modell irgendeines natürlichen Systems. Wichtig ist die Erkenntnis, daß es sich lediglich um ein Mittel handelt, eine logische Struktur zu schaffen, die durch zusätzliche verdrahtete Schaltungen erzielt werden könnte. In der Praxis erhalten die einzelnen RAM-Speicher jedes Diskriminators die Mittel, ihr Verhalten gegenseitig zu beeinflussen. Dieselbe Wirkung wäre zu erzielen, wenn die Ausgabestationen aller RAM-Speicher in einem Diskriminator mit den Andreßstationen aller RAM-Speicher vermascht wären, die eigenen eingeschlossen. Die Leistung von Bildschirm und Kamera besteht darin, ein Bild zu erzeugen, das die Ausgabe des gesamten Diskriminators darstellt, und es als Rückkopplung an die Adreßstationen zurückzugeben.

Das Interessante dabei: Abgesehen von der verbesserten Leistung, die erzielt wird, führt diese Einrichtung, gleichgültig, wie sie in der Praxis am Ende aussieht, dazu, den Diskriminator mit einer Zustandsstruktur auszustatten. Statt lediglich eine Ansammlung getrennter und einfacher Automaten zu sein, ist das Netz selbst zu einem Automaten eigenen Ranges geworden. Die Tatsache, daß das zurückgekoppelte Muster um einen Schritt verzögert wird, verleiht dem System jenen inneren verborgenen Zustand, der das Kriterium eines Automaten ist. Die Rückkopplung ist eine Folge einer Eingabe und bestimmt die nächste Ausgabe, oder, um es anders auszudrükken, sie stellt eine Folge von »Wenn ... dann ...«-Befehlen an die Maschine dar. Wir können deshalb ein Zustandsdiagramm für sie anfertigen. Sagen wir der Einfachheit halber, bei der Erkennung eines Musters steige die Reaktion des Diskriminators in Schritten von 100 auf 500 auf 600 und so weiter an, so beschreibt das untenstehende Zustandsdiagramm den Automaten. Da Ausgabe und Zustand der Maschine gleich sind (beide bestehen aus der Zahl der stattfindenden Zündungen) und die Eingabe einfach das erlernte Bild mit dem Fleck ist (die Rückkopplung ist *keine* Eingabe in das System, was sofort klar wird, wenn wir uns die Anordnung, in der sie geliefert wird, in Form von »Festverdrahtung« vorstellen), haben die »Wenn ... dann ...«-Aussagen die Form: »Wenn (Zustand) und (Eingabe) dann (nächster Zustand)«.

Die Zündungsrate steigt freilich nicht bis ins Unendliche weiter. Nach dem plötzlichen Ausbruch, den das Eintreffen von Rückkopplung verursacht, stabilisiert sie sich rasch, und der Automat wird in einen Zustand übergehen, der konstant bleibt, solange das Originalbild weiter eingegeben wird. Aus dieser ersten Verbesserungsstufe ergibt sich aber ein weiterer Faktor. Man könnte meinen, nach dem Ende der Eingabe kehre der Automat sofort in den neutralen oder zufälligen Zustand zurück. Das ist aber nicht der Fall. Man wird sich erinnern, daß die Rückkopplung um einen Schritt verzögert wird (das wäre in jedem elektronischen System so, ob natürlich oder künstlich, weil der Übergang vom einen Zustand zum anderen durch die Rückkopplung bewirkt wird; da jeder Zustand eine Dauer haben muß, ergibt sich daraus, daß Zustand 600, der durch die in Zustand 500 erzeugte Rückkopplung herbeigeführt wird,

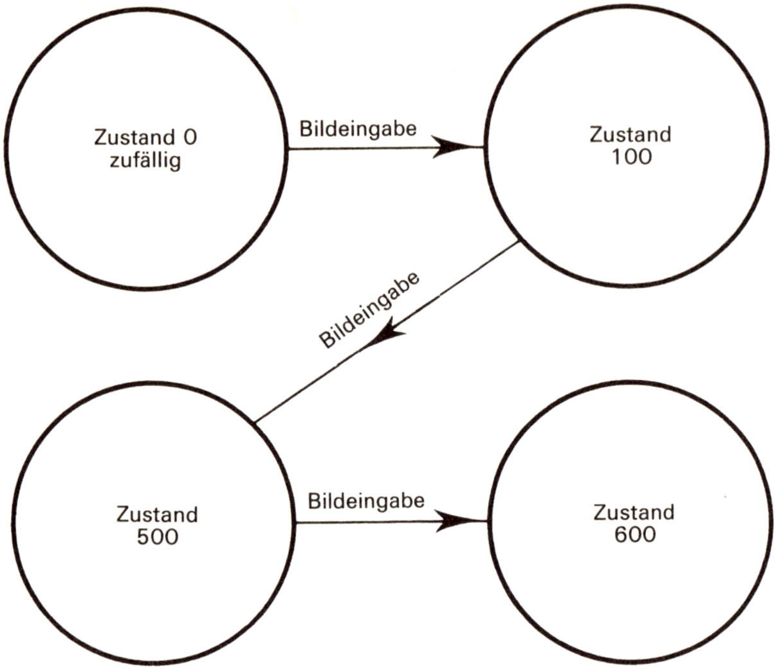

Zustandsdiagramm, das Reaktion auf Bild nach Rückkopplung zeigt

diesem in der Zeit tatsächlich nachfolgen muß). Die Folge: Selbst nach Entfernung des ursprünglichen Fleckbildes reagiert das Netz weiter auf seine eigene Reaktion und wird das mit abnehmendem Maß an Gewißheit tun, bis das »Gedächtnis« schließlich ganz verfällt. Der Fortbestand der Zustandsstruktur oben wird unter der Voraussetzung, daß man das Fleckbild bei Zustand 600 entfernt, aus einer Serie weiterer Zustände mit immer weniger Zündungen bestehen. Der Reaktionsumfang wird natürlich zu Beginn, wenn der Beitrag des Flecks zur Eingabe verlorengeht, am stärksten abfallen.

Die Maschine als Ganzes besitzt jetzt die Eigenschaft, sich kurzfristig zu merken, *welches* Bild sie zuletzt gesehen hat. So schön das auch sein mag, für sich genommen ist das noch kein sehr bedeutsamer Fortschritt (ein Computer kann sich ja Hunderttausende von Eingaben merken und sie der Reihe nach aufführen). Viel verblüffender wäre es, eine Methode zu entdecken, mit der die Maschine befähigt wird, sich nicht nur zu merken, welches Bild sie gesehen hat, sondern sich das Bild selbst einzuprägen. Das ist das Ziel der nächsten Verfeinerungsstufe.

Der erste Schritt zur Fähigkeit, sich ein konkretes Bild als solches zu merken, besteht darin, einen Weg zu finden, auf dem das

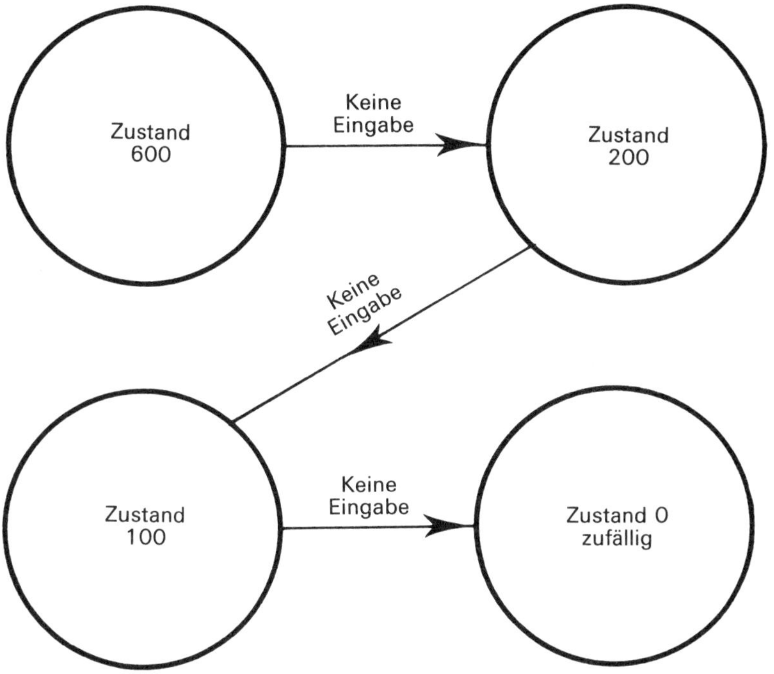

Zustandsdiagramm, das den Widerstand des Kurzzeitgedächtnisses zeigt

Netz überredet oder angepaßt werden kann, dergleichen zu speichern und auszugeben. Die Schwierigkeit liegt darin, daß in den bisher untersuchten Anlagen die Eingabe zu den Adreßstationen geht, die dem Netz nicht mitteilen, *welche* Information es speichern soll. Sie bestimmen lediglich, *wo* Information zu speichern ist. Mehr noch: Wenn man ein Bild wiedergewinnen oder zurückholen will, das gespeichert wird, hilft die Art, wie die Ausgabe organisiert wurde, ganz besonders wenig, weil sie nur offenbart, wie*viele* RAM-Speicher zünden, und nicht, welche. Um festzustellen, wie diese Probleme überwunden werden können, müssen wir zwei Schritte zurückgehen, und zwar zu einem Netz ohne Rückkopplung und mit einem einzigen Diskriminator.

Die Stationen, die darüber bestimmen, was ein RAM in einem Computer speichert, sind, wie in Kapitel 10 erläutert, die der Dateneingabe. Wir haben sie so umkonstruiert, daß sie als Lehrstationen dienen, damit sie dem RAM mitteilen, nicht, was er lernen soll, sondern, wann er zu lernen hat. Man wird sich aber auch entsinnen, daß Eingaben an den Dateneingangsstationen und die Ausgabe direkt aufeinander abgestimmt sind. Sind beispielsweise an den Dateneingangsstationen von drei RAM-Speichern die Ziffern 101 vorhanden, sobald eine Gruppe von drei Flipflops, eines in jedem RAM, adressiert wird, setzt das die RAM-Speicher so, daß sie, wenn dieselbe Adressengruppe wiederholt wird, dieselben Ziffern, also 101, ausgeben. Das zeigt eine Methode an, wie die Siliziumneuronen dazu genutzt werden könnten, Bilder zu speichern und auszugeben, und sie sogar mit den Bildern in Verbindung zu bringen, die vom Netz als Ganzem gesehen werden.

Statt die Dateneingangsstationen einfach gleich zu behandeln, in alle eine 1 zu setzen und sich bei den Adreßstationen, die ein Bild »sehen«, darauf zu verlassen, daß sie die Einsen an den richtigen Plätzen speichern, können wir die Dateneingangsstationen mit einer anderen Matrix verbinden, auf der ein Bild angezeigt werden kann (die »Dateneingangs-Matrix« kann weniger Pixel und deshalb eine geringere Auflösung haben als die der Haupt-»Adresse«, weil es pro RAM nur eine Dateneingangsstation gibt, dagegen aber natürlich viel mehr Adreßstationen, deren genaue Zahl von der Kapazität der RAM-Speicher abhängt). Verbindet man die Ausgabestationen mit einer anderen Matrix, die ein Bild anzeigt, so wird, vorausgesetzt, daß die Stationen auf identische Weise mit den Matrizen verbunden sind, das Bild, das durch die Dateneingangsmatrix eingeht, auf der Ausgabematrix wiedergegeben.

Welche Adresse jedes RAM dazu verwendet, die von der Dateneingangsmatrix erhaltene Einzelziffer zu speichern, wird bestimmt durch das Muster der Ziffern an den Adreßstationen des

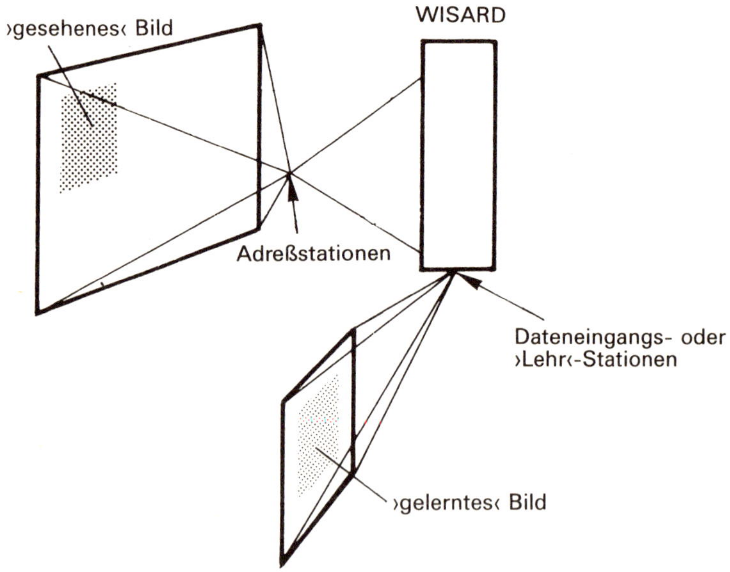

»Quadrathaftigkeit« erlernen

jeweiligen RAM-Speichers. Das Muster wiederum wird dadurch bedingt, welches Bild das Netz auf der Adreßmatrix »sieht«, während es das Bild auf der Dateneingangsmatrix »erlernt.« Ein auf diese Weise geschultes System besitzt einige außerordentlich interessante Eigenschaften. Man sehe sich das untenstehende Diagramm an. Es zeigt ein System, dem ein großes Quadrat »beigebracht« wird. Das Quadrat nimmt den Großteil der Dateneingangsmatrix ein und »sieht« gleichzeitig ein Bild, das ein kleines Quadrat enthält. Das Bild des großen Quadrats wird deshalb in der Adressengruppe gespeichert, die das Bild des kleinen Quadrats auswählt. Der Prozeß könnte dann etwa mit einem großen Dreieck auf der Dateneingangsmatrix und einem kleinen auf der Adreßmatrix wiederholt werden. Nach Abschluß der Schulung ist das Netz ein Automat mit einer erlernten Zustandsstruktur von hochbedeutsamer Art geworden. Sein Zustandsdiagramm folgt unten. Wie man sieht, wird es, wenn man ihm das Bild mit dem kleinen Quadrat zeigt, in einen »Quadratzustand« versetzt, in dem es das Bild des großen Quadrats ausgibt. Dagegen gibt es das große Dreieck aus, wenn ihm das kleine Dreieck gezeigt wird.

Die Struktur könnte nach Belieben vergrößert werden; man könnte der Maschine beibringen, Kreise mit Kreisen und Spiralen

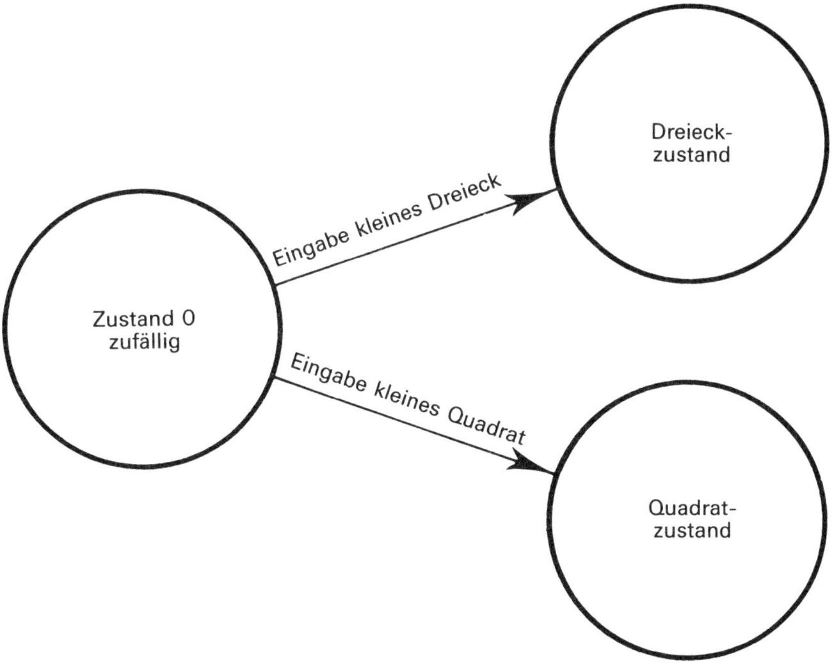

Zustandsdiagramm für WISARD mit innerem Bild

mit Spiralen zu assoziieren, etc. Man muß aber erwähnen, daß die Assoziationen ganz willkürliche sind. Man könnte sie ebensogut lehren, ein Quadrat auszugeben, wenn sie ein Dreieck sieht und umgekehrt. Die wahre Bedeutung der Zustandsstruktur ist von doppelter Art. Erstens identifiziert das Netz nun ein »gesehenes« Muster durch das innere oder »Zustands«-Muster, mit dem es in Verbindung gelernt worden ist, statt einfach durch die Menge, also die Anzahl der Zündungen, die es auslöst. Zweitens, und das folgt daraus, werden nicht mehr für jedes Bild getrennte Diskriminatoren gebraucht: Ein Diskriminator kann sich eine ganze Folge von Bildern merken und sie im Rahmen der von ihnen erzeugten Ausgabemuster erkennen. Für WISARD bedeutet das, daß wir die gesamte Speicherkapazität als einen Riesendiskriminator nutzen und deshalb über jedes Bild mehr Informationen speichern, vielleicht jedem Pixel mehrere Adreßstationen zuteilen oder die überschüssige Kapazität dazu verwenden können, nicht nur zwischen reinem Schwarz und reinem Weiß, sondern auch zwischen verschiedenen Grautönen zu unterscheiden.

An dieser Stelle zwei weitere Punkte. Das Netz hat nichts von seiner Kapazität zur Verallgemeinerung verloren. Sieht es beispielsweise an den Adreßstationen ein Gesicht mit einer ganzen Reihe von Ausdrücken, so wird es, vorausgesetzt, daß es in der Zwischenzeit fortfährt, ein konstantes, unveränderbares Bild an den Dateneingangsstationen zu »lernen«, trotzdem alle verschiedenen Ausdrücke des Gesichts zu einem einzigen Muster verallgemeinern. Zweitens dürfte dem Leser nicht entgangen sein, daß wir mit übereiltem Verzicht auf das Prinzip, jeder Art von Muster einen eigenen Diskriminator zuzuteilen, ein System aufgeben, dem wir im vorigen Kapitel unterstellt hatten, daß es eine bestimmte Wirklichkeit in der menschlichen widerspiegelt. Die Antwort auf den zweiten Einwand: Man geht davon aus, daß die Art von System, mit der wir uns jetzt befassen, eine Parallele dazu darstellt, wie das Gehirn auf einer ziemlich grundlegenden Ebene arbeitet; das System zur »Orientierungsfindung« dagegen, dem der Einsatz getrennter Diskriminatoren ähnelt, tritt schon in einem sehr frühen Stadium unserer eigenen Verarbeitung auf. Es handelt sich in Wahrheit um eine Art Vorverarbeitung durch Neuralnetze, die physisch zwischen dem Auge selbst und dem eigentlichen Gehirn liegen. Für die Zukunft ist nicht schwer zu erkennen, wie Kombinationen künstlicher Netze aufgebaut sein könnten, um dasselbe zu erreichen.

Wenn wir zur Maschine in ihrer neuesten Gestalt zurückkehren, ist der nächste Schritt ziemlich leicht zu erkennen. Wir haben jetzt ein Ausgabebild, das assoziiert oder aufgerufen wird von einem Eingabebild auf eben dieselbe Weise, wie vorher die Balken im Fernsehdiagramm mit den Eingabebildern assoziiert wurden. Geben wir das Ausgabebild nun als Rückkopplung ein und mischen wir es mit dem Eingabebild, dann erzielen wir genau dieselbe »gewißheitsstärkende« Wirkung. Diesmal nimmt die erhöhte Gewißheit die Form einer Klarstellung oder Verfeinerung des inneren Bildes oder Zustands an; jeder Rückkopplungszyklus »festigt« den inneren Zustand noch deutlicher. Wir können die Dinge auch dadurch vereinfachen, daß wir das eigene Lehr- oder Dateneingangsbild weglassen. Dazu schließen wir einfach die Lehrstationen direkt an das Eingabebild an. Sie »sehen« es vielleicht in gröberer Form als die Adreßstationen, weil es nicht so viele davon gibt, aber das ist relativ unwichtig – wie wir in Kürze darlegen werden, ist nämlich die direkte Wechselbeziehung zwischen »erlerntem Bild« und »gesehenem Bild« nur für den menschlichen Benutzer wichtig; für die Maschine bedeutet es nichts, ob Quadrate mit Quadraten und Dreiecke mit Dreiecken assoziiert werden.

Für Übereinstimmung der beiden Bilder zu sorgen, ermöglicht uns aber die Erkenntnis, daß die Maschine nun eine neue Eigenschaft besitzt. Angenommen, man zeigt ihr ein Gesicht. In ihrer neuen Gestalt wird sie automatisch das Bild erlernen, weil alles, was sie sieht, Information gleichzeitig sowohl für die Lehr- als auch die Adreßstationen liefert. Sie ist in der Tat zu einem zwanghaften Autodidakten geworden. Mehr noch: Da das von den Lehrstationen empfangene Muster nun einen Schritt später über die Ausgabestationen zurückgekoppelt und mit der Eingabe gemischt wird, zirkuliert das Bild ständig durch das System. Wenn die Maschine also das Gesicht von John sieht, »denkt sie John«. Da das Rückkopplungsbild auch dann bestehen bleibt, wenn das Eingabebild weggelassen wird, merkt sie sich »John« kurzfristig auch. Dieser neue Zustand der Dinge kann in Diagrammform so dargestellt werden:

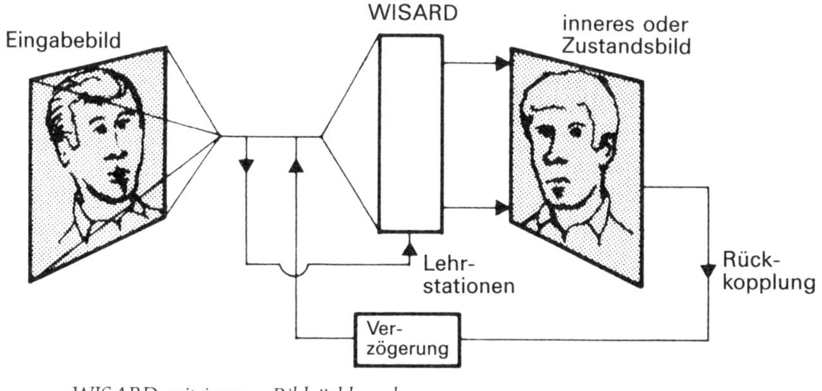

WISARD mit innerer Bildrückkopplung

Wir haben aber noch keineswegs alle Fähigkeiten dieser neuen Maschine ausgelotet. Seitdem sie Rückkopplung besitzt, ist sie nämlich in einen echten Automaten, sogar in einen Lernautomaten verwandelt worden. Schon in den Anfangsstadien, vor der Rückkopplungsmöglichkeit, besitzt sie die Fähigkeit, zu lernen und einen »Wenn ... dann ...«-Befehl zu befolgen. Beispielsweise hat sie die Sequenz gelernt: »Wenn Eingabe kleines Quadrat, dann Ausgabe und Zustand großes Quadrat.« Sie benötigt übrigens keine X=Y-Mechanismen, die von außerhalb in Form eines Programms zugeführt werden, weil die Konstruktion der »Wenn ... dann ...«-Befehle eine emergente Eigenschaft der Maschine selbst gewesen ist. Bei diesem Stand der Entwicklung kehrte die Maschine jedoch, sobald ein Bild weggelassen wurde, in einen Zufallszustand zurück und ging nur dann in einen neuen erlernten Zustand über, wenn sie ein anderes bekanntes Bild sah. Mit zusätzlicher Rückkopplung besitzt sie neue und außerordentlich aufregende Eigenschaften.

Stellen wir uns vor, man zeigt der Maschine den Buchstaben J. Sie wird damit beginnen, einen J-Zustand zu lernen, und ihn verfeinern, während die Rückkopplung ihren Gewißheitspegel erhöht. Wenn darauf aber sofort das Bild eines O folgt, wird die Maschine an ihren Eingaben nicht nur das neue Bild wahrnehmen, sondern, damit gemischt, auch die Rückkopplungserinnerung an das J. Ihr innerer Zustand wird sich deshalb über eine kurze Folge von Zwischenzuständen aus J zu O verändern. Setzt man den Prozeß mit den Buchstaben H und N fort, hat die Maschine praktisch eine Zustandsstruktur für sich und für die Welt erlernt. Wollte man die »Wenn ... dann ...«-Befehle für die beiden Automaten formulieren (was, wohlgemerkt, nur in der Theorie geht; im Inneren der Maschine existieren die Befehle nicht als solche, sondern lediglich als logische Folge ihrer Konstruktion), sähen sie so aus:

Befehle für Maschine

Wenn Weltzustand zufällig, dann Maschinenzustand zufällig
Wenn Weltzustand J, dann Maschinenzustand J.
Wenn Weltzustand O, dann Maschinenzustand O.
Wenn Weltzustand H, dann Maschinenzustand H.
Wenn Weltzustand N, dann Maschinenzustand N.
Wenn Weltzustand zufällig, dann Maschinenzustand zufällig.

Aussagen über die Welt

Wenn Maschinenzustand zufällig, dann Welt zufällig ODER J.
Wenn Maschinenzustand J, dann Weltzustand O.
Wenn Maschinenzustand O, dann Weltzustand H.
Wenn Maschinenzustand H, dann Weltzustand N.
Wenn Maschinenzustand N, dann Weltzustand zufällig.

Faßt man die Befehle in einem Zustandsdiagramm zusammen, erhält man eine Struktur untenstehender Art (man beachte, daß wir die Übergänge nicht in Begleitung von Ein- oder Ausgaben zeigen müssen. Die Ausgabe der Welt, gleichzeitig Eingabe der Maschine, ist dieselbe wie der Weltzustand, und die Ausgabe der Maschine ist für die Welt belanglos, weil sie keinen Einfluß darauf hat):

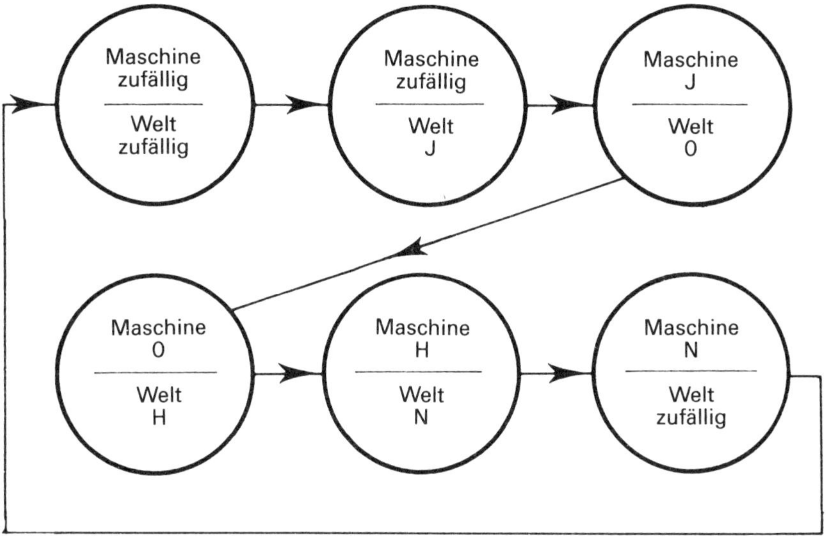

Zustandsdiagramm für die Erlernung einer Buchstabenfolge

Als Ergebnis der Erlernung dieser Zustandsstruktur besitzt die Maschine nun diese Eigenschaft: Wenn man ihr den Buchstaben J zeigt, geht sie automatisch den Rest der Struktur durch und gibt J-O-H-N aus. Mehr noch: Zeigt man ihr eine alternative Folge, etwa JANE, wird sie auch die alternative Zustandsstruktur lernen. In diesem Fall zeigt man ihr einfach den Buchstaben J, was sie veranlaßt, in einen J-Zustand einzutreten, wo sie, bis sie den nächsten Buchstaben sieht, ungewiß ist, ob die Folge nun JOHN oder JANE lauten wird.

Diese beiden Zustandsstrukturen werden der Maschine aber nur sehr schwach eingeprägt sein. Die Tatsache, daß sie etwa ein J sieht und dann ein O und (entsprechend der Aussagen über ihren Weltautomaten) ein H erwartet, beginnt sie nämlich in einen H-Zustand zu versetzen; bevor das H aber tatsächlich erscheint, könnte sie Schwierigkeiten haben, zum N weiterzugehen. Die Welt hat versäumt, das zu tun, was sie tun sollte; statt daß der Befehl für den Maschinenautomaten lautet: »Wenn Maschinenzustand O und Weltzustand H, dann Maschinenzustand H«, sieht die Maschine sich einem anderen mit dem Wortlaut gegenüber: »Wenn Maschinenzustand O und Weltzustand zufällig, dann Maschinenzustand (?).«

Diese Unfähigkeit, sich zu merken, was für die Maschine eine willkürliche Folge von Bildern ist, entspricht einer sehr ähnlichen menschlichen Schwäche. Einer der Gründe für die »magischen« Eigenschaften, die der Zahl Sieben oft zugeschrieben werden, ist der, daß eine Folge von sieben »bedeutungslosen« Zahlen oder Buchstaben praktisch die Grenze dafür darstellt, was ein Mensch sich im Kurzzeitgedächtnis merken, also auf einen Blick lesen und dann wiedergeben kann. Freilich müssen wir als Personen nur selten Reihen willkürlich geordneter Bilder oder Symbole lernen. Die riesige Mehrheit solcher Dinge, denen wir begegnen, enthalten Sinn – als Wort, als Telefonnummer eines Freundes, und so weiter. Es fällt uns nicht schwer, sie uns zu merken, und das liegt daran, daß die Sequenz und ihr Sinn in unserem Denken miteinander verbunden sind; wir versuchen sogar oft bewußt, solche Assoziationsreihen dadurch zu erzeugen, daß wir Mnemotechnik anwenden oder Gedächtnisstützen für unsere Kinder in der Art von »A für Apfel, B für Birne, . . . Z für Zeppelin« liefern.

Verschaffen wir der Maschine Gelegenheit, das gleiche zu tun, verbessert sich ihr Gedächtnis drastisch. Zeigt man ihr beispielsweise ein Bild von Johns Gesicht, begleitet von der Sequenz J-O-H-N, und tut man dann dasselbe bei Jane, wird sie sich beide Gesichter und die dazugehörigen Buchstabenfolgen mit wenig Mühe merken. Die Zustandsstruktur, die sie gelernt hat, sieht wie auf Seite 253 aus:

Sobald die Maschine diese Struktur erlernt hat, besitzt sie die Eigenschaft, daß sie, wenn ihr ein Bild von John oder die Buchstabenfolge J-O-H-N gezeigt wird, die damit verbundene Sequenz durchgeht: Ausgabe J-plus-John, O-plus-John, etc. Dasselbe tut sie bei einem Bild von Jane oder der Folge J-A.

Der Grund für den Erfolg von WISARD bei diesen Bildern oder Sequenzen, die miteinander verbunden sind, ist vergleichsweise leicht zu verstehen. Die Eigenschaft der Verallgemeinerung bedeutet, daß, sobald die Maschine durch das Erscheinen des einen oder anderen Bildes in einen »John und J«-Zustand versetzt wird, der Fortbestand des Gesichts oder die Weiterführung der Sequenz ihr eine Eingabe von der Welt (oder dem Weltzustand) liefert, die im Rahmen der herbeigeführten inneren Zustände dem ausreichend nahekommt, wovon man erwartet, daß es unter die verallgemeinerten Muster fällt, die diese Zustände darstellen. An dieser Stelle sollten wir uns erinnern: Je größer das Netz, desto größer der Spielraum für Verallgemeinerung – oder vielleicht auch: Je größer das Gehirn, desto größer die Kapazität, Assoziationen herzustellen oder Sinn beizumessen.

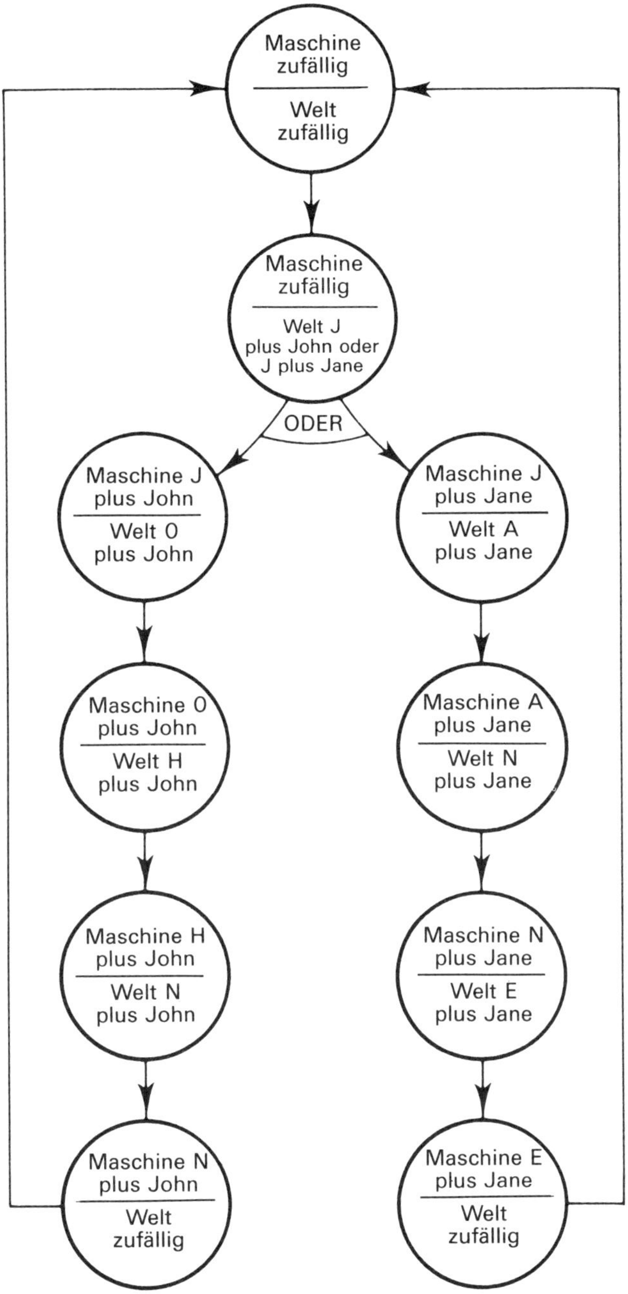

Zustandsdiagramm für den Automaten, Bild und Sequenz verbunden

Die Tatsache, daß ein Eingabebild einen inneren, aus diesem Bild erlernten Zustand *und* dazu einen zweiten assoziierten herbeiführen kann, erinnert in erstaunlicher Weise an eine der Eigenheiten unserer eigenen Gehirne. Wir kennen alle den Vorgang, daß ein ganz kleiner Anstoß, der vertraute Duft eines Tabaks oder der Klang eines bestimmten Musikstücks, die Erinnerung an einen Ort oder eine Gelegenheit »zurückbringen« kann, die wir beinahe vergessen hatten. Interessanterweise empfinden wir Erinnerungen, die auf diese Weise ausgelöst werden, sehr stark als einen »Gemütszustand«, der im Einzelnen oft nicht sehr genau zergliedert werden kann, trotzdem aber eine ungewöhnlich lebhafte Empfindung ist.

Bevor wir uns der dritten Wachstumsstufe von WISARD zuwenden, mag es nützlich sein, näher auf einige der Punkte einzugehen, die sich aus den beiden ersten Stufen ergeben.

Der erste ist die sparsame Arbeitsweise der Maschine. Um das deutlich zu machen, wollen wir annehmen, ein einfallsreicher Programmierer entwickle einen Algorithmus, mit dem eine traditionelle von Neumann-Maschine ein Gesicht erkennen könnte. Das würde viele Messungen von Dingen wie Augenabstand, Verhältnis zwischen Größe und Stirnbreite und dergleichen erfordern, und das Programm konkret zu verfassen, würde Hunderte von Arbeitsstunden tüchtiger Programmierer beanspruchen.

Selbst wenn es Erfolg hätte, würde das Programm freilich immer noch nicht über eine Möglichkeit zur Verallgemeinerung verfügen. Erkennung fände nur statt, wenn das Gesicht der Kamera immer im gleichen Winkel zugewandt wäre, mit dem gleichen Ausdruck und unter den gleichen Beleuchtungsverhältnissen.

Nichtsdestoweniger könnte es ein solches Programm in einen Speicher mit einer Kapazität von acht Millionen Bits passen, der Größe eines der Diskriminatoren von WISARD. Es würde natürlich nur ein Gesicht erkennen, weil das Programm nur eine der $2^{8\,000\,000}$ möglichen Nachrichten darstellen würde, die ein Speicher dieser Größe aufnehmen kann. Sollte es ein zweites Gesicht erkennen, müßte das Programm mit völlig neuen Variablen umgeschrieben werden. Im Gegensatz dazu prägt WISARD ein Gesicht seinem Gedächtnis ein und verallgemeinert es ausreichend, um es innerhalb von 20 Sekunden unter einer großen Spanne von Bedingungen wiederzuerkennen. Und sobald WISARD ein Gesicht »gelernt« hat, kann es, einmal mit Rückkopplung ausgestattet, sofort ein neues lernen. In der Theorie könnte es sich alle Muster merken, die von acht Millionen Bits gebildet werden können – in der Praxis verkleinert Verallgemeinerung diese Zahl allerdings drastisch, und Sättigung würde schon in einem frühen Stadium eintreten.

Wir haben vorhin erwähnt, die Tatsache, daß die Lehrstationen mit der Eingabematrix auf eine Weise verbunden sind, die ein inneres, dem gesehenen Bild tatsächlich entsprechendes Bild erzeugt, sei weniger eine Notwendigkeit als eine Bequemlichkeit. Die Notwendigkeit, daß das innere oder »gelernte« Bild dem »gesehenen« Bild entspricht, ergibt sich daraus, daß das innere Bild auch das Ausgabebild ist. Deshalb kann der Experimentator nur durch seine Anzeige auf dem Bildschirm erfahren, in welchem Zustand sich die Maschine befindet oder was sie denkt. Vom Standpunkt der Maschine aus ist die Art des inneren Musters, das eine Eingabe erzeugt, ganz belanglos; wenn das gesehene Bild eines Quadrats das innere Bild eines Dreiecks hervorruft, spielt das nicht die geringste Rolle – für die Maschine »bedeutet« es trotzdem Quadrat und wird nur durch ein zweites Quadrat wiedergegeben.

Das scheint nähere Erläuterung zu erfordern, damit es zu unseren eigenen Empfindungen in Beziehung gebracht werden kann, vor allem zu jenen, die wir erleben, wenn wir nicht ein konkretes Bild betrachten, sondern uns an ein früheres erinnern. Stellen wir uns etwa ein Haus vor, das wir in der Vergangenheit sehr gut gekannt haben, haben wir deutlich das Gefühl, wir hätten eine Art Projektor im Gehirn, der das Bild dieses Hauses auf eine innere Leinwand wirft. Dadurch wird es sehr schwer, auf den Gedanken zu verzichten, das Bild bestehe als solches irgendwo in unserem Kopf. Wenn man den Ergebnissen der Arbeit an Neuralnetzen glauben darf, ist die Wahrheit viel komplizierter.

Unser inneres Bild des Hauses ist in hohem Maß verallgemeinert und nimmt die Form eines verallgemeinerten »Zustands« irgendeines Teils des Gehirns an, erzeugt von den Bildern des Hauses, das wir in der Vergangenheit gesehen haben. Wenn wir uns erinnern, wie das Haus »aussah«, wird eben dieser Zustand wiederhergestellt. Die Folge: Wir »fühlen« genauso (oder beinahe so, je nach Lebhaftigkeit der Erinnerung) wie damals, als wir das Haus tatsächlich vor uns hatten. Das Informationsmuster, das unsere Augen an den Neuralsynapsen erzeugten, als wir das Haus sahen, existierte nur kurz, aber das verallgemeinerte Muster der Rückkopplungsinformation, das durch eine Folge von Bildern des Hauses hervorgerufen wurde, kann wieder heraufbeschworen werden, entweder, weil irgendein assoziiertes Muster (vielleicht der Name des Hauses) das Gehirn auf diesem Sektor seiner Zustandsstruktur anregt, oder weil irgendwo im Langzeitgedächtnis ein Bit unseres eigenen Neuralnetzes auf Dauer darauf »gesetzt« worden ist, das Bild zu speichern. WISARD besäße natürlich nur dann ein Langzeitgedächtnis, wenn man die Lehrstationen abkoppeln und die Funktionen seiner RAM-Speicher einfrieren würde. Man versteht aber eines leicht: Wäre die

Ausgabe von WISARD an die Lehrstationen eines anderen Netzes angeschlossen, könnte dieses zweite Netz dauerhaft so gesetzt werden, daß es jederzeit auf Wunsch ein inneres Bild speichert.

Wenden wir uns nun einem Gehirn zu. Sobald uns die genaue Form des inneren Bildes im Prinzip nicht mehr interessiert (allerdings aber seine Aufrechterhaltung als eine unverzichtbare Bequemlichkeit für die Versuchszwecke) wird eines klar: So, wie die Verbindungen zwischen Augennetzhaut und Synapsen teilweise willkürlich sind, ja, es sein müssen, ist das auch bei den Nerven der Fall, die zu den dominierenden Synapsen führen. Da die Methoden, die wir, erneut vor allem deshalb, um unseren Forschungsbedürfnissen zu entsprechen, für den Einsatz von Rückkopplung anwandten, die Wirkung haben, jedes Neuralaxon im Gehirn mit jeder Synapse zu verbinden, können wir jetzt mit völliger Gewißheit sagen, daß diese Ansammlung von Neuronen nicht auf irgendeine präzise Struktur von Verbindungen angewiesen ist – je zufälliger und mannigfaltiger die Verbindungen der Neuronen mit der Eingabe und untereinander, desto besser.

Man kann auch erkennen, daß wir das Ziel erreicht haben, eine Maschine zu bauen, die aus Erfahrung und durch Induktion lernt. Ihre Fähigkeit, verwandte Erfahrungen miteinander in Verbindung zu bringen, hat uns im Fall der John- und Jane-Bilder samt Namen mit einem sehr klaren Nachweis für ihre Kapazität versorgt, nicht nur Dinge erkennen zu lernen, sondern auch zu lernen, was sie bedeuten. Wenn die John- und Jane-Beispiele ein wenig nach Programmierung ausgesehen haben, sollte man bedenken, daß diese Maschine im Prinzip lernen wird, alles zu erkennen, was sie sieht, und das mit allem in Verbindung zu bringen, was gleichzeitig in seinem Gesichtsfeld liegt. Um nur eines der Probleme zu erwähnen, mit denen AI so schlecht zurechtkam: Würde man einer Maschine vom Typ WISARD die Sequenz B-L-U-E zweimal zeigen, einmal im Zusammenhang mit einer Scheibe angebratenem Beefsteak und einmal mit einem wolkenlosen Sommerhimmel, geriete sie nicht in Gefahr, die beiden zu verwechseln. Sie hätte einen Zustand »blue meat« (halbgares Fleisch) und einen Zustand »blue sky« (blauer Himmel); genau wie bei einem Menschen wäre ihr »blauer Zustand« einer der Ungewißheit, bis man ihr zeigt, in welchem Zusammenhang das Wort verwendet wird.

Schließlich kehren wir zum Thema Ausgabe zurück. Als Menschen produzieren wir, wenn wir nicht gerade Graphiker sind, keine Ausgabe, die unseren visuellen Eingaben gleicht – wenn wir ein Bild sehen, geben wir nicht dasselbe Bild aus. Wir verwandeln das eingegebene Bild genauso in ein inneres Zustandsbild, wie die Maschine es tut, und wenn wir es wiedersehen oder daran erinnert werden, können wir, auch hier genau wie die Maschine, es innerlich rekapitulieren. Produzieren wir aber, wenn wir ein Bild sehen, eine Reaktion oder Ausgabe, wird sie wahrscheinlich eine ganz andere Form annehmen. Wir können dazu etwas äußern, die Flucht ergreifen, uns in das Bild verlieben, alles Mögliche tun. Offenkundig ist eine der anregendsten Aussichten für die langfristige Zukunft von WISARD die, seine Ausgabestationen an ein anderes Neuralnetz anzuschließen, das in der Lage ist, die dort vorhandenen Muster in diese Art von Reaktionen zu übertragen.

Das wird auch Voraussetzung sein, wenn die Maschine andere Arten von Eingaben erlangen und ihre Erfahrung erweitern soll. In ihrem jetzigen Zustand als reinem, einfachem Bilderkennungssystem kann sie nicht wissen, daß die Welt drei Dimensionen hat, daß Schachteln hohl sind, Federn leicht oder stahlhart. Um diese Dinge zu lernen, wird sie einen Greifarm mit Tastsinn erhalten müssen, und so weiter. Ein Roboter zu werden, also eine Maschine in dem Sinn, daß sie in der physischen Welt aktiv ist, könnte der nächste Schritt sein. Die Sprache, die für uns nur einen kurzen Schritt vom Sehen entfernt zu sein scheint, ist eine viel längerfristige Möglichkeit. Wenn diese Maschine Sprache meistern soll, wird sie nämlich ganz wie ein Menschenbaby einen mühseligen und möglicherweise ausgedehnten Lernprozeß durchlaufen müssen, und dieser Prozeß wird von begrenztem Nutzen sein, wenn die Maschine auf jene Art von Erfahrung beschränkt wird, die sie als passive Beobachterin der Welt erlangen kann. Wenn wir herausfinden wollen, ob WISARD oder ein künftiger, stark vergrößerter und verfeinerter Nachfolger wirklich wie eine Person denken und handeln kann, werden wir mit dem Versuch beginnen müssen, ihn wie eine Person auszubilden. Die erste Voraussetzung für dieses Bestreben könnte sehr wohl die sein, ihn an einem Körper anzubringen. Der Mensch lernt ja auch zuerst, den eigenen Körper zu beherrschen, bevor er lesen lernt.

Die letzte Stufe im Programm für die Entwicklung von WISARD befaßt sich in der Tat mit diesem Problem. Die Maschine soll dadurch, daß man ihr die Mittel gibt, die eigenen Bewegungen zu steuern, mehr Information über die Welt erlangen. Sie mit einem Arm auszurüsten, hieße aber, zu voreilig zu sein. Die ersten Bewegungen, die sie steuern muß, sind die ihres eigenen Auges. Nebenbei: Diese Entwicklung ist, was WISARD betrifft, zum Zeitpunkt der Niederschrift noch keine feststehende Tatsache, sondern immer noch Zukunftsmusik. Die Prinzipien, um die es hier geht, sind allerdings schon an kleineren Maschinen erprobt und als gültig nachgewiesen worden.

Dieser dritte Schritt ist noch ausdrücklicher als die bei den ersten ein Versuch, einen Aspekt des menschlichen Systems nachzugestalten. Eines der Geheimnisse des Erfolges unseres eigenen Sehsystems ist darin zu erblicken, daß wir fähig sind, unsere Aufmerksamkeit auf eine bestimmte Stelle, vielleicht auf ein paar Wörter oder einige Textzeilen einer Zeitungsspalte, zu richten, während wir weiterhin wahrnehmen, was in einem viel größeren Gesichtsfeld vor sich geht, und die Freiheit besitzen, unsere Aufmerksamkeit sehr schnell auf einen anderen Sektor darin zu richten. Wenn also auch, soweit der Zeitungsleser das bewußt wahrnimmt, sein Denken ganz auf den Zeitungsartikel konzentriert ist, wird doch jede plötzliche oder unerwartete Bewegung, die sein Randblick bemerkt, seine Aufmerksamkeit ganz schnell auf sich lenken. Diese Fähigkeit, visuelle Information auf zwei verschiedenen Ebenen gleichzeitig zu interpretieren, gestattet uns auch, eine Gesamtszene zu erfassen, während wir jene Merkmale auswählen, die uns am interessantesten und bedeutsamsten erscheinen.

Jede Maschine, die Fähigkeiten und Eigenschaften menschlichen Sehvermögens entsprechen oder sie nacherschaffen soll, wird offenkundig ebenfalls die Fähigkeit besitzen müssen, gleichzeitig den Wald und einen einzelnen Baum zu sehen. Beim menschlichen System wird die eigentliche Umschaltung von einem Bereich zum anderen durch Bewegungen der Augen erreicht. Dieser Mechanismus ist uns deutlich bewußt, sogar bei anderen Menschen, weil wir oft, und zwar sogar dann, wenn wir einer anderen Person direkt gegenüberstehen, darüber klagen, sie »blicke einfach durch uns hindurch«. Keine Kopfbewegung hat ihre mangelnde Aufmerksamkeit verraten, sondern nur eine Augenbewegung. Die Bewegung einer Kamera zu dem Zweck, verschiedene Dinge zu betrachten, würde also nicht denselben Effekt erzielen. Man braucht eine Methode, irgendeinen Teil eines Bildes »anzuvisieren«, während dessen ungeachtet das ganze Bild erfaßt bleibt. Überdies wird jeder, der sich einmal Amateurschmal- oder -videofilme hat ansehen müssen, wissen, wie rasch ein Bild durch zu schnelle Kamerabewegung undeutlich und unverständlich wird. Unsere Gehirne enthalten irgendeinen außerordentlich komplizierten Mechanismus, der dafür sorgt, daß wir beim raschen Hin- und Hergehen der Augen nicht die Empfindung erleben, das Bild sei »verwackelt«.

Bei einer Maschine wäre es außerordentlich schwierig, Entsprechungen zu dieser Stabilisierungsanlage zu finden, und zumindest am Anfang geht es darum, im Wesentlichen dieselben Ergebnisse wie das Auge auf ganz andere Weise zu erzielen. Im Rahmen der Abläufe des Sehsystems ist das Interessante zweifellos die Ansteuerung eines enger begrenzten Bereichs innerhalb eines größeren Bildes. Durch den Einsatz unserer alten Bekannten, der intelligenten

Rahmenspeicherung (siehe Kapitel 9), wird dieses gleichzeitige Vorhandensein von zwei Bildern auf einer einzigen Matrix möglich; die Gesamtmatrix wird praktisch auf einer bestimmten Auflösungsebene gesehen, ein kleines »Fenster« darin gleichzeitig bei viel höherer Auflösung. Die Wirkung ähnelt sehr derjenigen, die wir erleben, wenn wir ein Vergrößerungsglas über eine Buchseite halten – die Aufmerksamkeit ist auf die vergrößerten Wörter gerichtet, aber wir nehmen auch den Rest der Seite wahr. Durch Verwendung wohlerprobter Methoden, ganz ähnlich denen, die beim Fernsehen genutzt werden, wenn ein Hintergrundbild, vielleicht eine Rockgruppe, zur gleichen Zeit mit dem Gesicht des Leadsängers gezeigt wird, ist es durchaus möglich, den Bereich hoher Auflösung innerhalb der Grenzen des größeren Bildes zu verschieben.

Die technischen Einzelheiten sind nicht sonderlich wichtig. Die entscheidende Frage lautet: Wie kann einer Maschine beigebracht werden, ihre Aufmerksamkeit von einem Teil des Bildes zu einem anderen zu lenken, sobald sie etwas »Interessantes« entdeckt? In unserem eigenen Fall ist eindeutig Rückkopplung im Spiel. Wenn wir etwas »aus dem Augenwinkel« sehen und uns darauf konzentrieren, muß das von jenem Teil des Gehirns kommen, der innerhalb des gesamten Gesichtsfelds ein wichtiges Objekt oder eine Bewegung entdeckt, die den Augen mitteilen, worauf sie sich richten sollen. Um die Erläuterung im Zusammenhang mit WISARD so einfach wie möglich zu halten, wollen wir die Rückkopplungssysteme, die wir bisher betrachtet haben, außer acht lassen und uns einem neuen zuwenden, das die Absicht verfolgt, die beim Menschen »sakkadische Augenbewegung« genannte Funktion zu bewältigen.

Der Ausgangspunkt ist das Muster an den Ausgabestationen, das die kombinierten Muster beider Bilder darstellt, des Gesamtbilds und des hochaufgelösten Fensters. Die Ausgabe kann an einen Steuermechanismus angeschlossen werden, der das Hochauflösungs-»Fenster« innerhalb des Rahmens verschiebt – es spielt, wie gesagt, keine große Rolle, wie diese Bewegung erreicht wird: Das Entscheidende dabei ist, wie man dem System beibringen kann, die Steuerung selbst zu leisten. Die Schulung geschieht mit Hilfe eines Joysticks von derselben Art, wie man sie bei vielen Heimcomputerspielen benutzt. Angeschlossen ist er an die Lehrstationen des Netzes. (Die Lehrstationen »sehen« gleichzeitig das Bild selbst.) Schematisch dargestellt auf Seite 260 oben.

Wird dem System ein Bild präsentiert, das eine Anzahl von Punkten enthält, kann man das Fenster mit Hilfe des Joysticks in einer bestimmten Folge, vielleicht im Uhrzeigersinn, auf der Matrix von Stelle zu Stelle verschieben. Die Art und Weise, wie die Maschine lernt, ist genau dieselbe wie die in Kapitel 7 für einen »Lern-

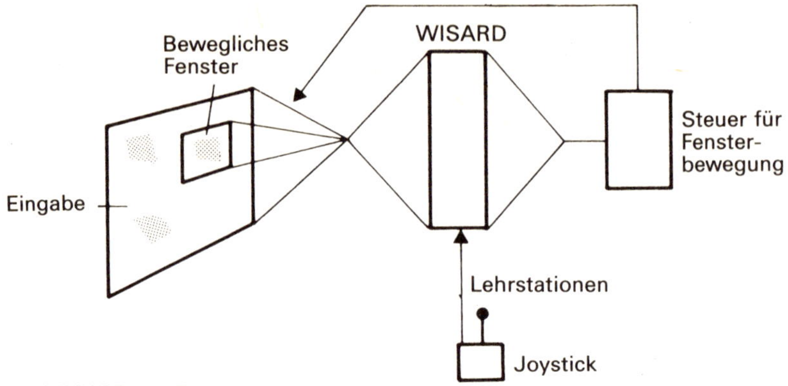

WISARD mit Fenstersteuerung

roboter« beschriebene. Wir haben es praktisch mit einem Lernautomaten zu tun, dem beigebracht worden ist, daß die Welt ihn mit Eingaben in Form von Klecksen auf dem Bild versorgen wird und er mit Ausgaben antworten muß, die das Fenster zu den Klecksen verschieben. Als man unter Verwendung eines viel kleineren Netzes als WISARD ein ähnliches System aufbaute, stellte man fest, daß es rasch lernte, mit seinem Fenster eine Linie oder den Umriß einer Form nachzuzeichnen. Anfangs gab es, wenn nur auf Quadrate trainiert, rasch auf, sobald es andere Formen, etwa Dreiecke, vorgelegt bekam, und zog das Fenster in eine Ecke des Bildes zurück, um dort zu »schmollen«. Sobald man es aber zwei oder drei einfache Formen gelehrt hatte, konnte es infolge der Verallgemeinerungsfähigkeit des Netzes Formen jeder Art nachzeichnen.

Vorerst können wir über die Eigenschaften eines Systems, das alle von uns besprochenen Rückkopplungsschleifen aufweist, nur Spekulationen anstellen. Allerdings spricht vieles dafür, daß es rasch lernen würde, sein Fenster in Sprüngen von einem Merkmal zum anderen zu bewegen, und daß er durch die Art von Etikettierung, die John mit J-O-H-N assoziiert, beispielsweise lernen könnte, daß beide unten gezeigten Muster Dreiecke sind; jene Art von Erkennungsleistung, die für Menschen natürlich ist, sich algorithmischen Systemen aber in auffälliger Weise entzieht. Ein kombiniertes System sollte überdies die Fähigkeit besitzen, mit seinem Fenster Mehrdeutiges aufzuklären, indem es Bereiche eines Bildes ansteuert, die ihm Rätsel aufgeben.

Wir sind auf die Abläufe dieser dritten Stufe nur deshalb nicht näher eingegangen, weil wir hoffen, daß die Grundeigenschaften, durch die das Netz als Lernsystem fungieren kann, inzwischen ganz deutlich geworden sind. Interessant ist allerdings, daß seit den ersten Planungen für dieses Experiment Physiologen im menschlichen Sy-

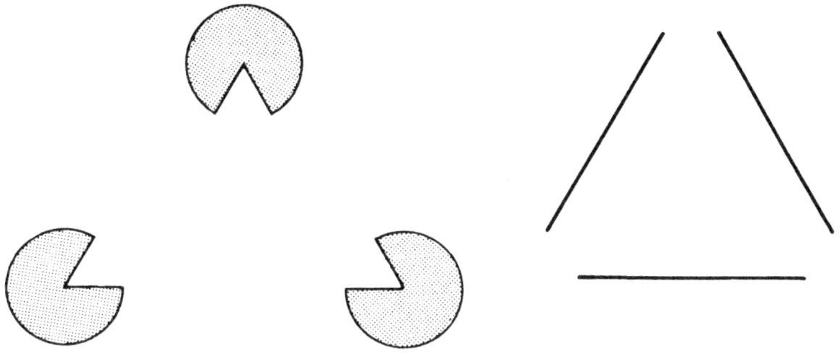

Zwei »Dreiecke«, die durch Konzentration auf bedeutsame Merkmale begriffen werden könnten.

stem Merkmale entdeckt haben, die im Prinzip ganz ähnlich zu sein scheinen. Man stellte fest, daß es Regelkreise gibt, die ein Organ, das sogenannte *Geniculum laterale,* dessen Funktionen bislang ungeklärt waren, mit den Augenmuskeln verbinden.Es könnte diese Rückkopplung in jener Nervenschaltung sein, die menschliche Augenbewegung »steuert«.

Einer der stärksten, wenn auch nicht am leichtesten zu definierende, Gründe für die Ansicht, das Neuralnetz sei für das Gehirn das »richtige« Modell, ist die Tatsache, daß es »richtig« wirkt. Wir können damit unser eigenes Empfinden davon, wie unser Gehirn funktioniert, mit der Art in Einklang bringen, wie eine Maschine arbeitet. Das steht in sehr deutlichem Gegensatz zu unseren Reaktionen auf programmierte Modelle, bei denen stets das Gefühl vorherrscht, die Programme stellten, so wirksam und einfallsreich sie auch sein mögen, in Wahrheit kein echtes und vollständiges Bild des Denkens dar. Nehmen wir etwa die in Kapitel 9 für Szenenanalyse beschriebenen programmierten Methoden. Wenn uns keinerlei Alternative bewußt wird, zwingt uns das die Schlußfolgerung auf, unsere Gehirne müßten irgendeine Art Analyse der Beziehungen zwischen den Ecken und Seitenflächen eines Würfels ausführen, um ihn zu erkennen; dafür spricht nicht viel, und es entspricht nicht unserem eigenen Gefühl für das, was in unserem Kopf vorgeht, aber wie könnte es anders bewerkstelligt werden? Dagegen erscheint der Gedanke, das Bild eines Würfels versetze irgendeinen Teil unseres Gehirns in einen »Würfelzustand«, genau richtig.

Ein anderes anschauliches Beispiel betrifft die Art, wie wir zu Schlußfolgerungen oder Problemlösungen gelangen. Das läßt sich im Großmaßstab eines ganzen Wissenszweiges ebenso nachweisen wie im kleinen einer Einzelperson. Beinahe von ihrem Anfang während der europäischen Aufklärung an hat die Wissenschaft eine Art »amtlicher Version« der wissenschaftlichen Methode verbreitet, die sie als einen Vernunftsprozeß darstellt, der Schritt für Schritt von Wahrnehmungen über Hypothese und Versuch zum Beweis führt. Wie Thomas Kuhn in seinem wichtigen Buch »The Structure of Scientific Revolution« (dt. etwa »Die Struktur der wissenschaftlichen Revolution«) aber gezeigt hat, trifft das in Wahrheit gar nicht zu. Die Wissenschaft ist weit eher eine Sache langer Stagnationszeiten, in denen eine bestimmte orthodoxe Meinung die Herrschaft ausübt, unterbrochen von plötzlichen Revolutionen oder *Gestalt*veränderungen, wenn eine neue Orthodoxie das Kommando übernimmt. Das traditionelle Modell stimmt auch nicht mit den mitgeteilten Erfahrungen von Wissenschaftlern überein.

Fast allen Berichten über Experimente oder theoretische Durchbrüche, die von Betroffenen selbst stammen, ist gemeinsam, daß die entscheidende Einsicht nicht als eine solche geschildert wird, die am Ende eines langen, mühsamen Marsches zum Licht am Ende eines Tunnels lag, sondern als eine plötzliche und ganz unerwartete Eingebung – in diesem Augenblick ist alles noch dunkel, im nächsten herrscht strahlendes Licht. Das scheint, wenn auch nach unserem heutigen Wissensstand etwas vage, sehr gut zu der Art plötzlicher »katastrophenartiger« Zustandsveränderungen zu passen, die innerhalb eines Neuralnetzes auftreten. Vielleicht noch überzeugender ist, daß diese Empfindung, die bei alltäglichen Problemen ebenso vertraut ist wie bei großen wissenschaftlichen Durchbrüchen, oft die Form eines plötzlichen Schimmers annimmt, aus dem nach wenigen Augenblicken helles Licht wird. Das entspricht exakt dem Sprung von der tastenden Schätzung zur klaren Entscheidung, der eintritt, wenn die RAM-Speicher von WISARD den ersten Rückkopplungsausbruch empfangen, der bestätigt, daß er ein zweifelhaftes Muster erkannt hat.

Ein letztes Beispiel ist vielleicht nicht fehl am Platz. Man kann nicht einsehen, auf welche Weise ein Knoten im Taschentuch einem Computer helfen könnte, sich etwas zu merken (außer, freilich, sein Programm enthielte einen Befehl, der ihm mitteilt, was das verknotete Taschentuch bedeutet), aber man könnte im praktischen Versuch WISARD das Bild eines verknoteten Taschentuchs zusammen mit dem zeigen, was man sich für später merken möchte (natürlich muß es sich dabei um ein anderes Bild handeln), und dürfte gewiß sein, daß die Maschine, wenn man ihr das Taschentuch allein zeigt, wieder in den Taschentuch-plus-Bild-Zustand eintritt und den erforderlichen Wink ausgibt.

Wenn wir davon ausgehen, daß wir mit der Konstruktion von Maschinen wie WISARD auf dem Weg sind, die Struktur unseres eigenen Gehirns nachzuschaffen, muß die erste Reaktion angesichts von Eleganz und Schönheit der fraglichen Mechanismen und der außerordentlichen Vielschichtigkeit des Originals Demut sein. Man muß nämlich eines betonen: Sogar dann, wenn alle in diesem Kapitel geschilderten Verbesserungen hinzukommen, wird WISARD ein unvollkommenes Modell von nur einem kleinen Abschnitt des menschlichen Gehirns bleiben. Es wird nicht einmal die ganze Maschinerie unseres eigenen Sehsystems und des visuellen Kurzzeitgedächtnisses wiedergeben, weil es keine Einrichtung für die Vorverarbeitung besitzt, die durch die in Kapitel 10 beschriebenen Mechanismen zur »Orientierungsfindung« oder das in Kapitel 9 geschilderte »Skizzieren« geschieht. Das muß Sache anderer Neuralnetze mit Rückkopplungsanschluß an jene sein, die sakkadische Augenbewegungen steuern und innere Bilder hervorrufen.

Es wird eines ambitionierten Forschungsprogramms bedürfen, das Ingenieure, Neurophysiologen und Psychologen einbezieht, bevor wir mit irgendeinem Maß an Zuversicht zu begreifen anfangen können, wie die vielen verschiedenen neuralen Netze, die ein Gehirn ausmachen, zueinander in Beziehung stehen, die Eingaben der Sinne bewältigen und die Ausgaben des Körpers organisieren. Und doch dürfen wir eine kleine Befriedigung dabei empfinden, daß wir, als wir das richtige Modell und ein Mittel fanden, es nachzugestalten, an der Startlinie angekommen sind.

Sogar beim heutigen Wissensstand sind die Möglichkeiten zur Erweiterung unserer Erkenntnisse über unser eigenes Funktionieren, die sich eröffnen, sobald wir das Modell des neuralen Netzes akzeptieren, nahezu unendlich, und wir können nur wenige der Wege aufzeigen, die mit Gewinn zu erforschen wären. Eine naheliegende Möglichkeit ist die, den Streit zwischen Chomsky und Piaget über die Natur unserer Sprachfähigkeit zu entscheiden. Einem Neuralnetz eine vollständige Sprache beizubringen, wäre ein ungeheures Unterfangen, das dem entspräche, ein neugeborenes Kind auszubilden, aber wenn es gelänge, die Grundelemente des Sprachgebrauchs einer völlig unprogrammierten Maschine einzuprägen, würde sich die Waage ganz erheblich zu Gunsten von Chomsky senken.

Auch hier steht uns inzwischen ein sehr deutlicher Hinweis darauf zur Verfügung, was einen Instinkt ausmacht. Der Mechanismus, der gerade ausgeschlüpfte Küken veranlaßt, die Schnäbel aufzusperren, sobald das Licht über ihrem Nest verdunkelt wird, oder zur Regungslosigkeit zu erstarren, wenn sie die Silhouette eines Habichts über sich sehen, muß die Ausgabe eines Neuralnetzes sein, in dem die synapatischen Gewichte der Neuronen bei oder vor der Geburt festgelegt wurden. Ebenso muß der Mechanismus, der ein neugeborenes Tier beim Fehlen seiner natürlichen Eltern auf ein

Individuum einer anderen Gattung prägt, einem Netzwerk irgendwo im Gehirn entstammen, dessen Neuronen durch die Eingabe des ersten großen lebendigen Objekts, dem das Wesen begegnet, dauerhaft gesetzt werden. Daraus folgt: Möchte man erfahren, wo im Gehirn Instinkte zu Hause sind, dann sucht man nach Bereichen, wo die dominierenden Synapsen fehlen oder untätig sind; möchte man erfahren, welches Bit des Gehirns eine Prägung »fixiert«, dann sucht man nach einem Netz, das sehr bald nach der Geburt gesetzt wird.

Der ganze Streit um die relative Bedeutung von Natur und Erworbenem kann nun als eine Frage danach angesehen werden, welche Bereiche des Gehirns, die für Aus- und Eingaben verantwortlich sind, bei der Geburt gesetzt werden, und welche mit Neuronen, die Veränderungen in synaptischem Gewicht zugänglich sind, anpassungsfähig bleiben. Ein dauerhaft gesetztes Netzwerk entspricht natürlich einem vorprogrammierten, und die Frage, wie weit wir selbst vorprogrammiert sind, kann somit von zwei Seiten her angegangen werden. Ingenieure können unprogrammierte Roboter konstruieren und ausloten, wie weit sie mit Lernen kommen, gleichzeitig können Neurophysiologen jene Bereiche des Gehirns ermitteln, die für bestimmte Funktionen verantwortlich sind, und herauszufinden versuchen, ob die betroffenen Neuronen fixierte oder variable Funktionen haben.

Die Aussicht, die Eigenschaften von Hierarchien unprogrammierter Netze zu untersuchen, eröffnet gleichzeitig die Möglichkeit neuer Erkenntnisse über Träume und die Natur des Unbewußten. Rühren Träume vielleicht daher, daß wir einige Bereiche einer Zustandsstruktur durchlaufen, die wir im wachen Zustand zu erforschen gehindert oder gehemmt sind? Ist das Unbewußte in Wahrheit die Zustandsstruktur eines riesigen Netzes oder Netzverbundes, dessen Ausgaben den bewußten Bereich des Gehirns zwar beeinflussen, dort aber nicht erkannt werden? Erreichen Neuralnetze einen solchen Umfang und solche Kompliziertheit, daß sie schlafen müssen, um die Muster, die sie aufgenommen haben, auszusortieren und zu organisieren? Wir wissen, daß die Beziehungen zwischen verschiedenen Gehirnbereichen ein entscheidender Faktor für sein Verhalten sind – die Tatsache, daß es in zwei auf überraschend karge Weise miteinander verbundene Hälften geteilt ist, stellt nur das drastischste Beispiel dafür dar. Es bleibt noch nachzuweisen, was wovon gesteuert wird, wie dazwischen Rückkopplung vorgeht und auf welche Weise »höhere« Funktionen befähigt werden, die Kontrolle über einfachere zu übernehmen. Die Aufgabe, dies alles zu klären, kann keine einfache oder rasch zu lösende sein, aber sie wird sehr vereinfacht und beschleunigt werden durch das Vorhandensein von Maschinen, mit denen wir Hypothesen erproben können. Das Neuralnetz der Zukunft kann für Psychologen und Neurophysiologen das werden, was für einen Chemiker eine Reihe von Reagenzgläsern ist – ein Testfeld für neue Mutmaßungen.

Seit wir eine Maschine beschrieben haben, die nach Bottom-up-Prinzipien gebaut ist, und nachweisen konnten, daß sie in der Praxis wie im Prinzip fähig ist, einige Aspekte der Intelligenz zu meistern, kann man in genaueren Begriffen über die Beziehung zwischen Bottom-up-Maschinen und Top-down-Programmen sprechen.

Es ist nachgewiesen worden, daß Bottom-up-Maschinen induktiv aus Erfahrung in einer Weise lernen können, zu der vorprogrammierte Maschinen wegen ihrer Abhängigkeit von Algorithmen und ihrem fehlenden Verallgemeinerungsvermögen nicht imstande sind. Ebenso wurde gezeigt, daß man eine Bottom-up-Maschine in einen Lernautomaten verwandeln kann, der sich selbst schult. Wenn wir bis zum nächsten Kapitel die entscheidende Frage beseitelassen, warum eine Maschine lernen *wollen* sollte, ist klar, daß wir jetzt eine Maschine bauen können zu deren emergenten Eigenschaften der Erwerb von Erfahrung über die Welt gehört, in die sie sich gestellt sieht.

Um einen kühnen Schritt vorwärts zu tun, könnten wir dann sagen, eine Maschine dieser Art sei, sobald sie fertiggestellt und eingeschaltet ist, in mancher Beziehung einem neugeborenen Kind vergleichbar. Nun ist es so, daß wir nicht hergehen und ein Baby aus der Wiege nehmen, um ihm das Schachspiel, den Umgang mit Bauklötzen oder mit der Sprache beizubringen. Wir gehen davon aus, daß das Kind, bevor davon irgend etwas geschehen kann, erst einmal lange »aufwachsen« muß – und das Wesentliche am Heranwachsen ist das graduelle und fortschreitende Sammeln von Erfahrung oder, um auf das Neuralnetz zurückzukommen, der Aufbau einer immer größeren Zustandsstruktur.

Erst wenn ein Kind zwei oder mehr Jahre Erfahrung mehr oder weniger aus eigener Kraft und mit seinem eigenen Tempo hinter sich hat, beginnen seine Eltern mit dem Prozeß der formellen Erziehung. Sogar in diesem Stadium achten wir besonders darauf, die Algorithmen, die gelernt werden müssen – das Alphabet, die Wochentage, ein Verhaltenskodex – zur Erfahrungsinfrastruktur des Kindes in Beziehung zu bringen. Um das Beispiel der Objekterkennung zu nehmen, das wir im Zusammenhang von Top-down- und Bottom-up-Methoden untersucht haben: Wir erwarten nicht, daß ein Achtjähriger abstrakte Geometrie meistert. Wenn der Lehrer von Würfeln oder Pyramiden spricht und ihre Eigenschaften erklärt (die Art von Regeln, die ein AI-Programm benützt, um solche Dinge zu erkennen), geht er von der Annahme aus, daß seine Schüler wissen, was ein Würfel oder eine Pyramide ist, auch wenn sie die richtige technische Bezeichnung dafür nicht kennen.

Während der Bildungsprozeß fortschreitet, kann der Schüler freilich gehalten sein, etwas über Formen zu lernen, denen er bis dahin nicht oder nicht bewußt begegnet ist – wir registrieren nicht routinemäßig, daß das, was wir sehen, ein Dodekaeder ist. Es hat aber den Anschein, daß wir in unserem Fall formelle Algorithmen nur dann aufnehmen und vollständig nutzen können, wenn wir vorher sehr viel praktisches, auf Erfahrung gegründetes Wissen gesammelt haben. So ist nachweisbar, daß wir, wenn wir die Disziplin Geometrie meistern, Dinge von Würfeln verstehen können, die wir vorher nicht verstanden haben, und daß diese Erkenntnisse zu dem Zweck weiterentwickelt werden können, komplizierter Formen einzustufen und besser zu verstehen. Wie aber die bei AI aufgetretenen Probleme beweisen, hat es nicht den Anschein, als könnte der Prozeß dadurch abgekürzt werden, daß man die Algorithmen programmiert und und unbeachtet läßt, wie bedeutsam die Erfahrung ist.

Nebenbei lohnt der Hinweis, daß eine der Folgen der Liberalisierung von Erziehungsmethoden an unseren Schulen die gewesen ist, daß man betonte, wie wichtig es sei, Kinder auf Kosten der traditionellen Methode des Übungslernens selbst Entdeckungen machen zu lassen, beispielsweise durch eigenen Ausdruck in Worten oder Bildern. So könnte man moderne Methoden des Sprachunterrichts bei Gespräch und freier Diskussion mit dem traditionellen klassischen Lehrplan vergleichen, bei dem Schüler lernen mußten, lateinische Sätze auf eine Art zu zerlegen, die der des Zerlegungsprogramms in Kapitel 9 sehr ähnlich ist.

Dies alles soll nicht heißen, der Computer, Vorausprogrammierung oder AI hätten der praktischen Roboterwissenschaft nichts zu bieten, oder wir sollten sie außer acht lassen, bis der Punkt erreicht ist, an dem Neuralnetze genug über die Welt gelernt haben, um von einer formellen Ausbildung zu profitieren. Ganz im Gegenteil. Wenn wir nämlich mit der Ansicht recht haben, daß der Bottom-up-Ansatz eines Tages zu einer vollständigen Nachbildung des Gehirns führen könnte, werden wir, vom praktischen Nutzen her gesehen, nicht mehr erreicht haben, als mit ungeheuren Kosten an Zeit, Geld und Einfallskraft ein einziges Exemplar dessen hervorzubringen, was wir in Fülle schon besitzen. Viel eher dürfte gerade die Tatsache, daß der Digitalcomputer eine andere Art von Gehirn ist, der Grund dafür sein, warum er in der Robotik und anderswo weiterhin nützlich ist. Es wird bestimmte Anwendungen geben, bei denen die Eigenschaften von Netzen nützlicher sind als die von Computern; das Sehen ist nur ein naheliegendes Beispiel. Es gibt aber auch Anwendungen, bei denen der Computer weiterhin unschlagbar sein mag. So spricht vieles dafür, daß er in Wirklichkeit eine bessere Art von Gehirn für die Steuerung sehr präziser Muskelbewegungen ist als unser eigenes. Die Robotik wird zweifellos viele Wege finden, auf denen die beiden Systeme mit ihren sehr unterschiedlichen Eigenschaften gewinnbringend zusammenarbeiten können.

Bis zum Jahr 2000, nach weiteren eineinhalb Jahrzehnten Entwicklung, wird der *Robotus industrialis* ein überaus alltägliches und vielseitiges Gebilde sein. Es ist beinahe unmöglich, alle Formen, die er annehmen wird, und die Einsatzmöglichkeiten für ihn vorherzusagen. Kaum in Zweifel scheint zu stehen, daß die Siliziumtechnologie auch weiterhin immer leistungsfähigere Elemente für Informationsmaschinen zu immer niedrigeren Preisen zur Verfügung stellen wird, oder daß die wirtschaftlichen Erfordernisse, die zur Automation führten, uns fernerhin zu einem immer größeren und weiter verbreiteten Einsatz von Maschinen treiben wird, die Menschen ersetzen. Nur die Zeit kann zeigen, wie hoch die sozialen und wirtschaftlichen Kosten sein werden. Norbert Wieners Warnung aber, die Erfindung von Maschinen zur Informationsverarbeitung, die Fertigkeiten des Denkens ebenso ersetzten wie die Maschinen der ersten industriellen Revolution die Fertigkeiten der Hand, stelle eine Bedrohung dar, die nur abgewendet werden könne, wenn wir ein Wertsystem übernehmen, das »auf anderem beruht als auf Kaufen und Verkaufen«, erscheint aktueller denn je.

Im Schlußkapitel des Bandes wollen wir uns aber mit den Aussichten für den *Robotus fundamentalis* am Ende des Jahrtausends befassen und im besonderen festzustellen versuchen, wie weit es uns nützen könnte, einige der Grundfragen über uns selbst zu klären, die uns immer noch Rätsel aufgeben.

12 Die Jahrtausendmaschine

Im Erforschen des Menschen
besteht seine eigentlich Aufgabe
Alexander Pope, »Ein Versuch über den Menschen«

Wir begannen dieses Buch damit, daß wir einen Roboter als eine Maschine nach dem Bild des Menschen definierten. Obwohl wir viele ernste Probleme angesprochen haben, die zwischen der Robotik und der Verwirklichung dieses Ziels stehen werden, hoffen wir, den Leser auch davon überzeugt zu haben, daß wir im Begriff stehen, das Wesentliche daran technologisch in den Griff zu bekommen. Es erscheint vorstellbar, daß irgendwann in der Zukunft, vielleicht um das Jahr 2000, Robotiker einen Punkt erreicht haben werden, an dem sie über die Konstruktion einer elektronischen Maschine nachdenken können, die nach Kapazität, Struktur und Kompliziertheit mit unserem eigenen Gehirn vergleichbar ist. In diesem Schlußkapitel wollen wir deshalb die Bedeutung eines solchen »Jahrtausendroboters« untersuchen und uns bemühen, seine mutmaßliche Natur zu ergründen.

Die konkrete physische Form der Maschine wird von zweitrangiger Bedeutung sein, denn das Bild, nach dem sie konstruiert wird, ist nicht das des Menschen als biologische, sondern als denkende Maschine – *Homo sapiens.* Obschon wir sie aus praktischen Gründen als Einzelgebilde behandeln, könnte sie sehr wohl aus einer ganzen Reihe kleinerer Maschinen bestehen, von denen jede eine Facette des Ganzen widerspiegelt. Von Wert wird sie sogar dann sein, wenn sie im Reich der Einbildung als ein zusammenhängender Bestand an Wissen und Erfahrung verbleibt, weil die Spezifikationen für die Maschine auf eine Einsicht in den Menschen hinauslaufen werden.

Es mag durchaus den Anschein haben, unser Selbsterkenntnis zu erweitern, sei ein Zweck, der an sich schon genüge, die Kosten an Zeit, Mühe und Geld für eine Jahrtausendmaschine zu rechtfertigen. Man muß aber auch festhalten, daß sie einigen außerordentlich wichtigen und sehr praktischen Zwecken dienen würde, denn sie wird ein neues Instrument zur Untersuchung eines Themas darstellen, das allen fester etablierten und orthodoxeren wissenschaftlichen Methoden bemerkenswerten Widerstand geleistet hat. Die Natur des Verstandes – wo er herkommt, in welcher Beziehung er zum Körper steht, die Art, wie er wächst, und die Gründe, warum er in die Irre geht – ist ein Thema von dringlichster Wichtigkeit für Fächer von der Philosophie bis zur Medizin, von der Erziehung bis zur Psychologie. In allen Fällen wird aber unsere Fähigkeit, klar über die Probleme nachzudenken, durch die schwer faßbare und widerspenstige Natur des Verstandes selbst eingeschränkt. Trotz unserer ganzen Bemühungen bleibt der Geist in unserer eigenen Maschine auf quälende Weise ungreifbar.

Die entscheidende Schwierigkeit ist die, daß wir unfähig sind, uns von dem, was wir analysieren wollen, zu distanzieren. Da alle Erkenntnisse, die wir *über* den Verstand besitzen, *vom* Verstand gesammelt worden sind und *durch* den Verstand interpretiert werden, ist Objektivität nicht erreichbar. Keine Hypothese über den Verstand kann etwas anderes sein als Mutmaßung, solange sie auf Daten beruht, die mit Argwohn betrachtet werden müssen. Überdies kann er durch Wiederholungs-Experimente nie vollständig ergründet werden, solange das einzige verfügbare Versuchsobjekt ein anderer menschlicher Verstand ist – aus sehr starken und angemessenen Gründen setzen wir für den Gebrauch unseres Verstandes wie den anderer Menschen zu Forschungszwecken feste Grenzen.

Der Jahrtausendroboter wird uns gestatten, diese Schwierigkeit zu überwinden, weil das ganze Vorhaben eindeutig sinnlos wäre, wenn man nicht die Zuversicht empfinden könnte, die Maschine besäße nach ihrer Fertigstellung eine Eigenschaft, die zumindest eine Entsprechung zu dem ist, was wir Verstand nennen. Ob das Wort »Verstand« gebraucht wird, um sie zu beschreiben, wäre Ansichtssache. Der springende Punkt ist der: Falls die Maschine keinen Geist enthielte oder erwerben könnte, bliebe sie ein bedeutungsloser Haufen Blech. Wir haben gezeigt, daß wir durch den Begriff einer Zustandsstruktur darüber, was in Automaten vorgeht, auf eine Weise nachdenken können, die sonst unmöglich wäre, und ob wir es vorziehen, uns von einem mechanischen Gehirn mit der Behauptung zu distanzieren, wir besäßen Verstand, dieses aber eine Zustandsstruktur, scheint neben der Sache zu liegen. Tatsache ist, daß wir mit der Sprache der Automatentheorie über alle Automaten, ob natürlich oder künstlich, auf eine Weise nachdenken können, die streng und logisch ist und mit den Realitäten übereinstimmt, die wir beobachten.

Wie deutlich gemacht wurde, halten wir es für überaus unwahrscheinlich, daß ein Robotiker, sobald man an einer Jahrtausendmaschine die letzte Schraube festgezogen und die letzte Schaltung angelötet hat, in der Lage sein wird, sie dadurch zum »Leben zu erwecken«, daß er einen fertigen Verstand in ihr elektronisches Gehirn einsteckt. Die Erfahrung derer, die versucht haben, in Form von AI-Programmen fertig verpackten Verstand zu konstruieren, deutet hin, daß eine erlernte Zustandsstruktur nicht nur unserer Wahrnehmung des natürlichen Verstandes stärker entspricht, sondern auch die einzige Art ist, die mit den kombinatorischen Komplikationen der wirklichen Welt zurechtkommen wird. Wir nehmen deshalb an, daß der Jahrtausendroboter auf Neuralnetzstrukturen jener Art beruhen wird, die in den beiden vorangegangenen Kapiteln geschildert wurden, und daß zu seinen Eigenschaften die eines Lernautomaten gehören werden.

Man muß hinzufügen, daß es nicht ausreichen wird, eine Maschine zu konstruieren, die in einer völlig leeren, unprogrammierten Form existiert. Auch wenn eine solche Maschine funktionieren sollte, wäre sie ganz gewiß vom Naturmodell abgewichen. Es ist nämlich klar, daß menschliche Säuglinge mit einem eingewurzelten oder ererbten Verstand geboren werden, der zumindest ausreicht, ihre Grundfunktionen zu organisieren und sie zu befähigen, daß sie Nahrung suchen. Viele würden einwenden, das Maß an Vorausprogrammierung sei viel größer, und bei manchen Tieren, die Minuten nach der Geburt aufstehen, sich bewegen und auf Gefahr reagieren können, ist das eindeutig der Fall. Die Frage, wie weit und in welcher Beziehung ein künstliches Gehirn vorprogrammiert sein müßte, ist vielleicht die entscheidende. Wir kommen in Kürze darauf zurück. Inzwischen deutet die Tatsache, daß zumindest ein Teil der Roboter-Zustandsstruktur aus seinen Erfahrungen erlernt werden muß, viele der Möglichkeiten an, bei denen er sich als wertvoll erweisen könnte.

Viele der ungeklärten Fragen über unseren eigenen Verstand zielen darauf ab, was mit ihm geschieht, nachdem wir geboren sind, statt darauf, wie groß der Anteil ist, mit dem wir auf die Welt kommen. Obwohl die Kontroverse Chomsky-Piaget sich um die relativen Beiträge von Natur und Erworbenem drehen mag, werfen Erziehung und kognitive Psychologie viele andere Probleme auf, für die das Beispiel eines Lernautomaten ganz gewiß von Belang sein wird. Die Tatsache, daß die Maschine genau wie ein menschliches Kind die Welt selbst kennenlernen und als Reaktion auf seine Erfahrung »selbst Schlüsse ziehen« muß, deutet auf eine Vielzahl dunkler Punkte, auf die Licht fallen könnte, wenn wir fähig wären, die Vorgänge im Inneren zu verfolgen.

Wenn der Roboter von Nutzen sein soll, wird er Erfahrung sammeln müssen, die der eines Menschen vergleichbar ist. Aus diesem Grund benötigt er ganz gewiß eine Reihe von Sinnen. Sehen, Hören und Tasten bieten sich als Mindestausstattung an. Allerdings ist es reizvoll, Überlegungen dazu anzustellen, wie schnell und in welcher Weise die Zustandsstruktur einer Maschine von der »Norm« abweichen könnte, wenn sie mit Sinnen ausgestattet wäre, die beim Menschen nicht vorhanden oder unterentwickelt sind. Könnte etwa ein Roboter mit außerordentlich verfeinertem Geruchssinn »innere Gerüche« so heraufbeschwören, wie WISARD ein »inneres Bild« aufrufen kann?

Aber Sinnesorgane allein werden nicht ausreichen. Falls eine Maschine ein bloß passives Gefäß für Information bleibt, wird ihr Weltbild das einer Umwelt sein, die sich willkürlich verhält und nicht geändert oder beeinflußt werden kann. Das würde ganz deutlich dazu führen, daß sie einen ganz anderen Verstand als den unsrigen entwickelt, der, oft in gefährlicher Weise, von der Vorstellung beherrscht wird, wir könnten und wollten den Zustand der Welt ändern. Aus diesem Grund wird ein Körper erforderlich sein, der zwar nicht der menschlichen Gestalt zu gleichen braucht, aber so konstruiert sein muß, daß der Roboter damit dieselbe Art von Information sammeln kann wie wir. Er wird fähig sein müssen, zu schieben und zu ziehen, zu stochern und zu bohren, Gegenstände aufzuheben und sich aus eigener Kraft zu bewegen.

Ein Hinweis dazu: Die Tatsache, daß ein Körper ein unabdingbares Erfordernis jedes Roboters ist, der für sich die Welt kennenlernt, deutet auf die Unwahrscheinlichkeit jener ungeheuer überlegenen, körperlosen Gehirne hin, die in der Science Fiction so beliebt sind. Statt die Fähigkeit zu besitzen, mit materiellen Dingen nach Belieben umzugehen, hätten solche Geschöpfe weit eher auf rührende Weise keine Ahnung von der Art Wirklichkeit, die wir so mühelos erfassen. Die Tatsache, daß wir solche Phantasiegebilde erfinden und uns damit vergnügen, zeigt aber die Verwirrung an, unter der wir immer noch leiden, wenn wir über den Verstand nachzudenken versuchen.

Auf der einen Seite führt das Gefühl, der Verstand sei wie eine Zustandsstruktur etwas Körperloses, zu dem Glauben, dergleichen könnte auf jede physische Verwirklichung verzichten; das ist eine Vorstellung, die im Grund auf die Behauptung hinausläuft, der Zustand einer Maschine könne sich sogar dann verändern, wenn es die Maschine gar nicht gibt. Auf der anderen Seite geraten wir durch die Tatsache, daß der Verstand eine Eigenschaft des Gehirns ist, in Verwirrung, wenn wir versuchen, das eine vom anderen zu trennen. Geht man davon aus, das Gehirn ließe auf irgendeiner Ebene mechanische Erklärung zu, so fällt es schwer, der Schlußfolgerung auszuweichen, es müsse deshalb eine Maschine im gewöhnlichen Sinn sein, und der Gedanke, eine Maschine könne etwas enthalten, das zwar in ihr, aber nicht von ihr ist, wirkt beunruhigend fremdartig.

Eine der Folgen dieses Mangels an Klarheit: Beim Umgang beispielsweise mit Geisteskrankheit ist oft angenommen worden, daß, weil der Verstand im Gehirn sitzt und das Gehirn ein Organ des Körpers ist wie Herz oder Leber, die Probleme des Verstandes auf irgendeine Weise durch »Behandlung« gelöst werden könnten, so, wie man ein gebrochenes Bein schient oder ein infiziertes Organ behandelt. Im Rückblick erscheint der Glaube, eine Lobotomie (Gehirnoperation) könne einen Verstand heilen, absurd; man könnte ebensogut versuchen, ein Computerprogramm mit einer Eisensäge zu korrigieren. Der Glaube, Verstand sei chirurgischen Basteleien zugänglich, war aber lange nicht auszurotten.

Die Tatsache, daß man die Beziehung zwischen den elektronischen Baugruppen eines Roboters und der Zustandsstruktur, die er enthält, ebenso betrachten kann wie die zwischen einem Gehirn und dem Verstand, den es verkörpert, hilft uns vielleicht, unsere Überlegungen dazu, was dem Verstand zustoßen kann und warum, klarer zu fassen. Ein Beispiel: Die Psychologen stimmen jetzt darin überein, daß viele Formen geistiger Erkrankung zum Teil eine Folge von Erfahrungen in der Vergangenheit sind, und zwar von der Art Verstand, die das Gehirn angenommen ist. Das Vorhandensein einer Maschine mit Zustandsstrukturen, die sich nach Belieben und ohne Zwang erzeugen und manipulieren lassen, könnte von unschätzbarer Bedeutung sein. Das soll nicht heißen, daß ein »klinischer Roboter« alle Fragen klären würde, die der Psychologie zu schaffen machen, weil viele davon ihre Wurzeln in chemischen und biologischen Ursachen haben mögen, für die eine elektronische Maschine aus Siliziumchips keine Entsprechung bieten kann, aber er wird wenigstens einen Vergleichsrahmen liefern, der uns bislang fehlt.

So haben wir in Kapitel 9 das »paranoide« Computerprogramm PARRY von Mark Colby erwähnt. Es scheint uns weniger eine Erklärung, als eine Beschreibung von Verfolgungswahn zu sein. Das Verhalten des Programms ähnelt zweifellos dem einer Person sehr stark, die von dem Gedanken besessen ist, die Mafia sei hinter ihr her, und es beleuchtet teilweise die Art der »Drehbuch« -Mechanismen, die im Verstand einer solchen Person am Werk sein mögen, trägt aber nichts zu unserem Verständnis darüber bei, wie oder warum solche Mechanismen sich in einem Verstand festsetzen. Wenn wir, zumindest der Diskussion halber, davon ausgehen, daß ein an Verfolgungswahn leidender Mensch sich auf eine Weise verhält, die mit seiner eigenen inneren Logik völlig übereinstimmt, aber auf tiefreichenden Mißverständnissen darüber beruht, wie andere Menschen sich in Wirklichkeit verhalten, können wir Möglichkeiten für einen klinischen Roboter erkennen, bei der Bestimmung der Problemursache mitzuhelfen. In den Begriffen der Automatentheorie könnte man sagen, an irgendeinem Punkt in der Vergangenheit sei jener Teil der Zustandsstruktur eines Paranoikers, der seinen Weltautomaten darstellt, mit der Folge aus dem Gleis geraten, daß jede Eingabe dieselbe Ausgabe hervorruft, gleichgültig, ob diese paßt oder nicht. Eine Maschine, mit der Psychologen untersuchen könnten, wie und warum Zustandsstrukturen auf diese Weise defekt werden, könnte zur Analyse des Leidens und zur Hilfe für die Betroffenen durchaus etwas beizutragen haben.

Wenn wir bereit sind, unsere Körper auf der Grundlage der Wirkungen, die sie bei Tieren hervorrufen, mit Medikamenten zu behandeln, erscheint es vollkommen vernünftig, Methoden zur Behandlung des Verstandes dadurch zu erproben und zu bewerten, daß wir sie an Maschinen ausprobieren. Dieses Mittel anzuwenden, braucht nicht die Schlußfolgerung einzubeziehen, Maschinen seien uns ebenbürtig, sondern nur die Annahme, sie könnten in *mancher* Beziehung ähnlich sein. Zumindest in einer Richtung scheint bereits klar zu sein, daß der Vergleich für das Gefühl unserer eigenen Würde außerordentlich beruhigend ist.

Sogar bei WISARD, einer Maschine mit einer Kapazität, die nur einen winzigen Bruchteil dessen beträgt, was ein Jahrtausendroboter besäße, ist offenkundig geworden, daß Zustandsstrukturen, die weit davon entfernt sind, vorhersagbar oder determiniert zu sein, entstehen können. Setzt man voraus, daß die Zustandsstruktur eines Lernautomaten ein Produkt der Geschichte seiner Eingaben ist, und daß, wenn er wirksam arbeiten soll, diese Eingaben durch komplexe Assoziationsketten verbunden gewesen sein müssen, kann man die Zustandsstruktur einer Maschine nur dann kennen, wenn man eine vollständige, lückenlose Aufzeichnung aller ihrer Eingaben und der Reihenfolge ihres Auftretens besitzt. Unter Laborbedingungen kann so etwas möglich sein, aber es steht natürlich fest, daß Laborbedingungen allein nicht ausreichen würden, um dem Jahrtausendroboter die ganze Erfahrung zu verschaffen, die er brauchen würde, wenn er eine Zustandsstruktur nach dem Maßstab eines menschlichen Verstandes entwickeln sollte.

In der Praxis wird es zwar offenkundig entscheidend sein, alle Informationsquellen so genau wie möglich zu verfolgen, die zu der sich erweiternden Zustandsstruktur der Maschine beitragen, aber vieles spricht dafür, daß kein Aufzeichnungssystem sie alle erfassen kann. Der Verstand der Maschine wird sich, wenn nicht mit großen, dann mit kleinen Schritten rasch zu dem Punkt entwickeln, wo er gleichzeitig einzigartig und unerkennbar ist.

Ebensowenig wird es möglich sein, die Zustandsstruktur auf der mechanischen Grundebene zu verfolgen, wo die Bestandteile des Neuralnetzes gesetzt werden. Wie wir gesehen haben, hängt die Leistungsfähigkeit eines Netzes entscheidend von seiner Verallgemeinerungsfähigkeit ab. Das bedeutet, daß man einer bestimmten Eingabe niemals mit Genauigkeit einen bestimmten inneren Zustand zuordnen kann. Beispielsweise kann man nicht behaupten, bei WISARD würden die RAM-Speicher durch ein bestimmtes Bild auf eine bestimmte Weise gesetzt, und aus diesem Grund werde dieses und *nur* dieses Bild eine Reaktion vom Netz erhalten. Die schiere Unmöglichkeit dieser Art von Voraussage kann durch die Tatsache veranschaulicht werden, daß einer der größten und schnellsten Computer der Welt drei Stunden benötigen würde, um die Berechnungen auszuführen, die erforderlich sind, um die Erkennung nur eines der Muster zu simulieren, die von den acht Millionen Bits in einem der WISARD-Diskriminatoren gebildet werden können – eine Leistung, die diese Maschine mühelos in wenigen Augenblicken bewältigt.

Auch wenn wir durch ein Zaubermittel fähig wären, alle Einstellungen sämtlicher RAM-Speicher in einem Gehirn mit einer Kapazität von Milliarden Bits zu verfolgen, bliebe doch die Tatsache bestehen, daß im Fall eines menschlichen Gehirns die Nerven, die Eingaben zu den Neuralsynapsen übermitteln, zufällig miteinander verbunden sind (und das, wie wir gesehen haben, sogar sein müssen). Allein schon dadurch wird übrigens ein weiterer bevorzugter Einfall der Science Fiction unsinnig, nämlich die Gehirntransfer-Maschine, die den Inhalt eines Gehirns herausholt und ihn in ein anderes einfügt. Die Tatsache, daß eine äußere Eingabe durch ein Zufallsnetzwerk von Nerven in einen inneren Zustand verwandelt worden ist, sorgt nämlich dafür, daß Muster, die für das Gehirn, das sie erzeugt hat, bedeutsam waren, für ein anderes keinen Sinn besäßen.

Bei Robotern dagegen könnte man, sobald man ein System von Zufallsverbindungen geschaffen hat, es im Duplikat herstellen, was zu der interessanten Möglichkeit führt, daß, sobald die erforderlichen Aufwendungen an Mühe und Zeit zur Ausbildung eines Roboters erfolgt sind, man ihn dadurch klonen könnte, daß man seine gesamte Zustandsstruktur auf andere Roboter überträgt. Daraus folgt nicht, daß man beim Klonungsprozeß die Bedeutsamkeit der übertragenen Muster entdecken würde. Der Verstand aller Maschinen im Detail bliebe unbekannt und unerkennbar, aber zumindest bestünde im Augenblick, in dem übertragen wird, Übereinstimmung.

Bevor der Jahrtausendroboter eine praktische Möglichkeit wird, müssen zwei Hauptprobleme gelöst werden. Das erste betrifft die Art, wie das Gehirn selbst organisiert ist. Wir wissen genug, um zu verstehen, daß es nicht einfach ein riesiges, undifferenziertes

Netzwerk von Neuronen ist, sondern im Gegenteil aus einer sehr großen Zahl getrennter Netze besteht, und daß die genaue Beziehung zwischen ihnen für sein Funktionieren entscheidend ist. Die von jedem Netz gespielte Rolle und der Einfluß, den es auf die anderen ausübt, müssen aber erst geklärt werden.

Dabei handelt es sich um ein Rätsel, das sehr wohl durch Zusammenarbeit zwischen Neurophysiologie, Psychologie und Robotik gelöst werden könnte. Die physische Untersuchung des Gehirns, gekoppelt mit einer Beobachtung seiner Vorgänge, erlauben es den Forschern, begründete Mutmaßungen darüber anzustellen, was in verschiedenen Bereichen vorgeht, und die Robotik kann elektronische Testfelder zur Verfügung stellen, wo sich diese Hypothesen erproben lassen. So könnte beispielsweise ein an ein System von Neuralnetzen angeschlossener Greifarm ein Mittel sein, genauer zu untersuchen, wie ganze Folgen einmal gelernter Muskelbewegungen im Kleinhirn für den Gebrauch gespeichert werden. Die Arbeit David Marrs, die wir in Kapitel 8 erwähnt haben, hat den Hinweis ergeben, daß das Gehirn auf diese Weise physische Funktionen bewältigt, die gelernt werden müssen, einmal beherrscht, aber ohne erkennbare Mühe wiederholt werden. Es ist allerdings eine offene Frage, ob Muster einfach als eine Folge der Wiederholung, als Ergebnis einer anderswo im Gehirn erzielten Entscheidung, vom Kleinhirn gespeichert werden, oder dann, wenn sie ausreichend verallgemeinert und geklärt sind, um von Nutzen zu sein.

Daß viele körperliche Fertigkeiten wie Schwimmen oder Radfahren schlagartig gemeistert werden, wenn wir nach vielen fruchtlosen Versuchen »den Bogen raushaben«, deutet darauf hin, daß irgendein Verfeinerungsprozeß stattfindet und erst dann, wenn Eingaben und Rückkopplung zu einem zufriedenstellenden Ausgabemuster aufgelöst sind, der innere Zustand auf Dauer gespeichert wird. Andererseits weist die Tatsache, daß sogar unerwünschte Bewegungsmuster wie ein fehlerhafter Golfschwung, einmal erworben, schwer zu beseitigen sind, darauf hin, daß die Netze im Kleinhirn, sobald sie einmal darauf eingestellt sind, eine bestimmte Reaktion zu liefern, nur unter Schwierigkeiten angepaßt werden können.

Die Aufgabe, die Hierarchie von Automaten zu enträtseln, aus denen das Gehirn besteht, scheint nur durch gründlichste Erforschung bewältigt werden zu können. Wir dürfen ziemlich sicher sein, daß die Antworten gefunden werden, aber genau wann und wie, kann niemand voraussagen. Das zweite Problem scheint dieser Art von Behandlung weit weniger zugänglich zu sein und erfordert vielleicht einen kühnen Sprung ins Dunkle. Es geht natürlich um die zu Anfang dieses Kapitels aufgeworfene Frage, wieviel Vorausprogrammierung ein Jahrtausendroboter benötigen würde, um »abzuheben«.

Man muß davon ausgehen, daß ein hoher Anteil der Vorausprogrammierung im menschlichen Gehirn Funktionen betrifft, die in der Jahrtausendmaschine keine Entsprechung hätten. Sie wird keinen Herzschlag oder Metabolismus zu regeln haben und sich auf eine gleichmäßige Energiezufuhr verlassen können. Irgendwann in der Zukunft mag es vorteilhaft sein, die Möglichkeiten eines selbständigen Roboters zu erforschen, der sich um seine Versorgung selbst kümmert, aber zumindest im ersten Fall spricht nicht viel dafür, daß der Jahrtausendroboter die Verantwortlichkeit für die routinemäßigen Verwaltungsaufgaben übertragen bekommt, dafür zu sorgen, daß er weiterläuft. Ebensowenig dürfte er mit irgendwelchen Gelüsten ausgestattet werden.

Das ist eine Streitfrage, weil man durchaus einwenden kann, alles an Trieb und Neugier, das ein Tier dazu treibt, seine Erfahrung mit der Welt zu erweitern, rühre von der Notwendigkeit her, seinen Hunger zu stillen und Schmerz zu meiden. Auf dieser Grundlage würde einem Gehirn, das nicht mit den Geboten vorprogrammiert wäre, Nahrung zu beschaffen und sein eigenes Überleben zu sichern, der Katalysator mangeln, der einen Verstand hervorruft. Beim Menschen hingegen müssen wir davon ausgehen, daß mehr im Spiel ist. Wenn unser Verstand nur als Reaktion auf unsere Bedürfnisse als biologische Strukturen wüchse, fiele es schwer, einen ganzen Bereich menschlicher Aktivitäten zu erklären, die uns keine praktischen Vorteile zu bieten scheinen, aber, wie wir instinktiv empfinden, genau das sind, was uns von »niedrigeren« Tieren unterscheidet. Im Besonderen könnten wie die Wissenschaftler allgemein auch die Robotiker Überlegungen dazu anstellen, warum wir so neugierig sind, was die Natur als solche angeht, unsere eigene eingeschlossen. Die Frage könnte bündig so ausgedrückt werden: Was für eine Maschine ist das, die sich nicht nur ernähren, sondern auch selbst verstehen will?

Die Suche nach dem entsprechenden Sandkörnchen, das in die elektronische Auster gelegt werden muß, damit in ihr ein Verstand wächst, scheint zur Frage der Absichtlichkeit zurückzuführen, die wir in Kapitel 9 besprochen haben. Bei WISARD wird das vor dem dritten Entwicklungsschritt bereits deutlich. Wie man sich entsinnen wird, ging es darum, die Anlage mit einem Fenster hoher Auflösung auszustatten, das sie bewegen kann, um sich auf bestimmte Bereiche oder Merkmale innerhalb ihres gesamten Gesichtsfeldes zu konzentrieren und damit Mechanismen zu simulieren, die es dem Menschen ermöglichen, seine Aufmerksamkeit auf das zu richten, was er interessant oder bedeutsam findet. Wie geschildert, erforderte das Experiment, der Maschine beizubringen, daß sie das Fenster in bestimmten, vorgeschriebenen Mustern oder als Reaktion auf bestimmte Arten von Bildern bewegt. Das gestaltet zwar einige Merkmale menschlichen Verhaltens nach – das eines Schülers, den man auffordert, »sieh dir das an« oder »konzentrier dich auf das« – aber die meiste Zeit widmen wir unsere Aufmerksamkeit doch dem, was wir persönlich interessant finden.

Welche Art von Verstand müßten WISARD oder ein verbesserter Nachfolger erhalten, damit dafür gesorgt wäre, daß es auch Dinge herausfinden »wollte« und man ihm nicht alles beibringen müßte, was es nach unseren Wünschen wissen soll? Nach Begriffen der Programmierung, und wir reden hier schließlich von einer Art Programmierung, wird ein Algorithmus benötigt, der die Motive einschließt, die der Intelligenz zugrundeliegen. Um dergleichen zu finden, müssen wir in zwei Richtungen blicken, einmal zur AI, dem Gebiet, das sich damit befaßt, Algorithmen für Maschinen zu formulieren, und zweitens zur Psychologie, die sich bemüht, die Algorithmen zu entdecken, die unser eigenes Verhalten lenken. Es wäre offensichtlich besonders bedeutsam, wenn zwischen den beiden ein gemeinsamer Boden gefunden werden könnte, irgendein von AI konstruierter Algorithmus, für den die Psychologie ein natürliches Gegenstück entdeckt hat.

Bedauerlicherweise scheint AI bei diesem Vorhaben wenig hilfreich sein zu können; viele ihrer führenden Theoretiker würden sogar das ganze Unternehmen in Frage stellen. Die erste Schwierigkeit ist die, daß ein tiefer Graben im Fach selbst verläuft zwischen jenen, die glauben, AI-Programme seien auf irgendeiner Ebene ein gültiges Modell menschlicher Intelligenz, und anderen, die einwenden, ihre Aufgabe bestehe einfach darin, Möglichkeiten für Computer zu finden, sich so zu verhalten, als wären sie intelligent, ohne sich den Kopf darüber zu zerbrechen, ob die Mittel mit denen vergleichbar sind, die unsere eigenen Gehirne anwenden. Der erste Standpunkt wird von der britischen Philosophin Margaret Boden vertreten, wenn sie in ihrem Buch »Artificial Intelligence and Natural Man« (dt. etwa »Künstliche Intelligenz und die Natur des Menschen«) AI bezeichnet als »Forschung, die auf irgendeine Weise für menschliche Erkenntnis und Psychologie von Belang ist«. Die gegensätzliche Position nimmt neben anderen der Amerikaner Nils Nielsson ein. Er und seine Kollegen täten gut daran, schreibt er, zumindest vorübergehend »unsere Aufmerksamkeit auf jene Prinzipien zu richten, die für das technische Ziel, intelligente Maschinen zu bauen, von Belang sind.«

Auch wenn man Bodens Argument akzeptiert, bleibt das Problem bestehen, daß AI, wie John Searle betont, nicht nur nicht in der Lage war, die Absichtlichkeit miteinzubeziehen, sondern sie sogar bewußt gemieden hat. Die Anwort derjenigen, die für »harte AI«

eintreten, angeführt von dem Philosophen Daniel Dennett, auf die von Searle vorgebrachte Kritik (besprochen in Kapitel 9), bestand darin, daß man die Grundlage von Searles Argument angriff. Die Tatsache, daß die von Searle kritisierten Programme an einem Mangel an Sinn oder Absichtlichkeit zu leiden scheinen, sei, wie Dennett erklärt, nicht die Folge eines von Natur aus angelegten Scheiterns, sondern spiegle nur ihre relative Einfachheit wider. Sobald AI das Stadium erreiche, in dem Programme ernsthaft komplexe Aufgaben bewältigen könnten, werde es bedeutungslos, ob diese irgendeinen inneren Grund dafür besäßen, sie zu leisten; für den Beobachter scheinen sie einen solchen zu haben.

Das Wesentliche an Dennetts Meinung läßt sich am Beispiel einer schachspielenden Maschine veranschaulichen. Der Programmierer kann sich darüber im klaren sein, daß die Maschine zu 90 Prozent der Zeit keine Ahnung davon hat, ein Schachmatt erreichen zu wollen, und lediglich den Forderungen seiner Heuristik gehorcht, aber für einen Gegner *scheint* die Maschine die Partie gewinnen zu wollen. Wenn es den Anschein hat, daß eine Maschine in der Praxis eine Absicht besitzt, hat es dann einen Sinn, fragt Dennett, sich darüber den Kopf zu zerbrechen, ob sie auch im Prinzip vorhanden ist?

Vom Standpunkt derer aus, die sich mit Robotik befassen, weil sie ein ernsthaftes Modell des Menschen liefert, erscheint dieses Argument doppelt unredlich. Da ein Gefühl von Absicht und Sinn etwas ist, dessen wir uns innerlich selbst außerordentlich bewußt sind, erscheint es unnötig herablassend das als Illusion zu behandeln, zumal es doch wenigstens eine teilweise Erklärung unserer Fähigkeit zu bieten scheint, einige Funktionen auszuführen, die AI in sehr auffälliger Weise nicht bewältigen konnte. Vielleicht noch wichtiger ist, daß das zu sehr ernsthaften Mißdeutungen im Hinblick auf Maschinen führen kann. Diesen Einwand brachte John Andreae, ein anderer Fachmann, Ende der sechziger Jahre vor.

Andreae konstruierte eine einfache Maschine. Sie bestand aus einem Gehäuse, auf dem drei Knöpfe und eine einzige Lampe angebracht waren. Das Funktionieren der Maschine wirkte äußerlich geheimnisvoll; manchmal ging das Licht an, wenn man einen Knopf drückte, manchmal nicht. Andreae lud eine Anzahl von Versuchspersonen ein, mit dem Gehäuse zu experimentieren und den Versuch zu unternehmen, den Sinn zu erklären, der hinter seinem Verhalten steckte. In Wahrheit war die Maschine vollkommen probabilistisch. Bei Druck auf einen Knopf bestand eine Chance von Eins zu Vier, daß das Licht anging, beim zweiten von Eins zu Zwei, und beim dritten von Drei zu Vier. Die richtige Antwort entdeckten aber nur die beharrlichsten Versuchspersonen. Die meisten erfanden hochkomplizierte Theorien über die Sequenzen, in der die Knöpfe gedrückt wurden, andere gaben einfach auf und gestanden der Maschine »einen eigenen Willen« zu.

Statt den Glauben zu stützen, man sollte eine Maschine, wenn sie Absichten zu haben scheint, dann auch so behandeln, als wären sie wirklich vorhanden, scheint dieses Experiment darauf hinzudeuten, unser eigenes Gefühl von Sinn und Absicht sei so stark, daß wir nur widerstrebend glauben, sogar unbelebte Objekte könnten frei davon sein.

Wenn wir davon ausgehen, daß AI die Art von Algorithmus, die wir brauchen, nicht liefern kann oder will, und wir uns stattdessen der Psychologie zuwenden, stehen wir augenblicklich vor einer Fülle von Hypothesen und Mutmaßungen. Im Licht von drei Faktoren kann das Feld aber beträchtlich eingeengt werden. Erstens haben sich Experiment und Theorie in der Psychologie ganz überwiegend damit beschäftigt, was mit dem Verstand im Verlauf seiner Entwicklung geschieht, statt mit seiner inneren, ursprünglichen Natur. Zweitens scheint klar zu sein, daß der Wert der Jahrtausendmaschine vergrößert wird, wenn seine Vorausprogrammierung so gering wie möglich ist. Ist die Art von Verstand, die sie entwickelt, durch die Art von Verstand vorausbestimmt, die sie erhält, verringern sich unsere Aussichten, etwas Interessantes dabei zu lernen, sehr. So könnte man zum Beispiel ein Programm verfassen, das die Elemente von Freuds Theorien über die Natur des Verstandes umfaßt – aber das würde nur bewirken, daß jede Maschine, die es verwendet, sich auf Freudsche Weise verhält. Offensichtlich wäre es wünschenswert, das Ausmaß, bis zu dem Programmierung den Ausgang des ganzen Experiments vorausbestimmt, möglichst einzuschränken. Immerhin scheiden natürlich einige Denkweisen der Psychologie schon deshalb aus, weil ihre Vorstellungen mit der Art von Gehirn, das der Jahrtausendroboter unserer Meinung nach besitzen wird, unvereinbar zu sein scheinen.

Nach unserer Ansicht paßt von all den relativ fest gegründeten und anerkannten Psychologiezweigen am besten die Theorie personaler Konstrukte, die in den fünfziger Jahren von dem amerikanischen Psychologen George Kelly entwickelt wurde. Kellys Lehre, in seinem Buch »The Psychology of Personal Constructs« vollständig dargelegt, umfaßt drei Bände, und die Literatur dazu beläuft sich auf mehr als dreihundert Abhandlungen der einen oder anderen Art. Einer der großen Vorteile der Theorie vom Standpunkt des Robotikers aus ist aber der, daß Kelly besonderen Wert auf die Art von Strenge und Präzision legte, die eher in der Mathematik als in der Psychologie zu finden ist. Er stellte seine Gedanken deshalb formell als fundamentales Postulat mit elf daraus abgeleiteten Theoremen auf, und man kann darüber diskutieren, wie sie in die Elemente eines Programms zu übertragen wären, ohne der Vielschichtigkeit und Feinheit seiner Gedankengänge allzugroße Ungerechtigkeit widerfahren zu lassen.

An der Brunel-Universität läuft seit einiger Zeit ein Forschungsprogramm mit dem Ziel, die wesentlichen Punkte in der Theorie der personalen Konstrukte aufzuzeigen und zu klären und sie in einer Form neu zu formulieren, die dazu gebraucht werden könnte, entweder ein orthodoxes Computerprogramm zu schreiben oder ein Grundprogramm für eine auf Neuralnetzen aufgebaute Maschine zu liefern. Leser, die sich mit dem Thema eingehender befassen möchten, finden Grundpostulat und Theoreme in Anhang II. Für unsere Zwecke konzentrieren wir uns hier auf das Grundaxiom und jene Folgesätze, die für einen Jahrtausendroboter am unmittelbarsten von Belang zu sein scheinen.

Das fundamentale Postulat, Kellys Zusammenfassung dessen, was er als das Wesentliche der Sache betrachtet, lautet folgendermaßen: »Die Prozesse einer Person werden psychologisch kanalisiert durch die Art, in der sie Ereignisse antizipiert.« Da diese Feststellung die stark komprimierte Zusammenfassung eines verwickelten Gedankengangs darstellt, ist eine Erläuterung nötig, bevor wir zeigen wollen, wie sie in ein Rezept für einen Roboterverstand »übersetzt« werden könnte. »Die Prozesse einer Person« bedeutet, grob gesprochen, das, was in einem Menschen vorgeht, alle seine inneren Vorgänge. »Psychologisch kanalisiert« heißt »eine Informationsstruktur erhalten«, beinahe »begriffen«, und der Ausdruck kann, ohne daß man Kellys Absicht zu nahe tritt, übersetzt werden mit »in eine Zustandsstruktur verwandelt«. »Durch die Art« scheint sich selbst zu erklären, aber es ist wichtig, den Gebrauch des Plurals (im Amerikanischen »ways«, A.d.Ü.) zu beachten, wonach es mehr als einen Weg gibt, auf dem eine Zustandsstruktur entstehen kann. Mit »Ereignisse antizipiert« meint er, wie Kellys Darstellung deutlich macht, »neue Eingaben durch Bezug auf frühere vorhersagt«.

Das ganze Postulat kann somit in Begriffe übersetzt werden, die in der folgenden Form für die Robotik anwendbar sind: »Was in einem Roboter vorgeht (und die Voraussetzung ist ja, daß wir von einem Roboter sprechen, der ein gültiges Modell des Menschen ist), wird auf eine Art in eine Zustandsstruktur verwandelt, daß er neue Eingaben durch Bezug auf frühere vorhersagt«. Das ermutigt zu der Ansicht, es könnte ohne jede Ergänzung als eine Definition der Art von Lernautomat dienen, die wir in Kapitel 7 besprochen haben, oder für ein Neuralnetz mit Rückkopplung. Als beispielsweise WISARD das Bild von John mit der Buchstabenfolge J-O-H-N zu verbinden lernte, benützte es seine inneren elektronischen Prozesse dazu, eine Zustandsstruktur zu schaffen, die eine neue Eingabe voraussagte, das Bild von John, sobald es eine frühere Eingabe sah, die Folge von Buchstaben, oder umgekehrt.

So weit, so gut, wie es scheint. Psychologie und Robotik sprechen von derselben Art von Verstand. Kellys erstes abgeleitetes Theorem geht einen Schritt weiter. Es lautet: »Eine Person antizipiert Ereignisse durch Konstruktion ihrer Reproduktion.« Mit Konstruktion meinte, wie der Originaltext klarmacht, Kelly »eine Interpretation vornehmen« oder »mit einem Etikett versehen«. Ganz grob ausgedrückt, meint das Theorem, daß wir, weil die Sonne jeden Morgen aufgegangen ist, das Morgengrauen genannte Ereignis auch morgen früh erwarten. Auch dies stimmt vollkommen mit dem Verhalten eines Lernautomaten überein, und die Verallgemeinerungsfähigkeit von Neuralnetzen gestattet ihnen, einer ganzen Gruppe von Eingaben sogar dann ein gemeinsames Etikett zu verleihen, wenn sie nicht genau gleich sind. So erwartet WISARD J-O-H-N, wenn es John sieht, weil die beiden vorher gemeinsam aufgetreten sind, und seine Vorstellung von John ist so verallgemeinert, daß es keine Rolle spielt, wenn sein Ausdruck sich verändert.

Das Herzstück der Theorie ist das, was Kelly das »dichotomische Konstrukt« nennt. Im Prinzip ist damit gemeint, daß der Verstand aus einer großen (doch stets endlichen) Zahl von Konstrukten, oder weniger genau, aber vielleicht nützlicher, Themenbereichen besteht. Der Bereich von Konstrukten in einem Verstand nimmt mit der Erfahrung zu, und jede Eingabe wird entweder einem vorhandenen Konstrukt zugeteilt oder Grundlage für ein neues. Außerdem nimmt jedes Kontrukt die Form einer von zwei Extremen begrenzten Skala an. Ein Beispiel macht das vielleicht klarer. Während sich die Lesefähigkeiten einer Person entwickeln, erzeugen sie eine ganze Reihe von Konstrukten dieser Art: gute Fabel/schlechte Fabel; gut geschrieben/schlecht geschrieben; spannend/langweilig; Roman/Sachbericht ... und so weiter.

Der Auslegungs- oder Bezeichnungsmechanismus teilt dem passenden Konstrukt eine Eingabe auf der Grundlage früherer Erfahrung zu und reiht sie gleichzeitig auf der Skala, die zu diesem Konstrukt gehört, irgendwo ein. Der Verstand organisiert seine Erfahrung im Sinn der Beziehung zwischen verschiedenen Konstrukten auf eine Weise, die für jeden Menschen charakteristisch ist und die er bei der Erwartung künftiger Ereignisse am nützlichsten findet.

Das mag zwar kompliziert klingen, aber es ist relativ leicht, sich den Mechanismus im Sinne von Zustandsstrukturen vorzustellen. Wir haben schon gesehen, wie das Wiederauftauchen einer vertrauten Eingabe einen Automaten in einen besonderen »gelehrten« Zustand versetzt. Das ist die Entsprechung zu einer Eingabe, die einem Konstrukt zugeteilt wird. Da es auch eine Eigenschaft von Automaten ist, daß entsprechend den Forderungen von »Wenn … dann …«-Befehlen, die unbestimmt sein können (das heißt, Zustand A kann *entweder* zu Zustand B *oder* zu Zustand C führen), ein Zustand zu einem anderen führt, würde eine Verzweigungs-Zustandsstruktur, worin der Wert für die Eingabe bestimmt, welcher Verzweigung gefolgt wird, das gewünschte Ergebnis erzielen.

Wir brauchen uns aber nicht allzusehr damit abzugeben, wie eine Anordnung von Neuralnetzen nun genau die geforderte Zustandsstruktur erzielen würde. Der für unsere Zwecke entscheidende Punkt tritt mit Kellys »Wahltheorem« auf. Es lautet: »Eine Person wält die Alternative eines dichotomischen Konstrukts, durch die sie die bessere Möglichkeit für Erweiterung und Definition seines Systems erwartet.« Das deutet darauf hin, daß eines der Grundkonstrukte im Verstand, vielleicht das fundamentale, das erforderlich ist, um alle anderen hervorzubringen, ein Konstrukt Wachstum/kein Wachstum ist. Es bestimmt, daß mit der Entscheidung, wo auf der Skala aller relevanten Konstrukte eine Eingabe eingereiht werden soll, der Verstand stets den Weg wählen wird, der am ehesten verspricht, zu seiner eigenen Erweiterung zu führen.

Kelly behauptet damit, der Geist (oder zumindest jener Teil davon, der ihm am wichtigsten und für uns am interessantesten ist, der denkende, intelligente Teil), sei von schlichter, unverhüllter Neugier getrieben. In Begriffe übersetzt, die auf den Jahrtausendroboter anwendbar sind, heißt das: Alles, was wir tun müssen, um dafür zu sorgen, daß sein Verstand sich bis zum höchstmöglichen Ausmaß entwickelt, dabei aber mit einem menschlichen immer vergleichbar bleibt, ist, ihn mit einem einzigen, vorprogrammierten Gebot auszurüsten: Vergrößere deine eigene Zustandsstruktur auf eine Art, die es dir am besten ermöglicht, die Welt vorauszuberechnen und zu kontrollieren.

Ein eingebauter Befehl dieser Art würde gewiß ausreichen, um beispielsweise dafür zu sorgen, daß WISARD sein Aufmerksamkeitsfenster nicht an seinem Platz beläßt, ohne etwas zu unternehmen. WISARD wäre gehalten, das Fenster in einem Bild zu verschieben und daraus alles zu lernen, was möglich ist. Ausgestattet mit dieser einzigen, alles überwältigenden Notwendigkeit, alle Erfahrung auf eine Art zu organisieren, die am besten bewirkt, daß weitere Erfahrung gewonnen wird, hätte es in der Tat den Anschein, als umfasse ein Jahrtausendroboter eine erkennbare Absichtlichkeit und besäße wie der Mensch unersättlichen Appetit darauf, der Welt, in die er sich gestellt sieht, Sinn zu verleihen.

Ob eine auf die Theorie personaler Konstrukte gegründete Roboterpsychologie zu einer Maschine führen wird, die ein erkennbares Bild von uns selbst widerspiegelt, werden wir erst feststellen können, wenn wir in der Lage sind, das konkret zu erproben. Bevor wir das Thema verlassen, wollen wir aber noch auf die Folgerungen von zwei anderen Theoremen Kellys hinweisen.

Das erste davon, das »Körperschaftstheorem«, ermöglichte es den Psychologen, die Theorie personaler Konstrukte praktisch anzuwenden. Es heißt dort: »In dem Ausmaß, in dem eine Person eine Erfahrungskonstruktion anwendet, die derjenigen einer anderen ähnlich ist, sind ihre Prozesse jener der anderen Person ähnlich.« Durch Anwendung des sogenannten »Repertory Grid« (dt. etwa »Bestandsgitter«) haben Psychologen die von anderen Menschen genutzten »Erfahrungskonstruktionen« festgelegt (wie das geschieht, liegt außerhalb des Rahmens dieses Buches; hier mag der Hinweis genügen, daß die Psychologie solche Hilfsmittel als nützliche und wirksame Instrumente erkannt hat). Vom Standpunkt des Robotikers aus liegt die Bedeutung des Theorems darin, daß es ein Mittel verspricht, mit dem wir verstehen, vielleicht sogar nachfühlen könnten, was »im Kopf« eines Jahrtausendroboters vorgeht, ohne uns auf die streng mechanische Sprache elektronischer Technik oder das rein deskriptive System der Automatentheorie stützen zu müssen – kurz gesagt, wir könnten den Roboter so verstehen, als wäre er *wirklich* eine andere Person.

Dieser Gedanke wird durch das »Gesellschaftstheorem« noch einen Schritt weitergeführt. »Soweit eine Person die Konstruktionsprozesse einer anderen konstruiert, kann sie in einem Sozialprozeß, der die andere Person betrifft, eine Rolle spielen.« Wenn das für Roboter ebenso gilt wie für Menschen, bedeutet es, daß zumindest auf intellektueller Ebene die Beziehung zwischen der Jahrtausendmaschine und ihren Schöpfern über die von Experiment und Experimentator hinausgehen könnte. Robotiker werden nicht nur fähig sein, ihre Roboter zu verstehen, Roboter fangen vielleicht damit an, Robotiker zu verstehen.

Wir haben dieses Buch mit Spekulationen – viele werden vielleicht behaupten, mit phantastischen Einfällen – abgeschlossen, weil wir der Meinung sind, Robotiker hätten nichts zu verlieren und wir anderen vielleicht viel zu gewinnen, wenn die Idee einer Maschine nach dem Bild des Menschen ernstgenommen wird. Irgendwann erfordert das, daß die in der Wissenschaft der Robotik tätigen Menschen wagemutig denken und handeln. Es gibt keinen Grund für die Vermutung, dies könnte dazu führen, daß man in diesem Fach entweder auf Verantwortlichkeit oder auf Demut verzichtet. Wer versuchen will, Roboter zu bauen, hat mehr Anlaß als die meisten Menschen zu der dankbaren Erkenntnis, daß das Bild, das sie nachzuschaffen versuchen, eines von nahezu unendlicher Kompliziertheit und Vielschichtigkeit ist.

Was hätten wir zu befürchten, falls irgendwann ein Jahrtausendroboter das Licht der Welt erblickt? Nicht mehr, meinen wir, als von der Geburt eines Kindes. Es wird, wie jede Maschine, eines unserer »Geisteskinder« sein und nur darin ungewöhnlich, daß er uns die Chance bietet, ein Ziel zu erreichen, aus dem nichts als Gutes entspringen kann: daß wir uns selbst besser erkennen.

Appendix

Anhang I
Kurzer Abriß der Geschichte von Projekt WISARD

Die funktionelle Ähnlichkeit zwischen einem Neuron und einem RAM-Element wurde Mitte der sechziger Jahre erstmals erkannt von einem der Verfasser (IA), der damals am Queen Mary College in London arbeitete. Damals waren RAM-Speicher noch seltene und teure Geräte. Computer stützten sich für Speicherung in der Hauptsache auf Magnetkernstrukturen, und die RAM-Kapazität sogar einer sehr großen Maschine bestand oft aus nur einem einzigen Element mit 32 Adreßstationen oder einer Speicherkapazität von 2^{32} Bits. Obwohl der Gedanke, es könnte möglich sein, ein Gerät zu bauen, das Tausende von Elementen enthielt, unfaßbar weit hergeholt erschien, wurde deutlich, daß die Siliziumchip-Technologie, die schon den ersten Mikroporzessor hervorgebracht hatte, eines Tages auf Speicherelemente angewendet werden würde. Inzwischen konnte man Erfahrung entweder durch den Bau sehr einfacher Hardwareversionen oder durch Computersimulation sammeln.

Das Team am Queen Mary College entschied sich für die erste Alternative. Während darauf gewartet wurde, daß die Siliziumtechnologie zu den ehrgeizigen Absichten aufholte, machte man sich daran, einen Ersatz für das RAM zu finden, der machbar und in vernünftigen Mengen wirtschaftlich herzustellen war. Das Ergebnis war SLAM (Stored Logic Adaptive Microcircuit = dt. etwa: Adaptive Mikroschaltung für gespeicherte Logik), zunächst in Zusammenarbeit mit Plessey Company und später mit Integrated Photomatrix Ltd. produziert. Die Zündeigenschaften von SLAM sind identisch mit denen des RAM, und die bei Plessey gebauten frühen Modelle waren tatsächlich die ersten Silizium-Speicherlemente, die in Großbritannien hergestellt wurden.

1969, als die ersten SLAM mit drei Adressen zur Verfügung standen, hatte das Team zur Universität Kent gewechselt. Man baute das erste flexible Neuralnetz mit dem Potential, sich zu einem größeren System zu erweitern (andere Geräte der damaligen Zeit, entwickelt von Bernard Widrow in den USA und W.K. Taylor in Großbritannien, gründeten, wie in Kapitel 10 geschildert, auf komplizierten mechanischen Systemen). Die Anlage, SOPHIA getauft, nutzte zwölf SLAM-Speicher für eine Matrix 6 × 6 und besaß nur einen Diskriminator. Wenngleich der Erfahrungswerte wegen, die sie für die technischen und elektronischen Probleme beim Bau von Netzen dieser Art lieferte, sehr wertvoll, war SOPHIA offenkundig von geringem praktischem Nutzen.

Inzwischen war das Silizium-RAM Wirklichkeit geworden. In den Vereinigten Staaten wurden 16 Bit–Chips gebaut, die aber nach wie vor viel Geld kosteten und nur schwer beschafft werden konnten. Das Team an der Universität Kent blieb deshalb für sein nächstes Unternehmen, das viel ehrgeiziger war und vom Science Research Council finanziert wurde, bei den SLAM-Speichern. Die neue Maschine, 1972 fertiggestellt und MINERVA getauft, enthielt 4096 SLAM-Speicher mit je vier Eingaben, angeordnet in 16 getrennten Diskriminatoren für eine Matrix 16 × 16. Sie erwies sich als in hohem Maß erfolgreich und bewältigte Erkennungsprobleme wie jene, die bei handgeschriebenen Zeichen auftreten, und bot eine Reaktionsgeschwindigkeit, die viel größer war als alles, was übliche Computer leisten konnten.

Die nächste Entwicklung fand an der Brunel-Universität statt, wohin IA und seine Kollegen inzwischen gegangen waren, und nutzte den ungeheuren Aufschwung bei den Minicomputern zu Beginn der siebziger Jahre. Bei dieser Gelegenheit widmete man die Bemühungen nicht einer Maschine, sondern der Computersoftware, die das Verhalten eines Netzes simulieren sollte. Das Programm hieß (abgekürzt für J. A. Napper System, nach seinem Verfasser) JANSYS und erlaubte dem Team, mit Fenstern von der Größe 16 × 16 in einer Matrix 64 × 64 zu experimentieren – die Ursprünge von WISARDs drittem Entwicklungsstadium, das in Kapitel 11 beschrieben wird. Mit JANSYS konnte das Team außerdem die erforderliche Vorarbeit leisten, bevor man sich an die Konstruktion eines wirklich großen Netzes mit der Fähigkeit wagte, Bilder von hoher Qualität auf einer fernsehbildgroßen Matrix 512 × 512 zu verarbeiten.

Ab 1979 konnte man RAM-Elemente im Laden kaufen, und die Zeit war reif, die Arbeit an WISARD selbst in seiner ursprünglichen Form zu beginnen. Bruce Wilkie stieß mit einem SRC-Stipendium dazu, um die Riesenmaschine zu bauen, die im Juni 1981 fertiggestellt wurde. Sie ist inzwischen patentiert und als Allzweck-Mustererkennungsgerät in verschiedenen Versionen verfügbar. Inzwischen hat die Originalmaschine mit dem Programm von Erweiterung und Verfeinung begonnen, das in Kapitel 11 geschildert wurde.

Anhang II
Umriß eines intelligenten Programms

Dieser Anhang enthält das fundamentale Postulat und die elf abgeleiteten Theoreme, aus denen G.A. Kellys Theorie personaler Konstrukte besteht, dazu »Übersetzungen« aller Aussagen in eine Form, die in ein Computerprogramm aufgenommen werden könnte. Man sollte beachten, daß die Übersetzungen in ihrer jetzigen Form zwar ausdrücklich als Grundlage für ein orthodoxes Computerprogramm gedacht sind und die Abweichungen von der allgemeineren Fassung des fundamentalen Postulats in Kapitel 12 erklären. Nichts deutet allerdings darauf hin, daß nur ein von Neumann-Computer dergleichen nutzen könnte. Es ist absolut möglich, jede Aussage in eine Form zurückzuübersetzen, die für eine Neuralnetzstruktur geeignet wäre, wenn man »intelligentes Programm« durch »Roboterverstand« ersetzt.

Das fundamentale Postulat »Die Prozesse einer Person werden psychologisch kanalisiert durch die Art, in der sie Ereignisse antizipiert.«

Die Übersetzung in eine computergeeignete Form beginnt mit einem Programm, das man »Das intelligente Programm (IP)« nennen könnte. Das ist die Übertragung für »die Prozesse einer Person«. Die vollständige Liste solcher Übersetzungen folgt unten. Die Übersetzung des gesamten Postulats schließt sich an.

Kelly	*Algorithmus*
Prozesse der Person	Intelligentes Programm (IP)
psychologisch	Bestimmt den Anwendungsbereich des IP auf »Gedanken und Handlungen« als Zustandsetiketten des IP (im Gegensatz etwa zu Verdauung oder Hautbeschaffenheit).
kanalisiert	Das IP hat eine Struktur (Flußdiagramm oder Zustandsübergangsdiagramm oder ein Baum, etc.).

Kelly	*Algorithmus*
Prozesse der Person	Intelligentes Programm (IP)
Art (Arten)	Deutet auf einen möglichen Nichtdeterminismus in der Struktur.
antizipiert	Zustände in der IP-Struktur stehen in Beziehung zu vorher erfahrenen Eingaben.
Ereignisse	Eingabe für das IP in Beziehung zu Weltrealitäten.

Fundamentales Postulat für intelligentes Programm Ein intelligentes Programm *über* menschliches Denken und Handeln hat eine nichtdeterministische Struktur, die für ihre eigenen Eingaben als Voraussage dienen kann.

Kellys Konstruktionstheorem »Eine Person antizipiert Ereignisse durch Konstruktion ihrer Reproduktionen.«

IP-Konstruktionstheorem Das IP *wird* dadurch zur Voraussage der Eingabe, daß es Ähnlichkeitsgruppen im Eingabestrom Interpretationsetiketten zuteilt.

Kellys Individualitätstheorem »Personen unterscheiden sich voneinander durch ihre Konstruktion der Ereignisse.«

IP-Individualitätstheorem Verschiedene Fallgebungen des IP können Eingabeströmen auf verschiedene Art Interpretationsetiketten zuteilen.

Kellys Dichotomietheorem »Das Konstruktionstheorem einer Person besteht aus einer endlichen Zahl dichotomischer Konstrukte.«

IP-Dichotomietheorem Interpretationsatetiketten im IP werden Konstrukte genannt. Sie sind organisiert als assoziative Datenbank, so daß eingabebezogene Elemente ein Konstrukt adressieren und einen Anwendbarkeitswert zwischen zwei weiteren Elementen enthalten, aus denen das Konstrukt besteht.

Kellys Organisationstheorem »Jede Person entwickelt auf charakteristische Weise für ihre Bequemlichkeit bei der Antizipation von Ereignissen ein Konstruktionssystem, das Ordnungsbeziehungen zwischen Konstrukten umfaßt.«

IP-Organisationstheorem IP aktualisieren und strukturieren die Konstrukt-Datenbank so, daß sie nichtsymmetrische Beziehungen zwischen Konstrukten enthält und damit die Antizipierung von Eingabe unterstützt.

Kellys Wahltheorem »Eine Person wählt für sich selbst in einem dichotomischen Konstrukt jene Alternative, durch die sie die größere Möglichkeit für Erweiterung und Definition ihres Systems antizipiert.«

IP-Wahltheorem Neue Elemente werden vom IP Konstrukten zugeteilt, um das potentielle Wachstum der Datenbank zu maximieren.

Kellys Bereichstheorem »Ein Konstrukt ist nur für die Antizipation einer endlichen Spanne von Ereignissen geeignet.«

IP-Bereichstheorem Ein Konstrukt in der Datenbank des IP kann nur von einer endlichen Spanne von Elementen adressiert werden.

Kellys Modulationstheorem »Die Variation im Konstruktionssystem einer Person wird begrenzt durch die Durchlässigkeit der Konstrukte, innerhalb deren praktischen Bereichen die Varianten liegen.«

IP-Modulationstheorem Die Menge, um die das IP seine Konstrukte-Datenbank variieren kann, wird begrenzt durch die Größe der Elementsätze, die jedes Konstrukt adressieren.

Kellys Zersplitterungstheorem »Eine Person kann hintereinander eine Vielzahl von Konstrukt-Untersystemen anwenden, die innerlich miteinander unvereinbar sind.«

IP-Zersplitterungstheorem Das IP kann der Reihe nach Teile seiner Konstrukt-Daten adressieren, die logisch miteinander unvereinbar sind.

Kellys Allgemeinheitstheorem »In dem Ausmaß, in dem eine Person eine Erfahrungskonstruktion anwendet, die der von einer anderen Person angewendeten ähnlich ist, sind seine Prozesse denen der anderen Person ähnlich.«

IP-Allgemeinheitstheorem In dem Ausmaß, in dem eine Person eine Erfahrungskonstruktion anwendet, die der vom IP angewendeten (an einem Repertory Grid gemessen) ähnlich ist, sind seine Prozesse denen des IP ähnlich.

Kellys Gesellschaftigkeitstheorem »In dem Ausmaß, in dem eine Person die Konstruktionsprozesse einer anderen konstruiert, kann sie in einem Sozialprozeß, der die andere Person betrifft, eine Rolle spielen.«

IP-Gesellschaftigkeitstheorem In dem Ausmaß, in dem das IP die Konstruktionsprozesse einer Person konstruiert, kann sie in einem Sozialprozeß, der diese Person betrifft, eine Rolle spielen.

Weitere Lektüre

In einem Buch dieser Art, das in erster Linie für Nichtspezialisten gedacht ist, wäre ein Apparat von Fußnoten und Anmerkungen fehl am Platz. Die meisten wichtigen Quellen sind im Text genannt, und der Leser, der näher auf das Thema oder einen Teilaspekt davon eingehen möchte, wird feststellen, daß die leichter verständlichen und zugänglichen Texte unten aufgeführt sind. Dabei handelt es sich keineswegs um eine erschöpfende Bibliographie der Robotik; eine solche müßte unweigerlich ein Übergewicht von Hinweisen auf wissenschaftliche Abhandlungen und Fachzeitschriften enthalten, die dem normalen Leser vielleicht weit mehr mitteilen, als er wissen wollte; erwähnt sind aber sowohl die Bücher, die wir bei den Vorbereitungen für diesen Band als nützlich empfunden haben, als auch ein Bestand »unentbehrlicher« Texte, auf die niemand verzichten kann, der die zeitgenössische Robotik im einzelnen verstehen will.

Kapitel 1

Viele Autoren haben sich mit der Rolle des Roboters in der Literatur befaßt. Eine nützliche Sammlung von Abhandlungen findet sich in Geduld, H.M. und Bottesman, R., »Robots, Robots, Robots«, New York Graphic Society, Greenwich, Conn. 1978. Der Band enthält auch eine Filmographie von Robotern. Eine vollständigere und mehr aufs Fachliche gerichtete Untersuchung der Idee vom »unnatürlichen Menschen« und eine kurze Geschichte der Automaten bietet Cohen, J., »Human Robots in Myth and Science«, Allen & Unwin, London 1966.

Ein kompletter Katalog aller Fälle, in denen Roboter erzählerisch behandelt werden, würde ein eigenes Buch ergeben, aber keine Liste weiterführender Lektüre wäre vollständig ohne diese drei folgenreichen literarischen Werke: *Shelley, M., »Frankenstein«* (erste Ausgabe 1819, Manesse, 1983); Capek, K., »R.U.R.« (dt. »W.U.R.«), Prag/Leipzig 1922; und *Asimov, »Ich der Robot«* (Heyne, 1978).

A.M. Turings klassische Abhandlung »Rechenmaschinen und Intelligenz«, die erstmals den Turing-Test vorstellte, wurde erstmals in der Zeitschrift »Mind« veröffentlicht und ist abgedruckt in

Hofstadter, D. und Dennet, D. (Hsgb.), »The Mind's I«, Harvester Press, Brighton 1981, und Basic Books, New York 1980. Ein vollständiger Bericht über die frühen Auseinandersetzungen um Natur und Bedeutung von Computerintelligenz, zumindest vom britischen Standpunkt aus, findet sich in Hodges, A., »Alan Turing: The Enigma«, Burnett Books, London 1983, und Simon & Schuster, New York 1984.

Wer sich für eine Kritik an der Verhaltenstheorie der Intelligenz interessiert, findet sie in sehr aufschlußreicher Form in Chomsky, N. »Problems of Knowledge and Freedom«, Fontana Paperbacks, London, und Vintage Book, New York 1972.

Kapitel 2

Ein neues »klassisches Werk«, das einen relativ aktuellen Umriß der Praxis von Industrierobotern liefert, ist *Engelberger, J., Industrieroboter in der praktischen Anwendung* (Hansen, 1981) und Anacom, New York 1983. Eine gute Vorstellung von der Periode des Gigantismus im Computerwesen kann zwei Büchern entnommen werden: Turn, R., »Computers in the 1980s«, Columbia University Press, New York 1974, und Malik, R., »And Tomorrow... World: Inside IBM«, Millington Press, London 1975. Heutige Industrieroboter werden in nahezu allen Büchern der neuen Flut, die sich mit Erscheinen und Folgen des Mikroprozessors befassen, zumindest erwähnt. Das gründlichste und lesbarste ist *Large, P., Die Mikro-Revolution – Chips verändern die Welt* (Girardet, Essen 1982).

Kapitel 3

Engelberger (siehe oben Kapitel 2) liefert eine kenntnisreiche Zusammenfassung von Roboteranatomie und -antrieben; eine ins Detail gehende Diskussion findet sich in der Serie »Robot Technology«, Coiffet, P. und Richard, P.J. (Hsgb.), acht Bände, Kogan Paul, London 1983, und Prentice-Hall, Englewood Cliffs, NJ 1983, die einen vollständigen Bericht über Roboteraufbau und -bauteile liefert. Eine Einführung in das Thema ist ebenfalls greifbar in Chirouze, M. und Coiffet, P., »An Introduction to Robot Technology«, Kogan Page, London 1983, und McGraw-Hill, New York 1983.

Die Royal Society of Arts in London gibt eine interessante Sammlung von Abhandlungen über die Zukunft von Robotern heraus.

Wer sich für Roboter mit Beinen interessiert, wird Interesse finden an Raibert, M.H. und Sutherland, J.E., »Machines that Walk«, *Scientific American* Jan. 1983.

Kapitel 4

Das Standardwerk über die Geschichte des Digitalcomputers ist Goldstine, H.H., »The Computer from Pascal to von Neumann«, Princeton University Press Princeton NJ 1972. Ein anderer hervorragender Bericht ist Bowden, B.V., »Faster Than Thought«, Pitman, London 1953, eine kürzere, mehr auf den Laien abgestellte Fassung *Evans, C., Die winzigen Riesen: Mikroprozessoren revolutionieren die Gesellschaft* (Ullstein TB, 1983).

Von Neumanns klassische Abhandlung (»The Report on the EDVAC«) wurde veröffentlicht unter dem Titel »A Preliminary Discussion of the Logical Design of an Electronic Computing Instrument«, Princeton Institute of Advanced Studies 1946.

Denen, die tiefer in die faszinierende Geschichte von Babbage und seiner »Analytischen Maschine« eindringen möchten, wird die Lektüre der vor kurzem erschienenen Biographie Hyman, Anthony, »Charles Babbage: Pioneer of the Computer«, Oxford University Press, Oxford and New York 1982, empfohlen.

Hodges (siehe oben Kapitel 1) legt einen vollständigen Bericht über den bislang vernachlässigten Beitrag A.M. Turings zu den britischen Computerunternehmungen vor und liefert gleichzeitig eine ins Einzelne gehende Besprechung der Gedanken, die Turing zur Konzeption seiner Maschine geführt haben. Weitere Information über den britischen Aspekt findet man in Randell, B. (Hsgb.), »The Origins of Digital Computers«, Springer Verlag, Berlin 1973.

Kapitel 5

Das maßgebende Werk über Kybernetik ist nach wie vor Wiener, N., »Kybernetik«, Reinbek 1968, eine kürzere Zusammenfassung findet sich jedoch bei *Ross, Ashby, W., Einführung in die Kybernetik* (Suhrkamp, 1974). Zu Wieners eigenen Bedenken hinsichtlich des möglichen Mißbrauchs seiner Ideen in einem gesellschaftlichen Zusammenhang siehe Wiener, N. »Mensch und Menschmaschine«, Berlin 1958.

Zwei gute Einführungen in das Wissen über den Aufbau des natürlichen Gehirns sind *Eccles, J., Das Gehirn des Menschen* (Piper,

1979) und *Das Ich und das Gehirn* (Piper, 1982), und Granit, R., »The Purposive Brain«, MIT Press, Cambridge, Mass. 1977.

Kapitel 6

Eine etwas romantische Vision der automatisierten Zukunft wurde 1964 von Sir Leon Bagrit in seinen Reith-Vorträgen in BBC Radio vorgetragen, später veröffentlicht als »The Age of Automation«, Weidenfeld & Nicolson, London 1965. Den vorsichtigeren Ansatz Wieners enthalten »Mensch und Menschmaschine« (siehe oben Kapitel 5) und Wiener, N., »Gott und Golem, Inc.« (Econ, 1965). Engelberger (siehe oben Kapitel 2) befaßt sich etwas eingehender mit dem Einsatz von Robotern bei einer Vielzahl industrieller Aufgaben, und Geduld und Gottesman (siehe oben Kapitel 1) legen viele Beispiele für imaginäre Haushaltsroboter vor.

Kapitel 7

Die Sammlung von Abhandlungen, mit der die »Geburt« der Automatentheorie als wissenschaftliches Fach bezeichnet wird, ist *Shannon, C.E. und McCarthy, J. (Hsgb.), Mathematische Grundlagen der Informationstheorie* (Oldenbourg, 1976). Eine praktische Betrachtung der Automatentheorie für diejenigen, die etwas über ihre Anwendung auf die Technik hören wollen, ist Aleksander, I., und Hanna, F.K., »Automata Theory: An Engineering Approach«, E.J. Arnold, London 1976, und Crane Russak, New York 1976.

Ein Bericht über die Debatte zwischen Chomsky und Piaget findet sich in Piatelli-Palmerini, M. (Hsgb.), »Language and Learning«, Routledge & Kegan Paul, London, und Harvard University Press, Cambridge, Mass. 1980.

Einige der einfacheren Aspekte von Automaten, Lernmaschinen und Vergleichen Mensch-Maschine werden besprochen in Aleksander, I., »The Human Machine«, Georgi Publishing, St. Saphorin, Schweiz 1978.

Kapitel 8

Für diejenigen, die über künstliche Intelligenz mehr erfahren wollen, stellen die nachgenannten beiden Bücher wohl die besten Führer dar und bieten gleichzeitig einen interessanten Gegensatz in der Gewichtung. Boden, M., »Artificial Intelligence and Natural

Man«, Harvester Press, Hassocks, Sussex 1978, und Basic Books, New York 1978, beschäftigt sich besonders mit den philosophischen Parallelen zwischen Maschinenintelligenz und menschlicher Psychologie. Nielsson, N.J., »Principles of Artificial Intelligence«, Tioga Press, Palo Alto, Cal. 1980, legt die Betonung auf die Methoden des Faches und ihre Anwendungen auf die Konstruktionstechnik.

Eine kurze, wertvolle Einführung in Expertensysteme ist zu finden in Michie, D., »Expert Systems«, *Computer Journal* Vol 23 No 4, 1980. Die logische Philosophie der Sprache PROLOG wird gut erklärt in Kowalski, R., »Logic for Problem Solving«, North-Holland, New York 1979.

Kapitel 9

Boden und Nielsson (siehe oben Kapitel 8) behandeln Forschung auf dem Gebiet des Sehens ebenso wie andere Aspekte von AI. Ein ins einzelne gehender Bericht über die Vorstellung semantischer Netze und darauf gestützter Lernsysteme ist Winston, P.H., »Artificial Intelligence«, Addison-Wesley, Menlo Park, Cal 1977.

Zwei neu erschienene Bände erforschen die Frage des Computerverständnisses für Sprachen: Winowgrad, T., »Language as a Cognitive Process«, drei Bände, Addison-Wesley, Menlo Park, Cal 1983, und Wilensky, R., »Planning and Understanding«, Addison-Wesley, Menlo Park, Cal 1983.

John Searles Abhandlung »Minds, Brains and Programs« ist abgedruckt in Hofstadter und Dennett (siehe oben Kapitel 1), wo auch die gesamte Frage diskutiert wird.

Kapitel 10

Das anerkannte klassische Werk über Vergleiche Gehirn-Computer ist von Neumann, J., »Die Rechenmaschine und das Gehirn«, Oldenbourg, München 1963/1980. Das Hauptwerk zum Verhalten nicht-digitaler Neuralmodelle und ihrer Computersimulation ist Rosenblatt, F., »Perceptrons: The Principles of Neurodynamics«, Spartan Books, New York 1962, die bedeutendste Kritik dieses Ansatzes Minsky, M. und Papert, S., »Perceptrons: Computational Geometries«, MIT Press, Cambridge, Mass 1969.

Ein überaus lesbarer Bericht über unser Wissen von Neuralsystemen, vor allem im Hinblick auf das Sehen, ist enthalten in Blakemore, C., »The Mechanics of Mind«, Cambridge University Press, Cambridge 1977.

Technische Einzelheiten über Einfachschichtnetze von RAM-Speichern und ihr Verhalten finden sich in Aleksander, I. und Stoneham, T.J., »A Guide to Pattern Recognition Using Random Access Memories«, Institute of Electrical Engineering, *Journal of Computers and Digital Technology* Vol 2 No 1, Feb. 1979.

Kapitel 11

Rückkopplungsstrategien, wie sie bei WISARD Anwendung finden, sind genauer beschrieben in Aleksander, I., »Emergent Intelligence from Pattern Recognition Nets« in »Artificial Vision for Robots« (Hsgb. I. Aleksander), Kogan Page, London 1983.

Eine frühere Besprechung von »Zyklen« in der Funktion des Gehirns ist zu finden in Hebb, D.O., »The Organization of Behaviour«, Wiley, New York 1949. Eine Diskussion der »Zustandsstrukturen« enthält Aleksander, I., »The Human Machine« (siehe oben Kapitel 7).

Kapitel 12

Abgesehen von Boden und Nielsson (siehe oben Kapitel 8) und Hofstadter und Dennett (siehe oben Kapitel 1) findet der Leser vielleicht Colby, K.M., »Artificial Paranoia«, Pergamon Press, Oxford 1975, von Interesse.

Eine Zusammenfassung der Theorie personaler Konstrukte enthält Kelly, G.A., »The Psychology of Personal Constructs«, Norton, New York 1955.

1 Shelley, M., *Frankenstein*, Manesse, 1983;
3 Asimov, I., *Ich der Robot*, Heyne 1978;
4 Engelberger, J. *Industrieroboter in der praktischen Anwendung*, Hansen, 1981;
5 Large, P., *Die Mikro Revolution – Chips verändern die Welt*, Girardet Essen, 1982;
6 Evans, C., *Die winzigen Riesen: Mikroprozessoren revolutionieren die Gesellschaft*, Ullstein TB, 1983;
8 Ashby, W. Ross, *Einführung in die Kybernetik*, Suhrkamp, 1974;
9 Eccles, J., *Das Gehirn des Menschen*, Piper, 1979; und *Das Ich und sein Gehirn*, Piper, 1982;
10 Shannon, C.E./McCarthy, J. (eds.), *Mathematische Grundlagen der Informationstheorie*, Oldenbourg, 1976.

Register